Patrick Knöfel

Energiebilanzmodellierung zur Ableitung der Evapotranspiration – Beispielregion Khorezm

WÜRZBURGER GEOGRAPHISCHE ARBEITEN

Herausgegeben vom Institut für Geographie und Geologie der Universität Würzburg in Verbindung mit der Geographischen Gesellschaft Würzburg

Band 120

Die Schriftenreihe Würzburger Geographische Arbeiten wird vom Institut für Geographie und Geologie zusammen mit der Geographischen Gesellschaft herausgegeben. Die Beiträge umfassen mit wirtschafts-, sozial- und naturwissenschaftlichen Forschungsperspektiven die gesamte thematische Bandbreite der Geographie. Der erste Band der Reihe erschien 1953.

Patrick Knöfel

Energiebilanzmodellierung zur Ableitung der Evapotranspiration – Beispielregion Khorezm

Würzburg University Press

Dissertation, Julius-Maximilians-Universität Würzburg
Philosophische Fakultät, 2016

Eingereicht mit dem Titel:
Optimierung der Energiebilanzmodellierung zur Ableitung der Evapotranspiration durch Entwicklung eines physikalischen Bodenwärmestromansatzes am Beispiel der Region Khorezm (Usbekistan)

Gutachter: Prof. Dr. Christopher Conrad, Prof. Dr. Heiko Paeth

Impressum

Julius-Maximilians-Universität Würzburg
Würzburg University Press
Universitätsbibliothek Würzburg
Am Hubland
D-97074 Würzburg
www.wup.uni-wuerzburg.de

Print on Demand

ISSN 0510-9833 (print)
ISSN 2194-3656 (online)
ISBN 978-3-95826-042-9 (print)
ISBN 978-3-95826-043-6 (online)
urn:nbn:de:bvb:20-opus-135669

Danksagung

An dieser Stelle möchte ich mich bei all denen bedanken, ohne die eine erfolgreiche Fertigstellung dieser Arbeit nicht möglich gewesen wäre und die auf unterschiedlichste Art und Weise zum Gelingen dieser Arbeit beigetragen haben.

Ganz besonders herzlich möchte ich mich bei Herrn Prof. Dr. Christopher Conrad bedanken für seine fachkompetente Betreuung, die konstruktiven Ratschläge und die stete Motivation in allen Phasen dieser Dissertation. Weiter geht mein besonderer Dank an Herrn Prof. Dr. Heiko Paeth für die Übernahme des zweiten Gutachtens und die wertvollen Anmerkungen in zahlreichen kritischen Diskussionen. Außerdem möchte ich Herrn Prof. Dr. Stefan Dech für die Möglichkeit danken, an dem von ihm geleiteten Lehrstuhl für Fernerkundung meine Dissertation anzufertigen.

Die vorliegende Arbeit wurde am Institut für Geographie und Geologie der Julius-Maximilians-Universität Würzburg, am Lehrstuhl für Fernerkundung, in Zusammenarbeit mit dem Deutschen Zentrum für Luft- und Raumfahrt e.V. (DLR) und im Rahmen des deutsch-usbekischen Khorezm-Projekts erstellt, das am Zentrum für Entwicklungsforschung (ZEF) in Bonn angesiedelt war. Die daraus resultierenden optimalen fachlichen und infrastrukturellen Rahmenbedingungen bildeten ein solides Fundament zum Gelingen der Arbeit.

Sehr herzlich möchte ich mich außerdem bei Dr. Ulrike Falk für die Übernahme der Mentorentätigkeit bedanken. Mit ihrem Sachverstand hat sie gezielt wertvolle strukturelle und inhaltliche Impulse für den physikalischen Teil meiner Arbeit gegeben. Für die fachkundige und stets unkomplizierte Zusammenarbeit möchte ich mich außerdem bei Herrn Prof. Dr. Wolfgang Wagner und seinem Team am Department für Geodäsie und Geoinformation der TU Wien bedanken. Die vielen Diskussionen und wertvollen Anregungen zum Themenschwerpunkt Bodenfeuchte haben besonders diesen Teil der Arbeit inhaltlich wesentlich geprägt. Außerdem möchte ich mich besonders bei dem Leiter der Abteilung Landoberfläche am DLR, Herrn Andreas Müller und seinen Mitarbeitern für die entgegengebrachte Unterstützung bedanken.

Weiterhin danke ich den (ehemaligen) Kollegen am Lehrstuhl für Fernerkundung, für die entgegengebrachte Hilfsbereitschaft und die hervorragende Teamarbeit. Ein besonderer Dank gebührt in diesem Zusammenhang Dr. Fabian Löw, Dr. Sarah Asam und M.Sc. Benjamin Leutner für die Übernahme diverser Korrekturarbeiten. Die ausdauernde Bearbeitung der zahlreichen Vorversionen der Arbeit und die damit verbundenen konstruktive Kritik haben auf wertvollste Weise bei der Erstellung der Arbeit geholfen. Ebenso gilt mein Dank den weiteren Korrektoren meiner Arbeit Karola Prause, Dr.-Ing. Sebastian Bindick, Dipl.-Ing. Bernhard Bauer-Marschallinger (TU Wien) und Dipl.-Geogr. Jakob Wernicke. Letzter trug durch seinen Einsatz und seine Unterstützung zu einem nicht unerheblichen Anteil zum Gelingen der Feldarbeiten 2011 in Usbekistan bei.

Ein herzliches Dankeschön möchte ich zudem an den Leiter des Usbekistanprojekts Herrn Dr. John Lamers richten. Die hervorragende Organisation des Projekts in Deutschland und Usbekistan, unermüdliche Hilfsbereitschaft und persönlicher Einsatz sowie die fachlichen Diskussionen waren sehr hilfreich.

Für die Hilfe beim Bewältigen der administrativen Hürden in Khorezm gilt mein herzlicher Dank der Büroleiterin des Projekts, Frau Liliana Sinn. Für die Unterstützung bei der Betreuung der Eddy-Kovarianz-Station danke ich zudem ganz besonders den Projektmitarbeitern Murod Sultanov, Alexander Lee und Anvar Ishmuratov.

Weiterhin möchte ich meinen Eltern Hedwig Hänisch und Werner Knöfel, meinem Stiefvater Günter Hänisch, meiner Großmutter Lotti Knöfel, sowie dem weiterem engen Familien- und Freundeskreis meine tiefe Dankbarkeit aussprechen. Nicht zuletzt möchte ich meiner Ehefrau Constanze und meinen Kinder Johannes und Samuel danken. Ohne ihr uneingeschränktes Verständnis und ihren bedingungslosen Rückhalt wäre die Anfertigung dieser Dissertation nicht möglich gewesen.

Würzburg, März 2017

Patrick Knöfel

Inhaltsverzeichnis

Abbildungsverzeichnis

Tabellenverzeichnis

Abkürzungsverzeichnis

a	Temperaturleitfähigkeit
A_T	Amplitude der Temperaturveränderung
A_{V0}	Amplitude der Bodenoberfläche
A_{V1}	Temperaturamplitude in der Höhe z_1
ADR	Amplitude Domain Reflectometry
ALARM	Analytical Land Atmosphere Radiometer Model
ALEXI	Atmosphere Land Exchange Inverse
ASAR	Advanced Synthetic Aperture Radar
ASTER	Advanced Spaceborne Thermal Emission and Reflection Radiometer
BAHC	Biospheric Aspects of the Hydrological Cycle
BMBF	Bundesministerium für Bildung und Forschung
c	Schallgeschwindigkeit
c_p	spezifische Wärmekapazität
c_s	volumetrischer Wärmekapazität
c_w	volumetrische Wärmekapazität von Wasser
C	scheinbare Leitfähigkeit
C'	Minima der Steigung
C''	Minima der Krümmung
C^0_{dry}	minimalste Rückstreuwert der Zeitreihe
CDF	kumulative Häufigkeitsverteilungsfunktion, engl. cumulative distribution function
CWSI	Crop water stress index
d	Verschiebungshöhe
d_r	Inverser relativer Abstand zwischen Sonne und Erde
dT	Temperaturgradient
D	Dämpfungstiefe
D'	dynamischer Wertebereich der Steigung
D''	dynamischer Wertebereich der Krümmung
D_y	normalverteilte Verteilungsfunktion quer zum Wind nach Pasquill
DAAD	Deutscher Akademischer Austauschdienst
DEZ	Siehe ε
DFG	Deutsche Forschungsgemeinschaft
DisALEXI	Disaggregated ALEXI
DLR	Deutsches Zentrum für Luft- und Raumfahrt
DTD	Dual Temperature Difference
e	Fehlerterm
E	Evaporation
EBS	Energiebilanzschließung
ENVSEC	Environment & Security Initiative
ERS	European Remote Sensing Satellite
ET	Evapotranspiration
ET_0	potentielle Evapotranspiration

ET_{24}	Tagesmenge der tatsächlichen Evapotranspiration
ET_a	tatsächliche Evapotranspiration
ET_c	pflanzenspezifische Evapotranspiration
ET_r	Referenzevapotranspiration
ET_{r24}	Tagessumme der Referenzevapotranspiration
EVI	Enhanced Vegetation Index
f	integrierter Fluss F
f_{max}	maximaler integrierter Fluss
FAO	Food and Agriculture Organization of the United Nations
FDR	Frequency Domain Reflectometry
FPAR	Anteil absorbierter photosynthetisch aktiver Strahlung, engl. fraction of absorbed photosynthetically active radiation
G	Bodenwärmestrom
GEF	Global Environment Facility
h_m	Messhöhe
h_v	Bestandshöhe
H	fühlbarerer Wärmestrom
IDW	inverse distance weighting
IEM	Integral Equation Method
IGBP	International Geosphere-Biosphere Programme
IHP	International Hydrological Programme
IPCC	Intergovernmental Panel on Climate Change
k_c	Pflanzenwachstumskoeffizient
k_f	k-Faktor
K_E	vertikaler kinematischer Feuchtestrom
K_H	vertikaler kinematischer Wärmestrom
L	Obukhov-Länge
LAI	Blattflächenindex, engl. Leaf area index
LES	Large-Eddy-Simulations
LS	Kleinste-Quadrate-Methode, engl. Least-Square-Methode
LSM	Lagrangesche stochastische Modelle
LST	Temperatur der Erdoberfläche, engl. land surface temperature
LUT	Look up table
L_V	spezifische Verdampfungswärme
L_vE	latenter Wärmestrom
m_c	Tonanteil des Bodens
m_f	feuchte Bodenmasse
m_t	trockene Bodenmasse
MDS	Marginal Distribution Sampling
MDV	mittlere tägliche Variation, engl. mean diurnal variation
MetOP	Meteorological Operational Satellite
METRIC	Mapping Evapotranspiration with Internalized Calibration
MLR	multiple lineare Regression
MODIS	Moderate-resolution Imaging Spectroradiometer
MSE	mean square error

NDVI	Normalisierter differenzierter Vegetationsindex
NOAA	National Oceanic and Atmospheric Administration
NPP	Nettoprimärproduktion
NSE	Nash-Sutcliffe-Effizienz
OECD	Organisation for Economic Co-operation and Development
OSZE	Organisation für Sicherheit und Zusammenarbeit in Europa
p	Überschreitungswahrscheinlichkeit
p_0	Referenzdruck
p_{Luft}	Luftdruck
q	spezifischem Feuchtigkeitsgehalt
Q	Abflusshöhe
QA	Quality Assessement
QK	Qualitätskontrolle
QS	Qualitätssicherung
r	Pearson Korrelationskoeffizient
r_{ah}	aerodynamischer Transportwiderstand
rRMSE	relativer RMSE
r_w	robuster Korrelationskoeffizient
R^2	Determinationskoeffizient
Re	Reynolds-Zahl
RESEP	Regional Evapotranspiration through Surface Energy Partioning
ReSET	Remote Sensing of Evapotranspiration
R_L	langwellige Strahlung
RMSE	Root Mean Squared Error
R_N	Strahlungsbilanz
R_s	kurzwellige Strahlung
S	Anteil des diffusen Himmelslichts
SAR	Synthetic Aperture Radar
SD	Standardabweichung, engl standard deviation
SEBAL	Surface Energy Balance Algorithm for Land
SEBI	Surface Energy Balance Index
SEBS	Surface Energy Balance System
SL	Scaling Layer
SMOS	Soil Moisture and Ocean Salinity
SSEB	Simplified Surface Energy Balance
S-SEBI	Simplified Surface Energy Balance Index
SSM	Bodenwassergehalt an der Erdoberfläche, engl. Surface Soil Moisture
SVAT	Soil Vegetation Atmosphere Transfer
SWI	Bodenwasserindex, engl. soil water index
t	Zeit
T	Transpiration
T_a	Temperatur der Luft
T_{Luft}	Lufttemperatur
T_p	potentielle Temperatur
$T_{p,v}$	virtuelle potenzielle Temperatur

T_s	Schalltemperatur
TDR	Time domain reflectometry
u	dreidimensionale Windgeschwindigkeit
u_*	Schubspannungsgeschwindigkeit
u_{200}	Windgeschwindigkeit in 200 m Höhe
UN	United Nations
UNDP	United Nations Development Programme
UNECE	United Nations Economic Commission for Europe
UNEP	United Nations Environment Programme
UNESCO	United Nations Educational, Scientific and Cultural Organization
V_0	Volumen der Bodenprobe
VI	Vegetationsindex
w	vertikale Windgeschwindigkeit
w_E	Produkt aller Einzelgewichte
w_i	Wichtungsfaktor
W	volumetrische Bodenwassergehalt des Reservoirs
W_s	volumetrischer Bodenwassergehalt des oberen Bodenhorizonts
WCA	Water Consumer Association
WCRP	World Climate Research Programme
WPL	Webb-Pearman-Leuning-Korrektur
WUA	Water User Association
x^T	Vektor der Regressoren
z	Höhe
z_{om}	Rauhigkeitslänge für den Impuls
z_m	Höhe über dem Ursprung des Koordinatensystems
ZEF	Deutsches Zentrum für Entwicklungsforschung
α	Oberflächenalbedo
$\beta^\wedge$	Vektor der Regressionskoeffizienten
β_1	Achsenabschnitt der Regressionsgerade
β_2	Gradient der Regressionsgerade
γ	aktueller Dampfdruck der Luft
Γ	Gammafunktion
δ	relative Differenz
ε	komplexe Dielektrizitätskonstante
ε`	Dielektrizitätskonstante
ε_0	Emissionsgrad
θ	Einfallswinkel
Θ_s	Sonnenzenitwinkel
θ_{dry}	Einfallswinkelwinkel für trockene Böden
Θ_{Gebiet}	mittlere Bodenwassergehalt eines Gebiets
Θ_{Punkt}	Bodenfeuchte an einem Punkt
θ_{ref}	Referenzeinfallswinkel
θ_g	thermogravimetrische Bodenwassergehalt
θ_s	normalisierten Bodenwassergehalt
θ_v	volumetrische Bodenwassergehalt

κ	Karman-Konstante
λ	Wärmeleitfähigkeit
μ	Dipolmoment
ν	kinematische Viskosität
ξ	Flusslängenskala
ρ_b	Lagerungsdichte des Bodens
ρ_{Luft}	Dichte der Luft
ρ_s	Dichte von Quarz
ρ_w	Dichte von Wasser
σ	Stefan-Boltzmann-Konstante
$\hat{\sigma}_e^0$	Varianz des Fehlerterms e mit robusten anfänglichem Schätzer mit hohem Bruchpunkt
$\sigma'(\theta)$	Verhältnisses von Rückstreuung zu Einfallswinkel
σ^0_{dry}	Trockenreferenz einer mehrjährigen Zeitreihe
σ^0_{wet}	Feuchtreferenz
σ^0	Reflexionskoeffizient
τ_s	atmosphärische Transmissivität
φ	Phasenkonstante
ϕ	Footprint der Eddy-Kovarianzmessung
ψ'	empirische Funktion der jährlichen Variation der Steigung
ψ''	empirische Funktion der jährlichen Variation der Krümmung
ω	Kreisfrequenz

Zusammenfassung

Zum Verständnis der komplexen Wechselwirkungen innerhalb des Klimasystems der Erde sind Kenntnisse über den hydrologischen Zyklus und den Energiekreislauf essentiell. Eine besondere Rolle obliegt hierbei der Evapotranspiration (ET), da sie eine wesentliche Teilkomponente beider oben erwähnter Kreisläufe ist. Die exakte Quantifizierung der regionalen, tatsächlichen Evapotranspiration innerhalb der Wasser- und Energiekreisläufe der Erdoberfläche auf unterschiedlichen zeitlichen und räumlichen Skalen ist für hydrologische, klimatologische und agronomische Fragestellungen von großer Bedeutung. Dabei ist eine realistische Abschätzung der regionalen tatsächlichen Evapotranspiration die wichtigste Herausforderung der hydrologischen Modellierung. Besonders die unterschiedlichen räumlichen und zeitlichen Auflösungen von Satelliteninformationen machen die Fernerkundung sowohl für globale als auch regionale hydrologischen Fragestellungen interessant. Zusätzlich zur Notwendigkeit des Prozessverständnisses des Wasserkreislaufs auf globaler Ebene kommt dessen regionale Bedeutung für die Landwirtschaft, insbesondere in Bewässerungssystemen arider Regionen. In ariden Klimazonen übersteigt die Menge der Verdunstung oft bei weitem die Niederschlagsmenge. Aufgrund der geringen Niederschlagsmenge muss in ariden agrarischen Regionen das zum Pflanzenwachstum benötigte Wasser mit Hilfe künstlicher Bewässerung aufgebracht werden. Der jeweilige lokale Bewässerungsbedarf hängt von der Feldfrucht und deren Wachstumsphase, den Klimabedingungen, den Bodeneigenschaften und der Ausdehnung der Wurzelzone ab. Die Evapotranspiration ist als Komponente der regionalen Wasserbilanz eine wichtige Steuerungsgröße und Effizienzindikator für das lokale Bewässerungsmanagement. Die Bewässerungslandwirtschaft verbraucht weltweit etwa 70 % der verfügbaren Süßwasservorkommen. Dies wird als einer der Hauptgründe für die weltweit steigende Wasserknappheit identifiziert. Dabei liegt die Wasserentnahme des landwirtschaftlichen Sektors in den OECD Staaten im Mittel bei etwa 44 %, in den Staaten Mittelasiens bei über 90 %.

Bei der Erstellung der vorliegenden Arbeit kam die Methode der residualen Bestimmung der Energiebilanz zum Einsatz. Eines der weltweit am häufigsten eingesetzten und validierten fernerkundlichen Residualmodelle zur ET Ableitung ist das SEBAL-Modell (Surface Energy Balance Algorithm for Land), mit über 40 veröffentlichten Studien. SEBAL eignet sich zur Quantifizierung der Verdunstung großflächiger Gebiete und wurde bisher überwiegend in der Bewässerungslandwirtschaft eingesetzt. Aus diesen Gründen wurde es für die Bearbeitung der Fragestellungen in dieser Arbeit ausgewählt. SEBAL verwendet physikalische und empirische Beziehungen zur Berechnung der Energiebilanzkomponenten basierend auf Fernerkundungsdaten, bei gleichzeitig minimalem Einsatz bodengestützter Daten. Als Eingangsdaten werden u.a. Informationen über Strahlung, Bodenoberflächentemperatur, NDVI, LAI und Albedo verwendet. Zusätzlich zu SEBAL wurden einige Komponenten der SEBAL Weiterentwicklung METRIC (Mapping Evapotranspiration with Internalized Calibration) verwendet, um die Modellierung der ET vorzunehmen. METRIC überwindet einige Limitierungen des SEBAL Verfahrens und kann beispielsweise auch in stärker reliefierten Regionen angewendet werden. Außerdem ermöglicht die Integration einer gebietsspezifischen Referenz-ET sowie einer Landnutzungsklassifikation eine bessere regionale Anpassung des Residualverfahrens. Unter der Annahme der Bedingungen zum Zeitpunkt der Fernerkundungsaufnahme ergibt sich die Energiebilanz an der Erdoberfläche $R_N = L_v E + H + G$. Demnach teilt sich die verfügbare Strahlungsenergie R_N in die Komponenten latenter Wärme ($L_V E$), fühlbarer Wärme (H) und Bodenwärme (G) auf. Durch Umstellen der Gleichung kann auf die latente Wärme geschlossen werden.

Das wesentliche Ziel der vorliegenden Arbeit ist die Optimierung, Erweiterung und Validierung des ausgewählten SEBAL Verfahrens zur regionalen Modellierung der Energiebilanzkomponenten und der daraus abgeleiteten tatsächlichen Evapotranspiration. Die validierten Modellergebnisse der Gebietsverdunstung der Jahre 2009 – 2011 sollen anschließend als Grundlage dienen, das Gesamtverständnis der regionalen Prozesse des Wasserkreislaufs zu verbessern. Die Arbeit basiert auf der Datengrundlage von MODIS Daten mit 1 km räumlicher Auflösung. Während die Komponenten verfügbare Strahlungsenergie und fühlbarer Wärmestrom physikalisch basiert ermittelt werden, beruht die Berechnung des Bodenwärmestroms ausschließlich auf empirischen Abschätzungen. Ein großer Nachteil des empirischen Ansatzes ist die Vernachlässigung des zeitlichen Versatzes zwischen Strahlungsbilanz und Bodenwärmestrom in Abhängigkeit der aktuellen Bodenfeuchtesituation.

Ein besonderer Schwerpunkt der vorliegenden Arbeit liegt auf der Bewertung und Verbesserung der Modellgüte des Bodenwärmestroms durch Verwendung eines neuen Ansatzes zur Integration von Bodenfeuchteinformationen. Daher wird in der Arbeit ein physikalischer Ansatz entwickelt der auf dem Ansatz der periodischen Temperaturveränderung basiert. Hierbei wurde neben dem ENVISAT ASAR SSM Produkt der TU Wien das operationelle Oberflächenbodenfeuchteprodukt ASCAT SSM als Fernerkundungseingangsdaten ausgewählt. Die mit SEBAL modellierten Energiebilanzkomponenten werden durch eine intensive Validierung mit bodengestützten Messungen bewertet, die Messungen stammen von Bodensensoren und Daten einer Eddy-Kovarianz-Station aus den Jahren 2009 bis 2011.

Die Region Khorezm gilt als charakteristisch für die wasserbezogene Problematik der Bewässerungslandwirtschaft Mittelasiens und wurde als Untersuchungsgebiet für diese Arbeit ausgewählt. Die wesentlichen Probleme dieser Region entstehen durch die nach wie vor nicht nachhaltige Land- und Wassernutzung, das marode Bewässerungsnetz mit einer Verlustrate von bis zu 40 % und der Bodenversalzung aufgrund hoher Grundwasserspiegel. Im Untersuchungsgebiet wurden in den Jahren 2010 und 2011 umfangreiche Feldarbeiten zur Erhebung lokaler bodengestützter Informationen durchgeführt.

Bei der Evaluierung der modellierten Einzelkomponenten ergab sich für die Strahlungsbilanz eine hohe Modellgüte ($R^2 > 0,9$; $rRMSE < 0,2$ und $NSE > 0,5$). Diese Komponente bildet die Grundlage bei der Bezifferung der für die Prozesse an der Erdoberfläche zur Verfügung stehenden Energie. Für die fühlbaren Wärmeströme wurden ebenfalls gute Ergebnisse erzielt, mit NSE von 0,31 und rRMSE von ca. 0,21. Für die residual bestimmte Größe der latenten Wärmeströmung konnte eine insgesamt gute Modellgüte festgestellt werden ($R^2 > 0,6$; $rRMSE < 0,2$ und $NSE > 0,5$). Dementsprechend gut wurde die tägliche Evapotranspiration modelliert. Hier ergab sich, nach der Interpolation täglicher Werte, eine insgesamt ausreichend gute Modellgüte ($R^2 > 0{,}5$; rRMSE < 0,2 und NSE > 0,4). Dies bestätigt die Ergebnisse vieler Energiebilanzstudien, die lediglich den für die Ableitung der Evapotranspiration maßgebenden Wärmestrom untersuchten. Die Modellergebnisse für den Bodenwärmestrom konnten durch die Entwicklung und Verwendung des neu entwickelten physikalischen Ansatzes von NSE < 0 und rRMSE von ca. 0,57 auf NSE von 0,19 und rRMSE von 0,35 verbessert werden. Dies führt zu einer insgesamt positiven Einschätzung des Verbesserungspotenzials des neu entwickelten Bodenwärmestromansatzes bei der Berechnung der Energiebilanz mit Hilfe von Fernerkundung.

Abstract

The understanding of the hydrological and the energy cycles are essential in order to describe the complex interactions within the climate system of the earth. Being recognized as an important component of both, the water and the energy cycle, reliable estimation of actual evapotranspiration and its spatial distribution is one outstanding challenge in this context. Detailed knowledge of land surface fluxes, especially latent and sensible heat components, is important for monitoring the climate and land surface, and for agriculture applications such as irrigation scheduling and water management. The use of remote sensing data to determine actual evapotranspiration (ET) is particularly suitable to provide area based indicators for the evaluation of the efficiency and productivity of irrigation systems as well as sustainability studies. Accurate estimation of evapotranspiration plays an important role in quantification of the water balance at watershed, basin, and regional scale for better planning and managing water resources. For instance, in irrigation systems of arid regions, artificial locations of evapotranspiration have been created. An in-depth process understanding is of paramount importance, as irrigated agriculture consumes about 70 % of the available freshwater resources worldwide, with a significant but unsatisfyingly quantified impact on the water cycle, especially on regional scale. Moreover, an exact quantification of ET inside these artificial ecosystems enables assessments of crop water consumptions and hence about water use efficiency. The withdrawal of water for agricultural use in the countries of Central Asia is more than 90 %.

For this thesis the residual methods of energy budget are of interest. One of the most common models dealing with energy budget residual is the Surface Energy Balance Algorithm for Land (SEBAL). SEBAL uses physical and empirical relationships to calculate the energy partitioning with minimum of ground data and atmospheric variables are estimated from remote sensing data. The determination of wet and dry surfaces is necessary to extract threshold values. SEBAL requires remote sensing input data like radiation, surface temperature, NDVI, and albedo. For this thesis an algorithm was developed based on SEBAL, its adaptations METRIC (Mapping Evapotranspiration with Internalized Calibration) and some regional adjustments. METRIC introduces the leaf area index (LAI) and land use classification data to determine the dry and hot surfaces as well as the input of additional meteorological data in order to improve the results of the model. Estimation of latent heat flux (L_vE, corresponding to evapotranspiration) with SEBAL is based on assessing the energy balance through several surface properties such as albedo, LAI, NDVI, LST etc. Considering instantaneous condition, the energy balance is written as $R_N = L_vE + H + G$. Net radiation energy (R_N) is available as the sum of the atmospheric convective fluxes sensible heat flux (H), latent heat flux (L_vE) and the soil heat flux (G).

The main objective of this thesis is to optimize, improve, and evaluate the existing remote sensing based algorithms for the estimation of actual evapotranspiration. For this purpose the seasonal actual ET was calculated using a partly modified SEBAL. SEBAL was implemented based on MODIS time series to solve the energy balance equation. The applied model has proven practicable for this area and is accepted to fulfil the scientific demands. The SEBAL algorithm is tested and set up for the use of 1km MODIS products. Land surface temperature (LST), emissivity, albedo, Normalized Differenced Vegetation Index (NDVI), and leaf area index (LAI) were combined for modelling the actual ET. Land use classification results were aggregated to 1 km MODIS scale. Furthermore, the surface soil moisture products ASCAT SSM and ASAR SSM will be used as input data for the model. In addition to remote sensing data meteorological and ground truth data are used in this study. Meteorological data are wind speed, air temperature, relative humidity, and net radiation. The data is required at time of satellite overpass (about 12 p.m.). R_N depends on incoming shortwave radiation, incoming and outgoing longwave radiant fluxes, albedo, emissivity and surface temperature. H is mostly calculated using the aerodynamic resistance between the surface and the reference height in the lower atmosphere (commonly 2 m) above surface. G is usually estimated using an empirical equation.

This thesis introduces a modified equation to estimate G using an adjusted form of the thermal conduction equation. This method uses microwave soil moisture products (ASAR SSM and ASCAT SSM) as additional input information. The SEBAL modelled energy balance components were intensively validated by field measurements with an eddy covariance system and soil sensors in 2009, 2010, and 2011. The thesis is primarily concerned with the irrigation farming of cotton ecosystems in Central Asia, in particular with the situation within Khorezm Oblast in Uzbekistan. Regional problems of Khorezm are high groundwater levels, soil salinity, and non-sustainable use of land and water. Amongst others, the determination of ground truth data driven by the above mentioned objectives are part of two extensive field campaigns in 2010 and 2011.

The validation of the modelled energy balance components leads to a good quality assessment. The model shows very good performance for R_N with average model efficiency (NSE) of 0,68 and small relative errors (rRMSE) of about 0,10. For turbulent heat fluxes good results can be achieved with NSE of 0,31 for H and 0,55 for LE, the rRMSE are about 0,21 (H) and 0,18 (L_vE). Soil heat flux estimation could be improved using the physically based approach. While the empirical equation leads to negative NSE and rRMSE of about 0,57, the improved approach shows rRMSE of 0,35 and NSE of 0,19. Thus, the improved G estimation can be registered as a valuable contribution for the remote sensing based estimation of energy balance components.

1 Einleitung

1.1 Bedeutung der Evapotranspiration im Klimasystem der Erde

Zur Beschreibung der komplexen Wechselwirkungen innerhalb des Klimasystems der Erde ist das Verständnis des hydrologischen Zyklus sowie des Energiekreislaufes essentiell (Kuttler, 2009). Von besonderer Bedeutung ist hierbei die Evapotranspiration[1] (ET), da sie eine wesentliche Teilkomponente beider oben erwähnter Kreisläufe ist (Foken, 2006). Die exakte Quantifizierung der regionalen, tatsächlichen Evapotranspiration innerhalb der Wasser- und Energiekreisläufe der Erdoberfläche auf unterschiedlichen zeitlichen und räumlichen Skalen ist für hydrologische, klimatologische und agronomische Fragestellungen essentiell (Li et al., 2009). Die Heterogenität der Landschaft und die zahlreichen bestimmenden Faktoren, wie Bodeneigenschaften, Pflanzen, Klima und Topographie erschweren die Ermittlung der Evapotranspiration (Mu et al., 2007). Dabei ist eine realistische Abschätzung der regionalen tatsächlichen Evapotranspiration die wichtigste Herausforderung der hydrologischen Modellierung (Li et al., 2009).

Die drängendsten Fragen der Umweltpolitik und Umweltforschung des 21. Jahrhunderts beschäftigen sich mit dem Klimawandel und der nachhaltigen Entwicklung. Die ersten intensiven politischen Auseinandersetzungen mit den Thema der Nachhaltigkeit fanden Anfang der 70er Jahre des 20. Jahrhunderts statt (Mebratu, 1998). Nach der ersten UN-Konferenz über die menschliche Umwelt 1972 in Stockholm wurde das Umweltprogramm der Vereinten Nationen (United Nations Environment Programme, UNEP) gegründet. Das Konzept der nachhaltigen Entwicklung erlangte auf der zweiten großen UN-Umweltkonferenz 1992 in Rio de Janeiro erstmals weltweite Anerkennung und erhielt dort seine heutige Bedeutung (Klein, 2011). In den zurückliegenden Dekaden wurden zahlreiche internationale Forschungsprogramme zur Beantwortung wissenschaftlicher Fragestellungen hinsichtlich der Wechselwirkungen zwischen Biosphäre und Atmosphäre durchgeführt (Gao, 2010). Einige dieser Forschungsprogramme sind beispielsweise das *International Hydrological Programme* (IHP, 1975), *World Climate Research Programme* (WCRP, 1980), *International Geosphere-Biosphere Programme* (IGBP, 1987) oder das *Biospheric Aspects of the Hydrological Cycle* (BAHC, 1991). Die Kontinuität dieser durch bedeutende internationale Organisationen unterstützten Forschungsprogramme unterstreicht das weltweite Interesse an der Verbesserung des Verständnisses des Wasserkreislaufs und die Forderung nach einem nachhaltigen Umgang mit der Ressource Wasser.

Zusätzlich zur Notwendigkeit des Prozessverständnisses des Wasserkreislaufs auf globaler Ebene kommt dessen regionale Bedeutung für die Landwirtschaft, insbesondere in Bewässerungssystemen arider Regionen. In ariden Klimazonen übersteigt die Menge der Verdunstung oft bei weitem die Niederschlagsmenge.

1 Die Evapotranspiration setzt sich aus den Prozessen der Evaporation und Transpiration zusammen und wird vereinfacht oft als Gesamtbegriff für die Verdunstung bezeichnet.

Aufgrund der geringen Niederschlagsmenge muss in ariden agrarischen Regionen das zum Pflanzenwachstum benötigte Wasser mit Hilfe künstlicher Bewässerung aufgebracht werden. Der jeweilige lokale Bewässerungsbedarf hängt von der Feldfrucht und deren Wachstumsphase, den Klimabedingungen, den Bodeneigenschaften und der Ausdehnung der Wurzelzone ab. Hierbei ist der Bewässerungsbedarf definiert als die Menge an Bewässerungswasser, die zusätzlich zum Niederschlag, benötigt wird, um einen gewünschten Feldfruchtertrag bei gleichzeitig hoher Qualität zu erzielen (Barnes und Hunsaker, 2010). Die Evapotranspiration ist als Komponente der regionalen Wasserbilanz eine wichtige Steuerungsgröße und Effizienzindikator für das lokale Bewässerungsmanagement (Roerink et al., 1997). Sie dient zur Beurteilung welcher Anteil des Bewässerungswassers ungenutzt wieder verdunstet, ohne an der Produktion von Biomasse beteiligt gewesen zu sein (Hübener, 2004). Die Bewässerungslandwirtschaft verbraucht weltweit etwa 70 % der verfügbaren Süßwasservorkommen (UNESCO, 2012). Dies wird als einer der Hauptgründe für die weltweit steigende Wasserknappheit identifiziert (Alexandratos und Bruinsma, 2012). Dabei ist der Wasserbedarf global stark unterschiedlich ausgeprägt, wie in Abbildung 1-1 dargestellt ist.

So liegt die Wasserentnahme des landwirtschaftlichen Sektors in den OECD Staaten im Mittel bei etwa 44 %, in den Staaten Mittelasiens[2] allerdings bei über 90 %. Gemeinsam mit anderen Stressfaktoren, wie z.B. Bevölkerungswachstum, verstärkt der hohe Wasserbedarf den Ressourcendruck in diesen Regionen (Bates et al., 2012). Demnach stellt die Situation in ariden und semi-ariden Gebieten eine spezielle Herausforderung für den nachhaltigen Umgang mit der Ressource Wasser dar (Li et al., 2011). Die gegenwärtigen Praktiken des Wassermanagements reichen häufig nicht aus, um diese Schwierigkeiten zu bewältigen. Daher ist die Quantifizierung des Wasserhaushalts in Regionen mit ariden und semi-ariden Klimabedingungen von enormer Bedeutung zur Lösung der Probleme der Wasserknappheit und vor dem Hintergrund daraus erwachsender potentieller politischer Spannungen (Deus et al., 2011). Dies führt nicht zuletzt zur Forderung nach räumlich und zeitlich hochaufgelösten Informationen über die tatsächliche Verdunstungsmenge zur Bewertung des Bewässerungssystems (Bates et al., 2012). Die Geowissenschaftliche Gemeinschaftsforschung der Deutschen Forschungsgemeinschaft (DFG) formuliert in ihrer aktuellen Strategieschrift die bestehende Notwendigkeit zur Erarbeitung des grundlegenden Verständnisses der hydrodynamischen Prozesse, insbesondere in ariden Gebieten, in denen die Ressource Wasser einer dramatischen Übernutzung unterliegt. Die Menge des entnommenen Bewässerungswasser für die landwirtschaftliche Nutzung lag beispielsweise in Usbekistan in den letzten Jahren deutlich über der aktuellen erneuerbaren Wassermenge (Stand 2005: 103,1 %, Quelle: FAO 2013). Hierbei muss

2 Mittelasien bezeichnet das Gebiet, welches die fünf ehemaligen Sowjetstaaten Kasachstan, Usbekistan, Kirgistan, Tadschikistan und Turkmenistan umfasst. Im internationalen Gebrauch werden unter Zentralasien sowohl die sowjetischen Nachfolgestaaten als auch Teile Chinas und der Mongolei verstanden (Cowan, 2007). Allerdings existiert für die Verwendung der Begriffe Mittelasien und Zentralasien derzeit keine einheitliche Sprachregelung, weshalb diese häufig synonym verwendet werden (Stadelbauer, 2003).

Abbildung 1-1: Wasserbedarf im Jahr 2005 getrennt nach den Sektoren Landwirtschaft, Industrie und Stadt.

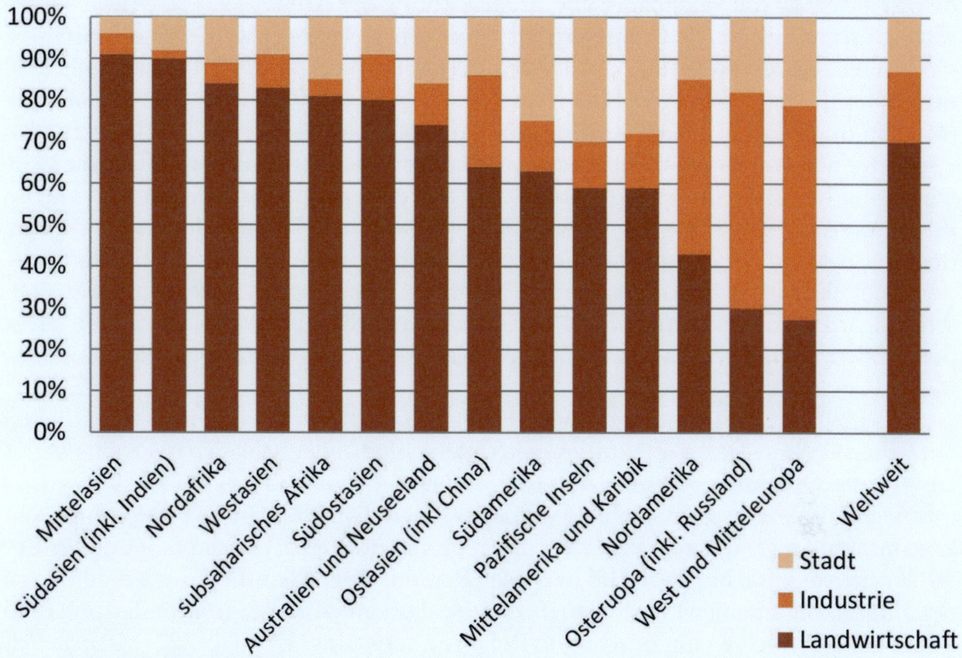

Quelle: UNESCO 2012, eigene Darstellung

angemerkt werden, dass aufgrund dieser Übernutzung eine im klassischen Sinne nachhaltige Nutzung der Ressource Wasser nicht möglich ist (Wefer, 2010).

Aride und semi-aride Flächen bedecken etwa 40 % der Erdoberfläche (Wang et al., 2009; Barakat 2009). Davon wiederum liegen ein Drittel in den fünf mittelasiatischen Ländern Kasachstan, Usbekistan, Turkmenistan, Kirgistan und Tadschikistan. Nach Einschätzungen des Weltklimarats (Intergovernmental Panel on Climate Change, IPCC) werden die Länder Mittelasiens besonders stark vom Klimawandel und dessen Auswirkungen auf den hydrologischen Zyklus betroffen sein (IPCC, 2007). Nicht zuletzt deswegen haben sich besonders die mittelasiatischen Länder als ein Hauptforschungsfeld für die Auswirkungen von Klimaveränderungen und Untersuchungen der hydrologischen Prozesse in ariden Gebieten entwickelt (Chen et al., 2012). Aufgrund der wachsenden landwirtschaftlichen Flächen bei gleichzeitig steigendenden Bevölkerungszahlen ist die Sicherstellung des Nahrungs- und Energiebedarfs in diesen Regionen nicht ohne geeignete Strategien zu gewährleisten (Schütze et al., 2011). Vor dem Hintergrund dieser Problematik gründete die UNEP im Jahr 2003 zusammen mit dem Entwicklungsprogramm der UN (United Nations Development Programme, UNDP) und der Organisation für Sicherheit und Zusammenarbeit in Europa (OSZE) die Umwelt- und Sicherheitsinitiative ENVSEC (Environment & Security Initiative). Diese Initiative hat die Identifikation sicherheits- und entwicklungsrelevanter Umweltprobleme der Länder und Regionen des Balkans, Mittelasiens und des Kaukasus zum Ziel.

Das prominenteste Beispiel eines unsachgemäßen Umgangs mit Wasserressourcen in Mittelasien ist die Versalzung und Austrocknung des Aralsees. Diese wurde hauptsächlich durch intensive Bewässerungspraktiken ausgelöst (Létolle und Mainguet, 1996). Der Wasserspiegel des einst viertgrößten Binnensees der Welt sank seit 1960 um mehr als 26 m, wobei Volumen und Oberfläche um 92 % bzw. 88 % abnahmen (Micklin und Aladin, 2008). Die vier größten Probleme im Bereich des Umwelt- und Wassermanagements im Aralseebecken formulierte die Weltbank bereits im Jahr 1998. Diese sind hauptsächlich verknüpft mit der fortschreitenden Umweltzerstörung, im Besonderen die Zunahme der Versalzung von Land und Wasser, der Austrocknung des Aralsees und der daraus resultierende ökonomischen und ökologische Probleme, dem ineffektiven Wassermanagement innerhalb des Einzugsgebiets und der zwischenstaatlichen Zusammenarbeit der mittelasiatischen Staaten (GEF, 1998). Trotz der großen zeitlichen Distanz zur ursprünglichen Formulierung ist die Aktualität dieser Probleme ungebrochen.

Das UNEP (2011) bestätigte diese Probleme in ihrem Bericht im Wesentlichen auch für das Amu-Darya-Einzugsgebiet, unterschied aber zusätzlich in Probleme des Unter- und Oberlaufs. Als eine der dringendsten Aufgaben in dieser Region wurde das nachhaltige Wassermanagement ausgewiesen. Das Verständnis der komplexen Zusammenhänge und der Prozesse des regionalen Wasserkreislaufs ist daher der wesentlichste Forschungsbedarf in dieser Region. Außerdem liegt neben den oben erwähnten, allgemeinen Problemen des Aralseebeckens zukünftiges Konfliktpotential in der bislang noch wenig beachteten Rolle Afghanistans (UNECE, 2011). Zusätzlich wird auch der steigende Bedarf an Energie aus Wasserkraft, bevorzugt in den Amu-Darya-Oberstromregionen Afghanistans und Tadschikistans als Problem angesehen (UNEP, 2011).

Eines der größten wasserbezogenen Probleme im Zusammenhang mit der Klimaveränderung ist die Unsicherheit in der Wasserverfügbarkeit Mittelasiens (UNECE, 2011). Diese ist verbunden mit starken jährlichen Schwankungen der Durchflussmengen der beiden ungeregelt fließenden mittelasiatischen Hauptströme Amu-Darya und Syr-Darya, welche durch das Abschmelzen der Gletscher noch verstärkt werden (Ibatullin et al., 2009; IPCC, 2007). Daraus erwachsen Planungsunsicherheiten hinsichtlich der Wasserverfügbarkeit sowie Unsicherheiten für das Bewässerungsmanagement mit enormen Auswirkungen auf die lokale Ökonomie (Wegerich, 2010). Verschärft wird die Situation durch die nach wie vor nicht nachhaltige Land- und Wassernutzung und das marode Bewässerungsnetz mit einer Verlustrate von bis zu 40 % und die Bodenversalzung aufgrund hoher Grundwasserspiegel (Conrad, 2006). Wachsende Nachfrage nach Wasser bedingt durch die stetig steigenden Bevölkerungszahlen erhöht zusätzlich den Druck auf die Ressource Wasser (UNECE, 2011). Viele dieser mit Wasser verbundenen Probleme der Region können durch eine effizientere Wassernutzung abgemildert werden (UNECE, 2011). Zur Verbesserung der Wassernutzungseffektivität ist ein genaueres Verständnis der großflächigen ET notwendig (Anderson et al., 2007; Long und Singh, 2012).

1.2 Satellitenfernerkundung zur Untersuchung des hydrologischen Zyklus mit Fokus auf Evapotranspiration

Die Quantifizierung der regionalen und globalen Evapotranspiration ist als kritischer Parameter im Klimasystem der Erde identifiziert, deren Verständnis mit Hilfe der Fernerkundung verbessert werden sollte (Mueller et al., 2011; Jiménez et al., 2011). Die UNESCO bestätigte dieses bisher wenig genutzte Potential der Fernerkundung zur Untersuchung der Ressource Wasser, woraus sich ein Forschungsbedarf für die satellitengestützte Bestimmung der Wasserkreislaufparameter und deren Genauigkeitsabschätzung ergibt (UNESCO, 2012). Besonders die unterschiedlichen räumlichen und zeitlichen Auflösungen und Abdeckungen der Satelliteninformationen machen die Fernerkundung sowohl für globale als auch regionale Fragestellungen interessant (Samimi, 1996). Bereits in den 70er Jahren des 20. Jahrhunderts wurde die potentielle Eignung der Satellitenfernerkundung zur Beantwortung hydrologischer Fragestellungen erkannt. Seitdem wurden zahlreiche Studien durchgeführt, die sich mit der Ermittlung hydrologischer Komponenten aus fernerkundlichen Datensätzen und Methoden beschäftigten.

In den Folgejahren erfuhr die Fernerkundung wachsende Bedeutung in der hydrologischen Modellierung (Overgaard et al., 2006). Die meisten Modelle bestimmen die ET indirekt über den latenten Wärmestrom (L_vE), welcher wiederum als Residuum aus der Lösung der Energiebilanzgleichung an der Landoberfläche abgeleitet wird. Die größte Herausforderung bei der Anwendung dieser Modelle ist die unabhängige Validierung der aus Fernerkundung abgeleiteten ET, um dessen Verlässlichkeit einschätzen zu können (Kite und Droogers, 2000). Ohne eine Abschätzung der Genauigkeit der eingesetzten Methoden zur Ermittlung der Evapotranspiration ist ein sinnvoller Einsatz der Modellergebnisse zur Unterstützung des Land- bzw. Bewässerungsmanagements nicht möglich (Verstraeten et al., 2008). Die Entwickler der einzelnen Methoden geben zwar häufig die zu erwartenden Genauigkeiten ihrer Modelle an, empfehlen aber auch eine regionale Validierung bzw. Kalibrierung (Allen et al., 2002a).

Zur Validierung der vom Modell berechneten Energiebilanzkomponenten wird auf messtechnische Verfahren zurückgegriffen. Verschiedenste Arbeiten widmeten sich der direkten Bestimmung des atmosphärischen Wasserdampftransports. Neben wägbaren Lysimetern, Szintillometermessung (Meijninger et al., 2005) und dem Bowen-Verhältnis-Verfahren (Bowen, 1926; Businger, 1986) hat sich hierbei besonders die Eddy-Kovarianz-Methode (Montgomery, 1948; Swinbank, 1951) etabliert (Kuttler et al., 2012). Eine räumlich umfassende und unabhängige Validierung der vom Modell ermittelten Energieflüsse ist allerdings aufgrund der begrenzten räumlichen Aussagekraft der konventionellen messtechnischen Verfahren nicht zu realisieren (Wloczyk, 2007). Häufig basieren die für die Validierung erhobenen Informationen auf Messungen einer Station, selten auf mehreren (Sun et al., 2010). Räumliche Muster der Verdunstung können beispielsweise nicht verifiziert werden, sofern nur Daten einer Messstation zur Verfügung stehen (Mo et al., 2004). Eine zusätzliche

Einschränkung bei der Beurteilung der Genauigkeit der Fernerkundungsmethoden ist, dass die Modelle ebenfalls Messdaten meteorologischer Stationen als Eingangsdatensätze verwenden und deren räumliche Aussagekraft und Verteilung ebenfalls beschränkt ist. Hinzu kommt die Inkonsistenz in den verglichenen Skalen von Satellitenbeobachtungen und Bodenmessungen (Kite et al., 2000). Weitere bekannte Limitierungen der Methoden sind Probleme der Energiebilanzschließung (EBS), die zeitliche Diskrepanz zwischen gemittelten Messwerten und den Überflugzeitpunkten, sowie die Ungenauigkeiten der eingesetzten direkten Messmethoden (Jia et al., 2010). Trotz dieser Limitierungen ist der Vergleich der Modellergebnisse mit bodengestützten Messungen bisher die einzige Möglichkeit Aussagen über die Genauigkeit der unterschiedlichen fernerkundlichen Modelle zu treffen und daher die weitverbreitetste Methode der Validierung (Boegh et al., 2002; Chávez et al., 2005; Cleugh et al., 2007; Jia et al., 2010).

Eines der weltweit am häufigsten eingesetzten und validierten fernerkundlichen Modelle zur ET Ableitung ist das SEBAL-Modell (Surface Energy Balance Algorithm for Land, Bastiaanssen et al., 1998a) mit über 40 veröffentlichten Studien. SEBAL eignet sich zur Quantifizierung der Verdunstung großflächiger Gebiete und wurde bisher überwiegend in der Bewässerungslandwirtschaft eingesetzt (Allen et al., 2011a). Die Entwickler bezifferten die Genauigkeit des Ansatzes auf Feldebene nach eigenen Vergleichsstudien auf ca. 85 % für tägliche und 95 % für saisonale Werte. Ein niedriger Gesamtfehler von 1 % bzw. 11 % wurde für die saisonale Gebietsverdunstung zweier Einzugsgebiete in Sri Lanka ermittelt (Bastiaanssen et al., 2005). Trotz der zahlreichen Anwendungen des SEBAL-Ansatzes sind viele der bisherigen Vergleichsanalysen hinsichtlich ihres Umfangs beschränkt (vgl. Long und Singh, 2012). Eine umfassende Validierung der berechneten Einzelkomponenten der Energiebilanzgleichung wurde nur selten durchgeführt (z.B. Hong et al., 2014; Ruhoff et al., 2012; Singh et al., 2008; Teixeira et al., 2009; Jacob et al., 2002). Einige Vergleichsstudien beziehen sich nur auf eine begrenzte Anzahl verfügbarer Satellitenszenen (Allen et al., 2002b; Farah und Bastiaanssen, 2001; Hafeez et al., 2007; Liu et al., 2007; Melesse und Nangia, 2005). Dies liefert nur bedingt Informationen über die Qualität der Modellergebnisse während des Gesamtzeitraumes einer Bewässerungssaison. Für das Bewässerungsmanagement ist eine ganzheitliche Bewertung der Saison jedoch von größerer Bedeutung (Allen et al., 2007). Häufig beschränkt sich die Modellvalidierung auf den Vergleich der abgeleiteten täglichen ET mit meteorologischen Messungen (z.B. Zwart und Bastiaanssen 2007; Ramos et al., 2009; Wang et al., 2009; Folhes et al., 2009) oder auf den Vergleich lediglich einer Komponente der ermittelten Energiebilanzgleichung, meist L_vE (z.B. Xiong et al., 2010; Mu et al., 2007). Hauptkritikpunkt bei der Beurteilung der Genauigkeit anhand des Vergleichs nur einer Komponente der Energiebilanz bzw. der abgeschätzten täglichen Verdunstungsmenge mit Ergebnissen mikrometeorologischer Messungen ist die Unkenntnis über die Genauigkeit der übrigen Komponenten der Energiebilanzgleichung (Long et al., 2012). Die Validierung der aus dem Modell ermittelten Momentanwerte der Energiebilanzkomponenten zum Überflugzeitpunkt ist bislang noch stark unterrepräsentiert (Paiva et al., 2011). Häufig ist es sogar überhaupt nicht möglich, einen Vergleich der Modellergebnisse mit bodengestützten Messungen vorzunehmen (Courault et al.,

2009; Wu et al., 2010). Besonders in abgelegenen Gebieten von Entwicklungsländern ist eine umfangreiche Validierung des Ansatzes aufgrund des Fehlens geeigneter Messinstrumente nur schwer durchzuführen (Borchardt und Trauth, 2012).

Wie bereits erwähnt, bescheinigen die bisherigen Vergleichsstudien, die sich mit der Überprüfung sämtlicher End- und Zwischenprodukte befassten, SEBAL eine gute Gesamtgenauigkeit, wobei die Ergebnisse des empirisch ermittelten Bodenwärmestroms in diesen Studien häufig als statistisch signifikant schlechter beurteilt werden als die übrigen Energiebilanzkomponenten (Kite und Droogers 2000; Melesse und Nangia 2005; Liu et al., 2007). Häufig wird eine Unterschätzung des durch den empirische Ansatz ermittelten Wertes für den Bodenwärmestrom festgestellt (Verstraeten et al., 2008). Einige dieser Studien beziffern den mittleren Fehler des Bodenwärmestroms auf zwischen 60 bzw. 80 W/m² (Singh et al., 2008; Ruhoff et al., 2012). Dies liegt ursächlich an der Art der Berechnung der Bodenwärmestromkomponente (G). Während die Komponenten verfügbare Strahlungsenergie (R_N) und fühlbarer Wärmestrom (H) physikalisch basiert ermittelt werden, beruht die Berechnung des Bodenwärmestroms ausschließlich auf empirischen Abschätzungen (Bastiaanssen et al., 1998). Ein großer Nachteil des empirischen Ansatzes ist die Vernachlässigung des zeitlichen Versatzes zwischen Strahlungsbilanz und Bodenwärmestrom in Abhängigkeit der aktuellen Bodenfeuchtesituation (Kalma et al., 2008). Begründet wird dies häufig durch den relativ geringen Anteil des Bodenwärmestroms an der Gesamtenergiebilanz (Hong, 2008; Li et al., 2009) und den mangelnden messtechnischen Möglichkeiten zur Ermittlung der für den Prozess maßgebenden Komponenten (Tang et al., 2010). Die Notwendigkeit der Überprüfungen der empirisch abgeleiteten Werte für den Bodenwärmestrom formulierten bereits Allen et al. (2002). In diesen Studien wird empfohlen, zur Verbesserung der Modellergebnisse eine lokale Kalibrierung des Bodenwärmestroms durchzuführen sowie regionale Bodenparameter zu erheben. Dies ist besonders unbefriedigend vor dem Hintergrund der Forderung nach einer akkuraten Bestimmung sämtlicher an der Energiebilanz beteiligter Komponenten (Sun et al., 2010; Long und Singh 2012).

Kürzlich wurde der Fokus der Forschung stärker auf den Bodenwärmestrom gelenkt. Grund dafür ist die dokumentierte Schwäche der bekannten Berechnungsverfahren, welche in der Diskrepanz der ermittelten Energiebilanzkomponenten für die Energiebilanzschließung begründet ist (Verhoef et al., 2012). In jüngeren Studien wurde bereits eine Verbesserung der Bodenwärmestromgleichung angedeutet (Bastiaanssen et al., 2010, 2012). Allen et al. (2011a) beschreiben eine Methode, bei der G mit einer Funktion des fühlbaren Wärmestroms abgeschätzt wird. Dieser Ansatz geht auf Überlegungen von Brutsaert (1982) und Stull (1988) zurück. Aus dem wachsenden Interesse und der Notwendigkeit einer verbesserten Abschätzung des Bodenwärmestroms formuliert sich ein weiterer wesentlicher Forschungsbedarf der in der vorliegenden Arbeit bearbeitet wird. Für flächenhafte physikalische Ermittlung des Bodenwärmestroms aus Satellitendaten in ariden Gebieten existieren bisher nur wenige Untersuchungen (Agam et al., 2012; Bastiaanssen et al., 2012; Heusinkveld und Jacobs, 2004). Bastiaanssen et al. (1998) beschreiben in ihrer Validierungsstudie des SEBAL Modells weitere, verschiedene Methoden der Validierung, geordnet nach unterschiedlichen Fragestellungen und Datenverfügbarkeiten. Hier wird auch die indirekte Validierung mit Bodenfeuchtemustern vorschlagen. Diese Methode fand bislang nur wenig Anwendung (z.B. Mohamed et al., 2004). Ein wesentlicher Grund für die Nichtbeachtung der Bodenfeuchtemuster bei der Validierung von Energiebilanzmodellen ist die limitierte Möglichkeit zur Durchführung umfangreicher Bodenmessungen, bei gleichzeitig nur indirekter Validierung der Energieströme. Ein relativ neues Werkzeug zur Beurteilung räumlicher Muster der Evapotranspiration mit Hilfe von Bodenfeuchteinformation besteht in der jüngsten Entwicklung räumlich höher aufgelöster, aus Radar abgeleiteter Bodenfeuchteinformationen (Wagner et al., 2007). Bastiaanssen et al. (2012) erkannten in ihren Studien ebenfalls das Potenzial der höher aufgelösten Bodenfeuchteinformationen aus SAR, welches in naher Zukunft erwartetet wird. Der starke räumliche Zusammenhang zwischen fernerkundungsbasierten Bodenfeuchteinformationen und der ET ist dokumentiert (vgl. Naeimi et al., 2013). Fernerkundungsdaten wurden bisher noch nicht für die indirekte Validierung von Energiebilanzmodellen eingesetzt. Dieser Forschungsbedarf wird in der vorliegenden Arbeit aufgegriffen.

1.3 Forschungsziele

Methodisches Ziel der Arbeit ist die Optimierung, Erweiterung und Validierung des ausgewählten SEBAL Verfahrens zur regionalen Modellierung der Energiebilanzkomponenten und der daraus abgeleiteten tatsächlichen Evapotranspiration. Die validierten Modellergebnisse der Gebietsverdunstung der Jahre 2009 – 2011 sollen anschließend als Grundlage dienen, das Gesamtverständnis der regionalen Prozesse des Wasserkreislaufs zu verbessern. Als Instrument zur Erreichung dieses Ziels wurde die Satellitenfernerkundung ausgewählt, da diese das einzig geeignete Mittel zur Erfassung der räumlichen Verteilung der Evapotranspiration im regionalen und lokalen Maßstab ist (Moran et al., 1989). Das belegen die zahlreiche Studien der vergangenen Dekaden, die auf Grundlage fernerkundungsbasierter Datensätze durchgeführt wurden (vgl. Kapitel 1.2).

Für die Modellierung der Energiebilanzkomponenten in der vorliegenden Arbeit wurde das häufig verwendete und operationell betriebene SEBAL-Modell ausgewählt, welches eine Methode nach dem Residualansatz der Energiebilanz der Landoberfläche ist. Die bisherigen Studien im Zusammenhang mit diesem Modell offenbaren eine oft mangelhafte temporäre Auflösung der Eingangsdaten. Zur Überwindung der limitierten zeitlichen Auflösung wurden bereits in mehreren Studien die Verwendung von MODIS Daten vorgeschlagen. Daher basiert die Datengrundlage dieser Arbeit auf MODIS Daten mit 1 km räumlicher Auflösung. Viele der vorangegangenen Vergleichsstudien beschäftigten sich außerdem nur unzureichend mit der Beurteilung der Genauigkeit der Momentanwerte sämtlicher Teilkomponenten der Energiebilanz. Diesen Bedarf an hinreichend validierten Modellergebnissen der Einzelkomponenten der Energiebilanz an der Landoberfläche greift die vorliegende Arbeit auf. Besonderer Schwerpunkt liegt dabei auf der Bewertung und Verbesserung der Modellgüte des Bodenwärmestroms durch Verwendung eines neuen Ansatzes zur Integration von Bodenfeuchteinformationen.

Eine Schwerpunktregion der hydrologischen Forschungen zur Lösung der Umweltprobleme der letzten Jahre sind die ariden und semi-ariden Gebiete Mittelasiens, des Balkan und des Kaukasus. Zwar wurde ein Großteil der bisherigen SEBAL Validierungsstudien für landwirtschaftlich geprägte Gebiete durchgeführt (Bastiaanssen et al., 2005), allerdings sind die in der Fokusregion Mittelasien dominierenden Baumwollökosysteme in diesen Studien unterrepräsentiert. Eine Verbesserung der wasserkreislaufbezogenen Kenntnisse in dieser Region ist dabei durchaus von klimapolitischem Interesse (UNECE, 2014) und wird als weiterer Forschungsbedarf identifiziert.

Die Region Khorezm gilt als charakteristisch für die wasserbezogene Problematik der Bewässerungslandwirtschaft Mittelasiens (Vlek et al., 2012) und wurde als Untersuchungsgebiet für diese Arbeit ausgewählt. Die vorliegende Dissertation entstand im Kontext des Entwicklungsprojekts „Khorezm-Projekt“ [3], dessen Ziele die Bereitstellung von Entscheidungshilfen für eine verbesserte Landwirtschaftspolitik, die Verbesserung des Land- und Wassermanagements sowie die nachhaltige Nutzung der natürlichen Ressourcen in der Region waren. Die Dissertation war eingebunden in das Doktorandenprogramm des Netzwerks Helmholz EOS (engl. earth observation system), einem Forschungsnetzwerk von Zentren der Helmholtz-Gemeinschaft, und wurde finanziell vom Deutschen Zentrum für Luft- und Raumfahrt (DLR) und der Universität Würzburg gefördert.

Die einzelnen Forschungsziele dieser Arbeit lassen sich wie folgt zusammenfassen:

- Erste umfassende Validierung der End- und Zwischenprodukte des SEBAL Modells mit mikrometeorologischen Messwerten am Beispiel eines ariden Untersuchungsgebietes in der Bewässerungslandwirtschaft Mittelasiens.
- Modellierung der regionalen Evapotranspiration von 2009 – 2011 basierend auf dem Residualmodell SEBAL zur Bewertung des Bewässerungssystems.
- Erstmalige Validierung der flächenhaften Bodenfeuchteinformationen aus Radarfernerkundung für aride Bewässerungsregionen.
- Entwicklung und Beurteilung eines neuen Berechnungsansatzes zur Bestimmung des Bodenwärmestroms durch Integration mittelaufgelöster, flächenhafter Bodenfeuchteinformationen aus Radarfernerkundung.

Zu Beginn erfolgt in Kapitel 2 die Vorstellung des Untersuchungsgebiets. Dies beinhaltet sowohl die geografische Einführung wie die Identifikation der wesent-

3 Das „Khorezm-Projekt“ wurden vom Deutschen Zentrum für Entwicklungsforschung (ZEF) der Universität Bonn gemeinsam mit der Universität Urgench, Khorezm durchgeführt (Projektzeitlaufzeit 2000 – 2011). Das Projekt entstand in enger Kooperation mit der UNESCO und wurde vom Bundesministerium für Bildung und Forschung (BMBF) finanziert. Weitere bedeutende Partner waren das Deutsche Zentrum für Luft- und Raumfahrt (DLR), der Deutsche Akademische Austauschdienst (DAAD) und die Universität Würzburg.

lichen Herausforderungen in der Region. Darauf folgt die Erläuterung der für das Prozessverständnis wesentlichen theoretischen und physikalischen Grundlagen (Kapitel 3). Die Vorgehensweise und die Datengrundlage bei der Modellierung und Validierung werden in Kapitel 4 erläutert. Hierin wird auch der Ansatz zur Integration der Bodenfeuchte in das Berechnungsmodell beschrieben. Die Ergebnisse der Modellierung sowie Validierung werden anhand des Anwendungsbeispiels Khorezm vorgestellt (Kapitel 5). In Kapitel 6 werden die Ergebnisse hinsichtlich der Erfüllung der genannten Zielsetzungen dieser Arbeit diskutiert und die wesentlichen Erkenntnisse zusammengefasst.

Abbildung 1-2: Ablaufdiagramm zur Übersicht über den Aufbau der Arbeit.

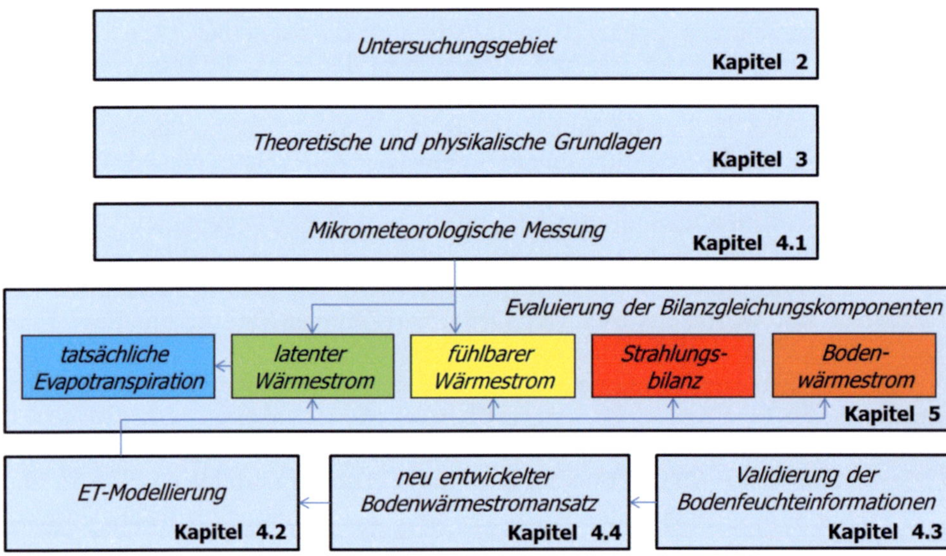

Quelle: Eigene Darstellung

2 Untersuchungsgebiet

Zu Beginn des Kapitels wird ein allgemeiner geographischer und sozioökonomischer Überblick (Kapitel 2.1) über das Untersuchungsgebiet gegeben. Weiter folgen Beschreibungen des Klimas (Kapitel 2.2) und des Bodens (Kapitel 2.3). Abschließend werden das Konzept des nachhaltigen Wassermanagements in der Region und die sich daraus ergebenden Konsequenzen für die Landwirtschaft vorgestellt (Kapitel 2.4).

2.1 Geographischer und sozioökonomischer Überblick

Das Untersuchungsgebiet Khorezm liegt im Tiefland von Turan, einer abflusslosen Senke an der Übergangszone zwischen den Wüsten Kara-Kum und Kyzyl-Kum. Khorezm erstreckt sich zwischen 60,0 ° und 61,4 ° nördlicher Breite sowie 41,1 ° und 42,0 ° östlicher Länge im Nordwesten Usbekistans am Unterlauf des Amu-Darya[4], welcher den südlichen Zulauf des Aralsees bildete (Abbildung 2-1).

Khorezm ist eine von dreizehn Provinzen Usbekistans, sogenannten Oblasts, und selbst wiederum in elf Verwaltungseinheiten, sogenannte Rayone, untergliedert. Begrenzt wird der Oblast Khorezm im Nordosten durch die autonome Republik Karakalpakstan und im Südwesten durch das Nachbarland Turkmenistan. Von der 5.600 km² umfassenden Gesamtfläche werden jährlich etwa 2.300 km² bewässert und landwirtschaftlich genutzt (Conrad et al., 2014). Die Bevölkerungszahl im Jahr 2014 betrug 1,684 Millionen (UZStat, 2014). Dies entspricht einer Bevölkerungsdichte von 300 Einwohnern pro km², bei einer jährlichen Wachstumsrate von 1,8 % (UZStat, 2014). Die Hauptstadt von Khorezm ist Urgench, in der etwa 10 % der Bevölkerung der Region leben. Die Topographie des Untersuchungsgebiets ist flach, wobei sich die absolute Höhe über dem Meeresspiegel von Südosten nach Nordwesten von circa 110 m auf 80 m absenkt.

2.2 Klima

Nach der Köppen'schen Klassifikation wird Usbekistan den winterkalten Wüstenklimaten zugeordnet (BWk-Klima). Khorezm liegt nach Siegmund/Frankenberg in der ariden Trockenzone (Ba3-Klima). Die durchschnittliche jährliche Niederschlagshöhe, zwischen den Jahren 1970 und 2007, liegt bei weniger als 95 mm.

4 Das Amu-Darya-Einzugsgebiet liegt in den fünf Staaten Usbekistan, Turkmenistan, Tadschikistan, Afghanistan und Iran. Die Angaben zur Einzugsgebietsfläche schwanken zwischen 465.000 km² und 612.000 km². Der jährliche Langzeitdurchfluss beträgt ca. 2.000 m³/s Dabei entspringen ca. 63 % des Stromdurchflusses in Tadschikistan und ca. 27 % in Afghanistan und Iran (UNECE, 2011).

Abbildung 2-1: Übersicht über die Lage des Untersuchungsgebiets Khorezm.

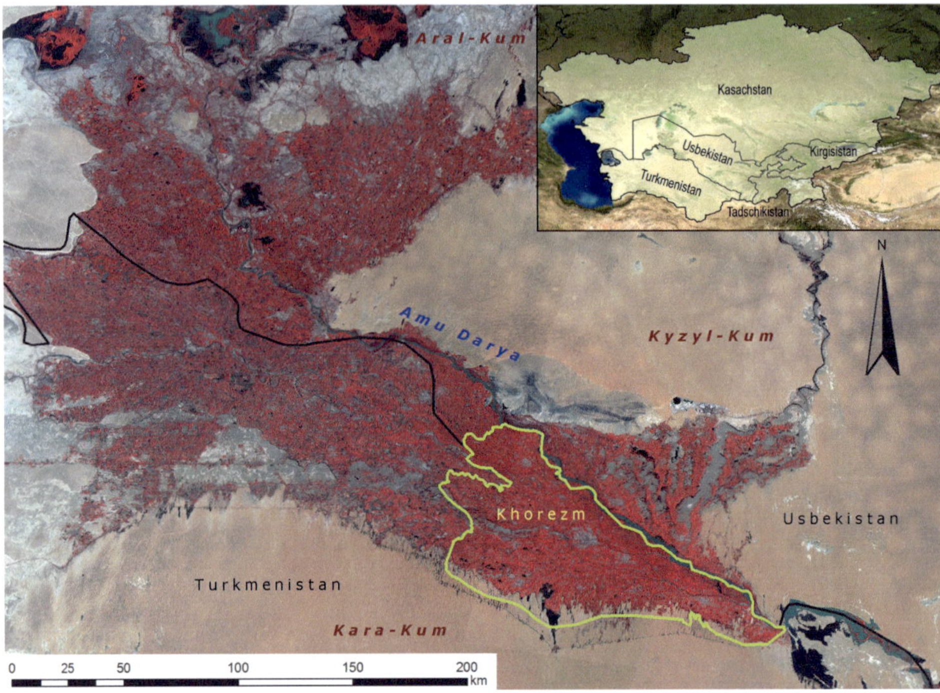

Quelle: Mosaik Landsat 5TM Juni 2009, 4-3-2-Falschfarbendarstellung

Abbildung 2-2: Darstellung des Walter-Lieth-Diagramm der Region Khorezm. Basierend auf Mittelwerten der Daten der meteorologischen Station in Urgench (Beobachtungszeitraum: 1970 – 2007).

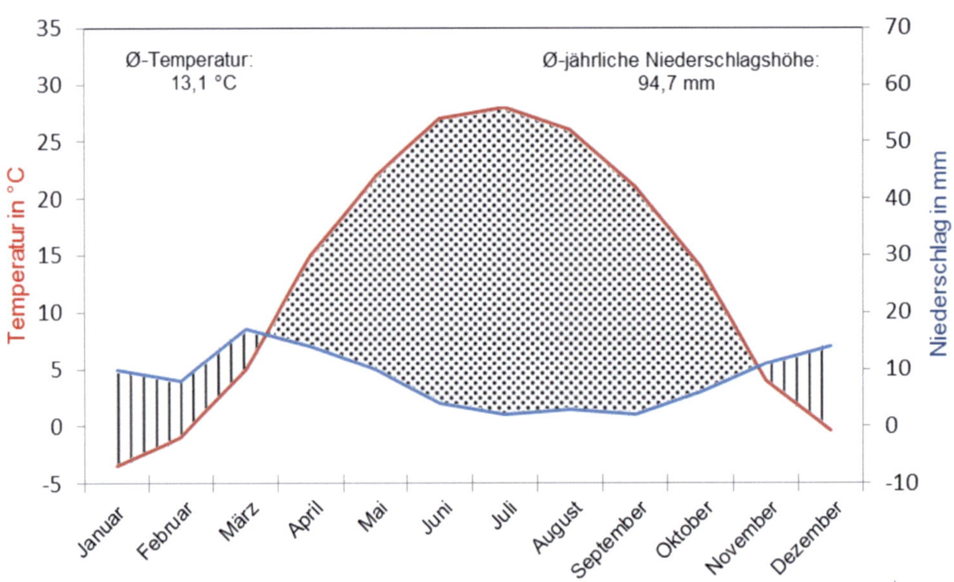

Quelle: Eigene Darstellung

Der Niederschlag fällt zu ca. 75 % im Frühling und Winter und an weniger als 40 Tagen im Jahr. Die mittlere potentielle Verdunstung von jährlich ca. 1.500 mm übersteigt dabei deutlich die Menge des Niederschlags (Conrad, 2006 zitiert nach Mukhammadiev, 1982). Die Jahresmitteltemperatur an der Messstation in der Hauptstadt Urgench beträgt 13,1 °C. Niederschlag und Temperatur sind in der Abbildung 2-2 dargestellt. Die Lufttemperatur kann in den langen, heißen Sommern 45 °C erreichen. Im Winter sinken die Temperaturen auf Werte von bis zu –29 °C. Eine Konsequenz des fortschreitenden Rückgangs des Aralsees ist dessen verminderte Fähigkeit zur Dämpfung der klimatischen Extreme (Vinogradov und Langford, 2001).

2.3 Böden

Die Böden in Khorezm wurden überwiegend durch alluviale Ablagerungen des Amu-Darya geformt, die sich im Süden mit Wüstenböden vermischen (Akramkhanov et al., 2012). Durch die intensive Bewässerung des vergangenen Jahrhunderts entstanden sehr komplexe Bodenprofile (Forkutsa, 2006). Aufgrund der Wasserzuführung wird Khorezm als Flussoase charakterisiert (Worbes et al., 2006), d.h. eine durch Wüstenböden umgebene, isolierte Vegetationsfläche die vom Wasser eines Fremdlingsflusses gespeist wird. Die Installation des verzweigten Kanalnetzes für Bewässerung und Entwässerung und die damit verbundene landwirtschaftliche Praxis führte dazu, dass sich nahezu über das gesamte Untersuchungsgebiet ein homogener oberer Bodenhorizont gebildet hat (Akramkhanov et al., 2012). Dieser dünne Horizont besitzt eine Infiltrationsrate von 0,5 bis 1 m pro Tag. Hinsichtlich einer effizienten Bewässerung ist die vorherrschende hydrogeologische Situation als ungünstig einzustufen, da die flache Topographie der Region zu einer geringen lateralen Grundwasserbewegung führt. Hieraus resultieren geringe Grundwasserflurabstände, zwischen 0,5 m und 2 m, die zusammen mit der flachen Topographie die vertikale Bewegung des Wassers und somit die Bodenversalzung begünstigen (Ibrakhimov et al., 2007). Die geringen Grundwasserflurabstände sind sowohl durch mangelhafte bzw. überlastete[5] Drainagemöglichkeiten als auch durch gewollte Stauung der Landwirte bedingt. Letzteres überwiegt in Gebieten mit geringer Wasserverfügbarkeit, da auf diese Weise durch kapillaraufsteigendes Grundwasser der Pflanzenwasserbedarf erfüllt werden soll (Forkutsa, 2006). Dies führt zusammen mit der permanenten Wasserzufuhr dazu, dass ein Großteil des Grundwassers das System nicht lateral durch die Entwässerungskanäle verlässt, sondern durch Transpiration und Evaporation vertikal aus dem System entweicht. Das wiederum forciert die sekundäre Versalzung des Bodens, der Bodenoberfläche und des Grundwassers (Ibrakhimov et al., 2007).

5 Hier liegt der Wasserspiegel der Drainagekanäle über dem Grundwasserspiegel, d.h. das Grundwasser kann nicht in den Drainagekanal entwässern.

2.3.1 Bodencharakteristika

Gemäß FAO Klassifikation sind die dominierenden Bodentypen Arenosol, Cambisol und Fluvisol (FAO, 2014). Die Böden besitzen eine nur geringe Fruchtbarkeit, was den Einsatz von Düngemittel im Ackerbau notwendig macht (Khamzina, 2006). Etwa 88 % des oberen Bodenhorizonts (< 30 cm) Khorezms weisen eine der drei Hauptbodenarten (schluffiger Lehm, sandiger Lehm und Lehm) auf, wobei mehr als 55 % der Bodenart schluffiger Lehm zuzuordnen sind (Abbildung 2-3). Die Böden weisen einen geringen Humusgehalt (zwischen 0,1 – 0,5 %) auf und besitzen in etwa 75 % des Untersuchungsgebiets nur einen geringen Anteil an organischen Substanzen (Akramkhanov et al., 2012). Diese Böden begünstigen den kapillaren Anstieg des Grundwassers und somit auch die sekundäre Versalzung des Bodens und des Grundwassers.

Abbildung 2-3: Verteilung der Bodenarten im oberen Bodenhorizont des Untersuchungsgebiets basierend auf räumlicher Interpolation von 432 Punkten der Khorezm Bodendatenbank.

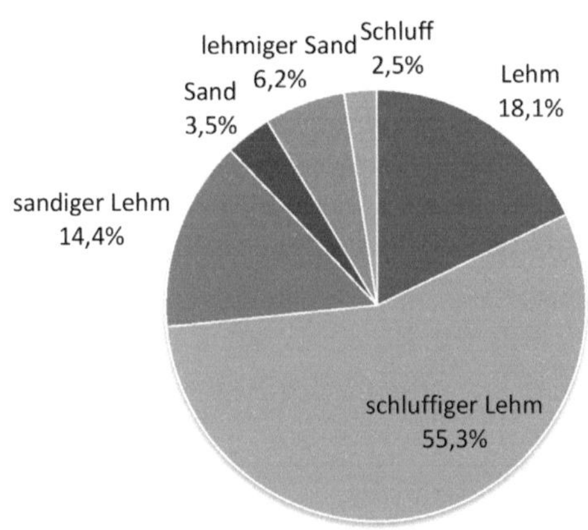

Quelle: State Research Institute of Soil Science & Agrochemistry, Tashkent

2.3.2 Bewässerung und Versalzung

Einige der Hauptprobleme in der Bewässerungsregion Khorezm sind die Versalzung und Vernässung der Böden (Awan, 2010), die wie bereits im vorherigen Abschnitt beschrieben durch die flache Topographie und die geringen Grundwasserflutabstände begünstigt werden. Die durchschnittliche Salinität des Grundwassers in Khorezm schwankt im Jahr zwischen 1,68 g/l im Oktober und 1,81 g/l im April (Ibrakhimov, 2005). Bei Untersuchungen auf Baumwollfeldern im südwestlichen Khorezm wurde in den Jahren 2002 bis 2004 eine annuelle Schwankungen des Salzgehalts im oberen Bodenhorizont von 1,0 dS/m – 14,8 dS/m gemessen (Akramkhanov, 2005; Forkutsa, 2006). Die Frage, welche sich hieraus für das Wassermanagement ergibt, ist, wie dieses Salz von der Oberfläche der landwirtschaftlichen Flächen entfernt werden kann. Hierzu wird in der gängigen Praxis bereits vor der eigentlichen Aussaat der Baumwolle ein Teil des Bewässerungswassers auf die Felder gebracht. Dieses Wasser dient der Auswaschung des Oberflächensalzes (Leaching) und führt durch die hohe Infiltrationsrate der Böden zum Anstieg des Grundwassers, was wiederum die sekundäre Versalzung der folgenden Vegetationsperiode beeinflusst (Forkutsa, 2006). Denn durch die geringen Grundwasserflurabstände und das kapillaraufsteigende Grundwasser kommt es zur Versalzung der Oberfläche und der Wurzelzone, was eine erneute Salzauswaschung zu Beginn jeder Bewässerungsperiode bedingt, um auf diese Weise zu hohe Salzkonzentrationen zu vermeiden.

2.4 Bedeutung der Landwirtschaft in Khorezm

Der landwirtschaftliche Sektor in Khorezm ist zugleich Hauptarbeitgeber und Haupteinkommensquelle der Bevölkerung. Etwa 40 % der Bevölkerung sind in der Landwirtschaft beschäftigt. Außerdem erwirtschaftet der Agrarsektor zwei Drittel des Bruttoinlandsprodukts (Djanibekov, 2008). Der Anteil des Ackerbaus an der Landwirtschaft beträgt 43 %, wogegen der Anteil der Tierhaltung bei 57 % anzusetzen ist (Djanibekov, 2008). Die Hauptanbaukulturen im Untersuchungsgebiet sind Baumwolle, Winterweizen und Reis. Weitere in Khorezm angebaute Feldfrüchte sind Alfalfa (Futterklee), Mais, Kartoffeln, Gemüse, Melonen, Früchte und Weintrauben. Die Anbaufläche von Alfalfa ist zugunsten von Winterweizen zurückgegangen, da dieser seit September 1991 zur Erfüllung der staatlichen Forderung nach Nahrungsmittelselbstversorgung forciert wird (Kienzler et al., 2005). Trotzdem hat die Viehzucht in den letzten Jahrzehnten zugenommen (Martius et al., 2006). Der Anbau von Baumwolle und Winterweizen unterliegt staatlich verordneten Produktionsquoten, die zu Beginn der Anbausaison festgelegt werden. Richtwerte der vergangenen Jahre für diese Produktionsquoten sind 50 % für Baumwolle und 30 % für Winterweizen (Awan et al., 2011). Khorezm ist geprägt durch Agroökosysteme, wobei das Baumwollökosystem dominiert. Aus diesem Grund widmet sich das folgende Unterkapitel (2.4.1) gesondert der Erläuterung bzw. Begriffsdefinition dieses Agroökosystems. Das Baumwollökosystem ist für die nachfolgenden Untersuchungen in dieser Arbeit von großer Bedeutung, beispielsweise für die Analyse der beobachteten mikrometeorologischen Prozesse (siehe Kapitel 5).

2.4.1 Baumwollökosysteme

Auf Grund der nicht einheitlichen Verwendung des Begriffs Ökosystem bzw. Baumwollökosystem soll der Begriff zunächst erläutert werden, da er wesentlich für die Ausrichtung und Konzeption der in dieser Arbeit untersuchten Fragestellungen ist. Aufgegriffen wird zunächst die Definition eines Ökosystems nach Tansley (1923). Diese lautet: „Pflanzengesellschaften wie Felder und Wälder können als ökologische

Systeme angesehen werden, in denen lebende Organismen mit ihrer physikalischen und biologischen Umgebung eine sich gegenseitig beeinflussende Einheit bilden." (Pauli, 1969, S. 1). Demnach ist ein Ökosystem ein Beziehungsgefüge der Lebewesen untereinander und mit ihrem Lebensraum. Es wird durch seine Struktur und Funktion charakterisiert. Die Struktur ist physikalisch durch die Gliederung des Raumes, chemisch durch Menge und Verteilung der anorganischen und organischen Stoffe und biologisch durch das Spektrum der Lebensformen, das Verknüpfungsgefüge der Arten, die Ernährungsstufen der Produzenten, Konsumenten und Destruenten beschrieben. Die Hauptfunktion eines *Ökosystem* liegt im Kreislauf der Stoffe und den damit verbundenen Energieflüssen (Schaefer, 2012). Eine Sonderform des Ökosystems bilden die sogenannten Agroökosysteme (Loucks, 1977). Das im Untersuchungsgebiet vorherrschende Agroökosystem ist das Baumwollökosystem.

„Das Baumwollökosystem ist ein künstliches, terrestrisches Ökosystem, in dem die Baumwollpflanzen die zentrale Rolle spielen" (Li, 1998, S. 48).

Baumwollökosysteme sind stark vom Menschen geprägt und verfügen über eine geringe Stabilität[6] hinsichtlich Störungen oder Veränderungen der Umgebung. Der Einsatz unterschiedlichster landwirtschaftlicher Arbeitsverfahren, wie beispielsweise die Verwendung von Düngemitteln und Maßnahmen zur Insektizidbehandlung, hat starken Einfluss auf Struktur und Funktion des Ökosystems. Ziel der verschiedenen Behandlungen ist die Regulierung des Wachstums der Baumwolle, um den bestmöglichen Nettoertrag zu erhalten (Li, 1998). Baumwollökosysteme sind im Vergleich zu natürlichen Ökosystemen zweckgebunden und besitzen einen kurzen Lebenszyklus (üblicherweise einjährig, von Aussaat bis Ernte) sowie eine geringe Artenvielfalt bei hohem energetischem Einsatz (z.B. Sonne, Wasser).

2.4.2 Landwirtschaftliches Produktionssystem in Usbekistan

Nach dem Zusammenbruch der Sowjetunion im Jahr 1991 und der daraus hervorgehenden Unabhängigkeit Usbekistans wurde das landwirtschaftliche System grundlegend geändert. Der Übergang vollzog sich in mehreren aufeinanderfolgen Stufen von der sowjetischen Planwirtschaft hin zur Marktwirtschaft. Dabei war der erste Schritt die Privatisierung des landwirtschaftlichen Systems (Veldwisch, 2007). Aus der Kolchosenwirtschaft ging zunächst ein System aus staatlichen, privaten und kleineren, familienbetriebenen Bewirtschaftungseinheiten hervor (Vlek et al., 2001). Im Jahr 2005 wurden dann die staatlichen Betriebe aufgelöst, in private Einheiten zerlegt und anschließend in Form der sogenannten Wassernutzergemeinschaften (WUA, Water User Association) zusammengefasst. Im Jahr 2009 wurden die WUA's dann in Wasserverbrauchergemeinschaften (WCA, Water Consumer Association) umbenannt (Hornidge et al., 2013). Die Aufgaben einer WCA sind, zusätzlich zur Regelung der Wasserverteilung, u.a. die Neuverteilung des Landes, die Steigerung der Weizenproduktion hinsichtlich der Nahrungsmittelsicherheit und die Umsetzung

6 Ökosysteme werden nach dem Stabilitätskonzept von Pimm (1984) in persistente, resiliente und resistente Ökosysteme unterschieden.

der staatlich verordneten Produktionsquoten für Baumwolle und Winterweizen. Es gibt im Wesentlichen drei Arten der landwirtschaftlichen Produktion in Khorezm, diese sind nach Veldwisch und Spoor (2008):

- Staatlich verordnete Produktion,
- Kommerzielle Produktion und
- Haushaltsproduktion.

Basierend auf Studien zur Landnutzung in der stark heterogenen Landschaft Khorezms von Conrad et al. (2014) beziffert sich der Flächenanteil der Hauptfeldfrüchte an der gesamten Anbaufläche im Jahr 2009 wie folgt:

- Baumwolle: 34,9 %,
- Winterweizen: 24,6 % und
- Reis: 25,5 %.

Hieran lassen sich bereits zwei Probleme der Region aufzeigen. Zum einen zeigt sich die Diskrepanz zwischen offizieller Statistik und der aus Fernerkundung abgeleiteten Realität, denn laut offizieller Statistik (UZStat, 2010) betrug im Jahr 2009 der Anteil von Reisflächen in der Region 6 % im Gegensatz zu den 25,5 %, die aus Fernerkundungsdaten abgeleitet wurden. Dies ist damit zu erklären, dass die Einnahmen die mit Reisanbau zu erwirtschaften sind deutlich über denen anderer Feldkulturen liegen. So werden beispielsweise erntebedingte Verluste auf Grund geringerer Anbauflächen für Baumwolle und Weizen, durch Gewinnüberschüsse aus der, gegenüber der offiziellen Statistik, höheren Anbauflächen für Reis kompensiert. Eine Konsequenz die sich hieraus ergibt ist, dass offizielle Statistiken nur eine geringe Glaubwürdigkeit besitzen (Oberkircher et al., 2010). Zum andern zeigt sich aber gerade am Beispiel Reis, wie sensitiv die Anbauflächen auf Wasserverfügbarkeiten reagieren. So ist z.B. in den Dürrejahren 2000, 2001 und 2008 ein Rückgang der Reisanbauflächen von bis zu 80 % zu verzeichnen (Djanibekov, 2008). Diese erkennbaren ökologischen und ökonomischen Auswirkungen zeigen die Notwendigkeit auf, die Bewässerungswirtschaft in der Region zu optimieren (Martius et al., 2006) und macht deutlich, dass dem Management der Wasserverteilung eine besondere Bedeutung in der Region zukommt.

3 Theoretische und physikalische Grundlagen

In diesem Kapitel wird eine Einführung in die Grundlagen gegeben, die zum Prozessverständnis der Modellierung notwendig sind. In Kapitel 3.1 werden zunächst die wichtigsten Begriffe im Zusammenhang mit ET definiert, ehe in Kapitel 3.2 die theoretischen Hintergründe für die Bestimmung der ET_a beschrieben werden. Darauffolgend werden die physikalischen Grundlagen der Eddy-Kovarianz-Methode in Kapitel 3.3 vorgestellt. Eine detaillierte Beschreibung des verwendeten fernerkundlichen Modells zur Ableitung der tatsächlichen Evapotranspiration erfolgt in Kapitel 3.4. Darin werden zudem die physikalischen Prozesse der Bodenwärme beschrieben, die für die Erarbeitung des optimierten Ansatzes zur Berechnung des Bodenwärmestroms (Kapitel 4.4) notwendig sind. Eine Einführung in die Thematik zur Ableitung der Oberflächenbodenfeuchte aus Mikrowellenfernerkundung gibt das Kapitel 3.5. Abschließend werden im Kapitel 3.6 die im Rahmen dieser Arbeit verwendeten Gütemaße zur Beurteilung und Bewertung der Modellgüte vorgestellt.

3.1 Definitionen und Bilanzgleichungen

Grundsätzlich sind die Definitionen im Zusammenhang mit Evapotranspiration international einheitlich, dennoch bestehen hinsichtlich Anwendung und Aussagekraft einzelner Formulierungen Unterschiede. Zum besseren Verständnis werden in Abschnitt 3.1.1 daher die Begriffe in der Form erläutert, wie sie in der vorliegenden Arbeit verwendet werden. Unterkapitel 3.1.2 arbeitet die besondere Bedeutung der ET für den Wasser- und Energiekreislauf heraus.

3.1.1 Begriffsdefinitionen

„Mit Evapotranspiration wird die insgesamt transferierte Wasserdampfmenge einer pflanzenbedeckten Erdoberfläche bezeichnet, die sich aus Evaporation und Transpiration zusammensetzt."
(Maniak, 2005, S. 23)

Gemäß dem *„International meteorological vocabulary"* (WMO, 1967) wird in der Klimatologie und Meteorologie die *Evapotranspiration* in die Prozesse Evaporation und Transpiration unterteilt. Unter *Transpiration* wird die physiologisch regulierte Wasserdampfmenge verstanden, die von den oberirdischen, luftumgebenen Teilen einer Pflanze an die Atmosphäre abgeben wird (Vietinghoff, 2002). Der Prozess ist eng mit dem der Photosynthese verknüpft und erfolgt überwiegend aus den sich selbst regulierenden Spaltöffnungen der Blätter, auch Stomata[7] genannt (Maniak, 2005). Transpiration wird auch als Verdunstung von Pflanzenoberflächen aufgrund biotischer Prozesse bezeichnet (DVWK, 1996). Als *Evaporation* wird die verdunstete Wasserdampfmenge freier Wasseroberflächen, unbewachsener Erdoberflächen und des durch Interzeption auf den Pflanzenoberflächen zurückgehaltenen Niederschlagswassers bezeichnet (DVWK, 1996). Die Summe der beiden Verdunstungsprozesse Transpiration und Evaporation ist die Gesamtverdunstungshöhe und wird häufig synonym zu Evapotranspiration verwendet. Als *Verdunstung* wird der Prozess bezeichnet, bei dem der Wasserdampfgehalt der Atmosphäre infolge molekularer oder turbulenter Diffusion zwischen Oberfläche (Boden, Pflanzen oder Wasser) und Atmosphäre erhöht wird. Der umgekehrte Vorgang, d.h. die Erhöhung des Wasserdampfgehalts an der Oberfläche wird als Kondensation bezeichnet. Der physikalische Prozess der Verdunstung ist demnach sowohl mit einer Transformation von Strahlungs- oder Wärmeenergie, als auch mit einer Aggregatzustandsänderung (Sublimation oder Verdampfung) von Wasser verbunden.

Als *tatsächliche* (auch aktuelle[8] oder reale) *Evapotranspiration* wird die Wasserdampfmenge verstanden, die unter der tatsächlichen Wasserverfügbarkeit und meteorologischen Randbedingung in die Atmosphäre übergeht. In dieser Arbeit wird zusätzlich der Begriff der *saisonalen tatsächlichen Evapotranspiration* verwendet, diese entspricht der kumulierten täglichen ET_a im Verlauf einer Bewässerungssaison[9]. Mit *potentieller Evapotranspiration* (ET_0) wird die maximal in die Atmosphäre transferierbare Wasserdampfmenge pro Zeiteinheit bezeichnet, die unter unbegrenzt verfügbarem Wasser- und Nährstoffvorrat einer ganz oder teilweise mit Vegetation bedeckten Fläche in Abhängigkeit der gegebenen meteorologischen, bodenphysikalischen, vegetationsspezifischen und pflanzenbaulichen Randbedingungen stattfindet. ET_0 ist somit orts- und zeitspezifisch und daher wesentlich von der Strahlungsbilanz der Oberfläche und dem Energietransport der Atmosphäre abhängig. Zwar besitzt ET_0 kein physikalisch reales Äquivalent, doch trotz dieses hypothetischen Charakters ist sie von großer praktischer Bedeutung für die Bewässerungswirtschaft und die Klimatologie (Maniak, 2005). ET_0 wird beispielsweise benötigt, um den maximal möglichen Wasserverbrauch eines Standtortes und somit die Wassergaben zu bestimmen, welche für eine optimale Entwicklung der Kulturpflanzen erforderlich sind. ET_a ist dabei per Definition nie größer als ET_0.

Die *FAO-Gras-Referenzevapotranspiration* ist die transferierte Wasserdampfmenge, die sich über einer ganzjährig einheitlichen mit Gras bestandenen Fläche ergibt (Allen, 2000). Sie ist die international standardisierte Methode, um vergleichbare ET_0 zu berechnen. Als Standardeigenschaften der Grasfläche wurde eine angenommene Grashöhe von 12 cm, ein Oberflächenwiderstand von 70 s/m, ein aerodynamischer Widerstand von $208/(u_2\,s\,m)$ und eine Albedo von 0,23 festgelegt. Die FAO-Gras-

7 Stoma sind spezialisierte Zellen in der Epidermis von Landpflanzen die dem Gasaustausch dienen (Kutschera, 1995).

8 Der englische Begriff „actual evapotranspiration" sollte nicht mit aktueller Evapotranspiration übersetzt werden, da das Wortes „aktuell" im Deutschen nur den zeitliche Bezug angibt (DVWK, 1996).

9 Die Bewässerungssaison in Khorezm erstreckt sich von Anfang April bis Ende Oktober eines Kalenderjahres (Conrad, 2006).

Referenzevapotranspiration Methode wird in dieser Arbeit zur Berechnung der ET_0 verwendet. Da die Gras-Referenzevapotranspiration etwa 10 % – 30 % geringer als die ET_0 gut bewässerter Feldfrüchte ist, wurde eine weitere *Referenzevapotranspiration* ET_r eingeführt. Hier wird als hypothetische Referenzfeldfrucht Alfalfa verwendet, da Alfalfa ähnliche physikalische Eigenschaften (Blattflächenindex, Rauigkeit) aufweist wie die meisten agronomischen Feldfrüchte (Irmak und Haman, 2011). Für ET_r werden eine Wuchshöhe von 50 cm und ein Oberflächenwiderstand von 45 s/m angenommen. Um ET_0 für unterschiedliche Vegetationstypen und deren Wachstumsstadien zu berücksichtigen, wurde die sogenannte *pflanzenspezifische Evapotranspiration* (ET_c) eingeführt (Allen, 2003). Aufgrund des unterschiedlichen Einflusses von Wuchshöhe, Bodenbedeckungsgrad, Wuchs- und Blattform der Vegetation auf die ET wird in Pflanzen mit hoher (≈50 cm) und niedriger Wuchshöhe (≈12 cm) unterschieden. Um ET_c zu erhalten, wird daher entweder ET_r oder ET_0 mit einem Pflanzenwachstumskoeffizienten (k_c) multipliziert.

$$ET_c = ET_r \cdot k_c \quad \text{in mm} \qquad (3\text{-}1)$$

$$ET_c = ET_o \cdot k_c \quad \text{in mm} \qquad (3\text{-}2)$$

Entsprechend wird die potentielle Evapotranspiration für Feldfrüchte mit höheren Wuchshöhen durch ET_r (Gleichung 3-1) bzw. für niedrige Wuchshöhen durch ET_0 (Gleichung 3-2) repräsentiert (Allen, 2005).

3.1.2 Bilanzgleichungen

Die ET ist von besonderer Bedeutung, da sie eine wesentliche Teilkomponente des Wasser- und Energiekreislaufs ist (Foken, 2006). Diese Kopplung wird anhand der Darstellung der jeweiligen Bilanzgleichung verdeutlicht. Die Energiebilanz an der Erdoberfläche für ein bestimmtes Zeitintervall Δt lautet:

$$R_N - H - L_v E - G \pm \Delta S = 0 \quad \text{in W/m}^2 \qquad (3\text{-}3)$$

Mit:

R_N:	Strahlungsbilanz*	in W/m²
H:	fühlbarerer Wärmestrom	in W/m²
L_vE:	latenter Wärmestrom	in W/m²
G:	Bodenwärmestrom	in W/m²
ΔS:	gespeicherte Energie	in W/m²

* Die verfügbare Strahlung an der Erdoberfläche wird auch Nettostrahlung oder Strahlungssaldo genannt (Maniak, 2005).

Da sich aus L_vE unter Verwendung der spezifischen[10] Verdampfungswärme (L_V) ET berechnen lässt ($ET = L_VE/L_V$, siehe Kapitel 3.4.5) ist die Evapotranspiration im-

10 Die spezifische Verdampfungswärme wird häufig auch als latente Verdampfungswärme bezeichnet.

plizit in Formel 3-3 enthalten. Die Wasserbilanzgleichung berechnet sich für Gebiete oder Ökosysteme für einen Zeitintervall Δt:

$$N + ET + Q \pm \Delta S_W = 0 \qquad \text{in mm} \qquad (3\text{-}4)$$

Mit:

N:	Niederschlagshöhe	in mm
ET:	Evapotranspiration	in mm
Q:	Abflusshöhe	in mm
ΔS_W:	Wasservorratsänderung	in mm

3.2 Methoden zur Ableitung der tatsächlichen Evapotranspiration

Welche Methoden zur Ermittlung der ET zur Anwendung kommen, hängt zum einen vom geforderten Zeit- und Flächenmaßstab und zum anderen von den verfügbaren Beobachtungsmaterialien ab (Maniak, 2005). Die hierfür existierenden Verfahren lassen sich methodisch einordnen in:

- Direkte Messverfahren,
- Indirekte Messverfahren und
- Berechnungsverfahren.

3.2.1 Direkte Messverfahren

Zu den direkten Messverfahren zählen Evaporimeter, Atmometer, Lysimeter[11] und das Eddy-Kovarianz-Verfahren[12].

Evaporimeter oder Verdunstungspfannen (bzw. –kessel) sind flache, runde oder quadratische mit Wasser gefüllte Verdunstungsmessgeräte, bei denen die tatsächliche Evaporation einer Wasseroberfläche ermittelt wird. Hierzu wird in bestimmten Zeitabständen der Wasserstand der Pfanne gemessen und so der volumetrische Wasserverlust berechnet. Allerdings gibt es Einschränkungen hinsichtlich der Übertragbarkeit dieser gemessenen tatsächlichen Evaporation, da bedingt durch Bauart und Standorteigenschaften weder ET_0 noch ET_a von Wasser- oder Bodenoberflächen exakt bestimmt werden. Mit Hilfe von Korrekturfaktoren können lediglich Schätzwerte abgeleitet werden. Das am weitesten verbreitete Evaporimeter ist die sogenannte Class-A-Pan (WMO, 1976).

---

11 Ein Lysimeter wird vereinzelt auch Bodenevaporimeter genannt.

12 Flussmessungen nach der Eddy-Kovarianz-Methode werden vielfach auch Eddy-Korrelations-Methode genannt. Dies kann aber zu Verwechslungen mit der oft ebenfalls als Eddy-Korrelations-Methode bezeichneten Messung der Fluss-Varianz-Beziehung führen (Foken, 2006).

Atmometer sind besondere Evaporimeter bei denen die Evaporation von einer wassergesättigten porösen Papieroberfläche ermittelt und täglich registriert wird (Piche-Atmometer).

Im Gegensatz zu den bisher genannten Evaporimetern kann mit einem *Lysimeter* auf Grundlage der Wasserbilanz die ET_a gemessen werden. Es gibt Lysimeter in wägbarer oder nicht wägbarer Bauart, erstere gelten als genauste Punktmessmethode zur Bestimmung der tatsächlichen Evapotranspiration. Ein wägbareres Lysimeter ist ein oben offener, mit einem Bodenmonolithen (einer idealerweise ungestörten Bodenprobe) gefüllter Behälter mit Wiegevorrichtung. Das am Behälterboden austretende Wasser wird aufgefangen und ebenso gemessen wie die durch Niederschlag eingebrachte Wassermenge. Die Bodenoberfläche des Lysimeters ist mit der zu untersuchenden Vegetation bewachsen. Dabei sollen möglichst natürliche Bedingungen für das System Boden-Wasser-Vegetation herrschen. Aus der Gewichtsänderung des Bodens und unter Kenntnis der aufgefangenen Wassermengen kann ET_a ermittelt werden. Die punktuell mit einem Lysimeter gemessene ET_a kann für ein größeres, dem Standort ähnliches umgebendes Gebiet als repräsentativ angesehen werden. Weitere auf Grundlage der Wasserbilanzgleichung basierende Verfahren können Schrödter (1985) entnommen werden.

Das *Eddy-Kovarianz-Messverfahren* zählt zu den direkten mikrometeorologischen ET_a Messverfahren und basiert auf der Grundlage der Energiebilanz an der Erdoberfläche. Die direkte Ableitung der Messgröße ist allerdings an die Erfüllung wesentlicher Modellannahmen (homogener Untergrund, stationäre Bedingungen usw.) gekoppelt. Bei dieser Methode wird die von einer Oberfläche durch turbulenten Austausch in bodennahe Luftschicht transferierte Wasserdampfmenge ermittelt. Dieser vertikale Wasserdampfstrom eines größeren Gebiets lässt sich bestimmen indem die Fluktuationen von Temperatur und Luftfeuchte mit den Luftturbulenzen in Korrelation gesetzt werden. Die Eddy-Kovarianz-Methode zählt zu den meist eingesetzten Methoden im Zusammenhang mit der Validierung von fernerkundungsbasierter Modellierung der Energiebilanz (Barcza et al., 2009) und kommt auch in der vorliegenden Arbeit zum Einsatz. Eine detaillierte Beschreibung erfolgt später in Kapitel 3.3.

3.2.2 Indirekte Messverfahren

Zu den indirekten ET-Messverfahren gehören das Gradientenverfahren, die Saftflussmessung, die Szintillometermessung und die Bowen-Verhältnis-Methode.

Beim *Gradientenverfahren* wird der Dampfdruckgradient zwischen verdunstender Oberfläche und aufnehmender Luft ermittelt. Weitere indirekte ET-Messverfahren sind Verfahren die auf der Energiebilanz basieren. Die Bestimmung der ET erfolgt näherungsweise über den latenten Wärmestrom, der als Restglied der Energiebilanz berechnet wird, falls die anderen am Energieumsatz beteiligten Größen bekannt sind. Zur indirekten Ermittlung der ET_a werden Saftflussmessungen, Szintillometermessungen, die Bowen-Verhältnis-Methode oder Fernerkundungsmethoden eingesetzt.

Bei der *Saftflussmessung* wird eine niederwertige Temperaturquelle in den Stamm oder Zweig einer Pflanze eingebracht und der Wärmefluss im Xylem[13] berechnet. Dies geschieht entweder durch Messung der Geschwindigkeit des von der Wärmequelle ausgesandten Impulses oder der durch Konvektion bedingten Wärmeenergiedissipation des Stamms (Allen et al., 2011b). Mit dieser Methode kann jedoch nicht auf ET_a geschlossen werden, da hier lediglich die Transpirationskomponente bestimmt wird.

Ein *Szintillometer* ist ein optisches Instrument zur Messung der Fluktuationen des Brechungsindexes der Luft. Verursacht werden diese Fluktuationen durch Luftdruck, Lufttemperatur, oder Luftfeuchte bedingte Dichtevariationen. Die direkt abgeleitete Größe bei dieser Methode ist der fühlbare Wärmestrom. Um auf den latenten Wärmestrom bzw. ET_a schließen zu können, wird die Monin–Obukhov-Ähnlichkeitstheorie (Kapitel 3.3.2) angewendet. Szintillometermessung basieren implizit auf der Annahme einer flachen und horizontal homogenen Messfläche.

Als Bowen-Verhältnis (Bowen, 1926) wird das Verhältnis zwischen fühlbarem und latentem Wärmestrom bezeichnet welches aus dem Gradienten zwischen Temperatur und Wasserdampfdruck bestimmt wird, der in zwei unterschiedlichen Höhen über der Bilanzfläche gemessen wird. Bei der *Bowen-Verhältnis-Methode* wird dieses Verhältnis in Kombination mit den gemessenen Energiebilanzkomponenten R_N und G verwendet, um H und L_vE zu berechnen.

3.2.3 ET-Berechnungsverfahren aus meteorologischen Beobachtungen

Zur Berechnung der ET wurden eine Vielzahl von Ansätzen entwickelt, wobei allein für ET_0 mehr als 30 Berechnungsverfahren existieren (Maniak, 2005). Die unterschiedlich komplexen Ansätze lassen sich in die vier Kategorien einteilen:

- Energiebilanzverfahren,
- Aerodynamische Verfahren,
- Strahlungsverfahren und
- Kombinierte Verfahren nach aerodynamischem und Energiebilanzkonzept.

Die *Energiebilanzverfahren* basieren auf dem ersten Hauptsatz der Thermodynamik. Dieser besagt, dass zwischen den Teilsystemen eines energetischen Systems ein Energieaustausch erfolgen kann, der die Energie einzelner Teilsysteme verändert, die Gesamtenergie des Systems aber konstant bleibt. Sämtliche Komponenten der Gesamtenergiebilanz beschreiben Vorgänge des Wärmetransports, weshalb für die Energiebilanzgleichung auch häufig der Begriff Wärmehaushaltsgleichungen verwendet wird (vgl. 3.1.2). Die entwickelten Energiebilanzverfahren gehen von einer vereinfachten Energiebilanz aus, unter Vernachlässigung der lateralen Advektion und der Photosynthese (Maniak, 2005). Sofern die Größen der einzelnen Energiebi-

13 Das Xylem ist das holzige Leitgewebe, das dem Transport von Wasser und anorganischen Salzen durch die Pflanze dient (Kadereit et al., 2014).

lanzkomponenten nicht durch Messungen zur Verfügung stehen und auf die Umgebung übertragen werden können, müssen deren Werte sinnvoll geschätzt werden. Im Vergleich zu den übrigen ET-Berechnungsmethoden ermöglicht das Energiebilanzverfahren umfassendere Einblicke in die physikalischen Prozesse des Wasserkreislaufs. Das Verfahren erfordert zur Lösung der Energiebilanzgleichung (vgl. Formel 3-3) Messwerte sämtlicher Energiebilanzkomponenten. Mit Hilfe gemessener meteorologischer Parameter ist es möglich die nicht gemessenen Komponenten der Energiebilanz abzuschätzen.

Aerodynamische Berechnungsverfahren berücksichtigten den aerodynamischen Transportprozess, d.h. die Abhängigkeit der Geschwindigkeit des molekularen Transports von der Temperatur und dem atmosphärischen Druck. Die Evaporationsrate ist dabei proportional zum Dampfdruck der Luft. Der erste Versuch der physikalischen Ableitung der ET_0 wurde von Dalton (1802) durchgeführt.

Als Anwendungsgebiet für *Strahlungsverfahren* gelten Standorte, an denen nicht auf meteorologische Messgrößen, wie Luftfeuchte und Windgeschwindigkeit, zurückgegriffen werden kann. Hierfür wurden empirische ET-Berechnungsverfahren entwickelt (Blaney und Criddle, 1962; Turc, 1961). Diese berechnen ET_0 aus der Lufttemperatur und Strahlungsinformationen.

Zur vierten Gruppe der indirekten Messmethoden zählen die *kombinierten Verfahren nach aerodynamischem und Energiebilanzkonzept*. Diese sind physikalisch basierte Verfahren zur Berechnung der ET, bei dem Energiebilanzkomponenten und aerodynamische Terme miteinander kombiniert werden. Die Grundgleichung dieser Verfahrensgruppe wurde von Penman (1948) entwickelt, daher spricht man auch vom sogenannten Kombinationsverfahren nach Penman, welches ursprünglich zur Berechnung der ET_0 über flachen stehenden Gewässern entwickelt wurde.

$$ET_{Penman} = \frac{s}{s+\gamma}\left(\underbrace{\frac{R_N - G}{L_v}}_{\text{Energiebilanzterm}} + \underbrace{\frac{\gamma}{s} \cdot f(u) \cdot (e_s(T) - e)}_{\text{aerodynamischer Term}}\right) \quad \text{in mm/d} \qquad (3\text{-}5)$$

Mit:

s:	Steigung der Sättigungsdampfkurve	in hPa/K
γ:	Psychrometerkonstante	in hPa/K
R_N:	verfügbare Strahlungsenergie	in W/m²
G:	Bodenwärmestrom	in W/m²
L_v:	spezifische Verdampfungswärme	in J/kg
$f(u)$:	Windfunktion nach Dalton	in m/(d · hPa)
$e_s(T) - e$:	Sättigungsdefizit der Luft	in hPa

Basierend auf dem Kombinationsverfahren nach Penman wurden mehrere Vereinfachungen dieser komplexen Gleichung entwickelt (u.a. Hargreaves und Samani, 1985; Priestley und Taylor, 1972). Eine ausführliche Vorstellung der gängigsten dieser Methoden erfolgt im Anhang A. Außerdem wird auf Fachliteratur verweisen (Allen et al., 2011b; Foken, 2006; Maniak, 2005).

3.2.4 Fernerkundungsbasierte Ableitung der ET

Die Satellitenfernerkundung gewann als Instrument zur Beantwortung globaler und regionaler hydrologischer Fragestellungen in den vergangenen Jahrzehnten immer mehr an Bedeutung. Der wesentliche Vorteil der Fernerkundung gegenüber herkömmlichen Punktmessungen liegt in der hohen räumlichen Abdeckung. Während Punktmessungen in der Regel mit einer höheren zeitlichen Auflösung realisiert werden können, ist der Vorteil fernerkundlicher Methoden, große Flächen auch in unzugänglichen Gebieten untersuchen zu können. Zahlreiche Studien belegen die hohe Praktikabilität von Fernerkundungsmethoden speziell bei Untersuchungen der Energiekreisläufe an der Erdoberfläche.

Seit dem Ende der 1990er Jahre werden *fernerkundungsbasierte Methoden* zur Ableitung der Energiebilanzkomponenten entwickelt. Dieses Unterkapitel gibt einen Überblick über die bisher durchgeführten Forschungsarbeiten zur fernerkundlichen Ableitung der Verdunstungsmenge von Landoberflächen. Um trotz der Vielzahl der in den vergangenen Dekaden entwickelten Ansätze einen Überblick geben zu können, werden im Folgenden lediglich die meist verwendeten Methoden sowie der aktuelle Forschungsbedarf erläutert.

In den vergangenen Jahrzehnten wurden Methoden entwickelt, die sich nach Courault et al. (2005) in vier Kategorien einteilen lassen:

- vereinfachte empirische Regressionsmethoden,
- Residualansätze,
- Widerstandsansätze und
- Vegetationsindexverfahren.

Idso et al. (1975) erkannten in ihren Studien zur Bestimmung der Evaporation über einer Brachfläche in Phoenix (USA) das Potenzial der Satellitenfernerkundung zur großflächigen Bestimmung der Verdunstung. Sie präsentierten ein Modell zur Berechnung von ET_a Tageswerten über trockenen und feuchten Böden anhand der Verbindung von fernerkundlich abgeleiteter Bodenoberflächentemperatur und Daten meteorologischer Stationen. Dieser Ansatz resultierte in der Beschreibung einer *„vereinfachten empirischen Regressionsmethode“* (Jackson et al., 1977). Bei dieser Methode wurde die am Fernerkundungssensor gemessene thermale Ausstrahlung gegen eine gemessene meteorologische Variable regressiert, beispielsweise die solare Einstrahlung oder die Lufttemperatur. Seguin und Itier (1983) fanden bei ihren Untersuchungen heraus, dass die bestimmenden Faktoren bei der Ableitung der Regressionskoeffizienten die Oberflächenrauigkeit, die Windgeschwindigkeit und die atmosphärische Stabilität sind. Zwei wesentliche Annahmen liegen der vereinfachten empirischen Regressionsmethode zu Grunde. Der tägliche Beitrag des Bodenwärmestroms kann vernachlässigt werden und der zur Mittagszeit bestimmte Wert des fühlbaren Wärmestroms drückt das Verhältnis der turbulenten Energieflüsse hinreichend genau aus, so dass die Aufteilung der gemessenen verfügbaren Energie möglich ist (Courault et al., 2003). Der große Vorteil dieser Methode ist die einfache Anwendbarkeit auch in Regionen mit limitierter Messdatenverfügbarkeit.

Aufgrund dieser Einfachheit kam der Ansatz oft zur Anwendung (z.B. Caselles et al., 1998; Carlson et al., 1995; Thunnissen und Nieuwenhuis 1990). Nachteilig bei Verwendung der vereinfachten empirischen Regressionsmethode ist, dass die Notwendigkeit zur untersuchungsgebietsspezifischen Ableitung der Regressionsparameter sowie deren lokaler Gültigkeit besteht. Eine allgemeine Bestimmung der Faktoren der empirischen Funktion bzw. eine Übertragung auf größere Gebiete mit variablen Oberflächenbedingungen ist aufgrund der Heterogenität verschiedener Landbedeckungen nur begrenzt möglich.

Die seit den 1990er Jahren entwickelten *Residualansätze* eigenen sich zur Überwindung der im vorherigen Abschnitt genannten Einschränkungen. Bei diesen wird ET indirekt durch Lösung der Energiebilanzgleichung an der Landoberfläche bestimmt. Der für die Verdunstungsmenge maßgebende latente Wärmestrom wird hier als Restglied der Energiebilanz ermittelt, wenn die Größen Strahlungsbilanz, Bodenwärmestrom und fühlbare Wärmestrom aus vorherigen Berechnungen bekannt sind. Diese werden auf verschiedene Weise abgeleitet, wobei hier in so genannte Single-Source und Dual-Source-Modelle unterschieden wird. Bei den Dual-Source-Modellen werden Transpiration und Evaporation getrennt voneinander berechnet. Bei Single-Source-Modellen wird die Landoberfläche als ein einziges „großes Blatt" aufgefasst, bestehend aus einer einheitlichen Schicht (Boden und Vegetation). Es erfolgt demnach keine Unterscheidung der Energiequellen und -senken von Vegetation und Boden (Huntingford et al., 1995). Die Gruppe der Single-Source-Modelle wird im Folgenden zuerst vorgestellt.

Der erste Residualansatz geht auf Menenti und Choudhury (1993) zurück. Diese stellten einen Index der Oberflächenenergiebilanz SEBI (Surface Energy Balance Index) vor. Hierunter wird die relative Verdunstung, also das pixelweise berechnete Verhältnis von ET_a und ET_0 verstanden. SEBI basiert auf dem sogenannten „Crop water stress index" (CWSI) von Jackson et al. (1981) und nutzt die Differenz zwischen trockenen und feuchten Flächen innerhalb einer Satellitenszene zur Ableitung der relativen Verdunstung. Eine Vereinfachung des SEBI Verfahrens für näherungsweise konstante atmosphärische Bedingungen unternahmen Roerink et al. (2000) mit dem S-SEBI (Simplified Surface Energy Balance Index). Einen ähnlichen Ansatz verwendet auch das von Bastiaanssen et al. (1998) entwickelte Modell SEBAL (siehe Kapitel 3.4). In diesem Ansatz wird die tatsächliche Evapotranspiration mit einer geringen Anzahl von Eingangsdaten ebenfalls als Restglied der Energiebilanzgleichung berechnet. SEBAL gehört zu den am weitesten verbreiteten Modellen der Residual-Methode (Allen et al., 2007; Conrad 2006; Tsouni et al., 2008). Eine Weiterentwicklung von SEBAL ist das von Allen et al. (2007) vorgestellte Modell METRIC (Mapping Evapotranspiration with Internalized Calibration). METRIC überwindet einige Limitierungen des SEBAL Verfahrens. Es kann auch in stärker reliefierten Regionen angewendet werden und ermöglicht durch die Integration einer gebietsspezifischen Referenz-ET eine bessere regionale Anpassung des Verfahrens. Senay et al. (2007) stellten das später erweiterte Modell SSEB (Simplified Surface Energy Balance) vor, welches ähnliche Funktionalitäten wie METRIC aufweist (Senay et al., 2007, 2011). Hinzu kommen Verfahren wie RESEP (Regional Evapotranspiration through Surface Energy Partioning, Ambast et al., 2002), SEBS (Surface Energy Balance System, Su 2002), ReSET (Remote Sensing of Evapotranspiration, Elhaddad und Garcia, 2008) und ALARM (Analytical Land Atmosphere Radiometer Model, Suleiman et al., 2009). Eine weitere Untergruppe stellen die sogenannten Dreiecks- und Trapezmodelle dar (Carlson et al., 1995; Jiang und Islam, 2003; Lambin und Ehrlich, 1996), basierend auf den Überlegungen von Goward et al. (1985) sowie einige weitere experimentelle Modelle (Batra et al., 2006; Boegh et al., 2002; Long und Singh, 2012; Wang et al., 2006; Wloczyk, 2007).

Dual-Source-Modelle unterscheiden explizit zwischen den Energietransferprozessen von Vegetation und Boden. Das erste Verfahren aus der Gruppe der Dual-Source-Methoden geht auf Norman et al. (1995) zurück. Basierend auf deren Arbeiten entwickelten Anderson et al. (1997) das Modell TSTIM, welches später in ALEXI (Atmosphere Land Exchange Inverse) umbenannt wurde. ALEXI wurde seither in zahlriechen Anwendungen eingesetzt. Einen Überblick hierüber geben Mecikalski et al. (2005). Später wurde weitere Varianten wie DTD (Dual Temperautre Difference, Norman et al., 2000) und DisALEXI (Disaggregated ALEXI, Norman et al., 2003) veröffentlicht.

Zur Kategorie der *Widerstandsansätze* zählen sogenannte Schichtmodelle, welche für den Energieaustausch zwischen Atmosphäre und Landoberfläche das Widerstandsprinzip zugrunde legen. Schichtmodelle betrachten den Boden, die Vegetation und die Atmosphäre, weshalb diese Modelle auch als SVAT-(Soil Vegetation Atmosphere Transfer) oder „big-leaf"-Modelle bezeichnet werden. Hier bilden die zähe Unterschicht und die molekulare Schicht (siehe Kapitel 3.3.1) einen gemeinsamen molekular-turbulenten Widerstand und das System Pflanze-Boden einen sogenannten Canopy-Widerstand. Sie sind hinsichtlich ihrer Komplexität unterschiedlich ausgeprägt und werden in Ein- und Mehrschichtmodelle eingeteilt. Die Einschichtmodelle berücksichtigen lediglich die unmittelbar umschließende Atmosphäre und betrachten die Pflanze als ein großes Blatt welches über dem Boden liegt (Foken, 2006). Mehrschichtmodelle hingegen unterteilen die Atmosphäre in mehrere Schichten. Schichtmodelle werden häufig als Ergänzung zu den Residualansätzen betrieben, um wolkenbedingte Datenlücken sinnvoll zu schließen (Nouri et al., 2013).

Vegetationsindexverfahren (VI-Verfahren) setzten Fernerkundungsdaten zur Ermittlung eines ET-Abmilderungsfaktors ein, um das tatsächliche Pflanzenwachstum zu bestimmen, wie z.B. den empirischen α-Koeffizienten nach Priestley und Taylor (1972) oder den Pflanzenwachstumskoeffizienten k_c (siehe 3.1.1). Die fernerkundungsbasierten Vegetationsindexverfahren nutzen dabei den starken Zusammenhang zwischen Vegetationsmenge und –transpiration (Glenn et al., 2007). In Studien wird überwiegend der NDVI (Normalized Difference Vegetation Index) als Vegetationsindex verwendet (Singh und Irmak, 2009; Tasumi und Allen, 2007). Ein wesentlicher Vorteil dieses Index ist, dass er sein Maximum etwa zur selben Zeit erreicht wie der Pflanzenwachstumskoeffizienten k_c. VI-Verfahren zeichnen sich durch ihre relativ einfache Handhabung aus, neigen jedoch zur Überschätzung der Evapotranspiration unter Wasserstressbedingungen. Außerdem ist die Variabilität der VI-k_c-Beziehung stark von der Vegetation abhängig (Allen et al., 2011b).

Eine ganzheitliche Analyse der wesentlichen, zur Berechnung der ET benötigten, aus Fernerkundungsdaten abgeleiteten Energiebilanzkomponenten erfolgte bisher kaum und ist daher wesentlicher Bestandteil der Untersuchungen der vorliegenden Arbeit (siehe Kapitel 5.2).

3.3 Eddy-Kovarianz

Das Eddy-Kovarianz-Messverfahren gehört zu den in Kapitel 3.2.1 vorgestellten direkten Messverfahren zur Bestimmung atmosphärischer Turbulenzen der bodennahen Grenzschicht ohne Verwendung empirischer Koeffizienten (Foken, 2006). Es beruht auf der Annahme, dass sämtlicher Transport von Wärme und Feuchtigkeit zwischen den bodennahen Schichten und der Atmosphäre durch turbulenten Austausch stattfindet. In dieser Arbeit wird die Eddy-Kovarianz-Methode zur Validierung der Ergebnisse der fernerkundungsbasierten Modellierung der Energiebilanz eingesetzt. Für das Prozessverständnis der Eddy-Kovarianz-Theorie ist die Definition des Begriffs der atmosphärischen Grenzschicht unerlässlich. Daher werden zunächst die notwendigen Begriffe erläutert, die im Zusammenhang mit der atmosphärischen Grenzschicht sowie der innerhalb dieser Schicht ablaufenden Strömungs- und Ausbreitungsprozesse wichtig sind (Kapitel 3.3.1). Darauf folgend werden die notwendigen physikalischen Grundlagen vermittelt (Kapitel 3.3.2). In einem gesonderten Kapitel 3.3.3 wird die Bedeutung der Windwirklänge im Zusammenhang mit dem Eddy-Kovarianz-Messverfahren erläutert.

3.3.1 Die atmosphärische Grenzschicht

Die Erdatmosphäre gliedert sich in Exosphäre, Thermosphäre, Mesosphäre, Stratosphäre und Troposphäre (siehe Abbildung 3-1). Den unteren Rand der Troposphäre bildet die Erdoberfläche, die sich in Wechselwirkung mit ihr befindet und deren Prozesse die Boden, Wasser-, Vegetations- und Eisschichten beeinflussen. Mit Näherung an die Erdoberfläche nimmt u.a. die Reibung zu und der Wind erfährt gegenüber dem geostrophischen Wind eine Reduzierung im Betrag und weicht zwischen 30-45 ° in der Richtung ab (Foken, 2006). Der obere Teil der Troposphäre wird als freie Atmosphäre bezeichnet und der untere Bereich, in dem die wesentlichen Transportprozesse (z.B. für Impuls, Wärme, Wasser und anderer Stoffbeimengungen) ablaufen, wird atmosphärische oder auch planetare Grenzschicht genannt und ist wie folgt definiert:

> *„Die atmosphärische Grenzschicht ist der Teil der Troposphäre der unmittelbar durch die Präsenz der Erdoberfläche beeinflusst wird und innerhalb einer Zeit von weniger als einer Stunde auf Oberflächenkräfte reagiert.“* (aus dem Englischen, Stull, 1988, S. 2)

Abbildung 3-1: Vertikaler Aufbau der Erdatmosphäre.

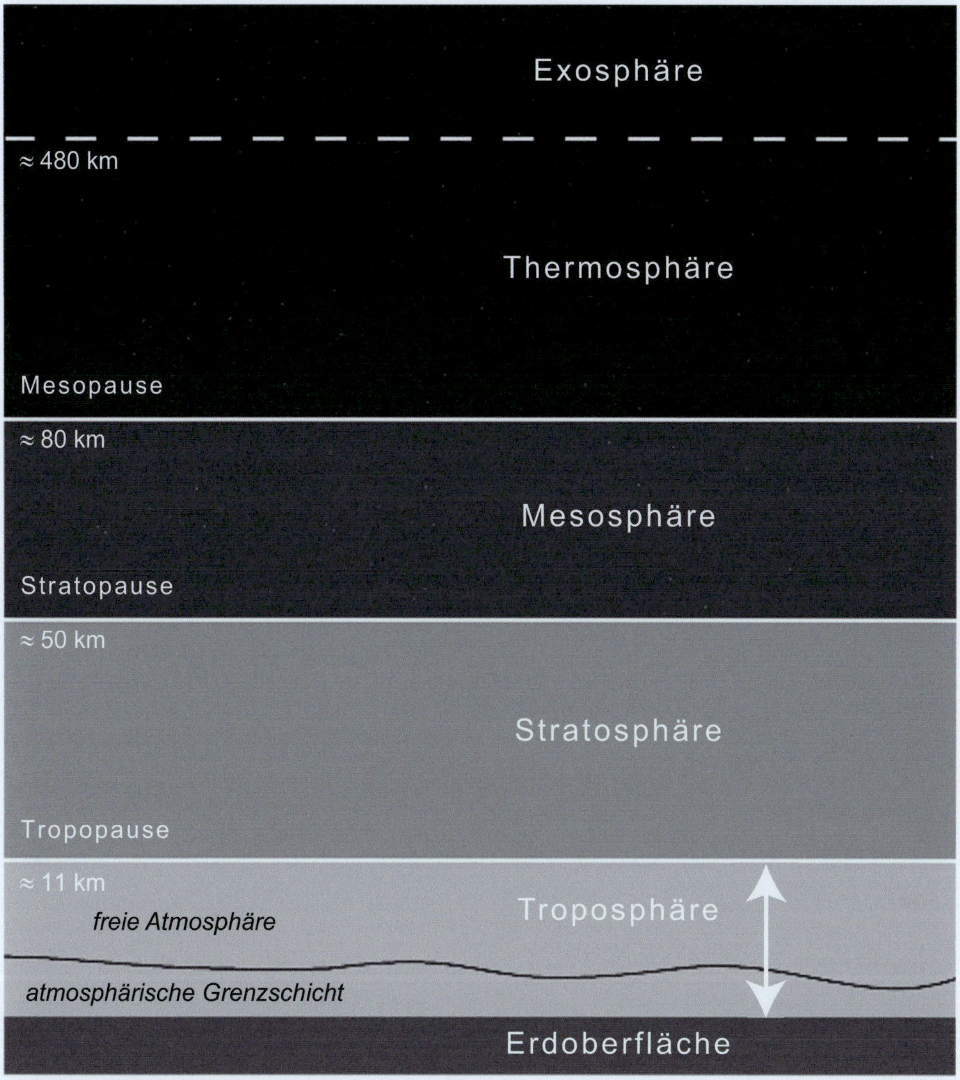

Quelle: Verändert nach Etling, 2010

Die innerhalb der atmosphärischen Grenzschicht stattfindenden Prozesse sind u.a. Evaporation, Transpiration, Wärmetransport und Schadstoffausstoß. Diese aus der Wechselwirkung zwischen Erdoberfläche und Grenzschicht resultierenden Impuls- und Energieströme beeinflussen noch die freie Atmosphäre. Die Mächtigkeit der atmosphärischen Grenzschicht variiert erheblich in Raum und Zeit. Die vertikale Erstreckung reicht von einigen hundert Metern über den Ozeanen bis zu wenigen Kilometern über Land. Im Tagesgang verändert sich die atmosphärische

Grenzschicht von einer stabilen nächtlichen Schichtung zu einer gut durchmischten Schicht unmittelbar nach Sonnenaufgang, der sogenannten Mischungsschicht. Auf die Stabilitätszustände der atmosphärischen Grenzschicht wird in 3.3.2 genauer eingegangen. Eine weitere Unterteilung der atmosphärischen Grenzschicht wird in viskose Unterschicht, Prandtl-Schicht und Ekman-Schicht vorgenommen (Etling, 2010). Die hieraus resultierende Gesamteinteilung der Troposphäre lässt sich aus Abbildung 3-2 entnehmen. Die viskose Unterschicht oder auch laminare Grenz-

Abbildung 3-2: Darstellung der Schichtung der Troposphäre und Illustration idealisierter vertikaler Profile von a) Temperatur, b) Wind, c) latenter und d) fühlbarer Wärme über einer unbewachsenen Erdoberfläche zur Mittagszeit.

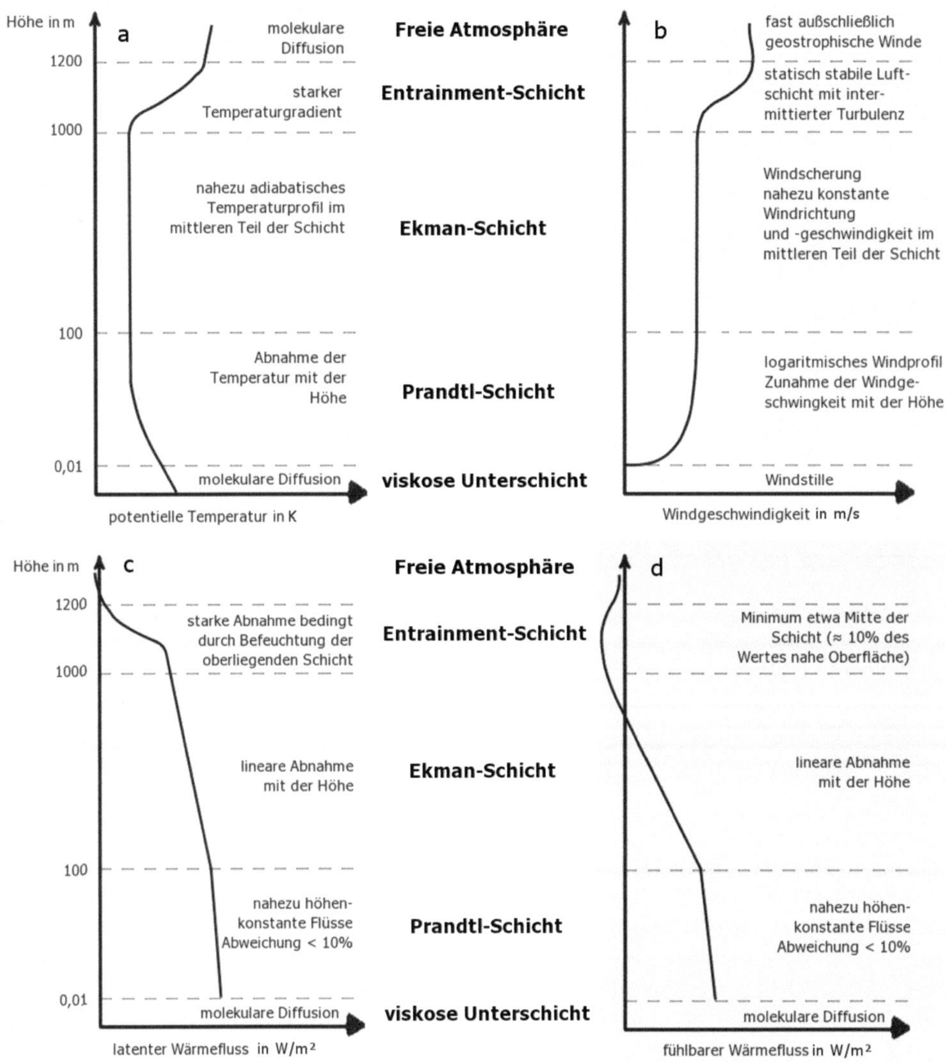

Quelle: Verändert nach Stull, 1988

schicht besitzt eine nur geringe Mächtigkeit von wenigen Millimetern und weist im unteren Teil keinerlei Turbulenzen auf. Der Feuchte- und Wärmetransport erfolgt hier ausschließlich durch molekulare Diffusion. Die viskose Unterschicht hat keinen unmittelbaren Einfluss auf die Vorgänge innerhalb der Grenzschicht, daher wird auf eine detailliertere Behandlung an dieser Stelle verzichtet und auf die Literatur verwiesen (z.B. Foken 2006; Kraus 2008; Meschede 2006).

Für die Eddy-Kovarianz-Theorie von wesentlich größerer Bedeutung ist die Prandtl-Schicht, auch bodennahe Grenzschicht genannt. Die Mächtigkeit dieser Schicht beträgt etwa 10 % der atmosphärischen Grenzschicht. Die Summe der molekularen und turbulenten Energieflüsse innerhalb der Prandtl-Schicht ist als weitgehend höhenkonstant anzunehmen, weshalb diese Schicht häufig auch als „constant flux layer“ bezeichnet wird. Zusammen mit der Annahme, dass die molekularen Austauschprozesse innerhalb der Prandtl-Schicht vernachlässigbar sind, ergibt sich die Möglichkeit die Flussdichten allein aus den turbulenten Wärmeströmen zu bestimmen.

An der unteren Grenze der Prandtl-Schicht ist die Windgeschwindigkeit aufgrund der durch die Oberflächenrauigkeit bedingten Reibung gleich Null. Der Einfluss der Reibung nimmt mit der Höhe ab und führt zu einem nahezu logarithmischen Profil der Windgeschwindigkeit (Abbildung 3-2b). Die durch den höhenkonstanten vertikalen turbulenten Impulsaustausch induzierte Schubspannung führt trotz nachlassendem Reibungseinfluss dazu, dass die Windrichtung in Richtung der Schubspannung zeigt. Im Vergleich zu den bereits angesprochenen molekularen Austauschprozessen der viskosen Unterschicht (siehe 3.3.2.2) sind die turbulenten Transportvorgänge der Prandtl-Schicht (siehe 3.3.2.3) um etwa das 10^5-fache effektiver (Foken, 2006).

Die über der Prandtl-Schicht befindliche Ekman-Schicht umfasst den Großteil der atmosphärischen Grenzschicht, d.h. eine relative Mächtigkeit von ungefähr 90 %. Der Einfluss der Reibung nimmt mit der Höhe weiter ab, daraus ergibt sich eine Abnahme der vertikalen turbulenten Wärmeströme. Damit sinkt auch der Einfluss der Schubspannung auf die Windrichtung und der Einfluss des, aus dem Gleichgewicht von Coriolis- und Druckgradientenkraft resultierenden, geostrophischen Windes führt zu einer Drehung der Windrichtung von 30 – 45 ° (Foken, 2006).

Zwischen freier Atmosphäre und Ekman-Schicht bildet sich tagsüber eine statisch stabile Schicht mit Temperaturinversion, die häufig als Entrainment-Schicht bezeichnet wird (Abbildung 3-2a). Mittels dieser Schicht findet eine Ein- und Ausmischung von Luft zwischen atmosphärischer Grenzschicht und freier Atmosphäre statt. Innerhalb dieser Schicht ändert der fühlbare Wärmestrom sein Vorzeichen, d.h. der Transport findet abwärtsgerichtet statt (Abbildung 3-2d). Dies bedeutet, dass eine Erwärmung der atmosphärischen Grenzschicht von unten durch aufsteigende Wärme vom Boden und von oben durch absinkende Wärme aus der freien Atmosphäre stattfindet. Der Wärmefluss bleibt innerhalb und kurz über dem Entrainment negativ. Anders verhält sich hingegen das vertikale Profil des latenten Wärmestroms. Die Abnahme der latenten Wärme erfährt innerhalb des Entrainment einen sprunghaften Anstieg (Abbildung 3-2c). Dieser ist damit zu begründen, dass die vom Boden aufwärts transportierte Feuchtigkeit einerseits für die Befeuchtung der freien Atmosphäre verwendet oder andererseits Teil der Ekman-Schicht wird.

3.3.2 Physikalische Prozesse in der atmosphärischen Grenzschicht

Zum besseren Verständnis der folgenden physikalischen Grundlagen findet an dieser Stelle die Erläuterung der verwendeten Terminologie statt, insbesondere die des Energiestroms (3.3.2.1). Daran anschließend werden die Austauschprozesse der viskosen Unterschicht (3.3.2.2) und der Prandtl-Schicht erläutert (3.3.2.3).

3.3.2.1 Definition der Energieströme

Gemäß der Definition von Stull (1988, S. 47) ist ein Energiestrom bzw. Energiefluss, die Menge einer Einheit Energie die sich durch eine Einheit Fläche in einer Einheit Zeit bewegt. In der Meteorologie werden Energieströme als Wärmeströme bezeichnet (Foken 2006). Der Wärmestrom *H* definiert sich damit als Menge an Wärme in Joule pro Fläche in m² und Sekunde. Der Feuchtestrom *E* wird nach dieser Definition geschrieben als Menge einer Einheit Wasser pro Einheit Fläche in einer Einheit Zeit:

Wärmestrom $$H \quad \text{in } \frac{\mathrm{J}}{\mathrm{m^2 \cdot s}} \tag{3-6}$$

Feuchtestrom $$E \quad \text{in } \frac{\mathrm{kg_{wasser}}}{\mathrm{m^2 \cdot s}} \tag{3-7}$$

Zur Umrechnung des Feuchtestroms in einen Strom latenter Wärmeenergie wird E mit der spezifischen Verdampfungswärme L_v multipliziert (siehe Kapitel 3.3.4). Daher wird der latente Wärmestrom bei der Berechnung der Energiebilanzgleichung häufig als L_vE bezeichnet. In der Realität ist die direkte Messung der Wärmeenergiemenge nur schwer möglich (Stull, 1988). Daher beschränkt sich die Eddy-Kovarianz-Theorie bei der Bestimmung von Wärmeenergieflüssen auf die Ermittlung von messbaren Größen wie Temperatur, Geschwindigkeit oder Wasser- bzw. Kohlenstoffdioxidkonzentration der Luft und schließt daraus auf die kinematische Wärmeenergiemenge. Die kinematische Form der Energieströme erhält man durch Division der normalen Energieströme mit der Luftdichte ρ_{Luft} in kg/m³. Im Falle der fühlbaren Wärme erfolgt zusätzlich die Division durch die spezifische Wärmekapazität c_p in J/(kg·K).

kinematischer Wärmestrom $$K_H = \frac{H}{\rho_{Luft} \cdot c_p} \quad \text{in } \frac{K \cdot m}{s} \tag{3-8}$$

kinematischer Feuchtestrom $$K_E = \frac{E}{\rho_{Luft}} \quad \text{in } \frac{kg_{Wasser} \cdot m}{kg_{Luft} \cdot s} \tag{3-9}$$

Die oben dargestellten Formen erlauben eine einfache Konvertierung zwischen kinematischem und normalem Energiestrom. Diese simple Umformung der Energieströme hat nur innerhalb der atmosphärischen Grenzschicht Gültigkeit. Grund hierfür ist, dass die Grenzschicht normalerweise nur eine geringe Mächtigkeit aufweist in dem die Dichteunterschiede im Vergleich zu anderen meteorologischen Variablen vernachlässigbar sind.

Die kinematischen Energieströme können direkt gemessen werden. Der fühlbare kinematische Wärmestrom wird durch die Messgrößen Temperatur T und vertikale Windgeschwindigkeit w und für der kinematischen Feuchtestrom durch w und den spezifischem Feuchtigkeitsgehalt q der Luft bestimmt (Stull, 1988).

vertikaler kinematischer Wärmestrom $K_{\mathrm{H}} = \overline{wT}$ in $\frac{K \cdot m}{s}$ (3-10)

vertikaler kinematischer Feuchtestrom $K_E = \overline{wq}$ in $\frac{kg_{\mathrm{Wasser}} \cdot m}{kg_{\mathrm{Luft}} \cdot s}$ (3-11)

Das zeitliche Mittelungsintervall muss ausreichend groß gewählt werden, um auch langwellige Flussanteile zu erfassen ohne dabei die Bedingung der Stationarität zu verletzen. Als anerkanntes Mittelungsintervall wird hierfür eine Messzeit von 30 Minuten empfohlenen (Foken, 2006).

3.3.2.2 Molekularer und turbulenter Austausch

Grundsätzlich erfolgt der Transfer von Wärme innerhalb der atmosphärischen Grenzschicht entweder durch molekularen oder turbulenten Austausch bzw. einer Mischform in der Übergangsphase zwischen viskoser Unterschicht und Prandtl-Schicht. Die Wärmeübertragung beim Bodenwärmestrom findet dabei generell durch Konduktion statt, d.h. durch Übertragung von Molekül zu Molekül. Innerhalb der viskosen Unterschicht erfolgt für die fühlbaren und latenten Wärmeströme der Wärmeenergietransfer ebenfalls teilweise molekular.

Beim turbulenten Austauschstrom wird die Wärme von Turbulenzmoment[14] zu Turbulenzmoment übertragen, wobei man sich Turbulenzmomente als Luftvolumina mit weitgehend einheitlichen thermodynamischen Eigenschaften vorstellen muss (Foken, 2006). Diese Turbulenzwirbel treten in der Größenordnung von wenigen Millimetern bis zu Kilometern auf, wobei sich mehrere kleine Wirbel zu größeren zusammenschließen können.

3.3.2.3 Turbulente Strömung

Die vollständigste Beschreibung einer Strömung erfolgt mit Hilfe der Naiver-Stokes-Gleichungen[15]. Bislang wurde keine analytische Lösung dieser Gleichungen gefunden, daher müssen physikalisch sinnvolle Näherungen verwendet werden. Das für die vorliegende Arbeit wesentliche Näherungskonzept ist die Grenzschichttheorie nach Prandtl (1904). Diese Theorie ist für anliegende Strömungen und große Reynoldszahlen definiert. Sie ermöglicht die Zerlegung des Strömungsfeldes um einen Körper in eine dünne reibungsbehaftete Grenzschicht und eine reibungsfreie Außenströmung. In der Prandtl'schen Grenzschichttheorie wird nach der Art der Strömung unterschieden, welche durch die Reynolds-Zahl ausgedrückt wird. Die

---

14 Turbulenzelemente werden auch Turbulenzwirbel (engl. Eddies) genannt.

15 Auf eine detaillierte Beschreibung der Navier-Stokes-Gleichung wird zur Wahrung der Übersichtlichkeit an dieser Stelle verzichtet. Näheres kann der Fachliteratur entnommen werden (Foken, 2006; Kraus, 2008).

Reynolds-Zahl drückt das Verhältnis zwischen Trägheits- und Zähigkeitskräften aus und wird mathematisch beschrieben in der Form:

$$Re = \frac{d \cdot u}{\nu} \tag{3-12}$$

mit charakteristischer Länge d in m, charakteristischer Strömungsgeschwindigkeit u in m/s und charakteristischer kinematischer Viskosität ν in m^2/s des strömenden Fluids.

Der Wertebereich der Reynolds-Zahl dient zur Unterscheidung zwischen laminarer und turbulenter Strömung. Kleine Reynolds-Zahlen deuten auf laminare Strömung hin, während größere Reynolds-Zahlen auf turbulente Strömungen schließen lassen. Turbulente Strömungen unterliegen dabei unregelmäßigen Schwankungen. Grundlegend für die Beschreibung einer turbulenten Strömung x ist die Anwendung der sogenannten Reynolds-Zerlegung. Hiernach wird x in einen zeitlich gemittelten Anteil $\bar{x}$ und einen fluktuierenden Anteil x' zerlegt:

$$x = \overline{x} + x' \tag{3-13}$$

Strömungen unterliegen allgemein, d.h. unabhängig von der Art der Strömung, den Erhaltungsgesetzen für Masse, Energie und Impuls. Zu deren Beschreibung werden folgende Variablen benötigt:

- dreidimensionaler Windgeschwindigkeitsvektor $\vec{u}$ = (u, v, w),
- dreidimensionales kartesisches Koordinatensystem (x, y, z),
- Temperatur T,
- Spezifische Feuchte q,
- Druck p und
- Dichte ϱ.

Vor der Anwendung der Reynolds-Zerlegung müssen die wichtigsten Regeln bei der Mittelung turbulenter Größen eingeführt werden. Diese Regeln sind allgemeinhin als Reynolds'sche Postulate bekannt (Foken, 2006) und lauten:

$$\begin{aligned} \overline{x'} &= 0 \\ \overline{xy} &= \overline{x} \cdot \overline{y} + \overline{x'y'} \\ \overline{\overline{x}y} &= \overline{x} \cdot \overline{y} \end{aligned} \tag{3-14}$$

$$\overline{ax} = a \cdot \overline{x} \qquad \text{(mit a = Konstante)}$$

$$\overline{x + y} = \overline{x} + \overline{y}$$

Die oben aufgeführten Regeln gelten streng genommen nur für die Mittelung vieler und unter identischen Bedingungen bestimmten Realisationen, d.h. einer hohen Messfrequenz (5 Hz – 20 Hz). Grundlegend für die Eddy-Kovarianz-Methode ist das zweite Reynolds'sche Postulat. Demnach ergibt sich für die kinematischen

Flüsse (vgl. Gleichungen 3-10 und 3-11) gemäß der Reynolds-Zerlegung unter Anwendung der Postulate zur Beschreibung der kinematischen Wärmeflüsse:

$$K_H = \overline{wT} = \overline{w} \cdot \overline{T} + \overline{w'T'} \qquad \text{in } \frac{K \cdot m}{s} \qquad (3\text{-}15)$$

$$K_E = \overline{wq} = \overline{w} \cdot \overline{q} + \overline{w'q'} \qquad \text{in } \frac{kg_{Wasser} \cdot m}{kg_{Luft} \cdot s} \qquad (3\text{-}16)$$

Unter Berücksichtigung der Annahme, dass der Mittelwert des vertikalen Windes gleich null ($\overline{w} = 0$) ist und der Luftdruck innerhalb des Mittelungsintervalls konstant bleibt $p_{Luft} = \overline{p_{Luft}}$, vereinfachen sich die Gleichungen 3-15 und 3-16 zu:

$$K_H = \overline{w'T'} \qquad \text{in } \frac{K \cdot m}{s} \qquad (3\text{-}17)$$

$$K_E = \overline{w'q'} \qquad \text{in } \frac{kg_{Wasser} \cdot m}{kg_{Luft} \cdot s} \qquad (3\text{-}18)$$

Die kinematischen Wärmeflüsse der Eddy-Kovarianz-Theorie bildet sich demnach aus der Kovarianz zwischen vertikaler Windgeschwindigkeit und einer skalarer Messgröße (z.B. Temperatur, Wassergehalt oder Stoffkonzentration). Es ist zu beachten, dass trotz Gültigkeit des ersten Reynolds'schen Postulats, Mittelwert der Varianz gleich null ($\overline{x'} = 0$), der Mittelwert der Kovarianz ungleich null ist (Stull, 1988). Das bedeutet praktisch, dass Turbulenzen einen Nettotransport einer Größe x bewirken können ($\overline{w'x'} \neq 0$) ohne gleichzeitig Masse zu transportieren ($\overline{x'} = 0$). Unter Verwendung der vorgestellten Möglichkeit zur Konvertierung der kinematischen Wärmeflüsse (Gleichungen 3-8 und 3-9) in normale Wärmeflüsse erhält man die Gleichungen:

$$H = \rho_{Luft} \cdot c_p \cdot \overline{w'T'} \qquad \text{in W/m}^2 \qquad (3\text{-}19)$$

$$L_v E = \lambda \cdot \rho_{Luft} \cdot \overline{w'q'} \qquad \text{in W/m}^2 \qquad (3\text{-}20)$$

Die Gleichung für den latenten Wärmestrom muss je nach Definition der skalaren Größe q konvertiert werden. Häufig wird die Feuchte als Konzentration gemessen mit dem molaren Gewicht von Wasser (m_w = 18,016) multipliziert. Die Gleichungen 3-19 und 3-20 sind die Arbeitsgleichungen der Eddy-Kovarianz-Methode. Diese gelten streng genommen nur für die viskose Unterschicht.

Die Übertragung der Gleichungen in die Prandtl-Schicht erfolgte erstmals durch Monin and Obukhov (1954) und setzt eine Reihe von Annahmen voraus, welche sich wie folgt zusammenfassen lassen:

- Corioliskraft hat keinen Einfluss auf den horizontalen Wind,
- Boussinesq-Approximation, d.h. die Dichteschwankungen werden vernachlässigt,

- Stationarität der Messgrößen innerhalb des Mittelungsintervalls,
- kein mittlerer Vertikalwind,
- Vernachlässigung der Strahlungsdivergenzen,
- nahe der Erdoberfläche gilt $\overline{T} = T_0$,
- Gültigkeit der Massenerhaltung,
- molekulare Reibung und Wärmeleitung wird vernachlässigt und
- horizontale Homogenität des Messuntergrundes, d.h. sämtliche Sensoren befinden sich innerhalb der Luftschicht, die durch dieselben Landnutzungseigenschaften geprägt ist.

Die wirksamen abhängigen Parameter in der Bodenschicht sind die Höhe z in m, die Schubspannungsgeschwindigkeit u_* in m/s, der kinematische Wärmestrom K_H (siehe Gleichung 3-8) und der Auftriebsparameter g/T in m/(K ·s²). Damit ist es möglich die Vorgänge in der bodennahen Grenzschicht mit genau einem dimensionslosen Parameter zu beschrieben (Foken, 2006):

$$\varsigma = \frac{z}{L} \qquad \text{(3-21)}$$

Hierbei ist *L* die sogenannten Obukhov-Länge[16], die sich wiederum ergibt aus:

$$L = -\frac{{u_*}^3}{\kappa \cdot \frac{g}{T_{p,v}} \cdot \overline{w'T'_{p,v}}} \quad \text{in m} \qquad \text{(3-22)}$$

mit der virtuellen potenziellen Temperatur $T_{p,v}$ in K und der Karman-Konstante κ.

Für die korrekte Anwendung der Ähnlichkeitstheorie ist es notwendig die aktuelle Lufttemperatur in eine virtuelle Temperatur zu überführen. In der Mikrometeorologie ist dies die Temperatur, welche ein trockenes Luftteilchen annehmen würde, wenn es die gleiche Dichte wie die umgebende Luft hätte. Dabei ist die virtuelle Temperatur nur geringfügig höher als die Temperatur feuchter Luft (Foken, 2006) und berechnet sich aus der potentiellen Temperatur und dem spezifischem Feuchtigkeitsgehalt q zu:

$$T_{p,v} = T_p \cdot \left(1 + 0{,}38 \cdot \frac{e}{p}\right) = T_p \cdot (1 + 0{,}61 \cdot q) \quad \text{in K} \qquad \text{(3-23)}$$

Die potentielle Temperatur wiederrum ist in Abhängigkeit von der Lufttemperatur T_{Luft} und Luftdruck p definiert als:

$$T_p = T_{Luft} \cdot \left(\frac{p_0}{p}\right)^{0{,}286} \quad \text{in K} \qquad \text{(3-24)}$$

mit: Referenzdruck p_0 = 100 kPa.

16 Vielfach wird auch der Begriff Monin-Obukhov-Länge verwendet. Dies ist allerdings in Anbetracht der historischen Bedeutung der Länge nicht gänzlich korrekt (Foken, 2006).

Nach erfolgreicher Konvertierung der gemessenen Größen kann die Obukhov-Länge *L* berechnet werden. Die Obukhov-Länge drückt das Verhältnis zwischen thermischen, dynamischen und Auftriebsprozessen aus, der sogenannten atmosphärischen Stabilität. Mit ihr lässt sich der Zustand der thermischen Schichtung in der Prandtl-Schicht beschreiben, wobei

- $L > 0$ auf eine stabile Schichtung, kein mittlerer Vertikalwind,
- $L \to \infty$ auf eine neutrale Schichtung und
- $L < 0$ auf eine labile Schichtung

schließen lässt. Die Zustände der atmosphärischen Grenzschicht sind in Abbildung 3-3 illustriert. Hierbei wird unter atmosphärischer Stabilität die Fähigkeit der Atmosphäre verstanden turbulente Bewegungen zu erzeugen bzw. zu vernichten. Zur Erläuterung der atmosphärischen Stabilität wird der Begriff des trockenen Luftpaktes[17] eingeführt. Stabile Schichtung bedeutet in diesem Zusammenhang, dass ein Luftpacket, welches z.B. durch einen Windstoß vertikal transportiert wird, wieder in seine Ausgangslage zurückkehrt. Grund hierfür ist, dass ein trockenes Luftpaket sich gemäß dem trockenadiabatischen Temperaturgradienten (-9.8 K/km) ausdehnt und dabei abkühlt. Die Umgebungsluft allerdings unterliegt dem tatsächlichen adiabatischen Temperaturgradienten (z.B. -6,5 K/km) und dieser ist im stabilen Fall größer als der trockenadiabatische. Das Luftpaket kühlt demnach schneller ab als die Umgebungsluft und ist in der ausgelenkten Lage noch kühler als die Umgebung $\left(-\frac{dT_L}{dz} < -\frac{dT_{ad}}{dz}\right)$, unterliegt aber dem gleichen Druck und hat gemäß den Gesetzten idealer Gase eine höhere Dichte. Bedingt durch den stärkeren Einflusses der Gravitationskraft auf das Luftpakets sinkt es wieder in seine Ausgangslage ab (Abbildung 3-3a). Anders hingegen verhält es sich bei labiler Schichtung (Abbildung 3-3b), in diesem Fall ist der tatsächliche adiabatische Temperaturgradient niedriger als der trockenadiabatische $\left(-\frac{dT_L}{dz} > -\frac{dT_{ad}}{dz}\right)$. Die Folge daraus ist, dass ein ausgelenktes Luftpaket weiter aufsteigt. Im Fall neutraler Stabilität (Abbildung 3-3c) sind tatsächlicher und trockenadiabatischer Temperaturgradient identisch $\left(-\frac{dT_L}{dz} = -\frac{dT_{ad}}{dz}\right)$ und ein ausgelenktes Luftpaket verbleibt nach Ende seiner Auslenkung in der neuen Lage.

Abbildung 3-3: Verlauf der trockenadiabatischen und tatsächlichen Temperaturgradienten in Abhängigkeit von der atmosphärischen Stabilität. Im Falle stabiler und labiler Schichtung gibt der Pfeil an in welche Richtung sich ein vertikal aufwärts abgelenktes trockenes Luftpaket bewegt mit der Höhenänderung dz.

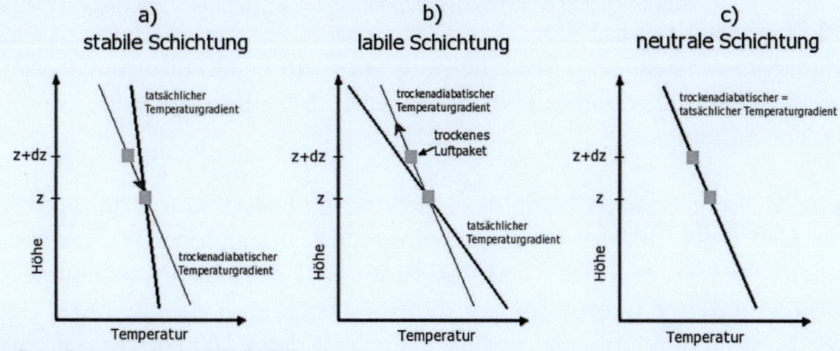

Quelle: Eigene Darstellung, verändert nach Stull, 1988

17 Innerhalb eines trockenen Luftpakets herrschen hinsichtlich Druck und Temperatur einheitliche Bedingungen und es unterliegt adiabatischen Prozessen, d.h. Wärme wird weder zu- noch abgeführt.

Die Stabilität der Schichtung der Prandtl-Schicht unterliegt einem ausgeprägten Tagesgang. Wobei in der Nacht überwiegend stabile Stabilitätsbedingungen herrschen, während am Tag meist eine labile Schichtung vorliegt.

3.3.3 Räumlicher Einflussbereich der turbulenten Wärmeströme

Die gemessenen turbulenten Wärmeströme an einem bestimmten Ort (x, y) und in einer bestimmten Messhöhe (h_m) haben ihren Ursprung nicht unmittelbar unterhalb der Messinstrumente, sondern repräsentieren die Unterlageneigenschaften der windzugewandten Seite des Messstandortes (Foken 2006). Dieser räumlich abgegrenzte turbulente Einflussbereich wird als Windwirklängen, oder auch Footprint bezeichnet. Die Theorie des Footprints ist schon länger bekannt, eine einheitliche Nomenklatur existiert allerdings nicht. Daher erfolgt an dieser Stelle eine Übersicht über den aktuellen Stand der Forschung, sowie eine Kennzeichnung der in dieser Arbeit zugrunde gelegten Begriffe und Theorien. Wie bereits in Abschnitt 3.3.2 erwähnt, sind Turbulenzmessungen mit Eddy-Kovarianz-Systemen nur unter der Annahme eines homogenen und flachen Messuntergrundes möglich. Dabei ist unter homogen sowohl die physikalische Homogenität (einheitliche Wuchshöhe und thermale Eigenschaften) als auch die Homogenität der Spezies bzw. bei gemischtem Spezies, die immer gleiche Mischung über die gesamte Messoberfläche gemeint (Aubinet et al., 2012). Bei den gegenwärtig verbreiteten Footprint-Modellen handelt es sich um Diffusionsmodelle die ebenfalls auf der Annahme einer homogenen Unterlage, höhenkonstanter Flüsse und advektiven Bedingungen basieren (Foken 2006). In der Praxis sind homogene Bedingungen nur selten zu finden, deshalb ist es für die Interpretation des Messsignals notwendig die Gültigkeit der Ergebnisse anhand der getroffenen Annahmen zu bewerten. Die Messungen bei denen der Footprint außerhalb des zu betrachtenden Ökosystems liegt sind demnach zu verwerfen und durch geeignete Methoden zu ersetzen (siehe Kapitel 3.3.4).

Die Bestimmung des Footprints ist nicht trivial, was auch an der Anzahl der verschiedenen entwickelten Ansätze der letzten Jahre zu erkennen ist. Diese können im Wesentlichen in vier Untergruppen unterteilt werden (Steinfeld, 2009):

- Reynolds-gemittelte Modelle,
- lagrangesche-stochastische Modelle (mit Vor- und Rückwärtstrajektorien),
- Grobstruktursimulationsmodelle (Large-Eddy-Simulation) und
- analytische Modelle.

Eine ausführliche Beschreibung der historischen Entwicklung der Footprint Modellierung, sowie detailliertere Beschreibungen der verschiedenen Ansätze können Schmid (2002), Vesala et al. (2008) oder Aubinet et al. (2012) entnommen werden.

Eine einfache Abschätzung der windwärts gerichteten Ausdehnung des zu bemessenden homogenen Untergrunds lässt sich mit der 1:100 Faustregel vornehmen (Vesala et al., 2008). Diese Faustformel wird u.a. bei der Suche nach potentiell geeigneten Standorten eingesetzt. Mit dieser Abschätzung der Windwirklänge ergibt sich z.B. für einen Sensor in einer Messhöhe von 5 m, eine minimale Ausdehnung windwärts von 500 m des zu bemessenden Ökosystems.

Reynolds-gemittelte Modelle (RANS, engl. Reynolds-Averaged-Navier-Stokes) zur Bestimmung der Footprintausdehnung wurden erstmals von Sogachev et al. (2002) verwendet. Diese sind wie alle numerischen Modelle zur Lösung der Navier-Stokes-Gleichung geeignet, um die Ausbreitung eines passiven Skalars zu ermitteln. Verwendet man diese Reynolds-gemittelten Modelle zusammen mit empirischen Informationen über die Schließung der verwendeten Gleichungen erhält man einen vielversprechenden Ansatz zur Berechnung des Fluss-Footprints über heterogenen und hügeligen Messoberflächen (Sogachev und Lloyd 2004).

Lagrangesche stochastische Modelle (LSM) beschreiben die Diffusion eines passiven Skalars in einer turbulenten Strömung. Diese kann unter Verwendung einer stochastischen Differentialgleichung bestimmt werden, durch Berechnung der Trajektorien einer endlichen Anzahl von Partikeln (Schmid 2002). Lagrangesche-stochastische Modelle werden überwiegend mit vorwärts Trajektorien betrieben (Leclerc und Thurtell, 1990), hier werden die Partikelpositionen nach dem Ausstoß in der Zeit fortschreitend berechnet. In den letzten Jahren wurden vermehrt Modelle entwickelt, die die Partikelposition rückwärts in der Zeit berechnen (Rückwärts Trajektorien), d.h. ausgehend von ihrer Position zum Zeitpunkt *t* wird die Position des Partikels zum Zeitpunkt *t-1* berechnet.

Grobstruktursimulationsmodelle (*Large-Eddy-Simulations: LES*) sind Modelle zur Berechnung des Transports turbulenter kinetischer Energie, unter der Grundvoraussetzung, dass der Großteil des Transportes von Masse, Impuls und Wärme in den großen Turbulenzelementen enthalten ist. Diese großen Turbulenzelemente (*Large Eddies*) werden aufgelöst, wobei die Prozesse kleinskaliger Turbulenzelemente parametrisiert werden (Vesala et al., 2008). Das erste Grobstruktursimulationsmodell wurde innerhalb der Studie von Moeng und Wyngaard (1988) vorgestellt. Vorteile dieser Modelle sind die Möglichkeit zur Footprint Bestimmung für heterogene Messoberflächen (Shen und Leclerc 1994, 1995). Als nachteilig betrachtet werden kann die Tatsache, dass der Rechenaufwand und daher die Kosten zum Betrieb von Grobstruktursimulationsmodelle höher sind als z.B. bei lagranesch- stochastischen Modellen. Außerdem sind diese Grobstruktursimulationsmodelle auf einfache Strömungsbedingungen beschränkt. Vesala et al. (2008) sehen großes Potential in der zukünftigen Nutzung solcher Modelle, auch zur Generierung von Validierungsdatensätzen für einfacherer Footprint-Modelle. In der jüngeren Vergangenheit wurden auch sogenannte gekoppelte LES-LS Modelle entwickelt (Cai und Leclerc, 2006; Steinfeld et al., 2008).

Analytische Modelle sind mathematische Lösungen der Transportgleichung eines passiven Skalars unter den Voraussetzungen einer

- horizontal homogenen Strömung sowie
- der Vernachlässigbarkeit der turbulenten Diffusion des passiven Skalars in Strömungsrichtung gegenüber der Advektion.

Ausgehend vom mittleren Konzentrationsfeld eines passiven Skalars werden Rückschlüsse auf die Ausbreitung der turbulenten Flüsse gezogen. Die analytischen

Modelle basieren auf den ersten Versuchen von Pasquill (1972) der ein einfaches, normalverteiltes Modell zur Beschreibung der Transferfunktion zwischen einer gemessenen Größe an einem Ort und den räumlich verteilten Quellen dieser Größe beschrieb. Es wird dabei zwischen den Begriffen Fetch und Footprint unterschieden. So bezeichnet Fetch, die Reichweite der windwärts zu bemessenden, homogenen Fläche. Dieser sollte größer sein als die Ausdehnung des Footprints, also der Quellfläche des gemessenen Flusses.

Die erste Veröffentlichung eines einfachen analytischen Modells geht auf Gash (1986) zurück. Schmid und Oke (1990), Schuepp et al. (1990) und Leclerc und Thurtell (1990) griffen diesen Ansatz auf und bauten diesen aus. Wobei sich Schuepp et al. (1990) auf die Modellierung des Footprints unter neutralen atmosphärischen Bedingungen beschränkten. Die mathematische Formulierung der Footprint Funktion für andere atmosphärische Schichtungen geht auf Horst und Weil (1994) zurück die, basierend auf Ulden (1978), ein analytisches Modell entwickelten in dem sie ein realistisches Windprofil und Stabilitätsabhängigkeiten in die bestehenden Ansätze einarbeiteten. Später entwickelten unter anderem Kormann und Meixner (2001) ein einfaches analytisches Modell unter Verwendung der Potenzgesetzte für Wind- und Diffusionsprofile. Das Modell war Bestandteil eines Modellvergleichs von Kljun et al. (2002a). Sie verglichen ein lagrangesches-stochastisches Modell mit Rückwärtstrajektorien (Kljun et al., 2002b) mit einem analytischen Modell mit exponentiellem Windprofil (Kormann et al., 2001). Hierbei zeigten beiden Modelle gute Übereinstimmungen für neutrale und stabile Schichtungen der Atmosphäre, solange sich die Messinstrumente innerhalb der bodennahen Grenzschicht befinden. Sie fanden weiter heraus, dass sich Form und Ausdehnung der Footprint-Funktion, sowie der luvseitige Abstand zum Maximalwert des Flusses in x-Richtung (x_{max}) unter verschiedenen atmosphärischen Stabilitätsbedingungen stark verändern. Die Abbildung 3-4 illustriert die windwärts gerichtete Erstreckung der Quellfläche in Abhängigkeit von der Stabilität der atmosphärischen Schichtung. Im oberen Teil der Abbildung 3-4 sind die quer zum Wind gerichteten 50 %-Quellflächen dargestellt, d.h. die Quellflächen von denen 50 % der gemessenen Informationen stammen. Im unteren Teil der Abbildung 3-4 ist der quer zum Wind integrierte Fluss in Abhängigkeit vom Zustand der atmosphärischen Schichtung veranschaulicht. Aus der Abbildung geht hervor, dass unter stark konvektiven Bedingungen die gemessenen Informationen einer konzentrierten Fläche zuzuordnen sind, als unter stabilen oder neutralen atmosphärischen Bedingungen.

Für die Footprintanalyse in der vorliegenden Arbeit werden Berechnungen basierend auf der analytischen Methode von Kormann und Meixner (2001) verwendet. Die Gründe für die Wahl eines analytischen Footprint-Verfahrens werden im Folgenden erläutert. Wie bereits durch Schmid (2002) festgestellt, eignen sich analytische Modelle aufgrund ihrer vereinfachten mathematischen Beziehungen gut zur Implementierung in Eddy-Kovarianz-Prozessierungssoftwarepakete.

Kljun et al. (2002a) wiesen in ihrer Vergleichsstudie relativ gute Ergebnisse des analytischen Footprint-Modells nach Kormann und Meixner (2001) für geringe Messhöhen innerhalb der bodennahen Grenzschicht unter labilen atmosphärischen Bedingungen nach. Für den im Untersuchungsgebiet vorliegenden Versuchsaufbau, mit einer maximalen Messhöhe von 6,2 m, eigenen sich daher sowohl analytische als auch aufwendigere Verfahren. Außerdem tritt der für diese Arbeit bzw. die Validierung der Modellergebnisse wichtige latente Wärmestrom im Wesentlichen während der Tageszeit, also unter überwiegend labilen atmosphärischer Schichtung auf.

Abbildung 3-4: Quer zum Wind integrierter Fluss und Ausdehnung des Footprints des Wärmestroms für verschiedene atmosphärische Stabilitätszustände.

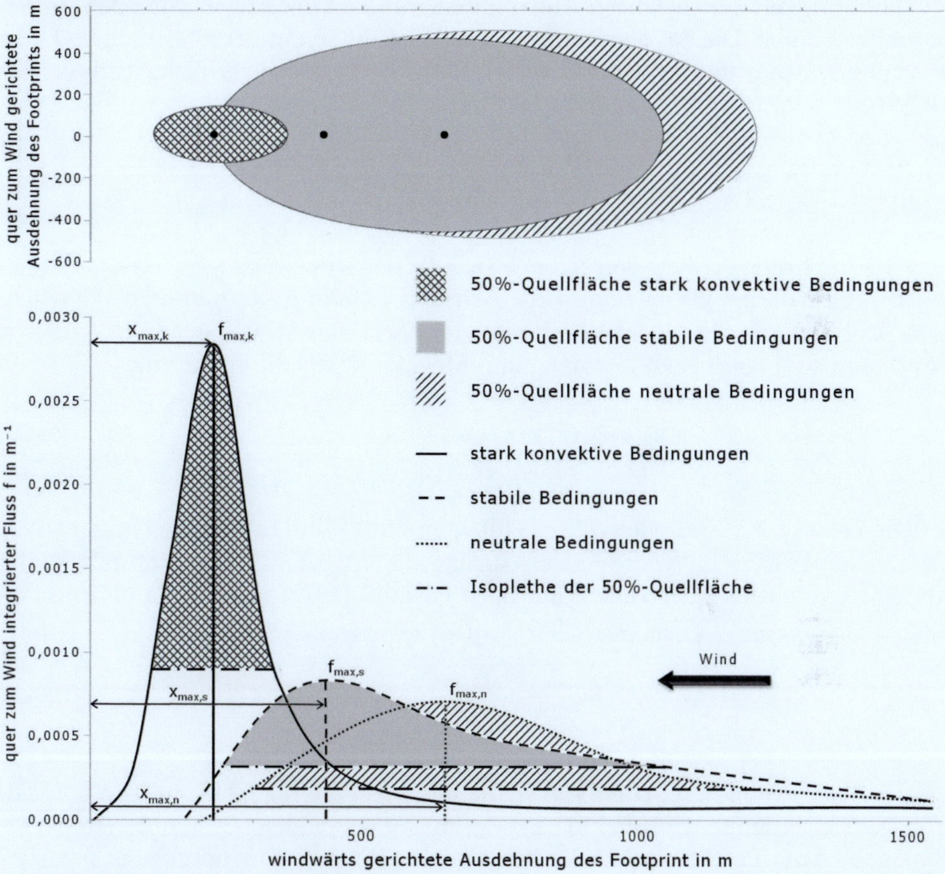

Quelle: Eigene Darstellung, verändert nach Kljun et al., 2002a

Anders als beim, für die Bestimmung der Nettoprimärproduktion (NPP) wichtigen, CO_2-Fluss, der hauptsächlich unter neutralen bzw. stabilen Schichtungen stattfindet, eigenen sich für Messungen der latenten Wärme ebenfalls analytische wie lagrangsche Verfahren. Aus den erwähnten Gründen wird daher der Einsatz einer analytischen Footprint Methode als zielführend und geeignet erachtet. Die grundlegenden Annahmen des ausgewählten Ansatzes von Kormann und Meixner (2001) sind:

- homogene und stationäre Bedingungen über einer homogenen und isotropen Oberfläche in der Höhe z=0,
- die Geschwindigkeitsvariabilität entlang der Achse der Hauptwindrichtung ist vernachlässigbar,
- es werden nur Advektionsprozesse berücksichtigt und
- der vertikale Turbulenztransport wird durch einen Diffusionsprozessgradienten repräsentiert.

Die Gültigkeit der jeweiligen Annahme ist während der Anwendung der Methode zu überprüfen. Die Basisgleichung 3-25 beschreibt den in einer bestimmten Höhe z_m über dem Ursprung des Koordinatensystems gemessenen vertikalen turbulenten Fluss.

$$F\,(0{,}0,z_m)=\int_{-\infty}^{\infty}\int_{0}^{\infty}F\,(x,y,0)\phi(x,y,z_m)\,dx\,dy \tag{3-25}$$

$F\,(0{,}0,z_m)$ repräsentiert den Strom $F\,(x,y,0)$ der windwärts zum Messpunkt gelegenen Oberfläche. Dabei zeigt die x-Achse in Richtung der mittleren Windrichtung. Der Term $\phi(x,y,z_m)$ beschreibt den Footprint der Messung am Ort $(0{,}0,z_m)$. Für diesen ergibt sich nach Kormann und Meixner (2001) die Gleichung:

$$\phi(x,y,z)=D_y(x,y)\cdot f(x,z) \tag{3-26}$$

Hierbei ist $f(x,z)$ der windwärts (x>0), quer zum Wind integrierte Fluss, gemessen in einer Höhe z im Koordinatenursprung. D_y repräsentiert die normalverteilte Verteilungsfunktion quer zum Wind nach Pasquill (1972) mit der als höhenunabhängig angenommen Dispersion $\sigma = \sigma_y(x)$ quer zur Windrichtung.

$$D_y(x,y)=\frac{1}{\sqrt{2\pi}\sigma}e^{-\frac{y^2}{2\sigma^2}} \tag{3-27}$$

Vor der Formulierung von $f(x,z)$ ist die Einführung einiger Hilfsgrößen notwendig. Dem sogenannten Formfaktor $r=(2+m-n)$ von Ulden (1978) mit m und n als Exponenten der Potenzgesetzte der horizontalen Windgeschwindigkeit $u(z)=U\,z^m$ und der Eddy-Diffusität $K(z)=\kappa^n$. U und κ sind hierbei als Konstanten zu verstehen. Nun kann die Flusslängenskala ξ mit $\xi=\xi(z)=\frac{U\,z^r}{r^2\kappa}$ eingeführt werden. Der luvseitige, quer zum Wind integrierte Fluss ergibt sich nun zu:

$$f(x,z)=\frac{1}{\Gamma(\mu)}\frac{\xi^\mu}{x^{1+\mu}}e^{-\xi/x} \tag{3-28}$$

mit der Gammafunktion Γ und der Konstante $\mu=(1+m)/r$. Mit Gleichung 3-26 und 3-27 ergibt sich aus 3-25 die abschließende Footprintfunktion nach Kormann und Meixner (2001):

$$\phi = D_y \cdot f = \frac{1}{\sqrt{2\pi}\sigma} e^{-\frac{y^2}{2\sigma^2}} \cdot \frac{1}{\Gamma(\mu)} \frac{\xi^\mu}{x^{1+\mu}} e^{-\xi/x} \tag{3-29}$$

Sucht man nun den maximalen Fluss f_{max} an einer Stelle $x_{max}>0$ quer zum Wind so gilt für das Integral der quer zum Wind normalverteilten Verteilungsfunktion

$$\int_{-\infty}^{\infty} D_y = 1 \tag{3-30}$$

Daher lässt sich Gleichung 3-29 in diesem Fall vereinfachen zu

$$f_{max} = \frac{(1+\mu)^{1+\mu}}{\Gamma(\mu)\xi} e^{-(1+\mu)} \tag{3-31}$$

an der Stelle

$$x_{max} = \frac{\xi}{1+\mu} \tag{3-32}$$

Mit Hilfe der Gleichung 3-29 lässt sich nun für jeden aggregierten 30-Minuten-Zeitschritt der Footprint berechnen. Theoretisch betrachtet besitzt der Footprint in X- sowie in Y-Richtung eine unendliche Ausdehnung. Für Darstellungszwecke ist es daher zu empfehlen, die Ausdehnung zu restringieren. Bereits Schmid und Oke (1990) führten den Begriff des n %-Quellgebiets ein. Hierbei handelt es sich um die räumliche Ausdehnung des Footprints der die Quellen enthält, die zu n % zum gemessenen Gesamtfluss beitragen. Bei der Darstellung solcher Linien gleicher Wertausprägung (Isoplethen) werden häufig jene verwendet bei denen ϕ_0/ϕ_{max} = 50 %, 80 % und 95 % ist. Eine weitere empfohlene Restriktion des Footprint ist die Beschränkung der Ausdehnung auf Isoplethen, deren Quellen einen bestimmten prozentuellen Anteil des maximalen Punktquellflusses $f(x_0, z_m)/f_{max}(x, z_m)$ entlang der x-Achse unterschreiten. Häufig werden hier die Isoplethen 10 %, 1 % und 0,1 % verwendet.

3.3.4 Füllung von Datenlücken

Das Füllen von Messdatenlücken zählt zu den wesentlichen Bestandteilen der Qualitätskontrolle und dient dazu, kontinuierliche Messwerte zu erhalten, um daraus Saison- oder Jahreswerte einer Messgröße zu berechnen. Es existieren zahlreiche Analysen und Anwendungen, die eine lückenlose Datengrundlage voraussetzen. Diese sind beispielsweise die Bildung jährlicher, saisonaler oder täglicher Summen bestimmter meteorologischer Variablen (z.B. die Summe der saisonalen Verdunstungshöhen).

Laut einer Studie von Falge et al. (2001) beträgt der Anteil dieser systematischen Ausfälle bei den in der Studie untersuchten 19 Eddy-Kovarianz-Stationen ca. 35 %. Die weitaus größeren Datenlücken werden allerdings durch die Qualitätsanalyse der Messdaten generiert. Hierbei handelt es sich im Wesentlichen um Messdaten, die aufgrund von Qualitätskriterien nicht verwendet werden können.

Während der Qualitätskontrolle in der vorliegenden Arbeit erfolgte ein Datenausschluss aufgrund von:

- atmosphärischer Schichtung (z.B. Energieflüsse bei Nacht),
- Rohdatenqualität (z.B. Spikes, Rauschen, usw.),
- Footprint (liegt außerhalb des zu betrachtenden Ökosystems),
- Windrichtung (Flüsse sind von Störquellen beeinflusst, z.B. Messturm oder Instrumente befinden sich im Luv des Messortes) und
- zu geringe Schubspannungsgeschwindigkeit, usw. (Papale et al., 2006).

Der Anteil der Datenlücken, die durch Qualitätsanalyse entstehen, beträgt laut Papale et al. (2006) zwischen 20 % und 60 %. Daher hat die verwendete Methode zur Schließung dieser Lücken einen erheblichen Einfluss auf die Qualität des Gesamtergebnisses.

Obwohl die hohe Frequenz der Datenerfassung bereits als mögliche Quelle von Messlücken identifiziert wurde, liefert sie enorme Mengen an verwendbaren Daten. Die daraus resultierende Datenredundanz ist elementar für die Füllung von Datenlücken. Im Falle von perfekt zufällig verteilten Datenlücken wäre die Berechnung des fehlenden Wertes durch eine einfache Mittelwertbildung über den gesamten Messzeitraum zu bestimmen. In der Praxis treten solche idealen, zufällig verteilten Lücken nicht auf, woraus die Notwendigkeit komplexerer Methoden zur Füllung von Datenlücken erwächst (Papale, 2012).

Die Methoden können anhand von unterschiedlichen Charakteristika eingeordnet werden. Die derzeit verwendeten Methoden sind entweder empirische oder funktionelle Modelle. *Empirische Modelle* eignen sich hierbei besonders zur Füllung von Datenlücken durch Interpolation. Eine Extrapolation dagegen ist mit empirischen Methoden unzuverlässig. *Funktionelle Modelle* verwenden die Beziehung zwischen Flüssen und ihren treibenden Prozessen (Treiber), aufgestellt im jeweiligen Untersuchungsgebiet, auf Grundlage vorhandener Messdaten. Als Treiber werden die Variablen verstanden, die zur Beschreibung der Variabilität der gemessenen Eddy-Kovarianz-Flüsse verwendet werden. Häufig verwendete Treiber sind:

- einfallende kurzwellige Strahlung,
- Luft- und Bodentemperatur,
- Dampfdruckdefizit und
- Bodenfeuchte.

Je flexibler die Methode hinsichtlich der Auswahl der Treiber ist, desto besser ist deren Anwendbarkeit (Papale, 2012). Sollten die treibenden Variablen ebenfalls in dem zu füllenden Zeitraum nicht verfügbar sein, bleibt oft nur die Anwendung der *Methode der mittleren täglichen Variation* (MDV, mean diurnal variation). Bei dieser von Falge et al. (2001) beschriebene Methode zur Füllung von längeren Datenlücken (< zwei Wochen) werden die Datenlücken durch den Mittelwert der Messungen zur selben Tageszeit (± 1 h) eines definierten Zeitfensters (< 2 Wochen) gefüllt. Daher müssen zunächst die Lücken in den Datensätzen der meteorologischen

Messungen (treibende Variable) gefüllt werden, bevor mit der Füllung von Lücken in den Eddy-Kovarianz-Messreihen begonnen werden kann. Die beste Methode bei Lücken in meteorologischen Datenreihen ist die *Verwendung einer benachbarten Station*, die ähnliche meteorologische Variablen aufzeichnet. Eine weitere Möglichkeit, um an Daten zur Lückenfüllung zu gelangen, bietet die *Fernerkundung*. Hier können z.B. einfallende Strahlung, Albedo oder Oberflächentemperatur ermittelt werden.

Einen wesentlichen Einfluss auf die Wahl der Methode hat die Länge der Datenlücke. Relativ lange Lücken können geschlossen werden, indem *Daten aus vorherigen oder nachfolgenden Jahren* bei gleichen ökologischen Bedingungen herangezogen werden. Kleinere Lücken könne durch *lineare Interpolation* geschlossen werden.

Eine weitere Methode ist die Verwendung von sogenannten *LUT* (Look up table). Diese Methode wird am häufigsten verwendet, da sie relativ einfach zu implementieren ist. Sie findet meist Anwendung, wenn die eigene Messdatenreihe selbst keine brauchbaren Informationen bereitstellen kann. LUT's zählen zu den empirischen Methoden und greifen oft auf eine externe Datenbank zurück. Aus diesen Datenbanktabellen werden dann Informationen verwendet die unter ähnlichen meteorologischen Bedingungen aufgenommen wurden, um die fehlenden Daten nachzubilden. Auswahlkriterium ist hierbei der meteorologische Treiber für die zu füllende Variable. Der Treiber sollte anhand der Charakteristika des Untersuchungsgebiets ausgewählt werden und entscheidend für den Prozess der gesuchten Variable sein. Ein Beispiel für die Erstellung und Verwendung von LUT's geben Falge et al. (2001).

Reichstein et al. (2005) führten eine Methode ein, die seither als *MDS-Methode* bekannt ist (MDS, Marginal Distribution Sampling) und zu den Standardmethoden bei der Füllung von Datenlücken zählt (Papale et al., 2006). Diese Methode berücksichtigt sowohl die zeitliche Autokorrelation von Flüssen, als auch die Kovarianz von Flüssen und meteorologischen Variablen.

Eine besondere Herausforderung an die Füllmethoden liegt in der Detektion von Störungen und Veränderungen. Dies ist häufig der Fall bei landwirtschaftlichen Messflächen. Hier werden durch menschliche Einflussnahme Änderungen der Rahmenbedingungen der Messung vorgenommen. In der Regel handelt es sich hierbei um die Entfernung von Biomasse, wie z.B. bei Ernte, Feldbestellung, Mäharbeiten, usw. (Hammerle et al., 2008; Wohlfahrt et al., 2008). In der Vergangenheit wurden die meisten Methoden zur Schließung von Datenlücken hinsichtlich ihrer Eignung untersucht Datenausfälle in Messkampagnen mit Fokus auf Kohlendioxidflüsse zu füllen (Foken 2006). Wenige Autoren (Alavi et al., 2006; Chen et al., 2012b; Qin et al., 2010) haben sich auf die Schließung von Datenlücken der latenten und fühlbaren Wärmeströme konzentriert.

Die in dieser Arbeit verwendete Methode zur Schließung von Datenlücken ist die Methode der robusten multiplen linearen Regression (MLR). Robuste Regressionen haben u.a. den Vorteil, weniger anfällig auf sogenannte „Ausreißer" zu reagieren (siehe Kapitel 3.6). Diese Methoden werden allgemein empfohlen, da sie zuverlässige Ergebnisse erzeugen (Erceg-Hurn und Mirosevich, 2008; Filzmoser und Rousseeuw, 2004; Maronna et al., 2006). Die MLR-Methode berücksichtigt den Einfluss von Klimavariablen auf den latenten Wärmestrom und eignet sich daher besonders in Untersuchungsgebieten mit mehreren benachbarten Klimastationen. Bei dem Methodenvergleich von Alavi et al. (2006) wurden, vor dem Hintergrund der Füllung von Datenlücken fühlbarer und latenter Wärmeströme, sechs unterschiedliche Methoden verglichen. Hierbei zeigte die Methode der multiplen linearen Regression (MLR) gute Ergebnisse.

Weitere Methoden zur Schließung von Datenlücken sind u.a. künstliche neurale Netzwerke, Prozessmodelle und nicht lineare Regressionsmethoden. Detailliertere Beschreibungen sind in der ausführlichen Übersicht von Papale (2012) zu finden.

3.4 Beschreibung des verwendeten Residualansatzes (SEBAL)

Für die Modellierung des latenten Wärmestroms in der vorliegenden Dissertation wird ein modifizierter, fernerkundungsbasierter Residualansatz nach Conrad (2006) verwendet. Dieser Ansatz basiert auf dem SEBAL Modell in das einige Komponenten des METRIC Modells integriert wurden. SEBAL und METRIC sind ursprünglich für die Verwendung von Landsatdaten entwickelt worden (Allen et al., 2005), konnten aber bereits erfolgreich für die Nutzung weiterer Fernerkundungssensoren (MODIS, ASTER, NOAA und Meteosat) adaptiert werden (Bastiaanssen et al., 2005). Fernerkundungsdaten die der räumlichen Auflösung von Landsat entsprechen stehen häufig nicht in einer ausreichenden temporären Auflösung zur Verfügung, um eine saisonal akkumulierte Information über die Verdunstungshöhe zu generieren. Die Information über die Evapotranspiration einer Bewässerungssaison ist jedoch unerlässlich, um eine valide Evaluierung des Bewässerungssystems vornehmen zu können. Daher erwies sich die Integration räumlich geringer, aber zeitlich hoch aufgelöster Daten als Vorteilhaft für die Verwendung des SEBAL Ansatzes in der vorliegenden Arbeit. Des Weiteren eignet sich SEBAL zur Untersuchungen der Fragestellungen im Untersuchungsgebiet, da es für reliefarme Terrains in semiariden und ariden Regionen entwickelt wurde. Dies entspricht im hohen Maße den Bedingungen die im Untersuchungsgebiet vorlagen (siehe Kapitel 2). Für die Verwendung sprechen zudem die weite Verbreitung des Modells und der Umstand, dass für verschiedene Klimatypen eine Validierung des Modells bereits erfolgte. Dies ermöglicht die bessere Einordnung der im Rahmen der vorliegenden Arbeit erzielten Validierungsergebnisse. Zunächst wird das Grundprinzip dieses Ansatzes erläutert, dann erfolgen die Beschreibungen der Methoden zur Bestimmung der einzelnen Energiebilanzkomponenten. SEBAL basiert, ähnlich wie die meisten anderen Residualmodelle, auf einer vereinfachten Energiebilanz. Durch Vernachlässigung des Speicherterms (vlg. Gleichung 3-3) vereinfacht sich die Energiebilanz zu:

$$R_N - H - L_v E - G \approx 0 \quad \text{in W/m}^2 \qquad (3\text{-}33)$$

Die Energiebilanzgleichung wird pro Zeitintervall aufgestellt und wird für eine Bezugsfläche angegeben, z.B. für die Erd- oder Vegetationsoberfläche. Allgemeinen

Konventionen folgend (Foken, 2006) werden auch in der vorliegenden Arbeit Energiegewinne für die Erdoberfläche positiv und Energieverluste negativ bezeichnet (siehe Abbildung 3-5). Demnach ist der latente Wärmestrom am Tag negativ (Verdunstung) und positiv in der Nacht (Taufall). Die Gleichung 3-33 kann beliebig nach der unbekannten Größe umgestellt werden. Zur Lösung der Residualgleichung müssen die übrigen Komponenten bekannt sein, z.B. durch Messungen oder Abschätzungen ermittelt. Auf diese Weise lässt sich der latente Wärmestrom als Restglied bestimmen zu:

$$L_v E = R_N - H - G \qquad \text{in W/m}^2 \qquad (3\text{-}34)$$

Über eine einfache Modellannahme lässt sich später aus L_vE die tatsächliche Evapotranspiration ableiten (siehe Kapitel 3.4.5). Tagsüber findet aufgrund hoher positiver Werte der Strahlungsbilanz (R_N) eine Erwärmung der Erdoberfläche ($G > 0$) und der Luft ($H > 0$) statt. Außerdem wird die verfügbare Energie teilweise in Verdunstungsenergie umgesetzt. Der Tagesgang der Energiebilanz in der Nacht zeigt üblicherweise geringe Wärmeumsätze. Eine Illustration der angesprochenen Beiträge der Energiebilanzkomponenten ist in Abbildung 3-5 dargestellt.

Abbildung 3-5: Illustration der Beiträge der Energiebilanzkomponenten zur Ermittlung des Residuums unterschieden nach Tag und Nacht.

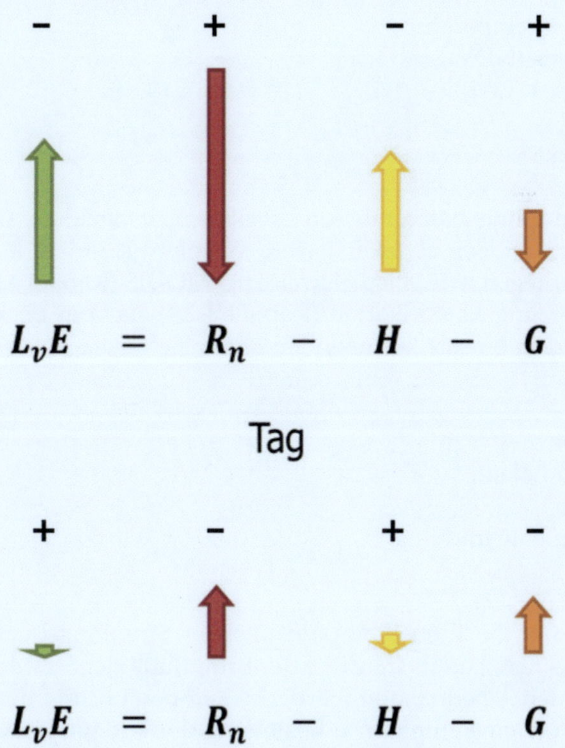

Quelle: Eigene Darstellung

Bastiaanssen et al. (1998) formulierten mit SEBAL einen fernerkundungsbasierten Residualansatz zur Bestimmung des latenten Wärmestroms, mit dessen Hilfe die tägliche, tatsächliche Evapotranspiration abgeleitet werden kann. Die Komponenten Strahlungsbilanz, fühlbarer Wärmestrom und Bodenwärmestrom werden nacheinander berechnet und anschließend gemäß Gleichung 3-34 zur Ermittlung des latenten Wärmestroms bilanziert.

METRIC stellt eine Weiterentwicklung SEBALs hinsichtlich einer stärkeren Anpassung der Energieflüsse an regionale Verhältnisse dar, basiert aber im Wesentlichen auf denselben Grundprinzipien, wie z.B. die Bestimmung der Temperaturdifferenz dT mit Hilfe heißer und kalter Referenzpixel. Deshalb verwendete Conrad (2006) als Basis für seine Entwicklung das SEBAL Modell und integrierte, zur Steigerung der Genauigkeit, einige der in METRIC implementierten Komponenten, wie z.B. die Verwendung zusätzlicher meteorologischer und fernerkundlicher Eingangsdaten (Landnutzungsklassifikation und LAI) zur besseren Anpassung an regionale Bedingungen. Ein Vorteil der verwandten Modelle SEBAL und METRIC ist deren Unabhängigkeit von atmosphärischen Einflüssen auf nichtkorrigierte Thermaldaten (Tasumi et al., 2005). Die Anwendung der Modelle ist auf kleine Untersuchungsgebiete von ca. 20.000 km^2 beschränkt (Allen et al., 2005). Der in der vorliegenden Arbeit zur Anwendung kommende modifizierte Residualansatz benötigt folgende fernerkundliche Eingangsdaten:

- Landoberflächentemperatur,
- Vegetationsindex (NDVI),
- Blattflächenindex (LAI),
- Albedo und
- Emmissionsgrad.

Diese Fernerkundungsdaten müssen jeweils sensorspezifisch aus den verfügbaren Satelliteninformationen abgeleitet werden, sofern sie nicht in Form von fertigen Produkten vorliegen, wie beispielsweise bei MODIS (Kapitel 4.2.1.1). Zusätzlich geht eine Landnutzungsklassifikation (Kapitel 4.2.4) als vom Benutzer generiertes Produkt ein. Die zum Einsatz kommenden regionalen meteorologischen Eingangsdaten sind:

- Strahlungsbilanz,
- Windgeschwindigkeit,
- Lufttemperatur,
- Relative Luftfeuchte und
- Niederschlag.

Zunächst werden die Einzelkomponenten der Strahlungsbilanz R_N berechnet (Kapitel 3.4.1). Aus den, bereits im Zuge der Ermittlung der Strahlungsbilanz benötigten, Komponenten Albedo, Landoberflächentemperatur und dem Vegetationsindex NDVI wird über eine empirische Beziehung der Bodenwärmestrom abgeleitet (Kapitel 3.4.2). Der Energiestrom der fühlbaren Wärme wird, unter Verwendung eines Konzeptes zur Berücksichtigung der Stabilität der Atmosphäre, in einem iterativen Prozess ermittelt, dabei werden u.a. Windgeschwindigkeit, Landnutzungsklassifikation, LAI und Bodenoberflächentemperatur benötigt (Kapitel 3.4.3). Im Abschnitt 3.4.4 wird die interne Kalibration bei der Berechnung von H erläutert, welche die wesentliche Besonderheit der Modelle SEBAL und METRIC, im Vergleich zu den übrigen Residualansätzen, darstellt.

3.4.1 Strahlungsbilanz

Die Strahlungsbilanz R_N beschreibt die Menge an Strahlungsenergie, die für die Verdunstung und für die Erwärmung des Bodens bzw. der Luft verfügbar ist. Die verfügbare Strahlung ergibt sich aus der Bilanzierung der eingehenden und der ausgehenden solaren und thermalen Strahlung (Allen et al., 2007b) in der Form:

$$R_N = (1-\alpha)\cdot R_{S\downarrow} + R_{L\downarrow} - R_{L\uparrow} - (1-\varepsilon_0)\cdot R_{L\downarrow} \quad \text{in W/m}^2 \qquad (3\text{-}35)$$

Mit:

$R_{S\downarrow}$	:	eingehende kurzweilige Strahlung	in W/m²
$R_{L\downarrow}$	:	eingehende langwellige Strahlung	in W/m²
$R_{L\uparrow}$	:	emittierte langwellige Strahlung	in W/m²
ε_0	:	Emissionsgrad	dimensionslos
α	:	Oberflächenalbedo	dimensionslos

Wobei der Term $(1-\alpha)\cdot R_{S\downarrow}$ den Anteil der reflektierten solaren Einstrahlung $R_{S\downarrow}$ ausdrückt. Analog dazu beschreibt der Term $(1-\varepsilon_0)\cdot R_{L\downarrow}$, unter Verwendung des Kirchhoff'schen Gesetzes, den von der Erdoberfläche rückgestrahlten Anteil der eingehenden langwelligen Strahlung $R_{L\downarrow}$. Die zur Aufstellung der Strahlungsbilanz benötigten Komponenten werden nacheinander berechnet, beginnend mit der solaren Einstrahlung $R_{S\downarrow}$. Der Anteil der eingehenden extraterrestrischen Strahlung ist abhängig von der Durchlässigkeit der Atmosphäre τ_s und dem Sonnenzenitwinkel Θ_s. Gemäß Allen et al. (1998) berechnet sie sich aus der Solarkonstante (S=1367 W/m²) und dem inversen relativen Abstand zwischen Sonne und Erde d_r.

$$R_{S\downarrow} = S\cdot\cos\Theta_s\cdot d_r\cdot\tau_s \quad \text{in W/m}^2 \qquad (3\text{-}36)$$

Die atmosphärische Transmissivität wird empirisch nach Allen et al. (2002) anhand der Geländehöhe z in m ü. N. N. angenähert.

$$\tau_s = 0{,}75 + 2\cdot 10^{-5}\cdot z \qquad (3\text{-}37)$$

Die ausgehende thermale Strahlung $R_{L\uparrow}$ wird durch die Temperatur in K und den Emissionsgrad der Erdoberfläche (engl. land surface temperature, LST) bestimmt. Dabei kommt eine modifizierte Stefan-Boltzmann-Gleichung zur Anwendung (Allen et al., 2002a).

$$R_{L\uparrow} = \varepsilon_0 \cdot \sigma \cdot LST^4 \qquad \text{in W/m}^2 \qquad (3\text{-}38)$$

Die Parameter ε_0 und LST werden aus Fernerkundungsdaten gewonnen (Kapitel 4.2.1). Analog zu Gleichung 3-38 wird auch die eingehende langwellige Strahlung mit Hilfe des Stefan-Boltzmann-Gesetzes berechnet.

$$R_{L\downarrow} = \varepsilon_a \cdot \sigma \cdot T_a^4 \qquad \text{in W/m}^2 \qquad (3\text{-}39)$$

Wobei hier der atmosphärische Emissionsgrad ε_a benötigt wird sowie die Temperatur der Luft T_a in K. Zur Bestimmung von ε_a verwendeten Allen et al. (2002) eine empirische Beziehung die auch für den hier verwenden Residualansatz eingesetzt wird.

$$\varepsilon_a = 0{,}85 \cdot (-\ln \tau_s)^{0{,}09} \qquad (3\text{-}40)$$

Allen et al. (2007) empfehlen zur Ermittlung von T_a die LST des kalten Ankerpunktes (siehe Kapitel 3.4.4) zu verwenden. Der Beitrag von H in der Energiebilanzgleichung ist an dieser Stelle gering, daher kann für diesen Pixel $LST \approx T_a$ angenommen werden (Allen et al., 2011a).

3.4.2 Bodenwärmestrom

Der Bodenwärmestrom ist hier als gemeinsamer Anteil der gespeicherten Wärme in Boden und Vegetation zu verstehen. Häufig wird der Bodenwärmestrom als eine Funktion aus Strahlungsbilanz und der isolierenden und abschattenden Vegetationsschicht abgeleitet (Choudhury et al., 1987). In SEBAL und METRIC wird, wie in einem Großteil der gängigen ET-Berechnungsmethoden, ein empirischer Ansatz gewählt, der zunächst auch in den modifizierten Residualansatz implementiert wird. Dieser Ansatz basiert auf Überlegungen von Bastiaanssen (2000) und drückt das Verhältnis zwischen Strahlungsbilanz und Bodenwärmestrom zur Mittagszeit als Funktion aus LST, Albedo und NDVI aus.

$$\frac{R_N}{G} = (LST - 273{,}15) \cdot (0{,}0038 + 0{,}0074 \cdot \alpha) \cdot (1 - 0{,}98 \cdot NDVI^4) \qquad (3\text{-}41)$$

Nachdem die Strahlungsbilanz gemäß den vorher beschriebenen Schritten bestimmt wurde, liefert die Umstellung der Formel 3-41 nach G die Werte für den Bodenwärmestrom. Bereits in der Einleitung wurde beschrieben, dass der empirisch geschätzte Bodenwärmestrom signifikant schlechtere Ergebnisse liefert, als die übrigen modellierten Energiebilanzkomponenten. Zur verbesserten Ableitung des Bodenwärmestroms wird, im Rahmen der vorliegenden Dissertation, ein optimierter Bodenwärmestromansatzes entwickelt (Kapitel 4.4). Die grundliegenden physikalischen Vorgänge hierzu werden im folgenden Abschnitt vorgestellt.

Die wesentlichen den Bodenwärmestrom bestimmenden Faktoren sind die Bodentemperatur und der Bodenwassergehalt (Peters-Lidard et al., 1998). Diese variieren in Abhängigkeit der Bodentiefe und werden häufig über die Temperaturprofilmethode bestimmt. Bei dieser Methode kann der Wärmestrom durch eine Bodenschicht, für die eine kontinuierliche Zeitreihe der vertikalen Bodentemperatur gemessen wurde, berechnet werden. Voraussetzung hierfür ist die Kenntnis der Wärmekapazität der Bodenschicht. Eine andere Vorgehensweise ist die Ableitung von Temperaturprofilen aus dem Verlauf der Bodenoberflächentemperatur. Hierzu wurden in der Vergangenheit bereits intensive Untersuchungen angestellt. Dabei wurden zahlreiche Modelle entwickelt, um mit begrenzter Datenverfügbarkeit die Bodentemperatur in tieferen Bodenschichten abzuleiten (Camillo, 1989; Elias et al., 2004; Holmes et al., 2008; Huang et al., 2008; Van Wijk und de Vries, 1963).

Zur Berechnung der Temperaturverläufe an der Oberfläche wird in dieser Arbeit die Methode von Van Wijk und De Vries (1963) verwendet. In dieser Methode wird der tägliche Verlauf der Bodentemperatur durch eine Sinuswelle beschrieben die entlang eines Temperaturmittelwerts verläuft. Dieser Temperaturmittelwert wird als tiefenkonstant angenommen. Die Amplitude des Temperaturverlaufs hat sein Maximum an der Bodenoberfläche und nimmt mit zunehmender Tiefe ab. Der zeitliche Versatz der Maximaltemperaturen der unterschiedlichen Bodentiefen vergrößert sich mit zunehmender Bodentiefe. Der Verlauf der täglichen Temperatur lässt sich demnach beschreiben durch die Formel:

$$T(z,t) = T_{mittel} + A_T \cdot e^{(-z/D)} \cdot \sin\left(\omega t - \frac{z}{D} + \varphi\right) \tag{3-42}$$

Mit der Bodentiefe z in m (abwärtsgerichtet positiv), der Zeit t in s, T_{mittel} dem 24-stündigen Mittelwert der Bezugstemperatur, der Amplitude der Temperaturveränderung der Bezugstemperatur A_T in K, der Dämpfungstiefe D in m und der Phasenkonstante φ in s. Die Kreisfrequenz ω in 1/s wird mit Hilfe der Periode der Welle eines Tages ($\tau = 86400$ s) berechnet:

$$\omega = \frac{2\pi}{\tau} \tag{3-43}$$

Die Dämpfungstiefe D ist die Tiefe bei der sich die Amplitude der Temperaturvariabilität um den Faktor e^{-1} verändert und wird mit Hilfe der Temperaturleitfähigkeit a in m^2/s berechnet:

$$D = \sqrt{\frac{2a}{\omega}} \tag{3-44}$$

Die Temperaturleitfähigkeit ist ein weiterer Bodenparameter und lässt sich mit Hilfe von Gleichung 3-45 als Quotient aus volumetrischer Wärmekapazität c_s in J/m^3K und Wärmeleitfähigkeit λ in W/mK bestimmen.

$$a = \lambda / c_s \tag{3-45}$$

Die Wärmeleitfähigkeit kann dabei durch Kenntnis von Bodentextur und Bodenwassergehalt durch verschiedene Methoden abgeschätzt werden (u.a. Johansen, 1975; McInnes, 1981; Usowicz, 1993). In dieser Arbeit wird die Methode nach

McInnes (1981) verwendet und im Folgenden kurz vorgestellt. Detailliertere Beschreibungen der übrigen Methoden können den Studien von Peters-Lidard et al. (1998) und Usowicz and Usowicz (2004) entnommen werden. Eine bereits parametrisierte Form der Gleichung von McInnes (1981) beschrieb Campbell (1985) unter Hinzunahme von Bodenparametern nach Van Wijk und De Vries (1963). Diese Formel kann für mineralische Böden wie folgt zusammengefasst werden:

$$\lambda = 0,65 - 0,78\rho_b + 0,6\rho_b^2 + 1,06\rho_b\theta_v^2 - (0,62 - 0,78\rho_b + 0,5\rho_b^2)\cdot e^{-\left(\theta+\frac{2,6\theta}{\sqrt{m_c}}\right)^4} \quad (3\text{-}46)$$

Dabei ist ϱ_b die Lagerungsdichte[18] in g/m³, θ_v der volumetrische Feuchtegehalt in cm³/cm³ und m_c der Tonanteil des Bodens in %. Um die Temperaturleitfähigkeit nach Gleichung 3-45 berechnen zu können, muss zusätzlich die volumetrische Wärmekapazität des Bodens bestimmt werden. Unter der volumetrischen Wärmekapazität des Bodens wird hier die Summe der volumetrischen Wärmekapazitäten aller Bodenbestandteile verstanden, diese ergibt sich aus:

$$c_s = c_w \cdot \theta + \sum c_i \cdot \varepsilon_i \quad (3\text{-}47)$$

Hierbei ist c_w die volumetrische Wärmekapazität von Wasser. Mit c_i wird jeweils die volumetrische Wärmekapazität von Luft, organischem Material und Quarz bezeichnet und mit ε_i die entsprechenden Anteile der jeweiligen Bestandteile am Gesamtbodenvolumen (Tabelle 3-1).

Tabelle 3-1: Volumetrische Wärmekapazität der Bodenbestandteile.

Bestandteil	Volumetrische Wärmekapazität in J/(m³K)
Wasser	c_w = 4,185
Organisches Material (z.B. Humus)	c_h = 1,92
Quarz	c_q = 1,92
Luft	c_l = 0,012

Quelle: Van Wijk und De Vries 1963, eigene Erhebung

Wie bereits erwähnt ist für den Bodenwärmestrom der Temperaturverlauf an der Erdoberfläche (z=0) maßgebend. Für diesen sinusförmigen Temperaturverlauf vereinfacht sich die Gleichung 3-42 durch den Wegfall der tiefenabhängigen Terme wie folgt:

$$T(0,t) = T_{mittel} + A_T \sin(\omega t) \quad (3\text{-}48)$$

Die Abbildung 3-6 veranschaulicht das oben beschriebene Konzept durch den Vergleich zwischen der, mit Hilfe der Gleichung 3-48, modellierten und der gemes-

18 Als Lagerungsdichte (auch Trockenraumdichte genannt) wird in der Bodenkunde die Masse einer ofentrockenen Bodenprobe pro Bruttovolumeneinheit einschließlich Porenraum bezeichnet (UNESCO, 1998).

senen Bodenoberflächentemperatur. Die Temperaturamplitude an der Oberfläche berechnet sich aus:

$$A_T = \frac{T_{max} - T_{min}}{2} \tag{3-49}$$

Die Werte für die Maximal- und Minimaltemperatur werden annährungsweise durch eine Sinuskurve beschrieben (siehe Abbildung 3-6), lediglich der Zeitpunkt des Auftretens kann durch die Nachbildung nicht exakt ermittelt werden. Um diesem Umstand Rechnung zu tragen, können die Temperaturvariationen über eine Fourier-Serie beschrieben werden (Van Wijk et al., 1963). Hierbei wird durch Superposition mehrerer harmonischer, sinusoidaler Variationen eine periodische Variation erzeugt. Dieses Verfahren wurde ebenfalls im Rahmen dieser Arbeit getestet und führte zu einer verbesserten Nachbildung der gemessenen Temperaturverläufe. Aufgrund des komplexeren Implementationsaufwandes im Vergleich zur Gleichung 3-48 und der ausreichenden Genauigkeit des sinusoidalen Temperaturverlaufs, wurde eine Anwendung der Fourier-Serien verworfen.

Abbildung 3-6: Gemessener und modellierter sinusförmiger Temperaturverlauf an der Oberfläche im Zeitraum 30.05. bis 02.06.2011.

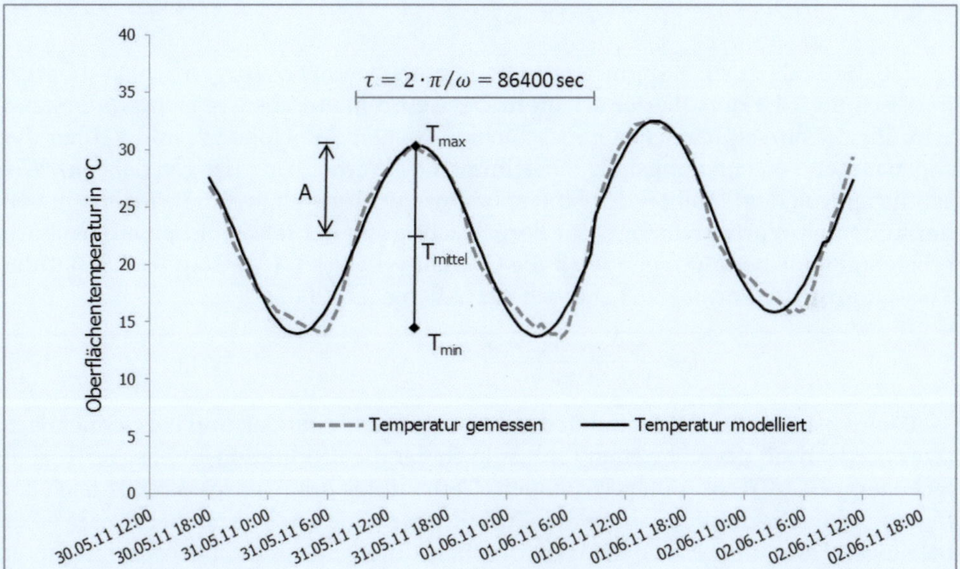

Quelle: Eigene Darstellung

Für eine solche sinusförmige Temperaturveränderung lässt sich nach Van Wijk und de Vries (1963) der Bodenwärmestrom beschreiben mit der Gleichung:

$$G(z,t) = -\lambda \cdot \frac{\partial T_z}{\partial z} + A_T \cdot \sqrt{\lambda c_s \omega} \cdot e^{(-z/D)} \cdot \sin\left(\omega t - \frac{z}{D} + \varphi + \frac{\pi}{4}\right) \tag{3-50}$$

Bei der Phasenverschiebung $\pi/4$ in Gleichung 3-50 handelt es sich um die zeitliche Differenz zwischen den Variationen von G und der Lufttemperatur bzw. verfügbaren Strahlung. Diese Differenz beträgt in der Literatur für die täglichen Veränderungen drei Stunden und für die jährlichen 1,5 Monate. Der Term $-\lambda \cdot \frac{\partial T_z}{\partial z}$ aus Gleichung 3-50 ist im Vergleich zur Amplitude des Folgeterms sehr klein und kann vernachlässigt werden. Aus Formel 3-50 ergibt sich demnach für den Bodenwärmestrom an der Oberfläche die Gleichung:

$$G(0,t) = A_T \cdot \sqrt{\lambda c_s \omega} \cdot \sin\left(\omega t + \frac{\pi}{4}\right) \qquad (3\text{-}51)$$

3.4.3 Fühlbarer Wärmestrom

Die grundlegende Methode zur Ableitung des fühlbaren Wärmestroms ist bei den Modellen SEBAL und METRIC identisch und wird durch eine aerodynamische Funktion aus Luftdichte ρ_{Luft} in kg/cm³, spezifischer Wärme der Luft c_p in J/(kg·K), aerodynamischem Transportwiderstand r_{ah} in s/m sowie dem bodennahen Temperaturgradienten dT abgeleitet.

$$H = \rho_{Luft} \cdot c_p \cdot \frac{dT}{r_{ah}} \qquad \text{in W/m}^2 \qquad (3\text{-}52)$$

Die Methode zur Bestimmung des bodennahen Temperaturgradienten dT wird in Abschnitt 3.4.4 detaillierter erläutert. Der aerodynamische Transportwiderstand wird für die atmosphärische Grenzschicht zwischen den Höhen z_1 und z_2 über der sogenannten Verschiebungshöhe[19] bestimmt. Die Werte für r_{ah} hängen dabei im Wesentlichen von der Stabilität der Atmosphärenschichtung ab, welche wiederrum von der fühlbaren Wärme abhängt. Zur Berücksichtigung der tatsächlichen atmosphärischen Stabilitätsbedingungen wird die Obukhov-Länge L (vgl. Kapitel 3.3.2) unter Verwendung der Formel 3-53 abgeschätzt (Allen et al., 2007).

$$L = -\frac{\rho_{Luft} \cdot c_p \cdot {u_*}^3 \cdot LST}{g \cdot H \cdot k} \qquad \text{in m} \qquad (3\text{-}53)$$

L wird als ein Maß der Stabilität der Atmosphäre verstanden und bezeichnet nach (Bernhardt, 1995) die Höhe einer Luftsäule, in der die Produktion kinetischer Turbulenzenergie (L<0) bzw. deren Verbrauch (L>0) infolge der Auftriebskräfte gleich der dynamischen Produktion kinetischer Turbulenzenergie pro Volumeneinheit in einer beliebigen Höhe z innerhalb der dynamischen Unterschicht, multipliziert mit dieser Höhe z, ist. In Abhängigkeit von L werden verschiedene Stabilitätskorrekturfaktoren für den Transport von Impuls ψ_m und Wärme ψ_h berechnet (Allen et al., 2007a).

Da in der Gleichung 3-52 zwei unbekannte Größen vorkommen (dT und r_{ah}), erfolgt die Lösung der Gleichung iterativ. Wobei als Startbedingung für die erste Ite-

19 Die Verschiebungshöhe ist vereinfachend als „Erhöhung der Erdoberfläche" zu verstehen. Damit ist die durch den Oberflächenbewuchs bedingte, vertikale Verschiebung der theoretischen meteorologischen Profile gemeint, welche die Höhe über der Oberfläche repräsentiert aus der die fühlbaren und latenten Wärmeströme entspringen und gleichzeitig der Nullpunkt des logarithmischen Windprofils ist.

ration von neutraler Atmosphärenstabilität ausgegangen wird (Allen et al., 2011a). Der aerodynamische Transportwiderstand r_{ah} berechnet sich mit der Formel:

$$r_{ah} = \frac{\ln\frac{z_2}{z_1} - \psi_{h(z_2)} + \psi_{h(z_1)}}{u_* \cdot k} \quad \text{in s/m} \qquad (3\text{-}54)$$

Mit:

u_* : Schubspannungsgeschwindigkeit in m/s
k : von Karman's Konstante (k = 0,41)
$\psi_{h(z_1)}, \psi_{h(z_2)}$: Stabilitätskorrektur für den Wärmetransport in den Höhen z_1 und z_2

Die Schubspannungsgeschwindigkeit ergibt sich in der ersten Iteration aus dem logarithmischen Windprofil:

$$u_* = \frac{k \cdot u_{200}}{\ln\frac{200}{z_{om}} - \psi_{m(200\,m)}} \quad \text{in m/s} \qquad (3\text{-}55)$$

Mit:
u_{200} : Windgeschwindigkeit in 200 m Höhe in m/s
z_{om} : Rauhigkeitslänge für den Impuls in m
$\psi_{h(z_1)}$: Stabilitätskorrektur für den Impulstransport in 200 m Höhe

Die Windgeschwindigkeit u_{200} wird über der meteorologischen Station angenommen und berechnet sich aus:

$$u_{200} = \frac{u_* \cdot \ln\frac{200}{z_{om}}}{k} \quad \text{in m/s} \qquad (3\text{-}56)$$

Die Rauhigkeitslänge z_{0m} ergibt sich aus der dominierenden Landnutzung des betrachteten Pixels. Für landwirtschaftliche Flächen berechnet sich z_{0m} mit Hilfe des Blattflächenindex zu:

$$z_{0m} = 0{,}018 \cdot LAI \quad \text{in m/s} \qquad (3\text{-}57)$$

Für die übrigen Landnutzungen ergeben sich die Rauhigkeitslängen aus Literaturwerten gemäß Tabelle 3-2.

Tabelle 3-2: Rauhigkeitslänge zur Abschätzung der Windgeschwindigkeit u_* und u_{200} für bestimmte Landnutzungsklassen.

Landnutzungsklasse	Oberflächenrauhigkeitslänge z_{0m} in m
Agrarische Fläche	0,018 · LAI
Brachflächen	0,002-0,006
Grasland	0,02
Ländliche Siedlungsfläche	0,2
Wasseroberfläche	0,001
Wüste ohne Vegetation	0,003
Wüste mit Vegetation	0,1
Wald	0,5

Quelle: Allen et al., 2002b

3.4.4 Automatisierte interne Modellkalibration

Die Eigenschaft der internen Kalibration des Modells mithilfe der sogenannten Ankerpunkte ist ein Alleinstellungsmerkmal der Modelle SEBAL und METRIC (Qu et al., 2013). Die Kalibrierung erfolgt über die Identifikation von Pixeln mit trockenen und feuchten Standortbedingungen für jede Satellitenszene und hat die beiden wesentlichen Vorteile (Allen et al., 2007), dass:

1. die Verwendung thermaler Satelliteninformationen unabhängig von den atmosphärischen Einflüssen möglich ist und
2. der Einfluss von Fehlern bei der Bestimmung der aerodynamischen Stabilität und der Oberflächenrauigkeit reduziert wird.

Die Extremwerte werden zur Ableitung des satellitenbildspezifischen vertikalen Temperaturgradienten der Luft (dT) herangezogen, für den ein linearer Zusammenhang mit der Oberflächentemperatur angenommen wird. Die häufig auch als Ankerpunkte bezeichneten Extremwerte sind idealerweise in der Umgebung der meteorologischen Messstation zu identifizieren (Allen et al., 2011a). Um die Annahmen für die Ankerpunkte an lokale meteorologische Situationen anzupassen verwendet METRIC die sogenannte Referenzevapotranspiration (siehe Kapitel 3.1.1) für Alfalfa (ET_{ref}, Allen 2003), die aus meteorologischen Daten berechnet wird.

Der erste Stützpunkt der Geradengleichung zur Beschreibung der linearen dT-Beziehung wird für extrem feuchte Verhältnisse bestimmt und basiert auf dem klassischen SEBAL Konzept. Erfahrungsgemäß werden feuchte Stützpunkte auf gut bewachsenen landwirtschaftlichen Flächen identifiziert. Als Indikator für eine dichte Vegetation dient hier der Blattflächenindex. Aufgrund der Annahme einer hohen Verdunstungskälte an diesem Punkt ist eine niedrige Oberflächentemperatur als ein weiter Indikator anzunehmen. Die verfügbare Strahlungsenergie wird auf diesen Flächen überwiegend durch die Komponenten L_vE und G umgesetzt[20]. In METRIC kann für feuchte Verhältnisse, durch die Einführung eines k-Faktors (k_f), der latente Wärmestrom aufgrund besonders günstiger Bodenfeuchteverhältnisse bis zu 5 % (k_f = 1,05) erhöht werden (Allen et al., 2007).

$$H_f = R_N - k_f \cdot L_v \cdot ET_r - G \qquad \text{in W/m}^2 \qquad (3\text{-}58)$$

Der Wertebereich von k_f kann variieren, um die unterschiedlichen Situationen während der Bewässerungssaison zu berücksichtigen. Um bei der Identifikation der feuchten Ankerpunkte einen Anteil an Reis- oder Wasserflächen auf Subpixelniveau auszuschließen, werden die Ergebnisse der Landnutzungsklassifikation herangezogen. Zusätzlich wird k_f mittels des NDVI in den Randphasen der Vegetationsperiode angepasst. Anschließend wird der vertikale Temperaturgradient für trockene

20 Die von Bastiaanssen et al. (1998) ursprünglich vorgeschlagene Methode für die Auswahl der feuchten Stützpunkte wird hier ausdrücklich nicht angewendet. Nach dieser ist die Selektion von Wasserflächen erlaubt, wobei sich durch H = 0 ein Temperaturgradient von Null einstellt. In der vorliegenden Arbeit wird daher der Vorschlag von Allen et al. (2002) aufgegriffen.

Verhältnisse bestimmt. In METRIC wird für diesen Punkt angenommen, dass keine Evapotranspiration stattfindet und die Strahlungsenergie ausschließlich zur Erwärmung der Luft und des Bodens verwandt wird.

$$H_t = R_N - G \qquad \text{in W/m}^2 \qquad (3\text{-}59)$$

Extrem trockene Verhältnisse herrschen meist auf vegetationslosen Flächen, daher wird auf hochaufgelösten Satellitenbildern üblicherweise eine vegetationslose Brache als trockene Extremfläche identifiziert (Allen et al., 2011a). Conrad (2006) verwendete als Datengrundlage für seine Modellierung MODIS Daten mit einer räumlichen Auflösung von 1 km². Die Disparität zu der, dem Konzept der Identifikation der Ankerpunkte zugrundeliegenden, höheren räumlichen Auflösung machte an dieser Stelle eine Modellanpassungen notwendig.

Ausdrücklich nicht für die Anwendung der internen Kalibration geeignet, sind homogene 1 km MODIS Pixel über Wüstenflächen, da dort laut Morse et al. (2000) aufgrund der abweichenden meteorologischen Bedingungen der linearer Zusammenhang zwischen dT und LST nicht besteht. Aufgrund der Mischpixelproblematik von 1 km MODIS Daten (Kamble et al., 2013), ist die Ausweisung einer homogenen Brachfläche schwierig. Die im Untersuchungsgebiet vorhanden Brachen erreichen kaum die räumliche Ausdehnungen eines MODIS Pixels und weisen eine spärliche Vegetationsbedeckung auf. Darüber hinaus enthalten die MODIS Pixel erhebliche Mischsignale, die beispielsweise von Kanälen oder Schilfbewuchs herrühren (Conrad, 2006). Aus diesem Grund konnte die ursprüngliche Annahme eines vernachlässigbaren Beitrags der Evapotranspiration für trockene Flächen nicht zwingend erfüllt werden. Zur Berücksichtigung dieses Umstandes wurde von Conrad (2006) ein k-Faktor für trockene Flächen (k_t) eingeführt.

$$H_t = R_N - k_t \cdot L_v ET_r - G \qquad \text{in W/m}^2 \qquad (3\text{-}60)$$

Für die Bestimmung des k_t-Faktors wird der NDVI herangezogen, wobei Flächen mit einem NDVI von < 0,15 als vegetationslos eingestuft werden.

$$k_t = NDVI - 0{,}15 \qquad (3\text{-}61)$$

Nach der erfolgreichen Bestimmung des fühlbaren Wärmestroms für feuchte und trockene Extremverhältnisse, erfolgt gemäß Gleichung 3-52 die Berechnung des Temperaturgradienten mit:

$$dT_{f,t} = \frac{H_{f,t} \cdot r_{ah}}{\rho_{Luft} \cdot c_p} \qquad \text{in K} \qquad (3\text{-}62)$$

Unter Annahme eines linearen Verlaufs des vertikalen Temperaturgradienten, wird nun mit Hilfe der LST für sämtliche Pixel des Satellitenbildes der jeweilige Temperaturgradient bestimmt (Bastiaanssen, 1995).

$$dT = a + b \cdot LST \qquad \text{in K} \qquad (3\text{-}63)$$

Mit Hilfe der trockenen und feuchten Stützpunkte lassen sich die Koeffizienten a und b der linearen Gleichung bestimmen.

$$a = \frac{dT_t - dT_f}{T_t - T_f} \quad (3\text{-}64)$$

$$b = \frac{dT_t - a}{LST} \quad (3\text{-}65)$$

Die Identifikation der Stützpunkte ist aufwändig und erfolgt meist manuell durch den Anwender (Allen et al., 2007). Dabei muss häufig zwischen mehreren potentiell geeigneten Punkten entschieden werden. Als alleiniges Auswahlkriterium darf die LST daher nicht dienen, da zusätzlich die Vegetationsdecke berücksichtigt werden muss (Allen et al., 2002a). Verstraeten et al. (2005) verwendeten zur Automatisierung über europäischen Waldgebieten eine Kombination aus den Indizes NDVI und LAI, wobei sie von einem „Kühlungseffekt" der Evapotranspiration auf die LST ausgingen. Auch Allen et al. (2002a) verwenden den Blattflächenindex als Kriterium bei der Auswahl der Stützpunkte. Dieses Kriterium wird daher auch in das, für die Erstellung dieser Arbeit verwendete, ET-Modell integriert. Die sich daraus ergebenden Auswahlkriterien bzw. Regeln sind in der Tabelle 3-3 aufgelistet. Um Wüsten- und Wasserflächen bei der Identifikation der Stützpunkte auszuschließen, werden lediglich agrarische Flächen gemäß Landnutzungsklassifikation zugelassen. Außerdem werden Reisflächen, aufgrund deren großflächigen Wasserbedeckung in der Initialphase des Kulturanabaus, nicht berücksichtigt.

Tabelle 3-3: Auswahlkriterien und Regeln bei der automatisierten Identifikation der Stützpunkte.

Feuchter Stützpunkt		Trockener Stützpunkt	
Auswahlkriterium	Auswahlregel	Auswahlkriterium	Auswahlregel
agrarische Landnutzung	Vorauswahl über landwirtschaftliche Nutzungsklassen	agrarische Landnutzung	Landnutzung = Brache Landbedeckung ≠ Wüste
Kein Wasser	Landnutzung ≠ Reis Landbedeckung ≠ Wasser	Kein Wasser	Landbedeckung ≠ Wasser
Hohe Vegetationsdichte	Maximum LAI	Geringe Vegetationsdichte	Minimum LAI
Hohe vermutete ET	Minimum LST	Geringe vermutete ET	Maximum LST

Quelle: Eigene Darstellung; verändert nach Conrad, 2006

3.4.5 Ableitung von Tageswerten der tatsächlichen Evapotranspiration

Sobald die, für den Zeitpunkt des Satellitenüberflugs abgeleiteten, Modellergebnisse des latenten Wärmestroms $L_v E$ existieren, kann diese Information genutzt werden, um daraus eine äquivalente resultierende Wassermenge zu berechnen (Allen et al., 2007; Tasumi et al., 2005). Diese wird durch Division des latenten Wärmestroms mit der spezifische Verdampfungswärme L_v und Multiplikation mit einem Zeitkonvertierungsfaktor[21] berechnet:

$$ET_a = 3600 \cdot \frac{L_v E}{L_v \cdot \rho_w} \qquad \text{in mm/h} \qquad (3\text{-}66)$$

Während für die Dichte von Wasser (ρ_w) ein Wert von 1000 kg/m³ angenommen[22] wird, erfolgt die Ableitung der spezifischen Verdampfungswärme L_v aus Fernerkundungsdaten unter Anwendung der Formel

$$L_v = [2{,}501 - 0{,}00236 \cdot (LST - 273{,}15)] \cdot 10^6 \qquad \text{in J/kg} \qquad (3\text{-}67)$$

Ausgehend von der berechneten ET_a zum Zeitpunkt des Satellitenüberflugs, wird die Tagesmenge der Evapotranspiration (ET_{24}) abgeschätzt. Diese Abschätzung erfolgt über die Annahme eines über den Tag konstanten Referenzverhältnisses zwischen ET_a und ET_{ref}. Dieses Verhältnis wird mit der Tagessumme der Referenzevapotranspiration (ET_{r24}) multipliziert:

$$ET_{24} = ET_{r,24} \cdot \frac{ET_a}{ET_r} \qquad \text{in mm} \qquad (3\text{-}68)$$

Zur Generierung eines täglichen ET_{24} Produktes müssen die Tagesmengen der Evapotranspiration, für die Tage an denen keine Modellierung durchgeführt werden kann, abgeschätzt werden. Dies erfolgt über die lineare Interpolation des Referenzverhältnisses zwischen zwei Tagen, für die Modellierungsergebnisse vorlagen. Abschließend werden die Tageswerte der tatsächlichen Evapotranspiration für die interpolierten Tage mittels der betreffenden ET_{r24} berechnet.

3.5 Ermittlung der Oberflächenbodenfeuchte

Der Großteil der weltweiten Wasserressourcen (97,2 %) ist in den Weltmeeren gespeichert. Von den übrigen 2,8 % sind etwa 2,15 % in Inlandeis und Gletschern und 0,62 % im Grundwasser gebunden (Strahler, 2013). Gerade einmal 0,03 % der weltweiten Wasserressourcen sind in Form von Oberflächen- bzw. Bodenwasser vorhanden. Dieses Wasser ist jedoch essentiell für das Leben auf der Erde und bildet die wesentliche Grundlage für die agrarische Landnutzung, die im Besonderen in Oasenregionen von zentraler Bedeutung ist. Der globale Anteil des im Boden gebunden Wassers beziffert sich auf 0,005 % (Wagner, 1998). Trotz dieses geringen Anteils ist das Bodenwasser eine wichtige Komponente des globalen

21 Zur Konvertierung von mm/s in mm/h wird der Konvertierungsfaktor 3600 verwendet.

22 Die Dichte des Wassers beträgt bei 20 °C etwa 998,204 kg/m³, vereinfachend wird die Dichte aber häufig zu 1000 kg/m³ (≙ 1g/cm³) angenommen (Scheffer et al., 2010).

Wasserkreislaufs. Der Bodenwassergehalt steht im Fokus unterschiedlicher wissenschaftlicher Disziplinen und Anwendungen. Besonders für die Meteorologie und die Klimaforschung ist die Bodenfeuchte von großer Bedeutung, da sie einen direkten Einfluss auf die Interaktion zwischen Atmosphäre und Boden besitzt und somit wesentlich die Aufteilung der Energiebilanzkomponenten nahe der Erdoberfläche bestimmt (Wagner, 1998).

Zusätzlich zu den traditionellen In-situ-Methoden (Kapitel 3.5.2) hat sich in den letzten Jahrzehnten die Nutzung von Fernerkundungsmethoden (Kapitel 3.5.3) zur Ermittlung der Bodenfeuchte etabliert. Der wesentliche Unterschied zwischen Feld- und Fernerkundungsmethoden liegt in den verschiedenen räumlichen und zeitlichen Auflösungen der erworbenen Informationen (Hasenauer et al., 2009; Western et al., 2002). In-situ-Messungen erlauben zwar eine kontinuierliche Aufzeichnung der Bodenfeuchte, sind hinsichtlich ihrer flächenhaften und räumlichen Aussagekraft allerdings limitiert. Hierin begründet liegt das gesteigerte Interesse an der Weiterentwicklung der Fernerkundungsmethoden. Bei der Bestimmung des Bodenwassergehalts mit Methoden der Mikrowellenfernerkundung sowie der In-situ-Methoden, wird die dielektrische Eigenschaft des Bodens ausgenutzt. Daher wird zunächst die dielektrische Eigenschaft des Bodens, zum besseren Prozessverständnis, vor den Methodenbeschreibungen erläutert.

3.5.1 Die dielektrische Eigenschaft des Bodens

Das Verhalten eines nichtleitenden Mediums beim Anlegen eines äußeren elektrischen Feldes wird durch die sogenannte Dielektrizität beschreiben. Bei einem symmetrischen Molekül befindet sich der negative Ladungsschwerpunkt, ohne induziertes äußeres elektrisches Feld, immer im Kern des Moleküls. Ein externes elektrisches Feld zerstört diese Symmetrie und bewirkt ein Dipolmoment μ[23]. Makroskopisch gesehen ist das Medium Wasser nicht dielektrisch polarisiert, doch bereits ein geringer, äußerer Energieaufwand führt zur Polarisation der Ladungsträger des Mediums. Die permanenten Wasserdipole bewegen sich ständig und orientierungslos innerhalb des Mediums, d.h. rein zufällig und ohne bestimmte Richtung. Nach Anlegen eines elektromagnetischen Feldes versuchen die Dipole sich in Feldrichtung zu orientieren. Abhängig ist die Fähigkeit zur Orientierungspolarisation von der Frequenz des angelegten elektromagnetischen Feldes. Ist die Frequenz höher als die sogenannte Relaxationsfrequenz, können sich die Dipole nicht rechtzeitig ausrichten und dies führt zu dielektrischen Verlusten. Die Relaxationsfrequenz steigt mit der Viskosität des Mediums und liegt für Wasser bei über 9 GHz (Wagner, 1998). Außerdem ist die dielektrischen Eigenschaft von der Temperatur, dem Anteil ferromagnetischer Substanzen, sowie der Salinität des Bodens abhängig (Meschede, 2006). Zur Beschreibung der Dielektrizität dient die komplexe Dielektrizitätskonstante[24] ε bestehend aus einem Realteil

23 Die Einheit für das Dipolmoment wird häufig in der CGS-Einheit Debye (D) angegeben. Die Umrechnung von Debye in die SI-Einheit Coulomb-Meter (Cm) erfolgt über die Formel: $1\ D=3{,}33654 \cdot 10^{-30}$ Cm.

24 Die Dielektrizitätskonstante gibt an um wie viel höher die Kapazität eines Kondensators durch die Verwendung eines bestimmten Materials gegenüber dem Vakuum erhöht wird (Küpfmüller, 2005).

(Permittivität) ε' und einem Imaginärteil (Abschwächungsfaktor) $i\varepsilon''$ (Schanda, 1986).

$$\varepsilon = \varepsilon' - i\varepsilon'' \tag{3-69}$$

Das Rückstreuverhalten elektromagnetischer Wellen wird durch die beschriebene Eigenschaft des Wassers stark beeinflusst (Knabe, 2004). Das die Dielektrizitätskonstante des Bodens mit zunehmendem Wassergehalt steigt, führt dazu, dass bei feuchterem Boden die eintreffende Strahlung stärker gestreut wird als bei trockenem Boden (Schanda, 1986). Die Dielektrizitätskonstante von Wasser ($\varepsilon = 81{,}1$) unterschiedet sich stark von der von trockenem Boden (ε=2-4; Ulaby et al., 1986). Zur Bestimmung der Gesamtdielektrizität des Bodens muss dessen Zusammensetzung berücksichtigt werden. Natürlicher Boden besteht im Wesentlichen aus drei Bestandteilen:

- Feste Bodenmatrix, bestehend aus organischen und mineralischen Bestandteilen,
- Bodenwasser (Haft-, Gravitations- und Kapillarwasser) und
- Bodenluft.

Die einzelnen Bestandteile des Bodens besitzen, wie oben erwähnt, unterschiedliche dielektrische Eigenschaften. Daher lässt sich der Wassergehalt des Bodens aus der Dielektrizität des Bodengemisches ableiten, da der die Gesamtdielektrizität dominierende Bodenbestanteil das Wasser ist. Aus der Gesamtdielektrizitätskonstante des Bodens lässt sich mit Hilfe der Fresnel'schen Reflektivität (Meschede, 2006) der Reflexionskoeffizient σ^0 der Oberfläche berechnen.

Hierfür existieren theoretische, empirische und semi-empirische Ansätze. Für nichtbewachsene Flächen sind das beispielsweise die semi-empirischen Modelle von Champion (1991), Oh et al. (1992) und Dubois et al. (1995) bzw. das physikalisch basierte IEM-Modell (Integral Equation Method) von Fung et al. (1992). Für bewachsene Flächen ist zum einen das theoretische Cloud-Modell von Attema und Ulaby (1978), zum anderen das Modell von Mougin et al. (1995) zu nennen. Wagner (1998) entwickelte eine empirische Change-Detection-Methode zur Ableitung des Reflexionskoeffizienten unter Verwendung des speziellen Sensordesign der ERS/MetOP Scatterometer. Es handelt sich hierbei um ein Modell, das eine vegetationsunbeeinflusste Bodenwassergehaltsbestimmung ermöglicht, indem der Vegetationseinfluss auf das Signal als sinusförmige Funktion beschrieben wird (Knabe, 2004). Zahlreiche Studien belegen die Eignung dieser Methode, die auch als „TU-Wien-Methode" bezeichnet wird, sowohl für aktive als auch passive Aufnahmesysteme (Naeimi, 2009). Eine detaillierte Beschreibung der Produkte, die mit Hilfe dieser Methode abgeleitet werden, erfolgt in den Kapitel 4.3.1 und 4.3.2.

3.5.2 In-situ-Methoden zur Bestimmung des Bodenwassergehalts

Grundsätzlich wird bei der Bestimmung des Bodenwassergehalts zwischen direkten und indirekten Methoden unterschieden.

3.5.2.1 Direkte Methoden

Die wichtigste direkte Methode ist die *thermogravimetrische Bodenwassergehaltsbestimmung* (Scheffer und Schachtschabel, 2010). Hierfür werden in dem zu untersuchenden Gelände möglichst zerstörungsarme Bodenproben entnommen, die später im Bodenlabor analysiert werden. Während des Transportes sollte die Probe möglichst vor der Austrocknung geschützt werden. Im Labor wird die Bodenprobe gewogen und anschließend in einem Trockenschrank bei 105 °C solange getrocknet bis der Verlust der Masse nach einer bestimmten Zeit unter 0,05 % liegt (DIN 18121-1). Abschließend wird das Gewicht des trockenen Bodens bestimmt. Die wesentliche Annahme bei diesem Verfahren ist, dass der durch die Trocknung bedingte Masseverlust ausschließlich aus der Austreibung des Wassers resultiert, das nicht zu dem Konstitutions- bzw. Kristallwasser der festen Bodenpartikel gehört (Scheffer et al., 2010). Der thermogravimetrische Bodenwassergehalt θ_g in kg/kg wird wie folgt bestimmt:

$$\theta_g = \frac{m_f - m_t}{m_t} \tag{3-70}$$

Daraus lässt sich der volumetrische Bodenwassergehalt θ_v in m^3/m^3 berechnen, zu:

$$\theta_g \cdot \frac{\rho_b}{\rho_w} = \theta_v = \frac{m_f - m_t}{\rho_w \cdot V_0} \tag{3-71}$$

Mit: m_f = feuchte Bodenmasse in kg, m_t = trockene Bodenmasse in kg, ρ_b = Lagerungsdichte des Bodens in kg/m^3, ρ_w = Dichte des Wassers in kg/m^3, V_0 = Volumen der Bodenprobe in m^3.

Die thermogravimetrische Methode eignet sich nicht für eine kontinuierliche Anwendung auf Böden im Freiland. Grund hierfür ist die nicht zerstörungsfreie Art der Probenentnahme sowie die aufwendigen Laboranalysen. Für die kontinuierliche Bestimmung eignen sich, die bereits oben angesprochenen, indirekten Methoden. An dieser Stelle soll betont werden, dass die thermogravimetrische Methode die einzige verlässliche Methode zur Bestimmung des Bodenwassergehalts ist (Johnson, 1962) und daher auch als Standardmethode zur Kalibration der indirekten Methoden verwendet wird (Black, 1996). Bei allen sonstigen Verfahren wird der Bodenwassergehalt lediglich abgeleitet und unterliegt einer bestimmten Fehleranfälligkeit. Trotz dieses offensichtlichen Unterschiedes werden indirekte Methoden als Bodenfeuchtemessmethoden bezeichnet, so auch in der vorliegenden Arbeit. Die Gründe hierfür werden im folgenden Kapitel deutlich gemacht.

3.5.2.2 Indirekte Methoden

Indirekte Methoden stellen die praktikabelsten Verfahren zum Bodenwassergehaltsmonitoring dar (Robinson et al., 1999; Yoder et al., 1998) und kommen überwiegend im Bewässerungsmanagement sowie der Wissenschaft zur Anwendung (Muñoz-Carpena et al., 2004). Die räumliche Repräsentanz einer Punktmessung erstreckt sich auf einen Bereich von 0,1 bis 10 dm^2, je nach verwendeter Methode (Muñoz-Carpena et al., 2004). Es existieren unterschiedliche Techniken, die zunächst grob in volumetrische und tensiometrische Verfahren unterteilt werden. *Tensiometrische Techniken* sind u.a. Gipsblöcke, Bodenpsychrometer, Matrixsensoren und Tensiometer. Zu den *volumetrischen Verfahren* gehören Neutronenmoderation, Gamma-Abschwächung und das dielektrische Messverfahren. Bei den dielektrischen Verfahren wird der Bodenwassergehalt indirekt über die scheinbare[25] Dielektrizitätskonstante (ε) des Boden-Luft-Wassergemisches ermittelt (Wilpert et al., 1998). ε wird zur Berechnung des volumetrischen Wassergehalt verwendet, zumeist über eine empirische Verhältnisfunktion (Topp et al., 1980). Zu den gängigsten volumetrischen Methoden (Hasenauer et al., 2009) zählt die *Zeitbereichsreflektometrie* (time domain reflectometry, TDR). Beim TDR Verfahren (Topp et al., 1980) wird ein Impuls entlang einer Metallsonde ausgesendet, der ein elektromagnetisches Feld induziert. Am Ende der Sonde wird der Spannungsstoß vollständig zur Quelle zurück reflektiert, die vom umgebenden Medium umso stärker verzögert wird, je höher dessen Dielektrizitätszahl (DEZ) ist (Scheffer et al., 2010). Da die Laufzeit des Impulses im Medium „Boden" nur von der DEZ ε abhängig ist, kann direkt auf die DEZ geschlossen werden. Eine ausführlichere Beschreibung der dielektrischen Eigenschaft des Bodens erfolge bereits in Kapitel 3.5.1.

Weitere dielektrische Verfahren sind das Frequenzbereichsverfahren (Frequency Domain, FD) und die Amplitudenbereichsreflektometrie (Amplitude Domain Reflectometry, ADR). Das Grundprinzip des *Frequenzbereichsverfahren* beruht auf der elektrischen Kapazität eines Kondensators, der den Boden abhängig vom Bodenwassergehalt als Dielektrikum verwendet (Muñoz-Carpena et al., 2004). Auf diesem Prinzip basieren sowohl die kapazitiven Sensoren als auch die Frequenzbereichsreflektometer (FDR) Sensoren. Kapazitive Sensoren bestimmen die Dielektrizitätskonstante durch die Ladezeit des Kondensators im Boden. Bei FDR Sensoren wird die Oszillatorfrequenz innerhalb eines bestimmten Bereichs geregelt, um die resonante Frequenz zu bestimmen, bei der die Amplitude am größten ist (Viscarra Rossel et al., 2011). Die *Amplitudenbereichsreflektometrie* (Or et al., 2006) basiert auf dem Prinzip der Messung der elektrischen Impedanz[26]. Wenn eine elektromagnetische Welle, die entlang einer Transmissionslinie verläuft, auf einen Bereich mit anderer Impedanz trifft, werden Teile der transmittierten Energie zum Transmitter reflektiert. Diese reflektierte Welle interagiert mit der einfallenden Welle und erzeugt eine Spannung entlang der Transmissionslinie. Die Änderung der Impedanz aufgrund der Kombination von Sonde und porösem Medium wird über die Amplitudenänderung bestimmt (Gaskin und Miller, 1996). Einige kapazitive bzw. ADR-Sensoren werden in der Literatur irrtümlicherweise als FDR-Sensoren bezeichnet, obwohl diese keinen Frequenzbereich verwenden, sondern einen feste Frequenz.

Für die In-situ-Messungen der Bodenfeuchte, die im Rahmen der vorliegenden Arbeit durchgeführt werden, kommen zwei der oben beschriebenen Verfahren zum Einsatz. Zum einen das thermogravimetrische Verfahren zur Referenzmessung und Sensorkalibration, zum anderen das ADR-Verfahren. Eine ausführliche Beschreibung der verwendeten Sensorik erfolgt in Unterkapitel 4.1.1.1.

---

25 Scheinbar bedeutet in diesem Zusammenhang, dass für das zu messende Medium (Boden) vereinfachend vernachlässigbare Verluste angenommen werden (Starr et al., 2000).

26 Auch: Scheinwiderstand des Bodens. Die Impedanz eines Wechselstromkreises ist das Verhältnis von elektrischer Spannung und Strom des Phasors, gemessen in Ohm. (Alexander und Sadiku, 2012).

3.5.3 Fernerkundungsmethoden zur Ableitung der Bodenfeuchte

Die Aufnahmesysteme zur fernerkundungsgestützten Ermittlung des Bodenwassergehalts lassen sich drei Plattformbereichen zuordnen, den

- bodengestützten,
- luftgestützten und
- satellitengestützten Systemen.

Bei allen drei genannten Systemen kam es in den letzten Jahrzehnten zu wesentlichen Weiterentwicklungen (Jackson, 2006). Die beste Eignung zur operativen Anwendung bei der Ableitung des Bodenwassergehalts besitzen die satellitengestützten Systeme (Hasenauer et al., 2009). Hierbei eignen sich die Mikrowellenfernerkundung sowie die Nutzung von Informationen der thermalen und sichtbaren Bereiche. Besonders optische Daten werden häufig in fernerkundlichen Studien zur Erforschung der Erdoberfläche verwendet, da für diesen spektralen Bereich ein Vielzahl von Sensoren zur Verfügung stehen (Elachi, 1987). Diese Methoden leiten den Bodenwassergehalt aus Messungen der von der Erdoberfläche reflektierten Sonnenstrahlung ab. Ein Anstieg des Bodenwassergehalts führt zu einer Verringerung der Reflektanz des offenen Bodens (Moran et al., 2004). Dabei ist die direkte Resonanz des Mediums auf die elektromagnetische Welle im Wesentlichen von der Wellenlänge abhängig, weshalb sich die Informationen der optischen Fernerkundung auf die oberen Millimeter der Erdoberfläche beziehen. Zudem unterliegt die Erdoberfläche weiteren zahlreichen Störfaktoren, wie Bodentextur, organisches Material, Oberflächenrauigkeit, Pflanzenbedeckung und Einfallswinkel etc. Aus diesen Gründen beschränkt sich der Einsatz der optischen Methoden auf die Untersuchung offener Böden und wird nur selten für die Ableitung der Bodenfeuchte eingesetzt (Qui, 2006).

Geeignete Methoden zur Ableitung des Bodenwassergehalts sind dagegen thermale Verfahren, bzw. kombinierte Verfahren aus thermalen und optischen Informationen. Bei diesen Methoden wird der Umstand ausgenutzt, dass sämtliche Körper mit einer Temperatur $>0\,K$ elektromagnetische Strahlung aussenden (Qui, 2006). Die Objekte der Erdoberfläche (Vegetation, Boden, Wasser, etc.) emittieren elektromagnetische Strahlung im Wellenlängenbereich des thermalen Infrarots von $3-14\,\mu m$ (Jensen, 2007). Die verschiedenartige Ausprägung der thermalen Eigenschaften von Wasser und Boden führt dazu, dass kleinere Veränderungen des Bodenwassergehalts große, detektierbare Veränderungen der Strahlungstemperatur induzieren. Zu den vielversprechendsten Methoden zählen kombinierte Verfahren aus Strahlungstemperatur und Vegetationsindex, sogenannte T_R/VI-Methoden (Kustas et al., 2003). Bei diesen Verfahren wird die negative Korrelation zwischen Strahlungstemperatur und Vegetationsindex ausgenutzt (Moran et al., 2004). Häufig wird der NDVI als Vegetationsindex instrumentalisiert. Es existieren eine Vielzahl derartiger Verfahren, wie z.B. Ts/NDVI-Index (Lambin et al., 1996), Dreicksmethode (Carlson et al., 1995), der Temperatur-Vegetation-Kontext Ansatz (TVX) (Czajkowski et al., 2000; Prihodko, 1997), die VI/T_R Beziehung (Kustas et al., 2003) und der Feuchteindex (Dupigny-Giroux und Lewis, 1999). Der Vorteil der optischen und thermalen Fernerkundung liegt in der höheren räumlichen Auflösung der Bodenfeuchteinformationen, im Vergleich zu den Methoden der Mikrowellenfernerkundung (Wang et al., 2007).

Mikrowellen werden in der Fernerkundung seit den frühen 1960er Jahren verwendet. Erstmals zum Einsatz kam die Mikrowellenradiometrie 1962 auf der Venussonde „Mariner-2" (Barrett und Lilley, 1963). Der Frequenzbereich von Mikrowellen liegt etwa zwischen 0,3 und 300 GHz, was Wellenlägen von 1 m bis 1 mm entspricht (Ulaby et al., 1981). Aufgrund dieser Eigenschaften sind Mikrowellen unabhängig von Wetter und Tageszeit einsetzbar. Sie können die Atmosphäre praktisch ungedämpft durchdringen, sowie tief in Vegetation und Boden eindringen (Wagner, 1998). Die Eindringtiefe in den Boden ist abhängig von Frequenz und Bodenwassergehalt und beträgt bei Mikrowellenstrahlung zwischen 1 cm bei sehr feuchten Böden und 15 cm bei sehr trockenen Böden (Ulaby et al., 1981). Mikrowellenfernerkundung wird nach Art der Aufnahme in aktive und passive Systeme unterschieden.

Passive Mikrowellensensoren, auch Radiometer genannt, sind Instrumente zur Messung der natürlichen Mikrowellenstrahlung. Unter natürlicher Mikrowellenstrahlung versteht man die inkohärente Wärmestrahlung, deren Intensität laut Planck'schem Gesetz um einige Größenordnungen unter der des natürlichen Infrarots liegt. Radiometer messen die Intensität der elektromagnetischen Strahlung, die sich aus der von einem Objekt emittierter bzw. reflektierter Strahlung sowie der von der Atmosphäre emittierten Strahlung zusammensetzt (Ulaby et al., 1981). Die gemessene Strahlung ist proportional zum Produkt aus Emission und Temperatur der Oberfläche und wird als „brightness temperatur" bezeichnet (Heinichen, 2007).

Aktive Systeme messen, ähnlich den passiven, die reflektiere elektromagnetische Strahlung und werden auch als Radar[27] bezeichnet. Wesentlicher Unterscheid ist, dass das Aufnahmesystem die Strahlung selbst erzeugt. In der Mikrowellenfernerkundung kommen abbildende Radarsysteme, Scatterometer und Radaraltimeter zum Einsatz (Ulaby et al., 1981).

Die ersten frei verfügbaren Fernerkundungsprodukte der Bodenfeuchte basierten auf Daten des European Remote Sensing Satellite Scatterometer (ERS-SCAT; Scipal, 2002) und des Advanced Microwave Scanning Radiometer – EOS (AMSR-E; Njoku et al., 2003). Seither wurden eine Vielzahl von Bodenfeuchteprodukten entwickelt, die sowohl aus aktiven (METOP Advanced Scatterometer, ASCAT; Envisat Advanced Synthetic Aperture Radar, ASAR) als auch passiven Mikrowellensensoren (Soil Moisture and Ocean Salinity, SMOS; Kerr et al., 2010, WindSat Li et al., 2010, Advanced Microwave Sounding Unit, AMSU; Grody et al., 2000 etc.) abgeleitet werden. Die Sensoren ASCAT und ASAR, aus denen die bereitgestellten Bodenfeuchteprodukte SSM (Surface Soil Moisture) abgeleitet werden, sind in Kapitel 4.3 beschrieben. Für weiterführende Informationen zu den übrigen Produkten, wird auf die Literatur verwiesen.

Zusammenfassend kann konstatiert werden, dass die meist gröbere räumliche Auflösung der Mikrowellenfernerkundung der Bodenfeuchte limitierend auf deren Einsatzmöglichkeiten wirkt, wohingegen bei den optischen und thermalen Methoden die Unfähigkeit zur Durchdringung von Wolken und Vegetation die größte Ein-

27 Radar ist das Akronym für „RAdio Detection And Ranging".

schränkungen darstellt. Vergangene (Envisat/ASAR) und aktuelle Missionen (Sentinel-1) bieten die Möglichkeit zur Ableitung des Bodenwassergehalts mit aktiven Mikrowellensensoren in einer räumlichen Auflösung, die mit mittelaufgelösten optischen Methoden vergleichbar ist. Dies rechtfertigt eine Untersuchung hinsichtlich der Genauigkeit und Integration solcher Informationen für Ansätze zur Ableitung der Evapotranspiration, wie sie in der vorliegenden Arbeit durchgeführt werden.

3.5.4 Kriterium der zeitlichen Stabilität

Bei der Planung und Vorbereitung von In-situ-Messungen der Bodenfeuchte wird häufig das Konzept der zeitlichen Stabilität von Bodenfeuchtemustern angewandt (Vachaud et al., 1985). Es basiert auf der Annahme, dass die räumlichen Muster der Bodenfeuchte zeitlich stabil sind und gilt als Indikator dafür, in welchem Maße die Variationen der lokalen Bodenfeuchte (1 km) von der regionalen Variationen (25 km) abhängen. Praktisch bedeutet dies, die Möglichkeit der Reduzierung großräumiger Netzwerke zur Überwachung der Bodenfeuchte auf wenige geeignete Standorte (Wagner et al., 2008). Das Konzept der zeitlichen Stabilität hat sich seither in zahlreichen Studien bewährt (z.B. Brocca et al., 2009). Beachtet werden muss jedoch, das Auftreten von topografiebedingtem lateralen Wasserzufluss (Grayson und Western, 1998). Der mittlere Bodenwassergehalt eines Gebiets Θ_{Gebiet} wird durch n Punktmessungen eines bestehenden Bodenfeuchtenetzwerkes ermittelt nach:

$$\Theta_{Gebiet} = \frac{1}{n}\sum_{i=1}^{n} \Theta_{Punkt}(x_i, y_i, t_j), \tag{3-72}$$

hierbei ist Θ_{Punkt} die durch In-situ-Messungen ermittelte Bodenfeuchte an einem Punkt mit den Koordinaten (x_i, y_i). Die Anzahl der In-situ-Messpunkte eines Bodenfeuchtenetzwerkes kann demnach minimiert werden, indem die Messungen an Orten durchgeführt werden die die Bodenwasserverhältnisse des Gebiets am besten repräsentieren. Dafür wird die relative Differenz $\delta_{i,j}$ zwischen Punkt- und Gebietsbodenfeuchte verwendet.

$$\delta_{i,j} = \frac{\Theta_{Punkt}(x_i, y_i, t_j) - \Theta_{Gebiet}(t_j)}{\Theta_{Gebiet}(t_j)} \tag{3-73}$$

Zur Beurteilung der Bodenfeuchtemuster berechneten Vachaud et al. (1985) zusätzlich Standardabweichung und Mittelwert von $\delta_{i,j}$ über die Zeit. Niedrige Werte der Standardabweichung deuten auf hohe zeitliche Stabilität der Bodenfeuchtemuster hin, was auf eine starke Korrelation zwischen Punkt und Gebietsmessung schließen lässt. Der Mittelwert gibt Aufschluss über den relativen Zusammenhang zwischen der Bodenfeuchte eines Punktes und der Gebietsbodenfeuchte (Wagner et al., 2008). Eine bekannte Anwendung des Konzepts der zeitlichen Stabilität ist der sogenannte „Scaling Layer" (SL, Bartsch et al., 2007). Hierfür werden die Punktmessungen Θ_{Punkt} durch die normalisierte Rückstreuung von ASAR (1 km) und die Gebietsbodenfeuchte Θ_{Gebiet} durch die Rückstreuung von ASCAT (25 km) ersetzt. Die Werte des SL geben an, wie hoch der Pearson Korrelationskoeffizient (r) der Messungen beider Produkte in einem definierten Zeitraum ist (Sabel, 2006), d.h. wie sehr der Bodenwassergehalt aus ASAR SSM dem aus ASCAT SSM über die Zeit entspricht. Bei einem SL-Wert von <0,3 wird davon ausgegangen, dass Landbedeckung und Textur des Bodens das Signal so stark beeinflussen, dass die Signalsensitivität beeinträchtigt ist. Dieser Wert wird in dieser Arbeit als Grenzwert für die Güte der zeitlichen Stabilität verwendet.

3.6 Grundlagen der Modellevaluierung

Der Vergleich von In-situ-Messungen mit Modellergebnissen ist bisher nicht standardisiert und hängt stark von den betrachteten Größen und der Fragestellung ab. Legates und McCabe (1999) empfehlen für eine umfassende Modellevaluierung eine Kombination von relativen und absoluten statistischen Gütemaßen. Als Ergänzung zu den quantitativen Modelleinschätzungen ist die Hinzunahme visueller Hilfsmittel zur Bildung eines ganzheitlichen Überblicks über das Modellverhalten sinnvoll. Anhand dieser qualitativen Beurteilung kann der Modellierer sein Expertenwissen einsetzten, um die Güte des Modells einzuschätzen. Die häufigsten in der Modellevaluierung eingesetzten Indizes (Richter et al., 2011) sind der Determinationskoeffizient (R^2) sowie der Root Mean Squared Error (RMSE). Obwohl dies zur umfassenden Modellbeurteilung nicht ausreicht werden diese beiden Gütemaße in vielen Studien als alleinige Qualitätskriterien herangezogen. In der vorliegenden Dissertation werden unterschiedliche Gütemaße für die verschiedenen Vergleichsanalysen eingesetzt, diese sind in der Tabelle 3-4 zusammengefasst und werden im Folgenden

Tabelle 3-4: Verwendete Gütemaße und Techniken für den Vergleich zwischen Messung und Modell.

		Zu vergleichende Größe			
	Bewertungskriterium	Energiebilanzkomponenten	Evapotranspiration	Bodenfeuchte	Bodenwärmestrom
Quantitative Bewertung	Determinationskoeffizient (R^2)	x	x	-	x
	Korrelationskoeffizient (r)	-	-	x	-
	Nash-Sutcliffe-Effizienz (NSE)	x	x	-	x
	Absoluter Modellfehler (RMSE)	x	x	x	x
	Relativer Modellfehler (rRMSE)	x	x	-	x
Qualitative Bewertung	Streudiagramm	x	x	x	x
	Verteilungsfunktion	x	x	x	x
	Kumulierte Verteilungsfunktion	-	x	-	-
	Taylor Diagramm	-	-	x	-

Quelle: Eigene Darstellung

näher erläutert. Die zur Beurteilung verwendeten Gütemaße bzw. Techniken sind im Wesentlichen abhängig von den zu Grunde liegenden Vergleichsdaten. Kriterien für die Auswahl geeigneter und aussagekräftiger Gütemaße sind nach Moriasi et al. (2007) Robustheit, Geläufigkeit (Vergleichbarkeit mit anderen Studien) und ausgewiesene Stärken bei der Evaluierung.

Die ausgewählten Gütemaße zur Modellevaluierung in dieser Arbeit basieren auf Erfahrungen und Empfehlungen von Experten (Legates und McCabe, 1999; Moriasi et al., 2007; Richter et al., 2011; Wagner et al., 2013). Bei der Auswahl der Gütemaße ist darauf zu achten, dass die Anzahl der gewählten Gütemaße gering bleibt und sowohl absolute, dimensionslose als auch begrenzte Indikatoren verwendet werden (Richter et al., 2011).

3.6.1 Quantitative Gütemaße

Zur quantitativen Einschätzung der Güte eines Modells werden Gütemaße erhoben, die sich aus dem Vergleich von gemessenen und modellierten Werten ergeben. Auf diese Weiße können z.B. Aussagen über die Effizienz eines Modells oder dessen Tendenz zu Unter- und Überschätzungen der zu simulierenden Variable getroffen werden. Gütemaße sind ein wesentlicher Bestandteil bei der Modellvalidierung.

Lineare Regression

Das am häufigsten verwendete relative Gütemaß der Modellvergleichsanalyse ist der Determinationskoeffizient R^2. Hiermit wird die Kolinearität zweier zu evaluierender Variablen einer linearen Regression bestimmt, die durch folgende mathematische Beziehung ausgedrückt wird:

$$y = \beta_1 + \beta_2 x + e \tag{3-74}$$

mit:

y: abhängige Variable
x: Regressor oder Prädiktorvariable (unabhängige Variable)
β_1: Achsenabschnitt der Regressionsgerade
β_2: Gradient der Regressionsgerade
e: Fehlerterm.

Für die Untersuchung einer Stichprobe vom Umfang n, lässt sich für jede Beobachtung i (i = 1,…,n) die Gleichung 3-74 in Vektorschreibweise[28] darstellen als:

$$y = x_i^T \beta + e_i \tag{3-75}$$

mit:

x_i^T: Vektor der Regressoren (ein hochgestelltes T steht für „transponiert")
β: Vektor der Regressionskoeffizienten.

28 In der Literatur wird häufig die Schreibweise $y = X \cdot \beta + e$ äquivalent zu Gleichung 3-75 verwendet.

Bei guter Übereinstimmung verläuft die Regressionsgerade durch den Koordinatenursprung, d.h. hat einen Achsenabschnitt mit einem Wert nahe Null. Der Gradient, dessen Wert nahe 1 liegen sollte, gilt als Maß für Unter- bzw. Überschätzungen. Beim linearen Regressionsmodell werden die unbekannten Regressionskoeffizienten β geschätzt. Die weit verbreitetste Art der Schätzung ist die Kleinste-Quadrate-Schätzung (least square, LS). Hierbei werden die Regressionskoeffizienten so geschätzt, dass die Summe der quadrierten Residuen[29] (r_i) minimiert wird.

$$\sum_{i=1}^{n}(r_i)^2 \quad (3\text{-}76)$$

Hierbei lassen sich die Residuen nach Gleichung 3-75 berechnen mit:

$$r_i = y_i - x_i^T\hat{\beta}_{LS} \quad (3\text{-}77)$$

Der Kleinste-Quadrate-Schätzer für β $(\hat{\beta}_{LS})$ wird durch Ableitung und Nullsetzen der Gleichung 3-77 bestimmt. Der Determinationskoeffizient wird in diesem Fall berechnet als

$$R_{LS}^2 = 1 - \frac{\text{Varianz der Residuen}}{\text{Varianz der abhängigen Variable}} \quad (3\text{-}78)$$

genauer

$$R_{LS}^2 = 1 - \frac{\sum_{i=1}^{n}(y_i - x_i^T\hat{\beta}_{LS})^2}{\sum_{i=1}^{n}(y_i - \bar{y})^2} \quad (3\text{-}79)$$

wobei $\bar{y}$ der Mittelwert der abhängigen Variable ist.

Das Verfahren der kleinsten-Quadrate findet häufig auf Grund der formalen und praktischen Einfachheit Anwendung. Das Verfahren hat aber dokumentierte Schwächen (Li et al., 2006), die im Wesentlichen auf der Formulierung der grundlegenden Annahmen des Verfahrens basieren. Diese Annahmen sind eine Normalverteilung des Fehlerterms bei konstanter Varianz. Außerdem kann die kleinsten-Quadrate-Regression verzerrte und wenig aussagekräftige Ergebnisse liefern, wenn die Verteilung der Daten gestört ist, beispielsweise aufgrund einer fehlerhaften Messung in kleinen Stichroben (Jann, 2009). Dies kann dazu führen, dass die Kleinste-Quadrate-Methode die tatsächliche Modellgüte unter- oder überschätzt (vgl. Abbildung 3-7). Um diesem Effekt entgegenzuwirken, wurden robustere Methoden entwickelt, die eine Funktion ψ zur Bewertung der Residuen verwenden, die in einem geringeren Maß anwächst als die Quadratfunktion der Kleinste-Quadrate-Methode und dadurch weniger sensibel auf Extremwerte reagiert. Außerdem besitzen robuste Schätzer auch im Falle nicht normalverteilter Fehler eine hohe Effizienz und weisen nur eine geringe Anfälligkeit bei Datenkontamination[30] auf (Jann, 2010).

29 Auch Prognosefehler genannt.

30 Der Kontaminationsanteil eines Datensatzes ist der Anteil statistischer Ausreißer in einer Stichprobe.

Abbildung 3-7: Vergleich der berechneten Determinationskoeffizienten unterschiedlicher Schätzverfahren und Datenkontaminationen. a) Kleinste-Quadrate-Schätzer ohne Ausreißer, b) Kleinste-Quadrate-Schätzer mit Ausreißer und c) robuster Schätzer mit Ausreißer.

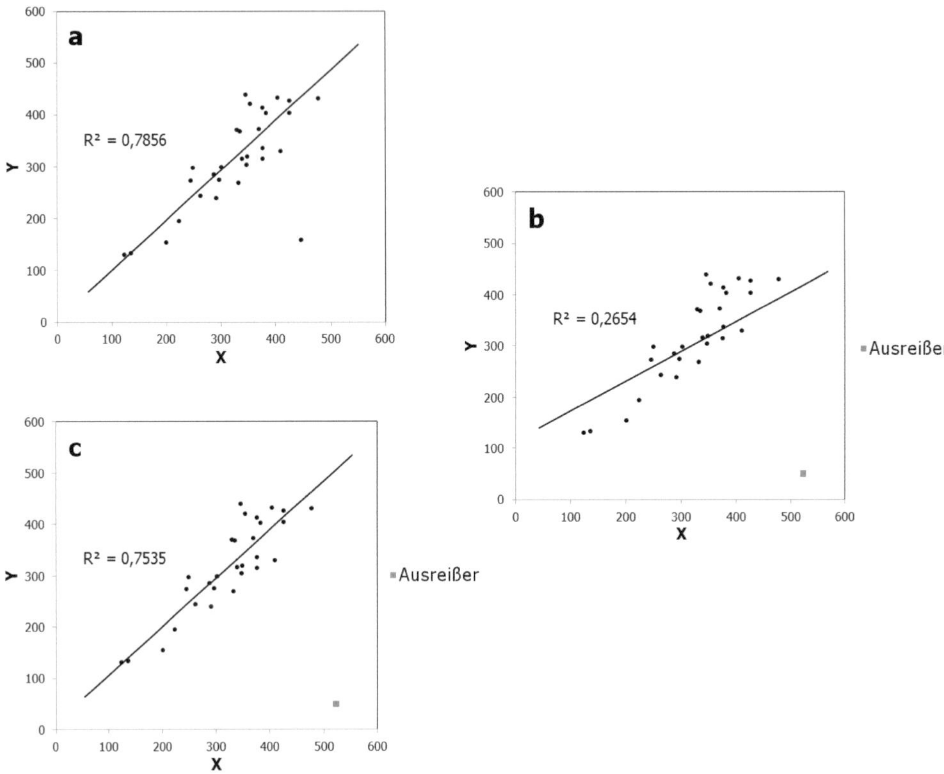

Quelle: Eigene Darstellung

Eine in der Forschung bislang eher selten eingesetzte Methode ist die Verwendung sogenannter MM-Schätzer[31]. Der MM-Schätzer (Yohai 1987) besitzt eine hohe statistische Effizienz und Erwartungstreue und ist daher eine gute Wahl für einen robusten Standardschätzer (Jann, 2010). Ähnlich der Kleinste-Quadrate-Methode (siehe Gleichung 3-76) wird beim MM–Schätzer die Summe des Quotienten aus Residuen und Varianz des Fehlerterms minimiert:

$$\sum_{i=1}^{n} \psi(r_i/\hat{\sigma}_e^0) \tag{3-80}$$

mit: $\hat{\sigma}_e^0$ als Schätzung der Varianz des Fehlerterms e mit robusten anfänglichem Schätzer mit hohem Bruchpunkt[32].

31 MM-Schätzer steht für modifizierter M-Schätzer (nach Maximum-Likelihood Art; Huber, 2004).

32 Der Bruchpunkt eines Schätzers gibt die Grenze an, bis zu der der Kontaminationsanteil einer Stichprobe ansteigen darf, ohne das Schätzergebnis unbrauchbar zu machen. Zur Vergleichbarkeit der Schätzer wird der asymptotische Bruchpunkt angegeben, der sich auf n = ∞ bezieht (Caspary, 2013).

Analog zur Kleinste-Quadrate-Methode wird nun durch Ableitung und Nullsetzten der Gleichung 3-80 der robuste Regressionsschätzer $\hat{\beta}_{rob}$ ermittelt. Die Bestimmung von R^2 für robuste Methoden ist abhängig von der Zielfunktion ψ und wird nach (Croux und Dehon, 2003) ausgedrückt:

$$R_{MM}^2 = 1 - \frac{\sum_{i=1}^{n} \psi\left(\frac{y_i - x_i^T \hat{\beta}_{MM}}{\hat{\sigma}_e^0}\right)}{\sum_{i=1}^{n} \psi\left(\frac{y_i - \hat{\mu}}{\hat{\sigma}_e^0}\right)} \tag{3-81}$$

mit $\hat{\mu}$ als robustem Lokationsschätzer[33]. Um der oben beschriebenen Sensitivität der einfachen linearen Regression Rechnung zu tragen, wird in der vorliegenden Dissertation ausschließlich auf robuste Regressionsmethoden mit dem MM-Schätzer zurückgegriffen. Hierbei wird die Funktion lmRob des R-Pakets „robust" (Wang et al., 2015) verwendet. Zur Beurteilung der Modellgüte hat R^2 allein nur eine geringe Aussagekraft. Zusammen mit dem Gradienten und Achsenabschnitt der Regressionsgeraden oder zusätzlichen Gütemaßen, kann der Determinationskoeffizient als Indikator der Modellgüte dienen.

Korrelationskoeffizient (r)

Der klassische Korrelationskoeffizient der vergleichenden Statistik ist der nach Pearson:

$$r_{PEARSON} = \frac{\sum_{i=1}^{n}(x_i - x)(y_i - y)}{\sqrt{\sum_{i=1}^{n}(x_i - \bar{x})^2 \cdot \sum_{i=1}^{n}(y_i - \bar{y})^2}} \tag{3-82}$$

Dieser setzt voraus, dass beide Variablen mindestens intervallskaliert sind und eine zweidimensionale Normalverteilung vorliegt. Wie bereits bei der Erläuterung des Determinationskoeffizienten beschreiben wird auch für den Korrelationskoeffizienten eine robuste Variante gewählt, die keine Normalverteilung mehr voraussetzt und weniger anfällig gegenüber Ausreißern ist (Li et al., 2006). Weitere Alternativen zum Pearson-Korrelationskoeffizienten sind u.a. die Rangkorrelation nach Spearman oder Kendall und die Quadrantenkorrelation. Detaillierte Beschreibungen der oben genannten Verfahren können der Fachliteratur entnommen werden. In der vorliegenden Arbeit wird der von Rousseeuw und Leroy (1987) vorgestellte gewichtete Korrelationskoeffizient verwendet, der im Folgenden erläutert wird. Zur Berechnung des gewichteten Korrelationskoeffizienten wird eine Gewichtung (w_i) der kleinsten Quadrate angewandt. Hier werden die Regressionskoeffizienten β (siehe Gleichung 3-75) abgeschätzt durch die Minimierung des Ausdrucks:

---

33 Ein Lokationsschätzer (Schätzung des Lageparameters in der deskriptiven Statistik) wird benötigt, um die zentrale Lage bzw. den Mittelpunkt einer Verteilung näher zu beschreiben. Ein Lageparameter symmetrischer Verteilungen ist beispielsweise der Median der abhängigen Variable (Mayer, 2006).

$$\sum_{i=1}^{n} w_i (r_i)^2 \tag{3-83}$$

Mit:

$$w_i = \begin{cases} 1 \; wenn \; |r_i/s| \leq 2.5 \\ 0 \; wenn \; |r_i/s| > 2.5 \end{cases}$$

$$s = 1.4826 \cdot \left(1 + \frac{5}{n-k}\right) \sqrt{\text{med } r_i^{\,2}}$$

med r_i: Median der Residuen
n: Anzahl der Residuen
k: Anzahl der Regressionskoeffizienten.

Der robuste Korrelationskoeffizient r_w beschreibt die gewichtete Beziehung zwischen den Variablen x und y und kann vereinfacht als robuste Variante des Pearson-Korrelationskoeffizienten $r_{PEARSON}$ verstanden werden (Abdullah, 1990). Er berechnet sich aus

$$r_w = \frac{\sum_{i=1}^{n} w_i (x_i - \bar{x}_w)(y_i - \bar{y}_w)}{\sqrt{\sum_{i=1}^{n} w_i (x_i - \bar{x}_w)^2 \cdot \sum_{i=1}^{n} w_i (y_i - \bar{y}_w)^2}} \tag{3-84}$$

wobei $\bar{x}_w = \frac{\sum_{i=1}^{n} w_i x_i}{\sum_{i=1}^{n} w_i}$ und $\bar{y}_w = \frac{\sum_{i=1}^{n} w_i y_i}{\sum_{i=1}^{n} w_i}$.

Absoluter und relativer Modellfehler (RMSE bzw. rRMSE)

Zu den klassischen Gütemaßen zählen neben dem Determinationskoeffizienten auch der mittlere quadratische Fehler (MSE, mean square error) bzw. die Wurzel daraus (RMSE, root mean square error). Der RMSE drückt die durchschnittliche Magnitude des Modellfehlers in der Einheit der betrachteten Variablen aus. Der RMSE berechnet sich aus:

$$\text{RMSE} = \sqrt{MSE} = \sqrt{\frac{1}{n} \sum_{i=1}^{n} (y_i - x_i)^2} \tag{3-85}$$

Da dieses Gütemaß häufig eingesetzt wird, ermöglicht es eine gute Vergleichbarkeit zwischen ähnlichen Validierungsstudien. Eine Steigerung der Vergleichbarkeit kann erzielt werden indem die normierte Form des RMSE verwendet wird:

$$\text{rRMSE} = \frac{\text{RMSE}}{y_{max} \text{-} y_{min}} \tag{3-86}$$

Die Dimensionslosigkeit dieser Maßzahl hat den Vorteil nicht sensitiv auf die Größe der betrachteten Variablen zu reagieren und ist daher besonders geeignet für den Vergleich von Studienergebnissen die einen wesentlich anderen Umfang bzw. Streuung in den Werten der zu vergleichenden Variablen besitzen.

Modelleffizienz nach Nash-Sutcliffe (NSE)

Zur Beurteilung der Vorhersagekraft des Modells wird in der vorliegenden Arbeit der Effizienzkoeffizient nach Nash und Sutcliffe (1970) verwendet. Dieser berechnet sich aus dem MSE und der Varianz der gemessenen Daten und wird mathematisch wie folgt ausgedrückt:

$$\mathrm{NSE} = 1 - \frac{\sum_{i=1}^{n}(y_i - x_i)^2}{\sum_{i=1}^{n}(y_i - \bar{y})^2} \tag{3-87}$$

Der NSE kann Werte von 1 bis -∞ annehmen. Werte über Null bedeuten eine bessere Simulation des Modells als durch eine einfache Verwendung des Mittelwertes der Beobachtungen. Bei optimaler Übereinstimmung zwischen Modell- und Messwert nimmt der NSE den Wert 1 an. Ist die Vorhersagegüte des Modells allerdings schlechter als der Mittelwert der gemessenen Werte ergibt sich eine negative NSE. Nachteilig bei der Verwendung der NSE ist die hohe Sensitivität auf

Tabelle 3-5: In dieser Arbeit verwendete Interpretation der vorgestellten quantitativen Gütemaße.

Statistischer Parameter	Wert oder Wertebereich	Bedeutung
Determinationskoeffizient (R^2)	hervorragend ≥ 0,9 0,75 ≥ sehr gut < 0,9 0,5 ≥ gut < 0,75 0,25 ≥ ausreichend < 0,5 0,1 ≥ schwach < 0,25 unzureichend < 0,1	dimensionslos und beschränkt räumliche und zeitliche Muster erkennbar hohe Vergleichbarkeit
Korrelationskoeffizient (r)	hervorragend ≥ 0,95 0,9 ≥ sehr gut < 0,95 0,7 ≥ gut < 0,9 0,5 ≥ ausreichend < 0,7 unzureichend < 0,5	dimensionslos und beschränkt räumliche und zeitliche Muster erkennbar hohe Vergleichbarkeit
Nash-Sutcliffe-Effizienz (NSE)	hervorragend ≥ 0,9 0,75 ≥ sehr gut < 0,9 0,5 ≥ gut < 0,75 0,25 ≥ ausreichend < 0,5 0,1 ≥ schwach < 0,25 unzureichend < 0,1	Beschreibt die Vorhersagekraft des Modells und zeigt ob ein Modell sich besser oder ähnlich dem Mittelwert der Beobachtung verhält.
Absoluter Modellfehler (RMSE)	nahe Null	Einschätzung der Größenordnung des Fehlers hohe Vergleichbarkeit
Relativer Modellfehler (rRMSE)	hervorragend < 0,1 0,1 ≥ sehr gut < 0,2 0,2 ≥ gut < 0,3 0,3 ≥ ausreichend < 0,4 0,4 ≥ schwach < 0,5 unzureichend ≥ 0,5	dimensionslos und beschränkt Vergleichbarkeit von Größen unterschiedlichen Wertebereichs

Quelle: Eigene Erhebung

Extremwerte. Für die Beurteilung der Modellgüte in der vorliegenden Arbeit kommen die in Tabelle 3-5 beschriebenen Wertebereiche zum Einsatz. Die Festlegung für die Interpretation der einzelnen Wertebereiche erfolgt anhand der Literatur, aus vergleichbaren Veröffentlichungen (z.B. Moriasi et al., 2007; Parajuli, 2007; Richter et al., 2011).

3.6.2 Signifikanztests zur Prüfung des statistischen Zusammenhangs

Ein grundlegendes Kriterium zur Beurteilung der Modellgüte ist die Überprüfung, ob das resultierende Modell die Daten gut erklärt. Mit Hilfe eines Signifikanztests wird untersucht, ob die verwendeten Regressoren x_i einen Einfluss auf die unabhängige Variable haben. Als statistische Methode wird in dieser Arbeit der t-Test der Regressionskoeffizienten verwendet. Mit diesem Test wird die Nullhypothese überprüft, dass der Regressionskoeffizient gleich Null ist. Hier wird für jeden Regressionskoeffizienten β_j der Quotient des Schätzers $\hat{\beta}_j$ und seiner geschätzten Standardabweichung $SD(\hat{\beta}_j)$ als Teststatistik verwendet:

$$t_j = \frac{\hat{\beta}_j}{SD(\hat{\beta}_j)} \tag{3-88}$$

Wenn der t-Wert des betrachteten Regressionskoeffizienten β_j einen kritischen t-Wert übersteigt kann die Nullhypothese verworfen werden. Der kritische Wert wird für ein festgelegtes Signifikanzniveau α und anhand der Freiheitsgrade ermittelt und wird mit der t-Verteilung (oder Student-t-Verteilung) abgeglichen. Außerdem wird die Überschreitungswahrscheinlichkeit p berechnet, d.h. mit welcher Wahrscheinlichkeit der t-Wert überschritten wird. Liegen die ermittelten Wahrscheinlichkeiten unter dem gewählten Signifikanzniveaus von 5 % kann mit hoher Wahrscheinlichkeit von einer signifikanten Beziehung zwischen der abhängigen und der unabhängigen Variablen ausgegangen werden. Voraussetzungen für die Anwendung des Tests sind (Rasch et al., 2010), dass die untersuchten Variablen

- intervallskaliert,
- in der Population normalverteilt sowie
- deren Varianzen homogen sind.

Sofern die Stichproben gleich groß und nicht zu klein ($n > 30$) sind, reagiert der t-Test sehr robust auf Verletzungen der Voraussetzungen (Rasch et al., 2010). Allerdings tendiert der t-Test bei sehr großem Stichprobenumfang eher zu signifikanten Zusammenhängen als bei kleineren (Lin et al., 2013). Die Stichprobenumfänge der untersuchten Parameter sind hinsichtlich dieser Problematik als überwiegend geeignet einzustufen. In den folgenden Untersuchungen zur Bewertung der Modellgüte (5.2.1) bzw. der Produktvalidierung (5.3.6 und 5.4) gilt ein signifikanter Zusammenhang zwischen den untersuchten Variablen als vorhanden, sofern dieser nicht durch die berechneten p-Werte (>0,05) wiederlegt und im Text ausdrücklich erwähnt wird.

3.6.3 Qualitative Gütebeurteilung

Die qualitative Beurteilung der Modellgüte erfolgt mit Hilfe visueller Analysen der zu evaluierenden Variablen. Diese dienen dem Modellierer dazu einen Überblick über das Modellverhalten zu gewinnen und das Modellpotential abzuschätzen (ASCE, 1993). Der Modellierer kann seine Erfahrung und Fachkenntnisse einsetzten, um die Eignung eines Modells zusätzlich zur statistischen Gütebeurteilung zu überprüfen (Willmott, 1981). Ein wichtiges Hilfsmittel hierbei ist das **Streudiagramm** zur Visualisierung der linearen Beziehung zwischen Beobachtung und Modell. Streudiagramme sind ebenso wie die Analyse der Residuen und Ausreißer wichtiger Bestandteil der Gütebewertung von Modellen (Legates et al., 1999). Hilfreich für die Beurteilung der Modellgüte sind ebenfalls die Darstellungen von **Histogrammen** und Zeitserien der zu evaluierenden Variable, sowie deren kumulierte Verteilungsfunktion. Bei der Validierung von fernerkundlich abgeleiteter und In-situ-Bodenfeuchte hat sich die Darstellung der Standardabweichung und des Korrelationskoeffizienten in einem Taylordiagramm etabliert (Wagner et al., 2013).

4 Datengrundlage und Vorgehensweise bei der Modellierung

In diesem Kapitel werden die Vorgehensweisen bei der Modellierung und Validierung der Energiebilanzkomponenten bzw. der Radarbodenfeuchte beschreiben und die dazu verwendeten Datengrundlagen vorgestellt. Begonnen wird mit der Datenaufbereitung der mikrometeorologischen Messungen (Kapitel 4.1). Anschließend werden die verwendeten Datenprodukte sowie die Vorgehensweise bei der ET-Modellierung (Kapitel 4.2) und der Validierung der Bodenfeuchteprodukte (Kapitel 4.3) erläutert. Abschließend wird in Kapitel 4.4 der neu entwickelte Bodenwärmestromansatz vorgestellt. Sämtliche im Folgenden erläuterten Arbeitsschritte dienen der Validierung der Energiebilanzkomponenten, bzw. dem aus dem latenten Wärmestrom abgeleiteten ET_a-Produkt.

Abbildung 4-1: Ablaufdiagramm zur Übersicht über den Aufbau der Kapitel 4 und 5.

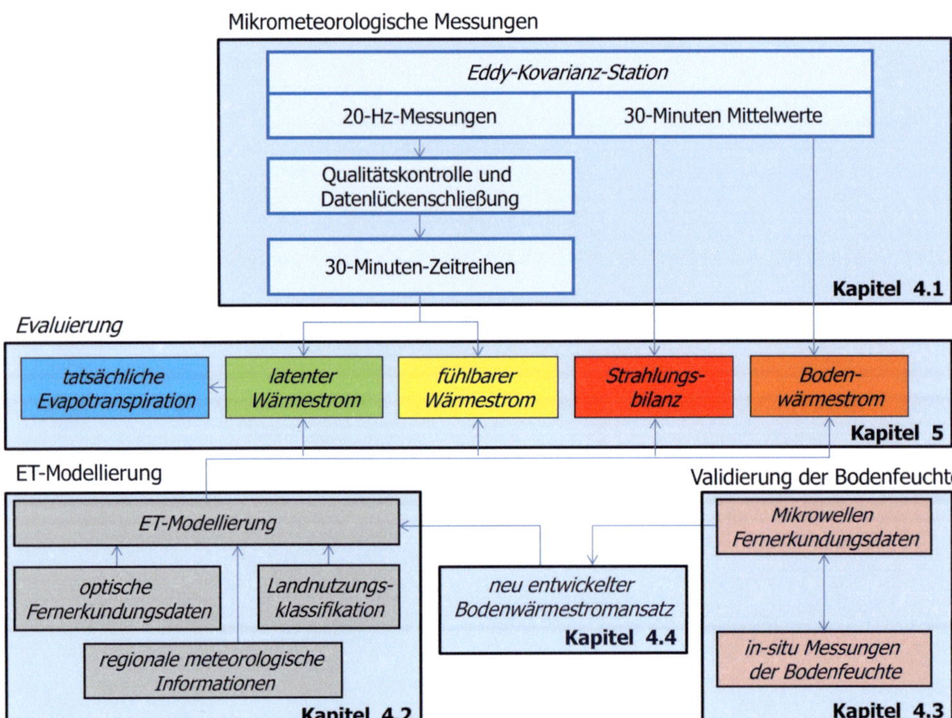

Quelle: Eigene Darstellung

4.1 Prozessierung der mikrometeorologischen Messungen

Zur Beurteilung der Qualität fernerkundungsbasierter ET-Modelle werden üblicherweise Lysimeter, Szintillometer, die Bowen-Verhältnis-Methode oder das Eddy-Kovarianz-Verfahren eingesetzt (Verstraeten et al., 2008).

Das Eddy-Kovarianz-Messverfahren eignet sich im Besonderen, da es im Vergleich zu den anderen genannten Methoden

- die einzige direkte mikrometeorologische Messmethode der turbulenter Energiebilanzkomponenten H und $L_v E$ ist (Foken, 2006),
- eine hohe theoretische Genauigkeit der Messungen erreicht (Rannik et al., 2012),
- kostengünstig ist, aufgrund der reduzierten Anschaffungskosten für die Sensorik in den letzten Jahren (Rohli und Vega, 2013) und
- eine einfache Systeminstallation durchführbar ist (Burba, 2013).

Allerdings genügt allein die Verwendung hochgenauer Messgeräte nicht zur Beurteilung der Güte einer Messung der turbulenten Strömungen. Diese sind im Wesentlichen von den Einsatzbedingungen und der korrekten Durchführung der notwendigen Datenkorrekturen und Qualitätsanalysen abhängig (Foken, 2006), die in Kapitel 4.1.2 näher beschrieben werden. Die übliche Vorgehensweise für die Installation und den Betrieb einer mikrometeorologischen Eddy-Kovarianz-Messstation ist in der Abbildung 4-2 skizziert.

Abbildung 4-2: Vorgehensweise bei der Errichtung eines Eddy-Kovarianz-Messsystems.

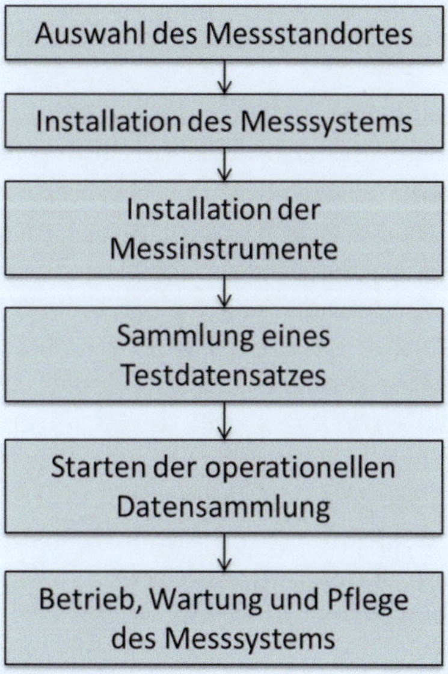

Quelle: Eigene Darstellung nach Burba und Anderson, 2010

Mit finanzieller Unterstützung des Zentrum für Entwicklungsforschung (ZEF) wurde im Jahr 2008 im Untersuchungsgebiet eine Eddy-Kovarianz-Station von Dr. Ulrike Falk[34] installiert mit dem Ziel der Qualitätsbeurteilung der Ergebnisse der fernerkundungsbasierten ET-Modellierung für den Zeitraum 2009 – 2011. Nach erfolgreicher Wahl des Messstandortes erfolgte die Installation der Sensorik (siehe 4.1.1.1) die für die zu untersuchende Fragestellung ausgewählt wurde. Für die Untersuchungen in der vorliegenden Arbeit wurden Informationen zu Strahlung, Windrichtung und Windgeschwindigkeit, Lufttemperatur und Luftfeuchte, Bodenwärmestrom, Bodentemperatur und Bodenfeuchte aufgezeichnet.

Die reine Datenerhebung ist mit Eddy-Kovarianz-Messverfahren weitgehend automatisiert durchführbar und wurde mit einer Messfrequenz von 20 Hz erfasst. Ein hoher zeitlicher Aufwand muss für die Maßnahmen der Qualitätssicherung (QS) inklusive Qualitätskontrolle (QK) erbracht werden, um eine umfassende Beurteilung der Messwerte vornehmen zu können sowie Kenntnisse über die beeinflussenden Faktoren zu erlangen. Die Kriterien zur Qualitätssicherung müssen im Vorfeld der Messung aufgestellt werden (Lee et al., 2005). Deren Einhaltung beinhaltet eine Reihe von Maßnahmen, die teilweise voneinander abhängig sind. In Ermangelung einer allgemeinen internationalen QS-Vorschrift werden im Folgenden die Mindestanforderungen an eine Qualitätssicherung vorgestellt, die in der Fachliteratur empfohlenen werden (Aubinet et al., 2012; Burba und Anderson, 2010; Foken, 2006; Lee et al., 2005). Diese sind

- Spezifikation des Messsystems (4.1.1),
- Definition und Durchführung der Qualitätskontrolle (4.1.2) inklusive Datenkorrektur.

4.1.1 Spezifikation des Messsystems und Standortwahl

Die zu beobachtende Variable muss durch die geeignete Wahl der Messwertgeber, des Messstandortes und der Datenerfassungsmethoden bestmöglich zu registrieren sein. Demzufolge wurde die in dieser Arbeit verwendete Eddy-Kovarianz-Station (Abbildung 4-3) so errichtet, dass der Footprint die meiste Zeit innerhalb des zu betrachtenden Baumwollökosystems liegt.

Die im Rahmen der vorliegenden Arbeit eingesetzten Instrumente zur Messung der turbulenten Wärmeströme sind Ultraschallanemometer und Absorptionshygrometer. Die gewählte Messfrequenz beträgt hierbei 20 Hz, um die turbulenten Schwankungen des vertikalen Windes und der skalaren Größen zu erfassen. Die Messstation wurde zusätzlich mit einer Sonde zur Ermittlung der Lufttemperatur sowie der Luftfeuchtigkeit ausgestattet. Außerdem wurde ein Radiometer zur Messung der verfügbaren Nettostrahlung am Standort installiert. Zur Ermittlung des Bodenwärmestroms werden Bodentemperatur- und Bodenfeuchtesensoren verwendet. Die eingesetzten Messinstrumente werden in ihrer Wirkungsweise nachfolgend

34 Dr. Ulrike Falk, Helmholtz-Institut für Strahlen- und Kernphysik, Universität Bonn.

Abbildung 4-3: Eddy-Kovarianz-Station. a) Exemplarische Häufigkeit der Windrichtungen im Zeitraum April bis Oktober 2009, b) Lage der Station innerhalb der landwirtschaftlichen Flächen, c) Foto des Messturms und der installierten Messsensorik.

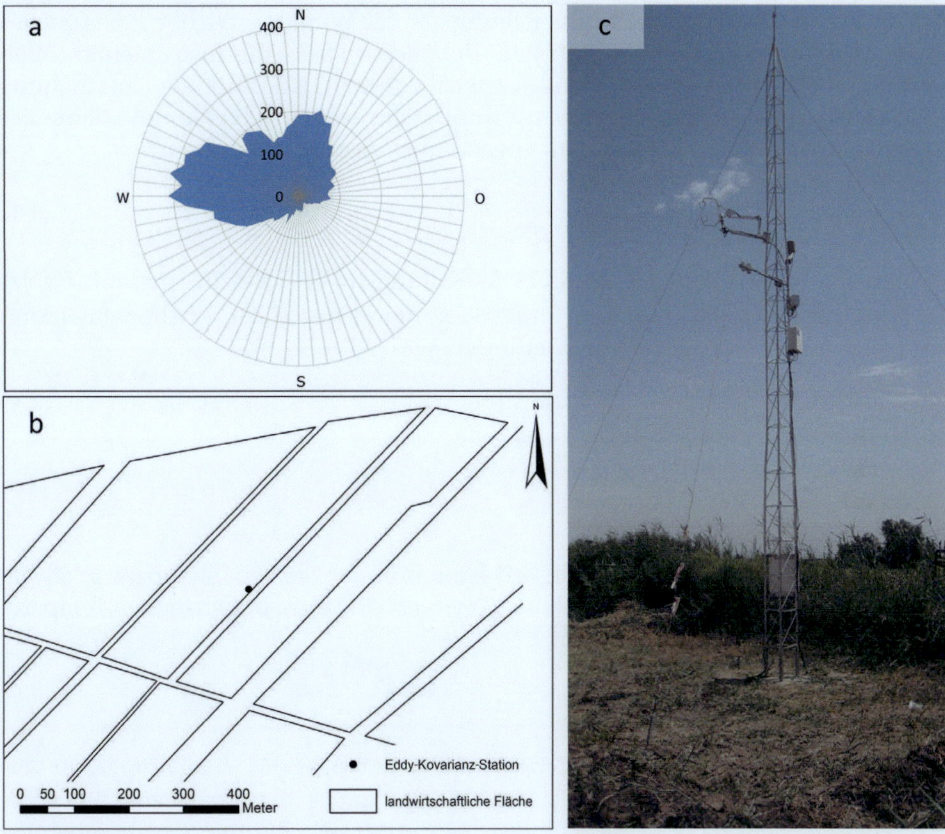

Quelle: Eigene Darstellung

kurz erläutert. Die Genauigkeit des Messsystems, sowie die Vergleichbarkeit der Messergebnisse sind abhängig von den Kalibrierungsstandards der verwendeten Messsensorik. Bei den meisten Sensoren genügt die Kalibration des Herstellers und es sind keine Feldkalibrationen notwendig (Campbell Scientific, 2009a).

4.1.1.1 Messsensorik

Klassische Verfahren zur Bestimmung von *Windrichtung und -geschwindigkeit* sind Schalenstern- oder Propelleranemometer, die den Wind in eine Rotationsbewegungen überführen. Dieses mechanische Messprinzip eignet sich jedoch nicht zur Messung der turbulenten Windbewegungen nach der Eddy-Kovarianz-Methode, u.a. da im turbulenten Strömungsfeld besondere Anpassungsprobleme für mechanische Anemometer bestehen (Kristensen, 1998). Hierfür eignen sich besonders Anemometer, die mittels Ultraschall die Windgeschwindigkeit messen. Das im Rahmen dieser Arbeit eingesetzte *Ultraschallanemometer* CSAT3 von Campbell Scientific misst die beidseitige Laufzeit von Ultraschallimpulsen entlang einer definierten Messstrecke d zwischen einem Sender-Empfängerpaar in drei Dimensionen. Die Laufzeit ist abhängig von der Schallgeschwindigkeit und der Windgeschwindigkeit. Beeinflusst von Richtung und Geschwindigkeit des Windes erreicht ein gesendetes Ultraschallsignal den Empfänger (t_1) auf der anderen Seite des Instruments schneller oder langsamer als in entgegengesetzter Richtung (t_2). Erfolgt die Umschaltung von Sender zu Empfänger ausreichend schnell, kann der Windvektor und damit der Verschiebungswinkel γ als konstant angenommen werden. Somit gilt:

$$t_{1,2} = \frac{d}{c \cdot \cos\gamma \pm u_d} \qquad \text{in s} \qquad (4\text{-}1)$$

Über die Laufzeit des Signals in beide Richtungen ($t_{1,2}$) des Instruments erfolgt die Bestimmung der Windgeschwindigkeit u_d in m/s sowie der Schallgeschwindigkeit c in m/s unter den gegebenen Bedingungen:

$$u_d = \frac{d}{2} \cdot \left(\frac{1}{t_1} - \frac{1}{t_2}\right) \qquad \text{in m/s} \qquad (4\text{-}2)$$

$$c = \frac{d}{2} \cdot \left(\frac{1}{t_1} + \frac{1}{t_2}\right) \qquad \text{in m/s} \qquad (4\text{-}3)$$

Mit Hilfe der Schallgeschwindigkeit kann nun auf die Schalltemperatur T_s geschlossen werden, die nach Kaimal und Gaynor (1991) etwa der virtuellen Temperatur (vgl. Gleichung 3-23) entspricht:

$$T_s = T \cdot \left(1 + 0{,}32 \cdot \frac{e}{p}\right) = \frac{d^2}{1612} \cdot \left(\frac{1}{t_1} + \frac{1}{t_1}\right)^2 \qquad \text{in K} \qquad (4\text{-}4)$$

Zur Berechnung der Wärmeströme wird üblicherweise die Schalltemperatur verwendet. Bei Windgeschwindigkeiten >8 – 10 m/s kann es durch mechanische Deformationen des Sensors zu Fluktuationen bei der Messungen der Schalltemperatur kommen. Aus diesem Grund wird eine zusätzliche Temperaturmessung empfohlen. Das Instrument wird vom Hersteller kalibriert ausgeliefert und benötigt später keine Kalibration durch den Nutzer (Campbell Scientific, 2009a).

Aufgrund der eingangs beschrieben Zielsetzung der vorliegenden Arbeit liegt der Fokus der durchgeführten mikrometeorologischen Messungen auf der Ermittlung der latenten Wärmeströme bzw. der Windgeschwindigkeit zur Validierung der fernerkundungsbasierten Modellierung. Zur Messung turbulenter Fluktuationen der Wasserdampfkonzentration eignen sich besonders optische Messverfahren, die entweder im ultravioletten (UV) oder infraroten (IR) Strahlungsbereich operieren. Die Konzentration von Wasserdampf wird indirekt über die Absorption der Strahlung entlang einer definierten Messstrecke ermittelt. Grundsätzlich gibt es solche Absorptionshygrometer in Bauweisen mit offenen oder geschlossenen Messstrecken (engl. open bzw. closed path). Bei Absorptionshygrometern mit offener Messtrecke wird das Medium direkt am Messort untersucht, wohingegen bei Absorptionshygrometern mit geschlossener Messtrecke die zu untersuchende Luft unmittelbar unterhalb des Anemometer erst angesaugt, dann durch einen Schlauch einige Meter zu einem IR-Messgerät transportiert und schließlich dort analysiert wird. Der Vorteil dieser Methode ist der theoretische Verzicht auf Korrekturen temperaturbedingter Dichtefluktuationen, die bei Instrumenten mit offener Messstrecke durchgeführt werden müssen. Nachteil ist die zeitliche Differenz zwischen Probeentnahme und Analyse. Die in dieser Arbeit verwendete Messstation verfügt, u.a. aufgrund der ungestörteren Messprobennahme und des geringeren Korrekturaufwandes, über ein Absorptionshygrometer mit offener Messstrecke, dem LI-7500 von LICOR[35]. Dieser Sensor wird vom Hersteller kalibriert geliefert und ohne weitere Kalibrierung eingebaut. Die vom Hersteller bestimmten Kalibrationskoeffizienten des Instruments behalten für mehrere Jahre ihre Gültigkeit, wobei eine Kalibration seitens des Nutzers alle zwei Jahre empfohlen wird (LICOR, 2001). Voraussetzung für eine sachgerechte Durchführung der Kalibration ist die Verfügbarkeit geeigneter zeitlicher sowie personeller Kapazitäten. Sollte diese nicht gewährleistet sein, wird empfohlen, die Einstellungen des Herstellers unverändert beizubehalten, um inkorrekten Einstellungen vorzubeugen (LICOR, 2004). Durch die Verwendung der Instrumente im Untersuchungsgebiet in Usbekistan konnte eine regelmäßige Kalibrierung nicht gewährleistet werden, daher wurden die Herstellerkoeffizienten unverändert für die Untersuchungszeitraum beibehalten. Das CSAT3 und das LI-7500 wurden im Jahr 2009 in einer Höhe von 3,7 m installiert. Im Jahr 2010 wurde die Instrumentenhöhe versuchsweise um 2,5 m auf 6,2 m erhöht. Ziel war die Vergrößerung des Footprints und damit der repräsentativen Fläche der Turbulenzmessung. Im Jahr 2011 wurde die Höhe erneut auf 3,7 m verändert (Tabelle 4-1).

Tabelle 4-1: Übersicht über die installierten Sensoren der Eddy-Kovarianz-Station.

Sensor	Parameter	Messfrequenz	Instrumentenhöhe 2009, 2011	Instrumentenhöhe 2010
CSAT3	Windrichtung und Windgeschwindigkeit	20 Hz	3,7m	6,2m
LI-7500	Wasserdampfkonzentration der Luft	20 Hz	3,7m	6,2m
CNR1	Strahlung	10 s	3,7m	
HMP45C	Lufttemperatur	20 Hz	3,7m	6,2m
	relative Luftfeuchte	30 min	3,7m	6,2m
HFP01SC	Bodenwärmestrom	10 s	0,08 m (Tief)	
T107	Bodentemperatur	10 s	0,03 - 0,70 m (Tief)	
ThetaProbe ML2X	Bodenfeuchte	10 s	0,2 m (Tief)	

Quelle: Eigene Erhebung

35 Hersteller: LICOR Bioscience, Lincoln, USA.

Die *Strahlungsmessung* erfolgt nach dem Prinzip der strahlungsbedingten Erwärmung einer Empfängeroberfläche (Foken, 2006). Die Strahlungsmessgeräte, auch Radiometer genannt, lassen sich zunächst grob in Absolut- und Relativgeräte einteilen. Erstere messen Absolutwerte der Bestrahlungsstärke, wobei Letztere die Temperaturdifferenz zwischen unterschiedlich bestrahlten Empfängeroberflächen messen. Weiterhin unterscheidet man, ob die Messung kurz- und/oder langwellige Strahlung erfasst und ob die Geräte hemisphärisch messen oder gerichtet sind. Bei der im Rahmen der vorliegenden Arbeit verwendeten Messstation wurde das Netto-Radiometer CNR1 von Kipp & Zonen installiert, welches zu den Relativgeräten der Strahlungsmessung zählt. Dieses besteht aus zwei Pyranometern und zwei Pyrgeometern, die jeweils paarweise in den Halbraum nach oben und unten gerichteten sind. Die Pyranometer messen die aus der Atmosphäre einfallende sowie die vom Boden reflektierte kurzwellige Solarstrahlung. Die Pyrgeometern messen die langwellige Fern-Infrarot-Strahlung analog zur Solarstrahlung aus zwei Richtungen. Das CNR1 verblieb wärend der gesamten Messperiode 2009 – 2011 auf der Höhe 3,7 m (Tabelle 4-1).

Zur Ermittlung von Vergleichsmessungen der *Lufttemperatur und –feuchte* wurde der Temperatur- und Feuchtesensor HMP45C von Campbell Scientific in die Messstation integrieret. Dieser ist zum Schutz vor Erwärmung durch einfallende Strahlung mit einem Strahlungsschild ausgestattet. Um vergleichbare Werte zu liefern, wurde der Sensor auf Höhe der Instrumente CSAT3 und LI-7500 installiert. Da die *Niederschlagsmenge* in der Region innerhalb des Untersuchungszeitraums 2009 - 2011 vernachlässigbar gering ist, wurde auf die Installation eines Niederschlagsmessgeräts verzichtet.

Zur Messung des Bodenwärmestroms wurde die *Bodenwärmestromplatte* HFP01SC (Campbell Scientific, 2007a) unterhalb des CNR1 installiert. Ab Mitte Juni 2010 wurden zusätzlich auf der angrenzenden landwirtschaftlichen Fläche *Bodentemperatursensoren* T107 (Campbell Scientific, 2008a) in 3, 7, 15, 30 und 70 cm Bodentiefe sowie ein *Bodenfeuchtesensor* ThetaProbe ML2X des Herstellers Delta-T Devices installiert. Mit Hilfe dieser zusätzlich installierten Sensoren wird ein repräsentativer Bodenwärmestrom unter dem Baumwollbestand ermittelt, da die HFP01SC den Bodenwärmestrom lediglich für die unbewachsene Bodenoberfläche unterhalb des Strahlungssensors misst. Auf diese Weise sollte die Fehlerquelle bei der Energiebilanzschließung reduziert werden, die sich aus der messtechnischen Anordnung der Sensoren ergibt (vgl. 4.1.2.5).

Die Daten der installierten Sensorik werden mit Hilfe des Datenloggers CR3000 von Campbell Scientific (2007b) kontinuierlich aufgezeichnet. Die Datenströme wurden in unterschiedlichen Frequenzen (20 Hz, 10 s und 30 min) erfasst (vgl. Tabelle 4-1), wobei für die 10-s-Messungen alle 30 min ein Mittelwert gebildet und gespeichert wurde. Für die Messsteuerung wurde ein Messprogramm in der datenloggerspezifischen Programmiersprache CRBasic (Campbell Scientific, 2009b) erstellt. Das verwendete Messprogramm ist im Anhang B beigefügt. Die Stromversorgung für Logger und Sensoren wird durch Solarkollektoren sichergestellt.

4.1.1.2 Kriterien der Standortwahl

Die Wahl eines geeigneten Standortes ist eine der wichtigsten Entscheidungen hinsichtlich der Güte turbulenter Strömungsmessungen. Sie dient der Minimierung systembedingter Fehler und ist immer ein Kompromiss zwischen wissenschaftlicher Zielsetzung, Machbarkeit, technischem Standard und Kosten (Munger et al., 2012). Der Standort sollte

- das zu betrachtende Ökosystem in Richtung der mittleren Windwirklänge (einige 100 m) repräsentieren,
- räumlich homogen und
- von einer strukturell einheitlichen Vegetation bedeckt sein.

Zusätzlich müssen die physikalischen Effekte des eigentlichen Messturms auf die Umgebungsströmung beachtet werden, die sich aus dem zu betrachtenden Ökosystem ergeben. Hierzu ist es wichtig vor der Installation der Sensoren die standortspezifischen Windverhältnisse zu analysieren. Je nach Anströmrichtung des mittleren Windes ergeben sich Störeinflüsse, die bei der Standortwahl berücksichtigt werden müssen.

In einem Windkanalversuch fanden Cermak und Horn (1968) heraus, dass der Messturm als Windhindernis die Strömungslinien ablenken kann und daher die Messungen

- im Luv des Messturms bis zu einem Abstand von 1 Turmdurchmesser,
- im Lee bis zu einem Abstand von 2 Turmdurchmesser und
- seitlich bis zu einem Abstand von 1 – 2 Turmdurchmesser

beeinträchtigt. Daher sind die Instrumente zur Messung der turbulenten Strömungen in Richtung des mittleren Windes zu orientieren. Außerdem ist darauf zu achten, dass der Messturm gegen Biegung und Oszillation gesichert ist. Die Messhöhe sollte so gewählt sein, dass die Messung innerhalb der Prandtl-Schicht erfolgt, um Störungen in der rauen Unterschicht zu meiden. Hierfür wird eine Messhöhe h_m von größer als die doppelte Bestandshöhe h_v empfohlen. In der Literatur findet sich zudem häufig eine Messhöhenempfehlung von

$$h_m \approx d + 4(h_v - d) \tag{4-5}$$

mit: Verschiebungshöhe $d \approx 2/3 \cdot h_v$ und Bestandshöhe h_v.

Bei einer maximalen Bestandshöhe für Baumwolle von 1,2 m ergibt sich demnach eine empfohlene Messhöhe von $h_m > 2{,}4$ m. Außerdem orientiert sich die Messhöhe an den Anforderungen der Messinstrumente. Von Bedeutung hierbei sind die Messstreckenlängen und der Abstand zwischen Anemometer und Hygrometer. Bei einer Messstreckenlänge von 12 cm, wie bei dem verwendeten LI-7500, sollte die Messhöhe nicht unter 2 m betragen (Munger et al., 2012).

4.1.2 Qualitätskontrolle

Der wichtigste Teil der Qualitätssicherung besteht in der Spezifikation sowie der Durchführung der Maßnahmen zur Qualitätskontrolle. Wie bereits in der Einführung zur Qualitätssicherung formuliert, existiert hierfür bisher keine einheitliche Vorgehensweise (Lee et al., 2005). Die in dieser Arbeit durchgeführten QK-Maßnahmen basieren auf Empfehlung aus der Literatur und beinhalten die folgenden vier Arbeitsschritte:

- Analyse der Rohdaten (4.1.2.1)
- Standortspezifische Qualitätskontrolle, inklusive der Durchführung einer Footprintanalyse zur Bewertung der Qualität der Messergebnisse (4.1.2.2)
- Stationaritätstest (4.1.2.3)
- Ergänzung der Datenlücken (4.1.2.4).

Die Qualitätskontrollmaßnahmen sollten bereits während der Messung oder unmittelbar danach erfolgen, um die Datenausfälle bedingt durch Instrumentenpro-

Abbildung 4-4: Ablaufdiagramm der Qualitätskontrolle der Messungen der Eddy-Kovarianz-Station.

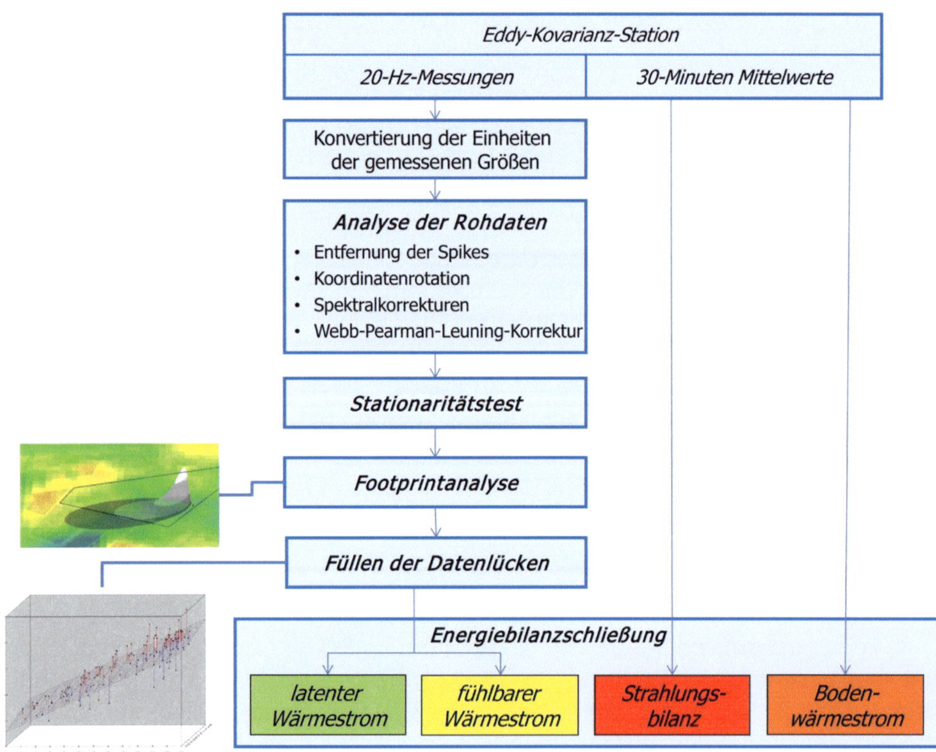

Quelle: Eigene Darstellung

bleme zu minimieren. Einige Umstände die zu Datenausfällen führen, wie bspw. die Verletzung der Homogenitätsbedingungen des Messuntergrundes, können auf diese Weise jedoch nicht behoben werden, da sie ausschließlich von Umweltfaktoren abhängig sind. In der QK kommen daher Verfahren zur Datenkorrektur zur Anwendung, die abhängig von der Sensorkalibrierung, der Wahl des Koordinatensystems und der Sensorgröße bzw. –separation durchzuführen sind. Die in den nachfolgenden Unterkapiteln näher beschriebenen QK-Maßnahmen sind im Ablaufdiagramm in Abbildung 4-4 dargestellt. Aus dem Diagramm wird ersichtlich, dass die Maßnahmen sequentiell durchzuführen sind. In diesem Kapitel wird die Vorgehensweise bei der QK beschrieben, die Ergebnisse werden im Anwendungsbeispiel in Kapitel 5.1 vorgestellt.

4.1.2.1 Analyse der Rohdaten

Zur Sicherstellung der korrekten Prozessierung der turbulenten Wärmeströmungen werden im Folgenden die durchgeführten Korrekturen und Qualitätskontrollmaßnahmen beschrieben. Diese müssen an den Rohdaten sowohl während als auch nach der Prozessierung durchgeführt werden. Zur Unterstützung bei den Korrekturen, die im Rahmen dieser Arbeit durchgeführt werden, wird die Software EdiRe (Clement, 2004) der Universität Edinburgh verwendet. Genauer werden sämtliche in diesem Unterkapitel aufgeführten Korrekturen unter Verwendung von EdiRe prozessiert. In der Abbildung 4-4 sind die üblichen Inhalte bzw. Korrekturverfahren bei der Analyse der Rohdaten aufgeführt.

Konvertierung bzw. Anpassung der gemessenen Einheiten

In diesem initialen Schritt werden zunächst die Rohdaten des CR3000 Datenloggers konvertiert. Diese liegen im binären TOB3-Datenformat (Table Oriented Binary Format 3) vor und werden unter Verwendung der Software LoggerNet (Campbell Scientific, 2011) in das ASCII TOA5-Format (Table Oriented ASCII Format 5) konvertiert. Um diese Daten in EdiRe weiterverarbeiten zu können, werden diese abschließend in das TOB1-Datenformat (Table Oriented Binary Format 1) überführt.

Die Software EdiRe liest die konvertierten 20-Hz-Rohdaten der Messstation im TOB1-Format ein und prozessiert diese linear anhand einer Verarbeitungsliste (engl. processing list). Die Verarbeitungsliste enthält vom Benutzer konfigurierte Prozesselemente über die Datensatzstruktur, d.h. Datentyp und Position der gemessenen Variablen. Anhand dieser Listen werden die Informationen jedes Rohdatensatzes in 30-Minuten-Mittelwerte überführt. Durch Anpassung der Verarbeitungslisten kann auf die Veränderungen der Bedingungen eingegangen werden, z.B. wenn sich die Wuchshöhe verändert. Bevor mit der Prozessierung der turbulenten Wärmeströme begonnen werden kann, müssen die Einheiten der für die Berechnung notwendigen Größen aneinander angepasst werden, um Fehler bei der Berechnung zu vermeiden.

Entfernung von Spikes im Rohdatensatz

In Datensätzen die mit hoher Messfrequenz erstellt werden, ist das Vorkommen unplausibler Extremwerte, so genannter Spikes, praktisch unvermeidbar. Das Auftreten von Spikes hat häufig elektronische Ursachen. Spikes sind in diesem Zusammenhang als Messwerte zu verstehen, die deutlich über den normalen Messwerten aber noch innerhalb des Messbereichs liegen. Zur Entfernung solcher Extremwerte aus den Datensätzen wird häufig die Standardabweichung als Indikator herangezogen, wobei die Messwerte entfernt werden die außerhalb eines benutzerdefinierten Schwellenwertes liegen. Ein üblicher Schwellenwert ist der 3,5-fache Wert der Standardabweichung (Hojstrup, 1999). Dieser wird auch in der vorliegenden Arbeit verwendetet.

Koordinatenrotation

Aus der Beschreibung der Grundlagen (Kapitel 3.3.2) geht die Notwenigkeit der Annahme einer vernachlässigbaren vertikalen Windkomponente innerhalb des Mittelungsintervalls hervor. Um dies zu gewährleisten, ist u.a. eine exakte Ausrichtung des Anemometers erforderlich. Diese ist in der Praxis meist nicht realisierbar. Daher muss dafür gesorgt werden, dass das Koordinatensystem für jedes Mittelungsintervall in den mittleren Wind rotiert wird. Es gibt dabei unterschiedliche Methoden der Koordinatenrotation, üblicherweise kommen entweder die sogenannte Planar-Fit-Methode (Wilczak et al., 2001) oder die Doppelrotation mit einer optionalen dritten Rotation zum Einsatz. Das Prinzip der in dieser Arbeit verwendeten Doppelrotation wird im Folgenden erläutert. Für die Beschreibung der komplexeren Planar-Fit-Methode wird auf die Literatur verweisen (Lee et al., 2004; Wilczak et al., 2001).

Die erste Korrektur bei der Doppelrotation besteht in der Drehung des Koordinatensystems des Ultraschallanemometers um die Vertikalachse, so dass die laterale Windkomponente gleich Null wird. Bei der zweiten Drehung wird solange um die neu ausgerichtete Horizontalachse gedreht bis die vertikale Windkomponente gleich Null ist. Auf eine optionale dritte Rotation, bei der die Kovarianz von Horizontal- und Vertikalwind gleich Null werden sollte, wird an dieser Stelle verzichtet, da durch diese Rotation nur noch geringe Verbesserungen zu erwarten sind und vielfach unplausible Rotationswinkel auftreten können (Held, 2004).

Spektralkorrekturen

Zu den Spektralkorrekturen gehört eine Gruppe von Korrekturen, mit der die spektrale Auflösung des Messsystems an das tatsächlich vorliegende Turbulenzspektrum anpasst wird. Als Korrekturverfahren wird das Verfahren nach Moore (1986) verwendet. Die notwendigen Korrekturen werden hierbei in einer Transferfunktion zusammengefasst. Aufgrund der begrenzten Reaktionszeit des Messsystems können kleinere Fluktuationen der Wärmeströme nicht erfasst werden. Diese werden durch Korrekturen kompensiert. Außerdem unterliegen Ultraschallanemometer und Absorptionshygrometer installationsbedingt einer horizontalen Separation der Messstrecken. Daher ist es nicht möglich, dass beide Sensoren ein und dasselbe Luftvolumen zur gleichen Zeit analysieren. Dieser Fehler wird durch eine Sensorseparationskorrektur behoben. Zusätzlich kann es aufgrund der Mittelbildung über die Messstrecke und das Volumen dazu kommen, dass sehr kleine Wirbel (engl. Eddies) bei der Turbulenzberechnung nicht berücksichtigt werden. Wie bei Messinstrumenten allgemein stellen auch Eddy-Kovarianz-Systeme eine Art Filter dar, indem sie hoch- und niederfrequente Signalanteile entfernen (Foken et al., 2012). Auch hierfür werden Korrekturen vorgenommen.

Korrektur nach Webb-Pearman-Leuning (WPL)

Bei Betrieb eines Absorptionshygrometers mit offener Messstrecke ist eine Dichtekorrektur (WPL-Korrektur nach Webb, Pearman und Leuning) notwendig (Webb et al., 1980). Die Notwenigkeit ergibt sich aus der Tatsache, dass durch den turbulenten Austausch von latenter und fühlbarer Wärme Fluktuationen der Luftdichte verursacht werden, die irrtümlicherweise als Schwankungen in der Dichte des gemessenen Gases (üblicherweise H_2O oder CO_2) aufgefasst werden. Mit der WPL-Korrektur werden demnach die gemessenen Gaskonzentrationen pro Volumeneinheit in Konzentrationen pro Masseneinheit transformiert.

4.1.2.2 Standortspezifische Qualitätskontrolle (Footprint-Analyse)

Wie in Kapitel 3.3 beschrieben, erfordert die Anwendbarkeit der Eddy-Kovarianz-Methode die Erfüllung der wesentlichen Annahme einer physikalisch homogenen Messoberfläche. In der Realität kommt dies nur selten vor. Daher ist es zur Beurteilung der Gültigkeit der Messungen notwendig, den Footprint (siehe 3.3.3) zu bestimmen. Bei der Footprintanalyse wird, abhängig von Messzeitpunkt, Messhöhe, Oberflächenrauigkeit, Windrichtung, Windgeschwindigkeit und Stabilität der atmosphärischen Grenzschicht, die Annahme der homogenen Messoberfläche überprüft. Aus den in Kapitel 3.3.3 vorgestellten Methoden zur Durchführung einer Footprintanalyse wurde die analytische Methode von Kormann und Meixner (2001) ausgewählt. Die Vorgehensweise bei der Footprintanalyse ist dabei wie folgt:

- Berechnung von 2D-Footprint-Ellipsen mit dem ART Footprint Tool (Neftel et al., 2008),
- Überführung der Ellipsenparameter (große und kleine Halbachse, Koordinaten des Mittelpunkts und Azimutwinkel) in die Geoinformationssoftware ArcMap.

Eine Einstufung in Footprint-Qualitätsklassen getrennt nach Homogenitätsanteilen der gemessene Quellfläche unternahmen Göckede et al. (2008). Sie trafen eine Zuweisung der Messungen nach prozentualem Anteil an dem beobachteten, homogenen Ökosystem.

- > 95 % homogene Messung,
- > 80 % repräsentative Messung,
- > 50 % akzeptable Messung und
- < 50 % gestörte Messung.

Verdeutlicht werden soll dies in Abbildung 4-5, welche die kumulative Footprintverteilung zeigt. Hieraus lässt sich ablesen, bei welcher Entfernung x_0 welcher Anteil des Gesamtflusses gemessen wird. Göckede et al. (2008) entwarfen dieses Kriterium für einen Vergleich unter mehreren Eddy-Kovarianz-Standorten, die Definition der Klassifikation stellte sich dabei als brauchbar für die im Rahmen dieser Arbeit durchgeführten Untersuchungen heraus. Diese Einteilung wird auch für die Footprint-Analysen in dieser Arbeit verwendet. Die Auswahl, unter Berücksichtigung dieser Qualitätskriterien, ungültiger Footprints erfolgt manuell als abschließender Bearbeitungsschritt in ArcMap.

Abbildung 4-5: Kumulative Verteilung der Beiträge zum Footprint. Die gestrichelte Linie symbolisiert die windwärts gerichtete Erstreckung des Messuntergrundes bis zu der homogene Bedingungen herrschen.

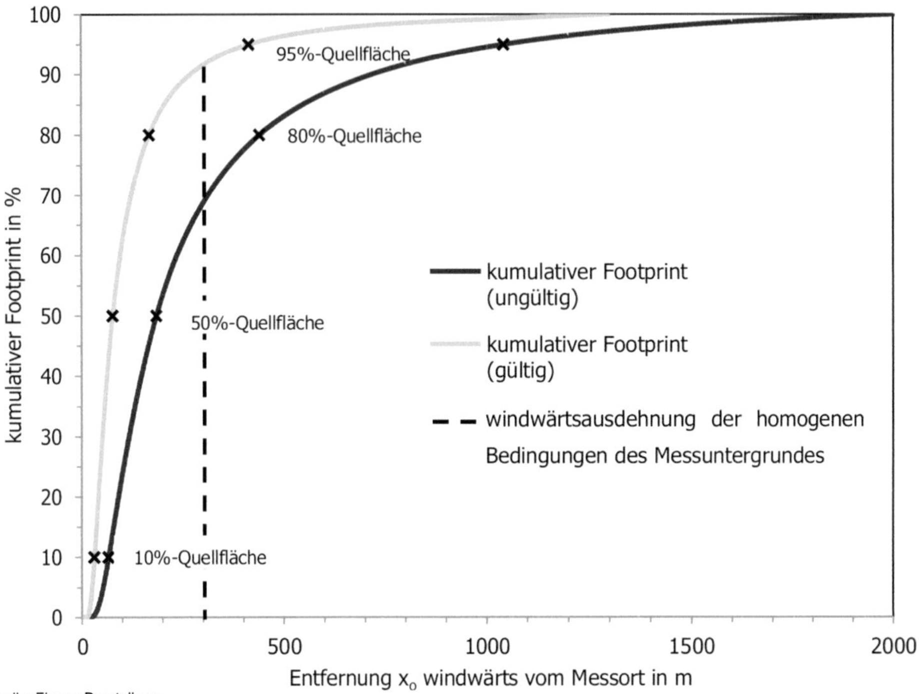

Quelle: Eigene Darstellung

4.1.2.3 Stationaritätstest

Die an die Analyse der Rohdaten anschließenden Maßnahmen der Qualitätskontrolle werden mit den vorprozessierten 30-Minuten-Daten vorgenommen. Eines der wesentlichen Ziele der QK ist die Überprüfung, ob unter den gegebenen mikrometeorologischen Bedingungen die vereinfachenden Annahmen (siehe 3.3.2) gerechtfertigt sind. Ein wichtiger Qualitätstests ist der sogenannte Stationäritätsstest (Foken und Wichura, 1996). Mit diesem wird überprüft, ob die stationären Bedingungen die von der Eddy-Kovarianz-Methode gefordert werden für das Mittelungsintervall (z.B. 30 Minuten) erfüllt sind. In der Literatur werden unterschiedliche Tests vorgeschlagen (Vickers und Mahrt, 1997). Die verbreitetste und auch in dieser Arbeit verwendete Methode ist die von Foken und Wichura (1996). In dieser wird der zu untersuchende Wärmestroms bzw. die Kovarianz (hier in der allgemeinen Form $x \cdot y$) für ein gewähltes Vergleichsintervall gebildet. Für die Stationäritätsuntersuchungen in der vorliegenden Arbeit wird ein Vergleichsintervall von 5 Minuten gewählt. Bei einer Messfrequenz von 20 Hz ergeben sich demnach n = 6.000 Messungen, die innerhalb des 5-Minuten-Intervalls aufgezeichnet und gemittelt werden.

$$\overline{(x' \cdot y')}_i = \frac{1}{n-1}\left[\sum_j x_j \cdot y_j - \frac{1}{n} \cdot \left(\sum_j x_j \cdot \sum_j y_j\right)\right] \tag{4-6}$$

Der Mittelwert des Wärmestroms aus den 5-Minuten-Intervallen (m = 6 für 30 Minuten) wird anschließend mit den Ergebnissen der Berechnungen über das ursprüngliche 30-Minuten-Mittelungsintervall verglichen.

$$\overline{x' \cdot y'} = \frac{1}{m}\sum_i \overline{(x' \cdot y')}_i \tag{4-7}$$

Bei einer Differenz der beiden Werte von weniger als 30 % kann man von stationären Bedingungen ausgehen (Foken, 2006).

Stationäre Bedingungen: $$\overline{x' \cdot y'}_{30min} - \overline{x' \cdot y'}_{5min} < 30\% \tag{4-8}$$

Anhand der Abweichung der beiden Messwerte erfolgt eine Klassifikation nach Foken (2006), die in Tabelle 4-2 aufgeführt ist. Unter Dauereinsatz ist durchaus eine Verwendung von Messungen zulässig, die außerhalb des Bereiches der stationären Bedingungen liegen. Zugelassen werden hier Abweichungen bis zu 100 %, was der Stationaritätsklasse 5 entspricht (Foken, 2006).

Der Stationaritätstest wird auch automatisch mit der Software EdiRe berechnet und ausgegeben, eine Korrektur findet aber nicht automatisch statt. Die 30-Minuten-Mittelwerte müssen vom Benutzter, anhand der vorher definierten Qualitätskriterien (hier> Stationaritätsklasse 5) entfernt werden.

Tabelle 4-2: Einteilung der Stationarität nach Klassen gemäß der Abweichung zwischen 30-Minuten-Messwert und Mittelwert aus den 5-Minuten-Intervallen.

Stationaritätsklasse	Bereich
1	0-15 %
2	16 – 30 %
3	31 – 50 %
4	51 – 75 %
5	76 – 100 %
6	101 – 250 %
7	251 – 500 %
8	501 – 1000 %
9	> 1000 %

Quelle: Foken, 2006

Weitere Qualitätskontrollmaßnahmen

Zusätzlich zu dem Test auf stationäre Bedingungen wird die Überprüfung des horizontalen Anströmsektors, sowie der Vertikalwindkomponente empfohlen (Lee et al., 2005). In ebenem Gelände, wie es dem des Untersuchungsgebiets in dieser Arbeit entspricht, sollte der mittlere Vertikalwind bei Windgeschwindigkeiten <5 m/s weniger als 0,15 m/s betragen. Durch die Verwendung des Ultraschallanemometers muss außerdem berücksichtigt werden, dass Messungen, bei denen der Anströmbereich durch den Messturm bzw. die Gerätebefestigungen gestört wird, verworfen werden müssen. Letztes erfolgt während der standortspezifischen Qualitätskontrolle.

4.1.2.4 Datenlückenschließung

Aufgrund der hohen Genauigkeiten, die bei der Studie von Alavi et al. (2006) erzielt wurden und der einfachen Implementierungsmöglichkeit der Methode, wird die MLR-Methode (vgl. Kapitel 3.3.4) für die vorliegende Arbeit ausgewählt. Als Regressionsparameter für den latenten Wärmestrom werden die von der Eddy-Kovarianz-Station aufgezeichneten Faktoren Dampfdruckdefizit (VPD) und R_N verwendet. Bei der multiplen Regression für den fühlbaren Wärmestrom wird VPD durch die gemessene Lufttemperatur ersetzt. Die aus der multiplen Regression resultierenden Gleichungen werden benutzt, um die Datenlücken zu schließen. Als Zeitraum für die Auswahl der Eingangsinformationen wird in der vorliegenden Arbeit ± 5 Tage gewählt. Bei Datenlücken größer als 5 Tage wird der Zeitraum auf ± 20 Tage ausgeweitet. Datenlücken in den Messreihen der meteorologischen Größen werden durch Hinzunahme einer benachbarten meteorologischen Station geschlossen.

4.1.2.5 Energiebilanzschließung

Die gängigste und meistgenutzte Möglichkeit zur Validierung mikrometeorologischer Messungen ist über die Schließung der Energiebilanz (Burba et al., 2010). Die Idee hinter dieser Art von Validierung ist zu überprüfen, ob die turbulenten Komponenten der Energiebilanz korrekt gemessen wurden (Foken, 2006). Hierzu nimmt man an, dass dies der Fall ist, sollten die Summen aus L_vE und H mit der Differenz aus R_N und G übereinstimmen. Überprüft man dies mit Hilfe einer linearen Regression, ergibt sich eine lineare Ursprungsgeradengleichung mit der Steigung 1. Die Steigung der Geradengleichung wird allgemein als Maß für die Schließung der Energiebilanz angenommen (Burba et al., 2010).

Auf Grund der messtechnischen Anordnung und der messmethodischen Probleme ist eine Schließung der Energiebilanzgleichung für Eddy-Kovarianz-Systeme allerdings nicht möglich (Foken und Oncley, 1995). Bei der Überprüfung auf Energiebilanzschließung wird mit Hilfe der Formulierung des ersten Hauptsatzes der Thermodynamik überprüft, ob die Summe aus latentem und fühlbarem Wärmestrom äquivalent zur Summe alle übrigen Energiequellen und -senken ist. Hierbei gibt es grundsätzlich zwei mögliche Vorgehensweisen, entweder wird die vereinfachte (Gleichung 3-3) oder die ausführliche Form (Gleichung 3-33) der Energiebilanzgleichung verwendet. Da oft nur die Komponenten der vereinfachten Gleichung gemessen werden, ist eine Überprüfung der Energiebilanzschließung unter Anwendung dieser Gleichung gebräuchlicher.

Die Problematik der Energiebilanzschließung wird im Folgenden anhand der im Untersuchungsgebiet errichteten Eddy-Kovarianz-Station erläutert. In der Abbildung 4-6 ist der jeweilige räumliche Bezug der unterschiedlichen Messinstrumente der Station schematisch dargestellt. Hieraus wird ersichtlich, dass es durch die unterschiedlichen Messgebiete zu Fehlern bei der Energiebilanzschließung kommen kann. Die Quellflächen der turbulenten Wärmeströme unterscheiden sich in Lage und Ausdehnung von denen der Strahlungsbilanz bzw. des Bodenwärmestroms. Die Energiebilanz kann hier demnach nicht nur für einen Messort aufgestellt werden, sondern erfolgt an mindestens zwei unterschiedlichen Orten mit möglicherweise unterschiedlichen Eigenschaften (Abbildung 4-6).

Abbildung 4-6: Schematische Darstellung der Messgebiete der einzelnen Instrumente der Eddy-Kovarianz-Methode zur Schließung der Energiebilanz am Tag.

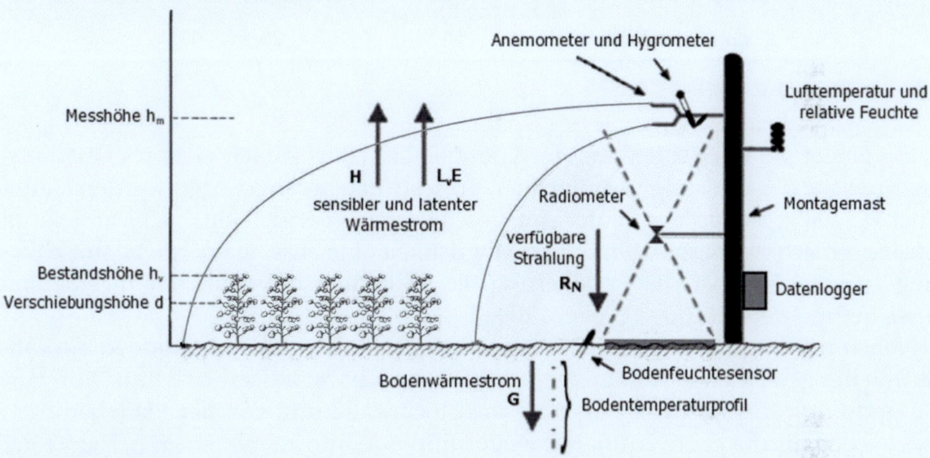

Quelle: Eigene Darstellung

Die Komponenten unterteilen sich in Strahlungsbilanz und Bodenwärmestrom, der unmittelbar in der Nähe der Messstation gemessen wird, und deren räumlicher Bezug über die Messperiode einheitlich beschränkt bleibt. Zu der anderen Gruppe gehören die turbulenten Wärmeströme, deren räumliche Repräsentanz sich in Abhängigkeit vom Wind über die Messperioden ständig ändert. Innerhalb der als horizontal homogen und strukturell einheitlich angenommenen Messoberfläche können Entfernungen von mehreren hundert Metern zwischen den bilanzierten Komponenten auftreten. Hinzu kommt, dass der Speicherterm zwischen der Quelle der turbulenten Ströme und dem Messpunkt der Bodenwärmestrommessung während des Tages praktisch nicht bezifferbar ist und eine nahezu geschlossene Energiebilanz meist nur in der Nacht erzielt werden kann, wenn die turbulenten Wärmeströme vernachlässigbar gering sind.

In der Literatur werden Schließungsfehler zwischen 10 % und 50 % genannt (siehe Tabelle 4-3). Ursächlich für die teilweise enormen Fehler bei der Energiebilanzschließung sind die unterschiedlichen Messmethoden und die daraus resultierenden bzw. zu erreichenden Genauigkeiten. Den größten relativen Fehlerbereich weist die Bodenwärmestromkomponente auf, wobei aufgrund des häufig nur geringen Beitrags zur Gesamtenergiebilanz der Anteil am Gesamtfehler klein ist. Im Rahmen der Untersuchungen zur Energiebilanzschließung in der vorliegenden Arbeit wurde das Gütekriterium von Wilson et al. (2002) verwendet. Demnach ist ein Fehler in der Bilanzschließung von ±10 % akzeptabel.

Tabelle 4-3: Typische Fehlerbereiche der Energiebilanzschließung.

Energiebilanzkomponente	Fehler in %	Energiefehler in W/m²
Strahlungsbilanz	10–20	50–100
fühlbarer Wärmestrom	10–20	15–30
latenter Wärmestrom	5–20	20–50
Bodenwärmestrom	50	25

Quelle: Eigene Darstellung, verändert nach Foken, 2006

Ein Fehler bei der Schließung der Energiebilanz darf jedoch nicht als Qualitätskriterium für die Messung turbulenter Wärmeströme herangezogen werden (Aubinet et al., 2000). Außerdem deutet eine geschlossene Energiebilanz nicht unbedingt auf eine fehlerfreie Messung hin. Eine Möglichkeit eine bessere Energiebilanzschließung zu erreichen, ist die Erweiterung des Mittelungsintervalls der turbulenten Flüsse auf mehrere Stunden (Foken, 2006).

Neben der Energiebilanzschließung existieren viele weitere Methoden zu Validierung der gemessenen Komponenten, wie beispielsweise die Beurteilung von Verlauf und Form des Kospektrums oder die Hochskalierung von der Blatteben bzw. Bodenebene (Burba et al., 2010). Für weiterführende Informationen zum Thema der Energiebilanzschließung wird auf die umfangreiche Studie von Foken (2008) verwiesen, in der die zahlreichen Gründe für eine ungeschlossene Energiebilanz untersucht wurden. Die Ergebnisse der Energiebilanzschließung werden im Anwendungsbeispiel (Unterkapitel 5.1.4) vorgestellt.

4.2 Modellierung der tatsächlichen Evapotranspiration

Das zur ET-Modellierung verwendete Modell SEBAL wurde in Kapitel 3.3.4 einführend beschrieben. An dieser Stelle werden zunächst die fernerkundungsbasierten Eingangsdaten beschrieben (4.2.1), sowie deren Vorverarbeitung erläutert (4.2.2). Anschließend wird ein kurzer Überblick über die Einbindung der zusätzlich erhobenen regionalen meteorologischen Daten gegeben (4.2.3), ehe das verwendete Landnutzungsklassifikationsprodukt vorgestellt wird (4.2.4). Die Modellierung der tatsächlichen Evapotranspiration erfolgt gemäß dem in Abbildung 4-7 illustrierten Ablaufschema. Die Ergebnisse der Modellierung werden im Anwendungskapitel 5.1.5 vorgestellt.

Abbildung 4-7: Ablaufschema des modifizierten SEBAL-Residualansatzes. Die zur Berechnung benötigten Eingangsdaten sind den Energiebilanzkomponenten und der Referenzevapotranspiration durch ihre Farbgebung zugeordnet.

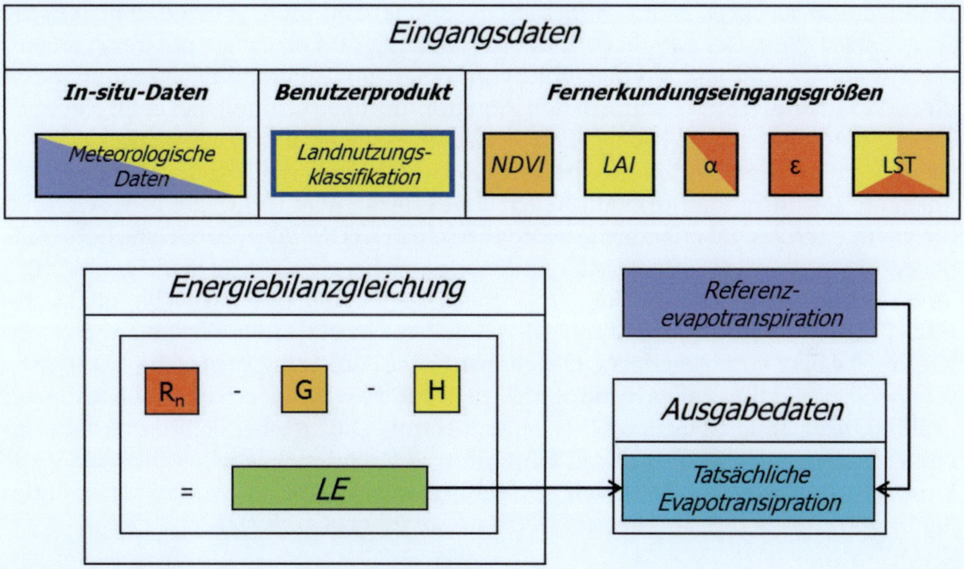

Quelle: Eigene Darstellung

4.2.1 Fernerkundungsdaten

Bei der Wahl geeigneter Fernerkundungsdatensätze für die multitemporale Modellierung der Evapotranspiration werden folgende Auswahlkriterien herangezogen:

- ein optimaler Kompromiss aus räumlicher und zeitlicher Auflösung,
- die kostenlose Datennutzung sowie
- die Nutzbarkeit bereits vorverarbeiteter Fernerkundungsprodukte für die benötigten bio- und geophysikalischen Datensätze.

Bei einer Analyse potentiell geeigneter Fernerkundungsinstrumente von Conrad (2006) resultierte dies in der Auswahl der Daten des MODIS Instruments auf der Satellitenplattform Terra (4.2.1.1), da hier sämtliche der spezifizierten Anforderungen erfüllt werden. Die Daten ermöglichen zudem die Generierung vergleichbarer Zeitreihen über einen längeren Zeitraum, da der Satellit bereits seit 1999 Daten aufzeichnet. Um die räumliche Varianz der Energiebilanzkomponenten innerhalb des Footprints zu analysieren, kommen höher aufgelöste Landsat-5-TM Daten zum Einsatz, deren Spezifikation in Unterkapitel 4.2.1.2 beschrieben wird.

4.2.1.1 MODIS-Terra

Der Satellit Terra ist Teil der Erdbeobachtungsmission EOS (*Earth Observing System*) der US-amerikanischen Luft- und Raumfahrtbehörde NASA (*National Aeronautics and Space Administration*). Die Sensorplattform beherbergt die Fernerkundungssensoren ASTER (*Advanced Spaceborne Thermal Emission and Refection Radiometer*), CERES (*Clouds and Earth's Radiant Energy System*), MISR (*Multiangle Imaging Spectro-Radiometer*), MOPITT (*Measurements Of Pollution In The Troposphere*) und MODIS (*MODerate Imaging Spectroradiometer*). Der Satellit befindet sich seit 1999 auf einer fast polaren, sonnensynchronen Umlaufbahn in einer Höhe von 705 km am Äquator. Mit einer Inklination von 98,2 ° überquert die Plattform den Äquator um 10:30 Ortszeit, bei einer Repetitionsrate von 16 Tagen. Der MODIS Sensor ist gemäß seiner Forschungsausrichtung für terrestrische, marine und atmosphärische Anwendung konzipiert und befindet sich außer auf der Terra-Plattform zusätzlich auf der Aqua-Plattform[36] der NASA. Durch die vielfältigen Aufgabenbereiche bedingt zeichnet sich MODIS durch eine hohe zeitliche, spektrale und radiometrische Auflösung aus, bei gleichzeitig niedriger bis mittlerer räumlicher Auflösung. Der Sensor misst die von der Erdoberfläche reflektierte und emittierte Strahlung in 36 spektralen Kanälen. Dabei werden Wellenlängenbereiche von 0,4 bis 14 µm abgedeckt. Die geometrische Auflösung variiert im Nadir zwischen 250 m (Rot und nahes Infrarot), 500 m (sichtbares Licht bis Kurzwelleninfrarot) und 1000 m (sichtbares Licht bis thermales Infrarot). Die Erdoberfläche wird dabei im cross track scanning Verfahren mit Hilfe eines rotierenden Spiegels rechtwinklig zur Flugrichtung abgetastet, bei einem zweiseitig maximalen Sensorwinkel von 55 ° zum Nadir und einer Schwadbreite von 2330 km (Guenther et al., 2002).

Übersicht über die verwendeten NASA-MODIS Datenprodukte

Die umfangreiche Produktpalette des MODIS Land Science Teams (MODLAND) beinhaltet die meisten der benötigten Eingangsdatensätze (vgl. Abbildung 4-7). MODLAND führt umfangreiche Qualitätsanalysen und Validierungen, der vom MODIS Adaptive Processing System (MODAPS) routinemäßig erzeugten Daten, durch. Hierbei werden die Daten beider MODIS Sensoren (Terra und Aqua) verwendet (NASA LP DAAC, 2014). Als Verfahren zur Geocodierung der Daten wird der sogenannten Level-2G-Algortimhus (L2G, Shao et al., 2011) angewendet. Eine Übersicht über den Generierungsprozess der Datenprodukte gibt u.a. Conrad (2006). Die Produkte werden in der flächentreuen Sinusoidalprojektion bereitgestellt und basieren auf den atmosphärenkorrigierten standardisierten Reflexionsgraden des MOD09 Produkts (vgl. Conrad, 2006). Für die Modellierung der Evapotranspiration in dieser Arbeit werden ausschließlich Datenprodukte in der Version-5[37] verwendet (siehe Tabelle 4-5).

---

36 Für die Modellierung in dieser Arbeit wurden, bis auf das Albedo-Produkt, nur Daten des MODIS-Sensors der Terra-Plattform verwendet. Perspektivisch bieten sich auch die Daten des baugleichen MODIS-Sensors auf der Aqua-Plattform als supplementäre Eingangsdatensätze für die in dieser Arbeit entwickelten Anwendungen an.

37 Unter Anwendung der neuesten verfügbaren Version der maßgebenden wissenschaftlichen Algorithmen und unter Verwendung der besten verfügbaren Kalibrierung und Verortungsinformationen wurden die MODLAND Produkte bereits mehrmals neu verarbeitet. Es existieren daher mehrere Versionen desselben Produkts. Während der Erstellung der vorliegenden Dissertation wird die Verwendung der Version 5 Produkte empfohlen.

Entscheidend für die Auswahl der letztendlich verwendeten räumlichen Auflösung ist die geringste Auflösung innerhalb des Datenproduktpools. Hierbei ist die geometrische Auflösung der MOD11 und MOD15 Daten von 1 km maßgebend, obwohl alle übrigen Datenprodukte in höheren Auflösungen verfügbar sind. Sämtliche räumlich höher aufgelösten Datenprodukte werden daher auf die maßgebende Auflösung skaliert. Außerdem findet eine temporale Interpolation der Daten auf eine gemeinsame tägliche Datenbasis statt (Kapitel 4.2.2).

Standardisierte Reflexionsgrade (MOD09)

Die Oberflächenreflexionsgrade liefern eine Schätzung der spektralen Flächenreflexionsgrade, wie sie auf Bodenniveau in Abwesenheit von atmosphärischer Streuung oder Absorption gemessen werden würden. Die standardisierten Reflexionsinformationen liegen in einer geometrischen Auflösung von 250 m vor und werden als 8-tages-Level-3-Komposit (MOD09Q1) aus den MODIS Bändern 1 und 2 erzeugt. Jeder Pixel enthält dabei die bestmögliche L2G Beobachtung während eines 8-Tages-Intervalls. Kriterien sind hierbei u.a. eine hohe räumliche Abdeckung, niedrige Blickwinkel und geringe Aerosolbelastung sowie Wolkenbedeckung. Das Produkt enthält eine Vielzahl von Qualitätsmerkmalen, die für die detaillierte Qualitätsanalyse (Kapitel 4.2.2) genutzt werden können.

Oberflächentemperatur und Emissionsgrade (MOD11)

Das tägliche MODIS Produkt für Landoberflächentemperaturen (LST) und Emissionsgrade (ε) beinhaltet 1-km-Pixel, die mit Hilfe des sogenannten generalisierten Split-Window-Algorithmus (Wan und Dozier, 1996) aus Verortung des MOD11_L2 Produkts erzeugt werden. Die LST wird aus der Differenz der Helligkeitstemperaturen der benachbarten, atmosphärenkorrigierten MODIS-Thermalkanäle 31 und 32 berechnet. Die Oberflächenemissionen der Bänder werden dabei über die Art der Bodenbedeckung abgeschätzt. Als Qualitätsmerkmale bei der Datenanalyse gelten die allgemeine Qualitätseinschätzung des Split-Window-Algorithmus (Wan und Dozier, 1996) sowie vordefinierte Genauigkeitsschranken zur Beurteilung des maximalen Berechnungsfehlers.

Vegetationsindex NDVI (MOD13)

Die globalen MODIS Vegetationsindizes werden zur Ermöglichung eines konsistenten räumlichen und zeitlichen Vergleichs der Vegetationsbedingungen erstellt. Hierfür werden Reflexionsgrade im blauen und roten Band sowie nahem Infrarot verwendet, um die täglichen MODIS Vegetationsindizes zu bestimmen. Das Produkt beinhaltet neben dem NDVI zusätzlich den verbesserten Vegetationsindex EVI (Enhanced Vegetation Index). Die NDVI und EVI Indizes des MOD13-Produkts werden aus atmosphärenkorrigierten, bidirektionalen Oberflächenreflexionsgraden (MOD09) berechnet. Bei dem gewählten MOD15A2-Produkt handelt es sich um ein 16-Tages-Komposit mit einer geometrischen Auflösung von 1 km.

Blattflächenindex LAI (MOD15)

Das MODIS Produkt MOD15 liegt ausschließlich in Form eines 8-Tages-Komposits mit einer räumlichen Auflösung von 1 km vor und beinhaltet die Parameter Blattflächenindex (LAI) und den Anteil absorbierter photosynthetisch aktiver Strahlung (engl. fraction of absorbed photosynthetically active radiation, FPAR). Der LAI ist eine dimensionslose Größe, die nach Watson (1947) als die photosynthetisch aktive (einseitige) Blattoberfläche pro Bodenfläche definiert ist, während FPAR den Anteil der verfügbaren Strahlung in den photosynthetisch aktiven Wellenlängen misst, die von einer Vegetationsdecke absorbiert werden (Myneni et al., 2003). Der Algorithmus zur Ableitung der Parameter besteht aus einem Hauptverfahren, das den spektralen Informationsgehalt der Oberflächenreflexion von bis zu 7 Spektralbändern ausnutzt. Sollte der Hauptalgorithmus fehlschlagen, wird ein Back-up-Algorithmus ausgelöst, um die Parameter LAI und FPAR mit Hilfe von Vegetationsindizes abzuschätzen. Der Algorithmus nutzt hierzu eine Klassifizierung der Landbedeckung (MODIS Land Cover-Produkt, MOD12Q1).

Spektrale Albedo (MCD43)

Das kombinierte MODIS Albedo Produkt MCD43 bietet Daten sowohl in 1 km als auch 500 m Auflösung an. In diesen Daten ist die gerichtete hemisphärische Reflexion (black-sky Albedo) bei lokalem Sonnenhöchststand und die bi-hemisphärische Reflexion (white-sky Albedo) beschreiben (Schaepman-Strub et al., 2006). Die Albedowerte des zum Einsatz kommenden MCD43B3 Produkts werden aus einem 16-Tage-Anisotropie-Modell (MCD43B1) erzeugt und stellen Durchschnittswerte der zugrunde liegenden 500 m-Werte dar. Sofern die black-sky Albedo verschiedener Sonnenzenitwinkel benötigt wird, kommen direkt die MCD43B1 Werte zur Anwendung. Bei der Erzeugung dieses Produkts werden sowohl Terra- als auch Aqua-Daten eingesetzt, um die Wahrscheinlichkeit für die Nutzung qualitativ hochwertiger Daten zu gewährleisten. Die Qualitätsinformationen sind als separates Produkt MCD43B2 gespeichert. Mit Hilfe der Produkte MCD43B3 und MCD43B2 wird die tatsächliche (blue-sky) Albedo zur Mittagszeit berechnet. Hierzu sind Informationen über den Anteil des diffusen Himmelslichts S zum betreffenden Zeitpunkt notwendig. Dieser hängt wiederum vom Sonnenzenitwinkel und der aerosol-optischen Dicke und der Wellenlänge ab. Zur Ermittlung von S existieren im Internet produktspezifische Nachschlagetabellen die verallgemeinerte Werte für unterschiedliche Sonnenzenitwinkel und aerosol-optische Dicken enthalten. Diese sind sowohl wellenlängenabhängig als auch für die Gesamtalbedo abgelegt und werden mit Hilfe des 6S-Strahlungstransfermodells (Vermote et al., 1997) berechnet. Der Sonnenzenitwinkel kann anhand der Aufnahmezeitpunkte sowie der geografischen Lage berechnet werden.

4.2.1.2 Landsat 5 TM

Um die Auswirkungen der räumlichen Varianz der Energiebilanzkomponenten innerhalb des jeweils gültigen Footprints auf die Energiebilanzschließung (Kapitel 5.1.5) zu analysieren, reicht die räumliche Auflösung von MODIS nicht aus. Aus diesem Grunde erfolgen für die Jahre 2009 und 2010 zusätzliche Modellierungen der Energiebilanzkomponenten bzw. ET_a mit Landsat5 TM Daten, die im Folgenden beschrieben wird. Landsat Satelliten liefern seit mehr als 40 Jahren Informationen über die Erdoberfläche. Am 11. Februar 2013 wurde der bisher letzte Satellit dieser Reihe, Landsat 8, erfolgreich gestartet (Roy et al., 2014).

Tabelle 4-4: Spezifikationen des TM Sensors an Bord von Landsat 5.

Orbit	sonnensynchron
Flughöhe	705 km
Inklination	98,2º
Überflug Äquator	9.35 A.M. (local sun time)
Räumliche Auflösung	30 x 30 m, Kanal 6: 120 x 120 m
Radiometrische Auflösung	8 Bit
Scanner Typ	Across track
Breite d. Aufnahmestreifens	183 km
Wiederholrate	16 Tage
Laufzeit seit	1984
Spektralbereiche	
Kanal 1	0,45-0,52 µm (Blau)
Kanal 2	0,52-0,60 µm (Grün)
Kanal 3	0,63-0,69 µm (Rot)
Kanal 4	0,76-0,90 µm (Nahes Infrarot)
Kanal 5	1,55-1,75 µm (Mittleres Infrarot)
Kanal 6	10,40-12,50 µm (Thermales Infrarot)
Kanal 7	2,08-2,35 µm (Mittleres Infrarot)

Quelle: Eigene Zusammenstellung nach Roy et. al., 2014

Die Daten, die in der vorliegenden Arbeit verwendet werden, fielen in den Beobachtungszeitraum (1984 – 2011) von Landsat 5. Der Satellit befindet sich in einer Höhe von 705 km und hat eine räumliche Auflösung von 30 x 30 m, bei einer Aufnahmestreifenbreite von 183 km. Der TM Sensor nimmt die von der Erdoberfläche reflektierte elektromagnetische Strahlung im Bereich des sichtbaren Lichts, sowie des nahen, mittleren und thermalen Infrarots auf. Die weiteren Spezifikationen der Daten des verwendeten TM Sensors sind in Tabelle 4-4 aufgeführt. Bei der ET-Modellierung mit Landsatdaten kann nicht auf bereits vorverarbeitete Produkte zurückgegriffen werden, weshalb sämtliche Zwischenprodukte (Oberflächentemperatur, LAI, NDVI, etc.) sequenziell berechnet werden müssen. Hierfür wird die von Allen et al. (2007) vorgestellte Vorgehensweise verwendet. Diese beinhaltet 25 Berechnungsschritte, die mit dem „Model Maker" der Software Erdas Imagine bearbeitet werden.

4.2.2 Raumzeitliche Qualitätsanalyse

Vor der endgültigen Nutzung der MODland-Datenprodukte wurden mittels einer Analyse der mitgelieferten Qualitätsmerkmale (*Quality Assessement Science Data Sets*, QA-SDS) hochwertige, lückenlose Zeitreihen generiert. Die jeweils verwendeten Qualitätseinstellungen können der Tabelle 4-5 entnommen werden.

Tabelle 4-5: Parameterspezifische Qualitätsanalyse der MODIS Produkte.

Produkt-bezeichnung*	Parameter	Räumliche Auflösung	Zeitliche Auflösung	Verwendetes Qualitätsmerkmal	Maskiert bzw. linear interpoliert
MOD09Q1	Reflexionsgrade (rot und NIR)	250 m	8-tägig	General quality: good Clouds: clear Band quality: highest	linear interpoliert
MOD11A1	LST Emissiongrad Aufnahmezeitpunkt	1 km	Täglich	General quality: good & acceptable Data quality: good	maskiert
MOD13A2	NVDI	1 km	16-tägig	General quality: good & acceptable Usefulness: perfect-good Mixed clouds: no	linear interpoliert
MOD15A2	LAI	1 km	8-tägig	General quality: good Cloud state: clear & assumed clear	linear interpoliert
MCD43B3	Black-Sky Albedo White-Sky Albedo	1 km	16-tägig	General: good Band quality: best & good Snow: no	linear interpoliert

* Die Nomenklatur der MODLAND Produkte lässt Rückschlüsse auf die Datenherkunft zu. So handelt es sich bei Produkten mit dem Präfix MOD im Datenbezeichner um Daten des Sensors der Terra Plattform, Datenprodukte des Aqua Satelliten beginnen mit MYD und die Kombinationsprodukte aus beiden Instrumenten führen das Präfix MCD.

Quelle: Eigene Erhebung

Zur Verringerung des Rechenaufwandes sowie zur besseren regionalen Repräsentanz der Qualitätsanalysen werden vorher aus den Gesamtszenen der jeweiligen MODIS-Produkte, das Untersuchungsgebiet umrahmende, geographische Teilausschnitte gebildet. Für diese Teilausschnitte werden im nächsten Schritt raumzeitliche Qualitätsanalysen mittels des Time Series Generators (TiSeG, Colditz et al., 2006) durchgeführt. Unter Verwendung dieser Software ist es möglich, mittels der QA-SDS Qualitätsmerkmale, Pixel ungeeigneter Qualität zu entfernen (maskieren) bzw. durch Interpolation zu ersetzen. Die MODland Datensätze werden anhand anwenderspezifischer Qualitätseinstellungen (siehe Tabelle 4-5) bewertet. Für die Modellierung der ET_a sind Eingangsdaten mit täglicher Auflösung notwendig. Dieses Kriterium wird allerdings nur von den MOD11A1 Daten erfüllt, so dass für alle übrigen Produkte durch Einsatz einer einfachen linearen Interpolationsmethode tägliche Werte berechnet werden. Als Stützpunkte für die lineare Interpolation werden jeweils die zeitlichen Mittelpunkte der Mehrtageskomposite gewählt.

Die Temperatur der Landoberfläche ist bei der Modellierung der Evapotranspiration von wesentlicher Bedeutung. Der Einfluss des Aufnahmewinkels, auf die mit Hilfe des Split-Window-Algroithmus abgeleiteten Oberflächentemperaturen, wurde in einer Studie von Ren et al. (2011) untersucht. Diese fanden heraus, dass die Genauigkeit der 1 km aufgelösten MOD11 LST abnimmt, je größer der Aufnahmewinkel ist (Wan et al., 2004). Der Streuungsbereich der Fehler liegt dabei zwischen -1 und 3 K. Um diesen Einfluss auf die Modellierung im Untersuchungsgebiet zu minimieren, werden die zu verwendenden LST-Datensätze anhand der mitgelieferten Informationen über die Aufnahmewinkel ausgewählt. Ein Kriterium bei der Auswahl ist die Anzahl der verwendbaren Szenen. Sofern während der Hauptvegetationsperiode weniger als 1 Szene pro Woche zur Verfügung stehen, wird der nächstgrößere Aufnahmewinkelbereich als zulässig angesehen. Als Aufnahmewinkel werden Werte zwischen ±30° und ±35° zum Nadir zugelassen (vgl. Tabelle 4-6). Im Durchschnitt über alle Jahre können 57 Szenen, der insgesamt 214 möglichen, für die Modellierung verwendet werden.

Tabelle 4-6: Anzahl der für die Modellierung zugelassenen MODIS Szenen nach der Qualitätsanalyse und der dazugehörige Aufnahmewinkel.

Jahr	Gültige MODIS Szenen nach QA	Zulässiger Aufnahmewinkel
2009	48	35°
2010	63	30°
2011	60	30°

Quelle: Eigene Darstellung

Ein weiteres Kriterium bei der Auswahl ist, dass der Anteil der gültigen Pixel nach der raumzeitlichen Qualitätsanalyse über 75 % liegen muss. Des Weiteren werden Datensätze mit einer räumlichen Abdeckung von unter 75 % des Untersuchungsgebiets nicht zugelassen, um möglichst in jedem Berechnungsschritt das gesamte Untersuchungsgebiet zu erfassen.

4.2.3 Regionale meteorologische Informationen

In dem für diese Arbeit verwendeten Modellierungsansatz werden zusätzlich zu den Fernerkundungsinformationen meteorologische Daten benötigt. Diese werden im Wesentlichen für die Berechnungen der Referenz-ET genutzt, die wiederum zur Ermittlung von H und ET_a herangezogen wird. Conrad (2006) verwendete in seiner Studie der Jahre 2004 und 2005 Daten zweier meteorologischer Stationen (Khiva und Yangibazar). Die einzige Station mit kontinuierlicher Datenaufzeichnung über die Gesamtlaufzeit der zweiten Phase des Khorezm-Projekts, die es ermöglicht, eine kontinuierliche ET-Zeitreihe zwischen den Jahren 2003 und 2012 zu erstellen, ist die Station Yangibazar. Aufgrund der Modellannahme von einheitlichen, meteorologischen Bedingungen für flache Topographien und geringe räumliche Ausdehnungen werden die Modellierungen – basierend auf dieser meteorologischen Station – durchgeführt. Die Station liegt im Zentrum des Bewässerungsgebietes bei 60°37′12″ östlicher Länge und 41°39′10″ nördlicher Breite. Aufgrund von äußeren Einflussfaktoren, wie beispielsweise Sand und Frost, kam es im Jahr 2011 zu einem Defekt des Anemometers der meteorologischen Station Yangibazar. Daher sind vergleichbare Bedingungen, wie sie für die Erstellung eines kontinuierlichen Modelldatensatzes nötig sind, ab dem Jahr 2011 nicht mehr gewährleistet. Zusätzlich zu den meteorologischen Informationen werden Daten der SIS ICWC (2012) über die

Wasserverfügbarkeit im Gesamtbewässerungssystem verwendet. Die Daten dienen als erste Informationsquelle für die potentielle Wasserverfügbarkeit innerhalb des Bewässerungssystems und werden mit der Wassermenge vergleichen, die dem System durch Verdunstung entzogen wird.

4.2.4 Landnutzungsklassifikation

Wie bereits im Kapitel 3.4 angesprochen, wird die Verwendung einer Landnutzungsklassifikation zur besseren Anpassung des ET-Modells an regionale Verhältnisse empfohlen. Eine multitemporale Landnutzungsklassifikation ist an dieser Stelle unerlässlich, um die verschiedenen Feldfrüchte unterscheiden zu können. Die Ergebnisse aus der Landnutzungsklassifikation werden unter anderem zur Berechnung der Rauhigkeitslänge für den Impuls (3.4.3) oder Identifikation der Ankerpunkte verwendet (3.4.4). Für die Erstellung eines sekundären Fernerkundungsprodukts werden nach Conrad et al. (2007a) zunächst NDVI-Zeitreihen aus den 8-Tageskompositen der Oberflächenreflexion (MOD09Q1) abgeleitet. Unimodale Verteilungen mit Maximum im Sommer sind charakteristisch für Baumwoll- und Reisflächen, während Winterweizen seinen Maximalwert im späten Frühjahr erreicht. Die Fruchtfolge von Weizen mit Reis sowie Sonnenblumen, Luzerne und Mais zeigen im Untersuchungsgebiet typischerweise eine bimodale NDVI-Entwicklung. Kein solches explizites Maximum des Vegetationswachstums weisen die Flächen der Landbedeckungsklasse Wüste und der permanenten Wasserflächen auf. Bei dem Landnutzungsprodukt, das in dieser Arbeit verwendet wird, werden Seen und Flüssen bzw. große Kanäle als Wasserflächen zusammengefasst. Insgesamt enthalten die Landnutzungsprodukte drei nichtlandwirtschaftliche Klassen:

- Siedlung,
- Wasserflächen und
- Brachen bzw- Wüstenflächen.

Hinzu kommen die fünf agrarischen Landnutzungstypen

- Baumwolle,
- Reis,
- Weizen-Brache,
- Weizen-Reis und
- Weizen-Sonstige.

Die verwendeten Landnutzungsklassifikationen der Jahre 2009 bis 2011 sind in der Abbildung 4-8 dargestellt. Hierauf wird ersichtlich, dass Baumwolle in allen Jahren einen erheblichen Flächenanteil innerhalb des Untersuchungsgebiets ausmacht. Außerdem ist im Jahr 2011 ein vermehrtes Vorkommen der Klasse Weizen-Sonstige im Zentrum des Untersuchungsgebiets auszumachen, bei gleichzeitig geringerer Anzahl der wasserintensiven Feldfrüchte Baumwolle und Reis. Die Gründe hierfür werden später im Kapitel 5 ausführlich erläutert.

Abbildung 4-8: Landnutzungsklassifikation der Jahre 2009 – 2011. Räumliche Auflösung der Klassifikation ist 1 km.

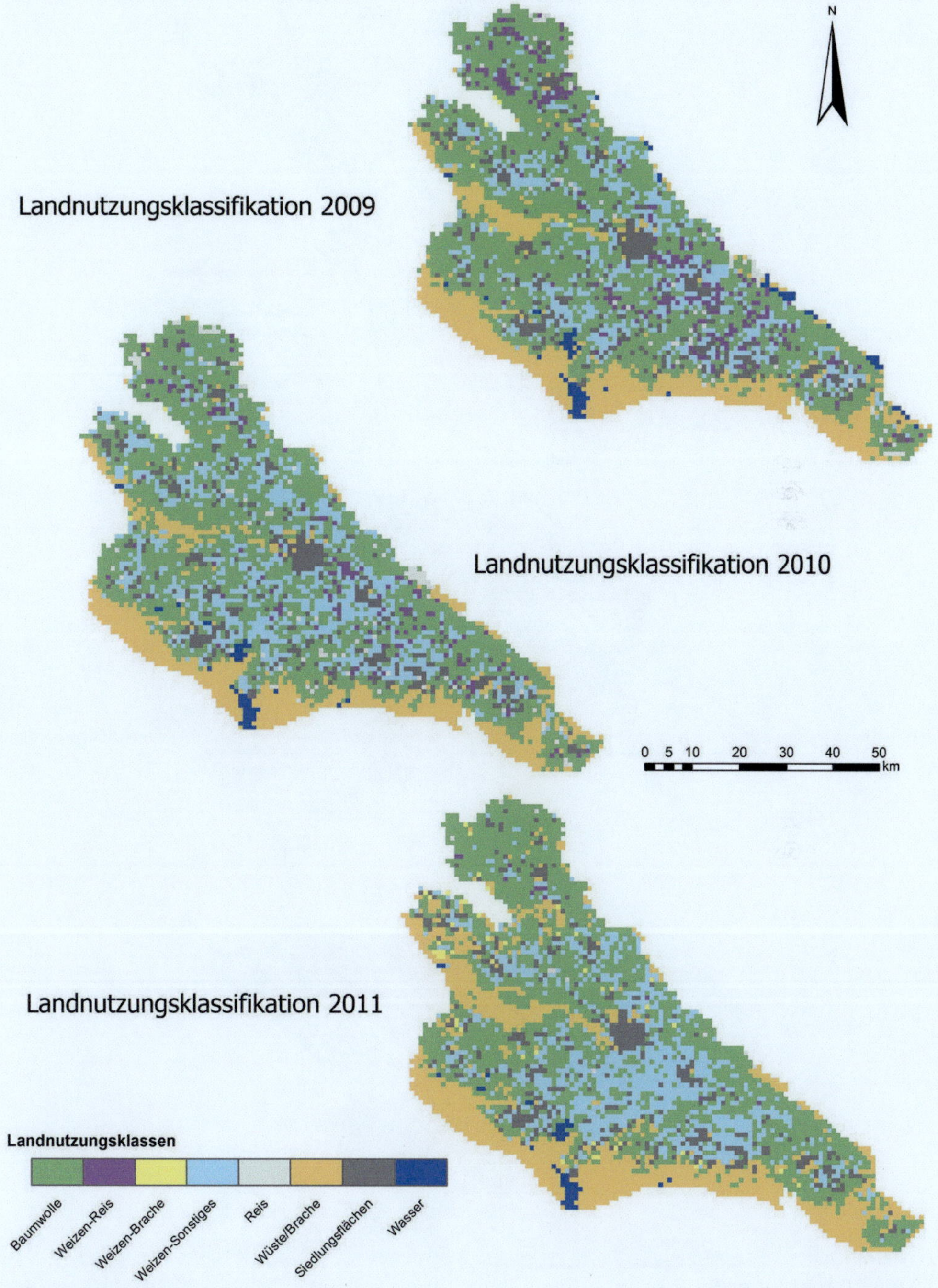

Quelle: Eigene Darstellung

Abbildung 4-9: Landnutzungen in der Umgebung der Eddy-Kovarianz-Messstation in den Jahren 2009 – 2011.

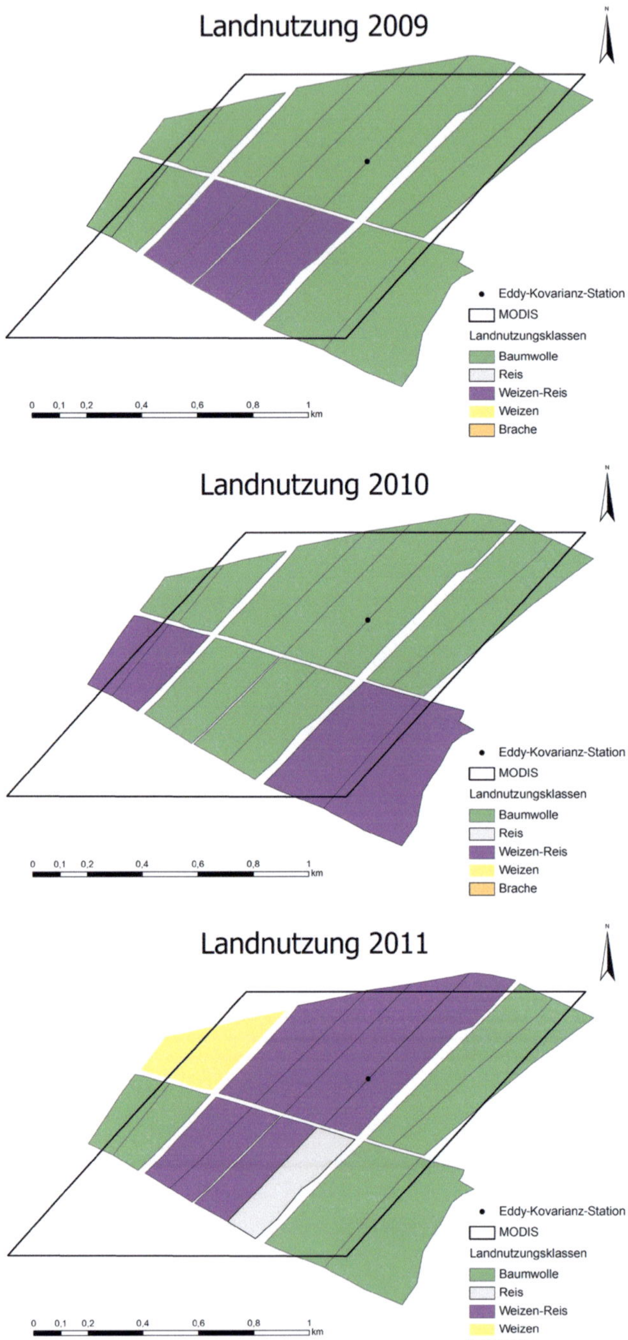

Quelle: Eigene Darstellung

Für landwirtschaftliche Flächen wird z_{0m} gemäß den Werten aus Tabelle 3-2 berechnet (vgl. Kapitel 3.4.4). Außerdem ist für die spätere Beurteilung der Modellgüte die Zusammensetzung der landwirtschaftlichen Flächen des Validierungspixels, d.h. in der Umgebung der Eddy-Kovarianz-Station, hilfreich (Abbildung 4-9). Der Abbildung ist zu entnehmen, dass die dominierende Landnutzung sowie die Nutzung der Einzelfelder von Jahr zu Jahr unterschiedlich sind. Dies führt dazu, dass im Jahr 2011 der Anteil der dominierenden Landnutzung, Winterweizen-Reis, des Validierungspixels unter 50 % liegt (siehe Tabelle 4-7).

Tabelle 4-7: Anteil der dominierenden Landnutzung innerhalb des MODIS 1 km Pixel.

Jahr	Dominierende Landnutzung	Anteil der dominierenden Landnutzung am Pixel
2009	Baumwolle	75 %
2010	Baumwolle	81,25 %
2011	Winterweizen-Reis	43,75 %

Quelle: Eigene Erhebung

In einer von Hong et al. (2014) angefertigten Studie wurden enorme Abweichungen zwischen modellierter und gemessener Strahlungsbilanz für heterogene Flächen festgestellt, während homogene Flächen nur geringfügig unterschiedliche Werte aufweisen. Hinsichtlich der Modellergebnisse ist daher für die homogeneren MODIS Pixel aus den Jahren 2009 und 2010 eine bessere Vorhersagekraft als für 2011 zu erwarten. Aus diesem Grund findet bei der Bewertung der Modellergebnisse (Kapitel 5.2) eine differenzierte Analyse, getrennt nach Landnutzung bzw. Homogenität statt.

4.3 Mikrowellenfernerkundung des Bodenwassergehalts

Der Bodenwärmestrom ist, als Teil der Energiebilanz der Oberfläche, bisher in internationalen Validierungsstudien stark unterrepräsentiert. Begründet wird dies häufig durch den relativ geringen Anteil des Bodenwärmestroms an der Gesamtenergiebilanz (Hong, 2008; Li et al., 2009). Aber auch mangelnde messtechnische Möglichkeiten zur Ermittlung der für den Prozess maßgebenden Komponenten werden als Gründe genannt (Tang et al., 2010). Der Einsatz hoch aufgelöster Fernerkundungsprodukte, hier im Speziellen der Bodenwassergehalt, kann zu einer genaueren Abschätzung des Bodenwärmestroms beitragen. Der in dieser Arbeit für die Bestimmung der ET_a eingesetzte Residualansatz verwendet MODIS-Informationen als Eingangsdaten mit einer räumlichen Auflösung von 1 km. Daher werden ähnlich aufgelöste Eingangsdaten der Bodenfeuchte für den in dieser Arbeit entwickelten Bodenfeuchteansatz (Kapitel 4.4) angestrebt.

Abbildung 4-10: Ablaufdiagramm zur Vorgehensweise bei der Vorverarbeitung und Validierung der Bodenfeuchteprodukte.

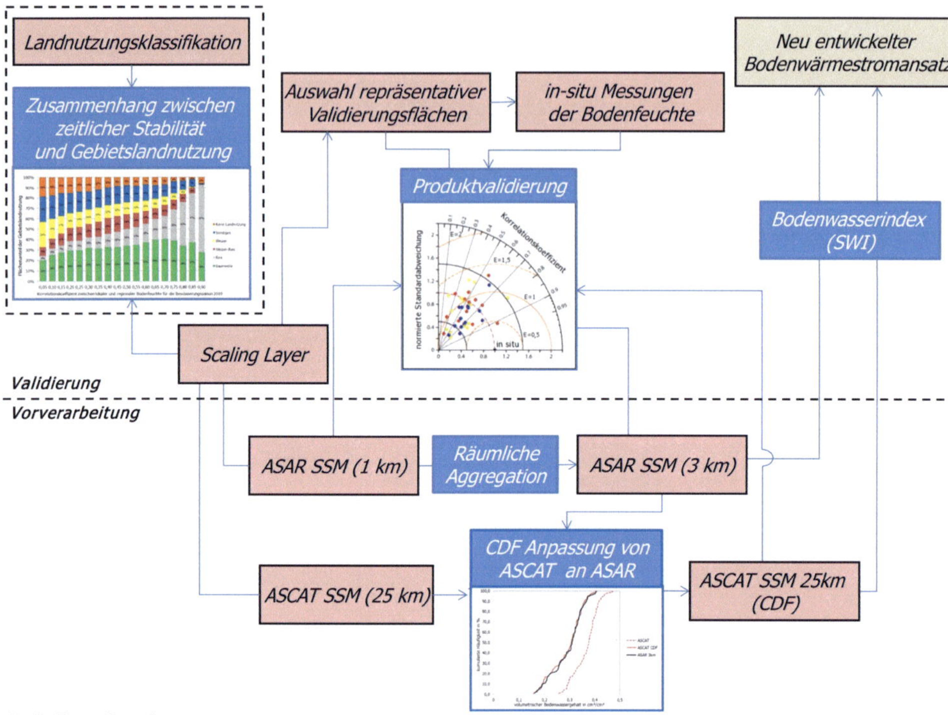

Quelle: Eigene Darstellung

Die räumliche Auflösung fernerkundungsbasierter Bodenfeuchteinformationen erfuhr in den letzten Jahren eine starke Verbesserung. Zu nennen ist hier das semi-operationelle Oberflächenbodenfeuchteprodukt ASAR SSM, das seit dem Jahr 2006 verfügbar ist und relative Sättigungsgrade des Bodens im mittleren Auflösungsbereich von 1 km anbietet. Neben dem ASAR SSM Produkt wird das operationelle Oberflächenbodenfeuchteprodukt ASCAT SSM (Wagner et al., 2010) für die Bearbeitung der Fragestellungen in dieser Arbeit ausgewählt. Das ASCAT Produkt besitzt eine hohe radiometrische Genauigkeit und gilt als eines der genausten operationellen Bodenfeuchteprodukte im Vergleich zum experimentellen ASAR Produkt (vgl. Brocca et al., 2010; Naeimi et al., 2013; Wagner et al., 2013). Es wird ebenso wie das ASAR Produkt von der TU Wien bereitgestellt, basiert auf den gleichen theoretischen Annahmen und wird in einer räumlichen Auflösung von 25 km ausgegeben. Unter Ausnutzung der Theorie der zeitlichen Stabilität von Bodenfeuchtemustern (Kapitel 3.5.4) ist es möglich, für ausgewählte repräsentative Flächen die ASCAT SSM Daten auf einer räumlichen Auflösung von 1 km anzuwenden (Bartsch et al., 2007). Für die Produkte ASAR SSM und ASCAT SSM existieren bisher keine Qualitätseinschätzungen für aride landwirtschaftlich geprägte Gebiete in Bewässerungsregionen. Zur Einschätzung des Einsatzpotentials dieses Bodenfeuchteprodukts im Rahmen der in dieser Arbeit durchgeführten Modellierung der Energiebilanzkomponenten ist daher eine Validierung anhand von In-situ-Bodenfeuchtemessungen von zentraler Bedeutung. Hierbei werden die folgenden Arbeitsschritte durchgeführt:

1. Transformation der relativen Sättigungsgrade in volumetrischen Bodenwassergehalt unter Kenntnis der mittleren Bodenporosität der betrachteten Fläche für beide Bodenfeuchteprodukte (ASCAT SSM und ASAR SSM),
2. Generierung des Sekundärprodukts ASAR SSM 3 km durch räumliche Aggregation des ASAR SSM 1 km Produkts,
3. Anpassung der Werte der ASCAT SSM Bodenfeuchte an ASAR SSM 3 km unter Anwendung der kumulativen Häufigkeitsverteilungsfunktion (CDF-Anpassung),
4. Berechnung von Gütemaßen zum Vergleich der Fernerkundungsprodukte mit den In-situ-Messungen für die ausgewählten repräsentativen Flächen.

Bevor die aus Mikrowellenfernerkundung abgeleitete Bodenfeuchte in den im Rahmen dieser Arbeit neu entwickelten Bodenwärmestromansatz (Kapitel 4.4) integriert werden kann, erfolgt eine umfangreiche Datenvorverarbeitung. Diese beinhaltet die räumliche Aggregation der ASAR Daten. Aufgrund der, im Vergleich zu ASCAT, schlechteren radiometrischen Auflösung unterliegt das Produkt des ASAR Sensors einem stärkeren Rauschen. Dieser Effekt kann nach Pathe et al. (2009) durch räumliche Aggregation abgemindert werden. Zur Erhöhung der radiometrischen Genauigkeit wird die Aggregation auf eine räumlichen Auflösung zwischen 3 – 5 km empfohlen (Mladenova et al., 2010; Pathe et al., 2009). Auf den aggregierten ASAR 3 km Datensatz wird dann der ASCAT Datensatz angepasst. Zur Einschätzung der Genauigkeit der Fernerkundungsprodukte des Bodenwassergehalts wird eine Produktvalidierung durchgeführt. In der Abbildung 4-10 ist sowohl die Vorgehenswiese bei der Datenvorverarbeitung wie auch bei der Produktvalidierung illustriert. Die Vorgehensweise bei der Validierung der Bodenfeuchte orientiert sich an bereits veröffentlichten Validierungsstudien des ASAR Bodenfeuchteproduktes (u.a. Loew et al., 2006; Mladenova et al., 2010; Pathe und Wagner, 2004; Pathe et al., 2009). Als Beurteilungskriterien werden die zu Beginn des Kapitels 5.1.5 vorgestellten Gütemaße r und RMSE verwendet.

Die Bodenfeuchteprodukte ASCAT SSM und ASAR SSM sowie die Methode zur Ableitung des Bodenwassergehalts werden in den Kapiteln 4.3.1 bzw. 4.3.2 vorgestellt. Anschließend wird die Vorgehensweise bei der Transformation der relativen Sättigungsgrade in volumetrischen Bodenwassergehalt erläutert (4.3.3). In Kapitel 4.3.5 erfolgt die Vorstellung des Bodenwasserindex (SWI, soil water index). Die für die Erhebung der In-situ-Vergleichswerte eingesetzte Messsensorik wird in Kapitel 4.3.6 vorgestellt. Die Ergebnisse der Validierung werden in Kapitel 5.3 beschrieben.

4.3.1 ASCAT Bodenfeuchteprodukt

Das Bodenfeuchteprodukt ASCAT SSM (Bartalis et al., 2007) basiert auf Daten des, an Bord des MetOP-A Satelliten befindlichen, Instruments ASCAT und wird mit Hilfe des ursprünglich für ERS ESCAT entwickelten Bodenfeuchtealgorithmus (TU-Wien-Methode; Wagner et al., 1999b) berechnet. ASCAT ist ein Radarsystem mit realer Apertur und operiert im C-Band, bei einer Frequenz von 5,3 GHz. Diese Frequenz gilt allgemein als weniger geeignet für die Ableitung der Bodenfeuchte (Kerr, 2007), gegenüber den niedrigeren Frequenzen des L-Bandes (z.B. bei SMOS). Grund hierfür ist die geringere Sensitivität der Frequenzen des L-Bandes für Bodenfeuchte bei vorhandener Vegetation (Kerr, 2007). Die Spezifikationen des ASCAT Sensors sind in Tabelle 4-8 aufgeführt.

Tabelle 4-8: ASCAT Sensorcharakteristik.

Sensortyp	Scatterometer
Sensorname	ASCAT (Advanced Scatterometer)
Mission	MetOP-A
Orbit	sonnensynchron
Band (Frequenz)	C-Band (5,3 GHz)
Polarisierung	VV
Schwadbreite	2 x 550 km
Räumliche Auflösung	25/50 km (Gitterpunkteabstand: 25 / 12,5 km)
Radiometrische Genauigkeit	0,57 dB
Einfallwinkelbereiche	25°-65°, je nach Antenne
Zeitliche Auflösung	täglich globale Abdeckung von 82%
Antennen	6 Fächerstrahlantennen, 3 je Seite Azimutale Orientierung: 45 °, 90 ° und 135 ° in Flugrichtung

Quelle: Eigene Zusammenstellung nach Parrens et al., 2012

Der Scatterometer ASCAT eignet sich unter anderem deshalb gut zur Ableitung der Bodenfeuchte, weil

- die gemessenen Radarrückstreuungen sehr gut kalibriert sind und eine hohe radiometrische Genauigkeit besitzen (Bartalis et al., 2008),
- das geringe Signal-Rausch-Verhältnis trotz der angesprochenen Frequenznachteile des C-Bandes zu Ergebnissen mit guter Genauigkeit führt (Wagner et al., 2013),
- die hohe temporale Auflösung und die große Schwadbreite die Aufnahme großskaliger Bodenfeuchtemuster erlauben (Bartalis et al., 2008) und
- durch die drei Antennen je Aufnahmestreifen drei quasi-unabhängige Messungen in drei unterschiedlichen Azimutwinkeln (45 °, 90 ° und 135 °) durchgeführt werden (Wagner et al., 2013).

Rückstreuverhalten des Signals

Der vom Scatterometer gemessene normalisierte Rückstreukoeffizient[38] σ^0 des abgetasteten Untergrunds wird durch die temporäre Variabilität der Parameter Topographie, Rauigkeit und Bodenfeuchte sowie Struktur und Wassergehalt der Vegetation bestimmt. Bezogen auf die räumliche Auflösung der ASCAT Daten (vgl. Tabelle 4-8) kann Topographie und Rauigkeit als zeitlich stabil angenommen werden (Ceballos et al., 2005). Während die Vegetationsprozesse mehrere Tage bzw. Wochen benötigen, erfolgen Veränderungen der Bodenfeuchte häufig innerhalb nur weniger Stunden. Zur Beschreibung des Rückstreuverhaltes von bewachsenem Boden ist die Strahlungstransfertheorie von großer Bedeutung. Strahlungstransfermodelle sind Ansätze zur Beschreibung der Reflexions-, Transmissions- und Absorptionsvorgänge eines Mediums (Chandrasekhar, 1960). Das empirische Rückstreumodell von Wagner (1998) basiert auf der Annahme, dass sich das von der Vegetation rückgestreute Signal aus einer Mischung von intransparenter und transluzenter Vegetation zusammensetzt. Ein weiterer Faktor, der die Rückstreuung von natürlichen Objekten wesentlich beeinflusst, ist der Einfallswinkel θ. Bei kleinen Einfallswinkeln nimmt σ^0 mit zunehmendem Flächenanteil der intransparenten Vegetation ab und umgekehrt. Dem trägt die „TU-Wien-Methode" Rechnung, indem sie das Verhalten von σ^0 unter Berücksichtigung von Bodenfeuchte, Oberflächenrauigkeit, sowie örtlicher Variabilität der Vegetation für einen definierten Zeitraum modelliert und hieraus auf die Dynamik der Bodenfeuchte schließt. Der Modellierungszeitraum beträgt üblicherweise einen Monat (Wiesmann 1994; Mougin et al., 1995; Wismann et al., 1996; Frison und Mougin 1996).

Analysiert man den Einfluss des Einfallswinkels auf σ^0 bei unterschiedlichen Feuchtebedingungen bzw. Vegetationsbedeckungen fällt auf, dass das gemessene Signal mit zunehmender Biomasse und Bodenfeuchte steigt (vgl. Abbildung 4-11).

Abbildung 4-11: Illustration des Überschneidungswinkel-Konzepts. Verhältnis zwischen Rückstreuung und Einfallswinkel des Signals für feuchten (blau) und trockenen Boden (braun) für voll ausgebildete (strichliniert) und anwachsende Vegetation (liniert).

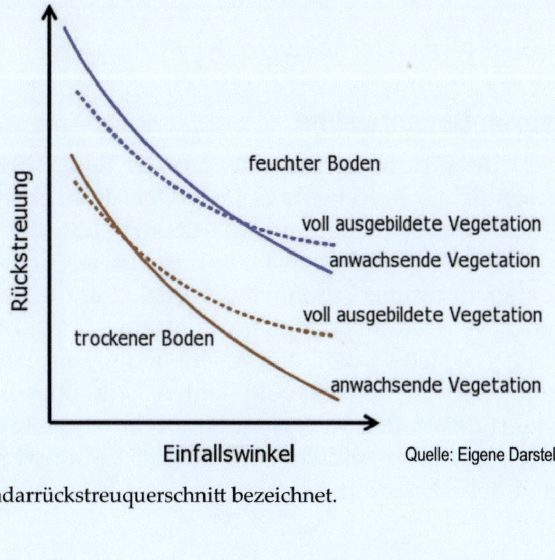

Quelle: Eigene Darstellung nach Wagner et al., 1999a

38 Häufig auch als Radarrückstreuquerschnitt bezeichnet.

Aus Abbildung 4-11 wird ersichtlich, dass die Steigungen der Kurven zur Beschreibung des Verhältnisses von Rückstreuung zu Einfallswinkel $\sigma'(\theta)$ unabhängig vom Feuchtezustand des Bodens sind. Die Steigungen der Kurven für feuchten und trockenen Boden sind sehr ähnlich und unterscheiden sich lediglich im Rückstreuungswertebereich. Die Form des Kurvenverlaufs hängt demnach nur vom Wachstumsstadium der Vegetation ab. Hieraus resultiert die Annahme, dass der Einfluss des Einfallswinkels auf den Wassergehalt zu vernachlässigen ist.

Die Steigung lässt sich mathematisch als 1. Ableitung von σ^0 nach θ beschreiben:

$$\sigma'(\theta) = \frac{d\sigma^0(\theta)}{d\theta} \tag{4-9}$$

Um die Abhängigkeit der Intensität des rückgestreuten Signals vom Einfallswinkel zu überwinden und eine bessere Vergleichbarkeit von σ^0 zu ermöglichen, muss der Rückstreukoeffizient auf einen Referenzwinkel θ_{ref} normalisiert werden. Der Referenzeinfallswinkel wurde so gewählt, dass der Unterschied zwischen dem extrapolierten Wert eines angenommenen Referenzwinkels und der tatsächlichen Messung minimal ist. Wagner (1998) ermittelten dieses Fehlerminimum für einen Referenzwinkel von 38,5°. Für die bessere Vergleichbarkeit mit bereits veröffentlichten Studien wurde θ_{ref} später auf 40° festgelegt. Eine erste Approximation von 4-9 gemäß Taylor-Reihen-Entwicklung mit einem Referenzwinkel θ_{ref} führt zu:

$$\sigma'(\theta) = \sigma'(\theta_{ref}) + \sigma''(\theta_{ref})(\theta - \theta_{ref}) \tag{4-10}$$

Hierbei sind σ' und σ'', die erste und zweite Ableitung von σ^0, abhängig von der Vegetations- und Oberflächenstruktur, jedoch unabhängig von den dielektrischen Eigenschaften. Durch bilden der Stammfunktion von Gleichung 4-10 erhält man die Gleichung für den normalisierten Rückstreukoeffizienten, die für einen der drei möglichen Azimutwinkel i (vgl. Tabelle 4-8) und in Abhängigkeit der Zeit t lautet:

$$\sigma_i{}^o(\theta_{ref}, t) = \sigma_i{}^o(\theta_i, t) - \sigma'(\theta_{ref}, t)(\theta_i - \theta_{ref}) - \frac{1}{2}\sigma''(\theta_{ref}, t)(\theta_i - \theta_{ref})^2 \tag{4-11}$$

Ableitung der relativen Bodenfeuchte

Die Methode zur Ableitung der Bodenfeuchte aus der Radarrückstreuung bei ASCAT basiert im Wesentlichen auf einem Change-Detection-Ansatz. Genauer wird der normalisierte Rückstreukoeffizient mit den Maximal- bzw. Minimalwerten einer mehrjährigen $\sigma^o(\theta_{ref})$ Zeitreihe verglichen. Das normalisierte Signal $\sigma^o(\theta_{ref})$ setzt sich aus zwei Komponenten zusammen, nämlich der Rückstreuung des offenen Bodens sowie der heterogenen Vegetationsoberfläche. Subtrahiert man nun die Rückstreuung einer bewachsenen Fläche unter trockenen Bedingungen (Trockenreferenz) vom tatsächlich gemessenen Rückstreukoeffizienten, kann über eine Skalierung des Wertebereichs der Wert des Bodenwassergehalts an dieser Stelle abgeleitet werden (Naeimi, 2009). Vorher muss der zeitliche Einfluss der Volumenstreuung der Vegetation auf das Signal berücksichtigt werden. Die „TU-Wien-Methode“ verwendet dabei einen ähnlichen Ansatz, wie er für einfache Strahlungstransfermodelle entwickelt wurde. Dort wird der Effekt der Volumenstreuung überwiegend über die optische Dicke beschrieben (Attema et al., 1978). Bei wachsender Vegetation nimmt sowohl die optische Dicke als auch die Volumenstreuung zu. Bei niedrigen Einfallswinkeln (< 20 °) wird das vom Boden kommende Signal durch die Vegetation abgeschwächt (Taconet et al., 1994), d.h. die Rückstreuung einer nichtbewachsenen Fläche ist allgemein stärker als die Rückstreuung der umliegenden Vegetation. Umkehrt wird die Rückstreuung schwächer mit zunehmendem Einfallswinkel. Dies führt zu der Annahme, dass sich die Kurven, die das Verhältnis von Einfallswinkel zu Rückstreuung beschreiben (Abbildung 4-11), für anwachsende und bereits vollausgebildete Vegetation überschneiden (Wagner et al., 1999a).

Die Annahme bei der „TU-Wien-Methode" lautet: Der Einfluss der Vegetation ist am geringsten bei den zu diesen Schnittpunkten gehörenden Einfallswinkeln. Diese sogenannten „Überschneidungswinkel" (crossover angle) sind dabei nicht als Ausdruck der trockenen bzw. feuchten Bodenverhältnisse zu verstehen. Mit Hilfe des oben erläuterten Konzepts werden die Extremwerte der Rückstreuung berechnet. Die Minima (Trockenreferenz, σ^0_{dry}) bzw. Maxima (Feuchtreferenz, σ^0_{wet}) einer mehrjährigen Zeitreihe entsprechen demnach den trockensten und feuchtesten Bedingungen innerhalb der Zeitreihe und werden wie folgt ermittelt:

$$\sigma^0_{dry}(40,t) = C^0_{dry} - D'\Psi'(t)(\theta_{dry} - 40) - \frac{1}{2}D''\Psi''(t)(\theta_{dry} - 40)^2 \quad (4\text{-}12)$$

Hierbei ist θ_{dry} der „Überschneidungswinkel" für trockene Böden und C^0_{dry} der minimalste Rückstreuwert der Zeitreihe, der sich entsprechend der Formel 4-11 berechnet aus:

$$C^0_{dry} = \sigma^0_{dry}(\theta_{dry}) - C'(\theta_{dry} - 40) - \frac{1}{2}C''(\theta_{dry} - 40)^2 \quad (4\text{-}13)$$

Dabei sind C' bzw. C'' die jährlichen Minima der Steigung bzw. der Krümmung, D' bzw. D'' der dynamische Wertebereich der Steigung bzw. Krümmung und $\psi'(t)$ bzw. $\psi''(t)$ beschreibt die empirische Funktion der jährlichen Variation der Steigung bzw. Krümmung. Die Feuchtreferenz σ^0_{wet} lässt sich analog zur Gleichung 4-12 bestimmen. Die Feuchtreferenz ist im Vergleich zur Trockenreferenz unabhängig von der Vegetation. Daher lässt sich eine automatisierte Vegetationskorrektur bei der Bodenfeuchteableitung durchführen, vorausgesetzt die Überschneidungswinkel sind korrekt ermittelt worden (Wagner et al., 1999b). Mit diesem Hintergrund wird im Folgenden die Methode zur Ableitung der relativen Bodenfeuchte näher erläutert. Der vorgestellte Ansatz basiert auf der Annahme der linearen Beziehung zwischen Bodenwassergehalt und $\sigma^o(40)$ (Ulaby et al., 1982). Hieraus folgt die Gleichung für den normalisierten Bodenwassergehalt (θ_s):

$$\theta_s(t) = \frac{\sigma^0(40,t) - \sigma^0_{dry}(40,t)}{\sigma^0_{wet}(40,t) - \sigma^0_{dry}(40,t)} \cdot 100 \quad (4\text{-}14)$$

Der Wertebereich von θ_s erstreckt sich von 0 % bis 100 % relative Bodenfeuchte. Dieser relative Bodenwassergehalt kann mit Kenntnis der Porosität des Bodens in absolute Bodenfeuchte umgerechnet werden. Vorausgesetzt die Referenzen für feuchte und trockene Verhältnisse der Zeitreihe repräsentieren tatsächlich diese extremen Zustände. Durch zahlreiche Studien wurde belegt, dass sich diese Methode zur Ableitung der Bodenfeuchte sehr gut eignet (Albergel et al., 2009; Brocca et al., 2009b; Rüdiger et al., 2009). Abschließend sei darauf hingewiesen, dass das Signal dem die abgeleitete Bodenfeuchteinformation zugrunde liegt, im C-Band von ASCAT einem Bodenhorizont von 0,5 bis 2 cm repräsentiert. Um auf die Bodenwassergehalte der tieferen Bodenhorizonte schließen zu können, kann der Bodenwasserindex verwendet werden. Dieser wird in Abschnitt 4.3.5 vorgestellt.

4.3.2 ASAR Bodenfeuchteprodukt

Der Sensor ASAR ist ein Radar mit synthetischer Apparatur an Bord des Umweltsatelliten Envisat der Europäischen Weltraumorganisation (ESA) und sollte die Datenkontinuität der ERS-1/2 Scatterometer garantieren. Die Envisat Mission wurde nach dem unerwarteten Abbruch der Satellitenkommunikation im April 2012 eingestellt. Bis zum Start der ESA Nachfolgemission Sentinel-1 existierte demnach eine Diskontinuität der Radardaten der ESA. Envisat ASAR operierte in fünf unterschiedlichen Modi:

- Global Monitoring Mode (GM),
- Wave Mode (WM),
- Image Mode (IM),
- Alternating Polarization Mode (AP) und
- Wide Swath Mode (WS).

Bei WS und GM handelt es sind um sogenannte ScanSAR Modi. ScanSar ist eine Technik zur Erfassung großräumiger Gebiete bei kurzer Wiederkehrzeit. Dabei ist die räumliche Auflösung höher als bei Rückstreumessungen mit Scatterometern, aber auch niedriger als bei herkömmlichen SAR-Aufnahmen (Bartsch et al., 2009). Der Einsatz der unterschiedlichen Modi richtet sich nach der geplanten Verwendung der Daten. Der geringer aufgelöste, globale Beobachtungsmodus (GM) fungiert als „Backup"-Modus für den Fall, dass kein anderer Modus angefragt wurde. Das heißt im Umkehrschluss in Gebieten, in denen die Nachfragen nach den höher aufgelösten Modi groß ist (z.B. Europa und Nordafrika), sind weniger Daten im GM Modus zur Ableitung der Bodenfeuchte verfügbar (Bartsch et al., 2009).

Die Methode zur Ableitung des Bodenwassergehalts aus ASAR GM Daten basiert überwiegend auf der „TU-Wien-Methode", die von Pathe et al. (2009) erstmals vorgestellt wurde. Im Gegensatz zum MetOp Scatterometer ASCAT verfügt ASAR über lediglich einen statt drei Radarleitstrahlen. Daher kann der für ASCAT SSM verwendete Change-Detection-Ansatz nicht direkt auf die Nutzung von ASAR übertragen werden. Als vorteilhafter für die Verwendung stellt sich hingegen die Polarisation der Strahlung heraus.

Tabelle 4-9: ASAR Sensorcharakteristik im Global Monitoring Mode.

Sensortyp	Scannender Radar mit synthetischer Apparatur (ScanSAR)
Sensorname	ASAR (Advanced Synthetic Aperture Radar)
Mission	Envisat
Orbit	sonnensynchron
Band (Frequenz)	C-Band (5,333 GHz)
Polarisierung	HH (VV)
Schwadbreite	405 km
Räumliche Auflösung	1 km (am Äquator, Gitterpunkteabstand: 500 m)
Radiometrische Genauigkeit	1,39 dB
Einfallwinkelbereich	15°–45°
Zeitliche Auflösung	2–7 Tage (3–4 Tage im Untersuchungsgebiet)

Quelle: Eigene Zusammenstellung nach Pathe et al., 2009

Die HH-Polarisation ist im Vergleich zur VV-Polarisation von ASCAT besser zur Durchdringung von Vegetation geeignet. Erklärt wird dies durch die überwiegen vertikale Ausrichtung der Vegetationselemente (Brown et al., 2003). Hinzu kommt der geringere Einfluss von saisonalen Änderung der Vegetation gegenüber Änderungen der Bodenfeuchte auf die Rückstreuung im C-Band (Wagner et al., 1999a). Daher lässt sich in einer ersten Näherung annehmen, dass saisonale Effekte des Vegetationswachstums auf die Signalrückstreuung zu vernachlässigen sind. Daraus ergibt sich wiederum die Annahme, dass die zu ermittelnden Extremwerte σ^0_{dry} und σ^0_{wet} über die Zeit konstant sind (Pathe et al., 2009). Nun lässt sich ein vereinfachtes Change-Detection-Model für ASAR GM Daten aufstellen.

$$\sigma^0(\theta,t) = \sigma^0_{dry}\left(\theta_{ref}\right) + \beta\left(\theta - \theta_{ref}\right) + \left(\sigma^0_{wet} - \sigma^0_{dry}\right) \cdot \theta_s(t) \tag{4-15}$$

$\theta_s(t)$ ist hierbei die relative Bodenfeuchte aus Gleichung 4-14 und β ist die Steigung des linearen Modells zur Beschreibung der Abhängigkeit des Rückstreusignals vom Einfallswinkel. Ein solches lineares Modell wurde bereits in vorherigen Studien erfolgreich eingeführt (Moran et al., 2004; Sahebi et al., 2003). Als Referenzeinfallswinkel ergibt sich für die ASAR GM Daten, aufgrund des kleineren Wertebereichs der Einfallswinkels, ein Winkel von 30° (Wagner et al., 2008).

Im Vergleich zu den Scatterometermessungen führt die geringere zeitliche Auflösung der ASAR GM Daten zusammen mit dem höheren Signal-Rausch-Verhältnis dazu, dass bei der Bestimmung der zeitlich als konstant angenommenen Referenzwerte σ^0_{wet} und σ^0_{dry} nicht sichergestellt werden kann, dass diese Extreme mit den Aufnahmen auch zu erfassen sind. Aufgrund dieser Unsicherheit genügt es nicht, die Extremwerte allein aus ASAR GM Zeitreihen abzuleiten. Die Lösung dieses Problems erfolgt, indem die Aufnahmewahrscheinlichkeit der jeweiligen Referenz (ϱ_{dry} bzw. ϱ_{wet}) aus historischen ERS-1/2 Zeitreihen abgeleitet wird. Die Wahrscheinlichkeit ergibt sich aus der Gesamtanzahl der ERS Messungen n_{ERS}, die dem jeweiligen

ASAR GM Pixel räumlich zugeordnet werden können und der Anzahl der Messungen trockener n(θ_s<5 %) bzw. feuchter n(θ_s>95 %) Verhältnisse.

$$\rho_{dry} = \frac{n(\theta_s<5\%)}{n_{ERS}} \tag{4-16}$$

$$\rho_{wet} = \frac{n(\theta_s>95\%)}{n_{ERS}} \tag{4-17}$$

Die unterschiedliche räumliche Auflösung zwischen ASAR GM und ASCAT ist bei der Bestimmung der Extremwerte wenig ausschlaggebend, da die Wahrscheinlichkeit des Auftretens von trockenen oder feuchten Bedingungen von klimatischen Einflüssen abhängt und sich demnach über größere räumliche Skalen erstreckt (Wagner et al., 2008). Mit Hilfe dieser Wahrscheinlichkeiten lassen sich aus der Anzahl der ASAR GM Aufnahmen (n_{ASAR}) für jeden Pixel die Anzahl der ASAR GM Messungen unter trockenen und gesättigten Bedingungen berechnen.

$$n_{dry} = \rho_{dry} \cdot n_{ASAR} \tag{4-18}$$

$$n_{wet} = \rho_{wet} \cdot n_{ASAR} \tag{4-19}$$

Durch Mittelwertbildung wird dann auf die Referenzrückstreukoeffizienten geschlossen.

$$\sigma^0_{dry} \approx \frac{1}{n_{dry}} \sum_{i=1}^{n_{dry}} \sigma_i^0 \tag{4-20}$$

$$\sigma^0_{wet} \approx \frac{1}{n_{wet}} \sum_{i=1}^{n_{wet}} \sigma_i^0 \tag{4-21}$$

Nachdem die relevanten Parameter bestimmt worden sind, ergibt sich analog zur Gleichung 4-14 die Formel zur Ableitung des relativen ASAR GM Bodenwassergehalts:

$$\theta_s(t) = \frac{\sigma^0(30,t) - \sigma^0_{dry}(30,t)}{S} \cdot 100 \tag{4-22}$$

Pathe et al. (2009) führten eine Qualitätsanalyse des Algorithmus durch und wiesen als mögliche Fehlerquellen die Vernachlässigung des saisonalen Effekts des Vegetationswachstums, die Normalisierung des Rückstreusignals, die Berechnungsmethode der Modellparameter (σ^0_{wet}, σ^0_{dry} und β), die zeitliche Abdeckung sowie die unregelmäßigen Aufnahmezeitpunkte aus.

4.3.3 Transformation der relativen Sättigungsgrade in volumetrischen Bodenwassergehalt

Mit Hilfe der Bodenfeuchteinformationen der Produkte ASCAT und ASAR SSM wird der Sättigungsgrad (0 – 100 %) des Bodens angegeben (Wagner et al., 2008).

Um die Vergleichbarkeit der unterschiedlichen Datensätze zu gewährleisten, wird zunächst die relative Bodenfeuchte θ_s in den volumetrischen Bodenwassergehalt umgerechnet. Diese Umrechnung erfolgt unter Verwendung der Bodenporosität (Mladenova et al., 2010). Demnach ergibt sich der volumetrische Bodenwassergehalt θ_v aus der Formel:

$$\theta_v = \theta_s \left[\left(1 - \frac{\rho_b}{\rho_s}\right) - \theta_{min}\right] + \theta_{min} \tag{4-23}$$

Hierbei ist ϱ_b die Lagerungsdichte des Bodens und θ_{min} der Mittelwert der abgeleiteten Bodenfeuchteminima. Als Dichte des Bodenpartikels (ϱ_s) wird allgemein die von Quarz angenommen (ϱ_s = 2,65 g/cm^3). Die Lagerungsdichte der Böden der untersuchten Flächen wurde während der In-situ-Feldkampagne durch Trockenwiegung eines bekannten Volumens (siehe 3.5.2.1) bestimmt und für das gesamte Untersuchungsjahr als konstant angenommen. Basierend auf diesen Erhebungen wird für jede Bodenart eine konstante charakteristische Lagerungsdichte angenommen.

4.3.4 Datensatzskalierung mit Hilfe der kumulativen Verteilungsfunktion

Für einen aussagekräftigen Vergleich der verschiedenen Produkte wird in einem weiteren Schritt der Vorverarbeitung der Fernerkundungsdaten eine Anpassung der verschieden Datensätze vorgenommen. Hierfür wird der ASCAT SSM Datensatz an den aggregierten ASAR SSM 3 km Datensatz angepasst. Dazu wird angenommen, dass die Sensitivität der ASAR Information auf die lokale Bodenfeuchtesituation höher ist als die der regionalen ASCAT Daten. Als Skalierungsmethode wird die kumulative Verteilungsfunktion (CDF, cumulative distribution function) verwendet (Reichle und Koster, 2004). Diese Methode wird in zahlreichen Studien zur Korrektur des systematischen Bias unterschiedlicher Bodenfeuchtedatensätzen angewandt und hat sich als besonders geeignet erweisen (Brocca et al., 2011; Doubkova et al., 2012; Drusch et al., 2004; Mladenova et al., 2010; Reichle und Koster, 2004). Die Verteilungen werden für 12 Segmente angepasst, so dass sich für die 13 Perzentile neue Werte ergeben. Die CDF-Anpassung wird für jeden Bildpixel angewandt. Hierzu werden in der vorliegenden Arbeit 12 Segmente, genauer die 0, 5, 10, 20, 30, 40, 50, 60, 70, 80, 90, 95, 100 Prozent Perzentile benutzt (Liu et al., 2011).

4.3.5 Bodenwasserindex

Wie bereits beschreiben wurde, repräsentieren die aus aktiven Aufnahmesystemen abgeleiteten Werte des Bodenwassergehalts lediglich den oberen Bodenhorizont. Deren Mächtigkeit erstreckt sich im C-Band auf bis zu 2 cm. Für die Modellierung des Bodenwärmestroms, wie auch für andere Aufgabenstellungen ist die Information der Feuchteverhältnisse im Bodenprofil von Bedeutung. Diesbezüglich wurden bereits Mitte der 1980er Jahre erste Untersuchungen durchgeführt (z.B. Jackson 1986). Wagner et al. (1999b) führten hierzu den Bodenwasserindex

SWI ein. Hierbei handelt es sich um ein Zwei-Horizont-Modell zur Ableitung der Bodenfeuchte der tieferen Bodenhorizonte (< 100 cm) aus den Informationen der Oberfläche (< 20 cm). Bei der Methode wird angenommen, dass die beobachtete Zeitreihe der Oberflächenbodenfeuchte einen Aufschluss über die Änderungen der Bodenfeuchteverhältnisse tieferer Horizonte liefern kann. Demnach kann der Bodenwasserindex sowohl für das ASCAT als auch für das ASAR Fernerkundungsprodukt abgeleitet werden.

Der Bodenwassergehalt des Bodenprofils wird durch die Wetterbedingungen der vorangegangenen Tage bzw. Wochen bestimmt. Diese Informationen können aus den Zeitreihen des Bodenwassergehalts an der Oberfläche, der in den Kapiteln 4.3.1 und 4.3.2 eingeführten Fernerkundungsprodukte gewonnen werden. Die Änderungen der Bodenfeuchte in tieferen Bodenhorizonten unterliegen geringeren Schwankungen als an der Oberfläche. Daher handelt es sich beim SWI um einen Niedrigpassfilter zur Glättung der Zeitreihe des Oberflächenbodenwassergehalts. Der Boden wird modellhaft in zwei Horizonte gegliedert. In einen Oberbodenhorizont, der fernerkundlich erfasst werden kann und in einen Unterbodenhorizont, der sich vertikal bis zum Ausgangsgestein erstreckt. Es wird angenommen, dass der untere Horizont als Reservoir fungiert, welches keine Verbindung nach außen hat. So kann Wasser in den unteren Horizont einzig durch Versickerung aus dem oberen Horizont eindringen (Wagner et al., 1999b). Die Menge des ausgetauschten Wassers zwischen Oberbodenhorizont und Reservoir wird als proportional zur Differenz des volumetrischen Wassergehalts des oberen Horizonts angenommen. Die Wasserbilanzgleichung des unteren Horizonts wird mathematisch ausgedrückt durch:

$$L\frac{dW}{dt} = C \cdot (W_s - W) \tag{4-24}$$

Hierbei ist W der volumetrische Bodenwassergehalt des Reservoirs, W_s der volumetrische Bodenwassergehalt des oberen Bodenhorizonts, L die Mächtigkeit des unteren Bodenhorizonts und C ist die scheinbare Leitfähigkeit, ein von den Bodeneigenschaften abhängiger Parameter. In diesem vereinfachten Zwei-Horizont-Bodenprofil erhält man die Bodenfeuchte in der Wurzelzone durch Konvolution der Zeitreihe der Oberflächenbodenfeuchte mit einem Exponentialfilter. Weiter wird die charakteristische Zeit T = L / C eingeführt, die aus der Korrelation von SWI und Bodenbeobachtungen gewonnen wird. Mit zunehmender Mächtigkeit des unteren Bodenhorizonts bzw. mit abnehmender scheinbarer Leitfähigkeit steigt die Länge der Zeit T. Zu einer weiteren Vereinfachung führt die Annahme eines konstanten Werts für C. Damit ergibt sich als Lösung für die Differentialgleichung 4-24 durch Einsetzten von T die Beschreibung des Wassergehalts des unteren Bodenhorizonts:

$$W(t) = \frac{1}{T}\int_{-\infty}^{t} W_s(t_i)e^{-\frac{t-t_i}{T}}d\tau \tag{4-25}$$

Zur Verwendung der in unregelmäßigen Zeitabständen vorkommenden Messungen der Fernerkundungssensoren wurde die Formel 4-25 durch dessen diskrete Entsprechung ersetzt:

$$SWI(t) = \frac{\sum_i \theta_v(t_i) e^{-\frac{t-t_i}{T}}}{\sum_i e^{-\frac{t-t_i}{T}}} \quad \text{für } t_i \leq t \tag{4-26}$$

Demnach lässt sich die Bodenfeuchte im unteren Bodenhorizont aus der fernerkundungsbasierten volumetrischen Oberflächenbodenfeuchte θ_v um Zeitpunkt *t* berechnen. Diese diskrete Form zur Berechnung der Feuchteverhältnisse eines Zwei-Horizont-Bodenprofils hat sich in zahlreichen Studien als geeignet erwiesen (Ceballos et al., 2005; Sutanudjaja et al., 2013; Wagner et al., 1999b). Die beste Korrelation zwischen SWI und In-situ-Messungen beobachteten (Wagner et al., 1999b) für den oberen Bodenhorizont mit T=15 Tagen und für den unteren Bodenhorizont mit T=20 Tagen. Diese Werte werden in der vorliegenden Arbeit zur Berechnung der SWI im Untersuchungsgebiet genutzt.

4.3.6 In-situ-Messsensorik

Die vorgestellten Bodenfeuchteprodukte werden in Kapitel 5.3 zur Beurteilung der Genauigkeit anhand von In-situ-Bodenfeuchtemessungen validiert. Die verwendete Messsensorik wird in diesem Abschnitt erläutert. Das wesentliche Kriterium bei der Auswahl der verwendete Sensorik ist die Vergleichbarkeit zwischen In-situ-Messung der Bodenfeuchte und den Fernerkundungsmethoden. Aus der Vielzahl der Möglichkeiten zur in-situ Bestimmung des Bodenwassergehalts (Kapitel 3.5.2) eignen sich besonders das TDR, FDR und das ADR Verfahren (Inoue et al., 2008). Diese In-situ-Methoden nutzen, genau wie die vorgestellten Fernerkundungsmethoden, die dielektrischen Eigenschaften des Bodens (Kapitel 3.5.1), um den Bodenwassergehalt zu bestimmen. Bei der Auswahl der Sensorik mussten zudem bestimmte untersuchungsgebietspezifische Kriterien erfüllt sein:

- hohe Messgenauigkeit, auch noch bei hoch salinen Böden
- mobiler Einsatz bzw. tragbare Instrumente
- geringe Bodenstörungen
- niedrige Anschaffungs- und Betriebskosten

Nach Abwägung der oben genannten Kriterien fiel die Wahl auf den ADR Sensor ThetaProbe ML2X des Herstellers Delta-T Devices. Der Sensor erreicht die hohe Genauigkeit der TDR Sensoren von ±0,01 m^3/m^3 zwar erst nach bodenspezifischer Kalibrierung, dafür sind ADR Sensoren bis zu einer Bodensalinität von 250 mS/m einsetzbar. Die geringen Anschaffungskosten sowie die erweiterte Einsatzmöglichkeit in salinen Böden sind die wesentliche Vorteile der ADR gegenüber den TDR/FDR Sensoren (Muñoz-Carpena et al., 2004). Die ThetaProbe findet häufig Verwendung bei der Validierung von, aus Satelliteninformationen abgeleiteter, Bodenfeuchte (Jacobs, 2004; Kaleita et al., 2005).

Das Messprinzip der ThetaProbe Sonde basiert, wie unter Abschnitt 3.5.1 beschrieben, auf der Messung der elektrischen Impedanz. Die Sonde besteht aus einem

Sensorkörper und einem Sensorkopf (Abbildung 4-12). Innerhalb des wasserdichten Sensorkörpers befinden sich ein Ozillator, der ein sinusförmiges Signal von 100 MHz aussendet, sowie ein Teil der speziell angefertigten internen koaxialen Transmissionslinie. Der Signalleiter fungiert als Verlängerung dieser Transmissionslinie und wird durch die drei Schildleiter von äußeren Störeinflüssen abgeschirmt. Signalleiter und drei Schildleiter werden in das zu beprobenden Medium eingebracht. Sofern sich die Impedanz des Mediums von der internen Transmissionslinie unterscheidet werden Teile des ausgesendeten Signals an der Verbindungsstelle zwischen Sensorkörper und –kopf reflektiert. Die ausgesandte Welle interferiert mit dem Anteil der reflektierten Welle und erzeugt eine stehende Spannungswelle.

Abbildung 4-12: Aufbauschema der ThetaProbe Sonde.

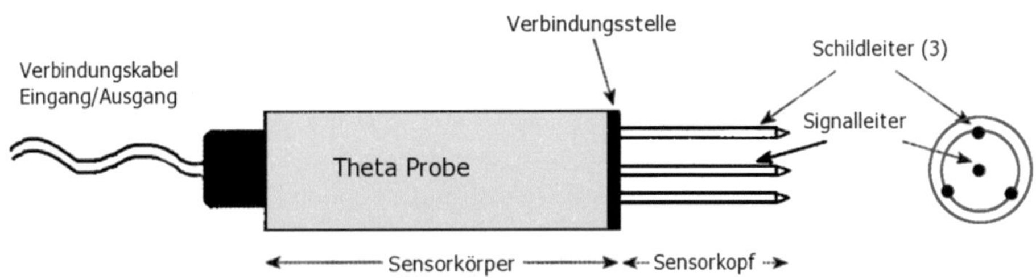

Quelle: Eigene Darstellung verändert nach Miller und Gaskin, 1996

Die Amplitude an der Verbindungsstelle wird mit der ausgesandten Amplitude verglichen. Aus der Amplitudenabschwächung wird dann auf die Impedanz des Mediums in Abhängigkeit vom Wassergehalt geschlossen. Der Widerstand des Mediums setzt sich aus den dielektrischen Eigenschaften und der Ionenleitfähigkeit zusammen (Salinität). Durch die Wahl der Frequenz 100 MHz wird der Effekt der Ionenleitfähigkeit soweit gemindert, dass die Amplitudenabschwächung der stehenden Welle hauptsächlich durch die dielektrische Eigenschaft des Mediums bedingt ist und nicht wesentlich durch die Salinität des Bodens verändert wird. Für die bodenspezifische Kalibrierung des ThetaProbe Sonde empfehlen Gaskin et al. (1996) die Bestimmung zweier Parameter a_1 und a_0 zur Beschreibung der linearen Beziehung zwischen Dielektrizitätskonstante ε und volumetrischem Wassergehalt θ_v.

$$\sqrt{\varepsilon} = a_0 + a_1 \cdot \theta_v \tag{4-27}$$

Diese Beziehung lässt sich nach Gaskin und Miller (1996) durch ein lineares Verhältnis

$$\sqrt{\varepsilon} = 4{,}4 \cdot V + 1{,}1 \tag{4-28}$$

oder ein Polynom 3. Ordnung ausdrücken:

$$\sqrt{\varepsilon} = 4{,}70 \cdot V^3 - 6{,}40 \cdot V^2 + 6{,}40 \cdot V + 1{,}07 \tag{4-29}$$

Der Wertebereich der Messung (V) erstreckt sich von 0 bis 1 Volt, wie bei der ThetaProbe ML2 gemessen, und repräsentiert einen volumetrischen Wassergehalt von 0 bis 0,6 m³/m³. Zur Ermittlung der Kalibrationsparameter wird eine gering gestörte Bodenprobe entnommen und im Labor thermogravimetrisch untersucht. Zusätzlich zur Bestimmung des gravimetrischen und volumetrischen Wassergehalts (siehe 3.5.1) werden Spannungsmessungen mit dem ThetaProbe Sensor durchgeführt und V_f der feuchten bzw. V_t der trockenen Probe ermittelt. Unter Anwendung von Gleichung 4-29 und V_f wird $\sqrt{\varepsilon_f}$ der feuchten Bodenprobe und $\sqrt{\varepsilon_t}$ der trockenen Probe ermittelt. Der Wert für $\sqrt{\varepsilon_t}$ entspricht gemäß Formel 4-27 dem Parameter a_0. Zusammen mit dem volumetrischen Wassergehalt ergibt sich a_1 aus:

$$a_1 = \frac{\sqrt{\varepsilon_f} - a_0}{\theta_v} \tag{4-30}$$

Mit dem auf diese Weise bestimmten Kalibrationsparameter lässt sich durch Umstellung der Gleichung 4-29 der bodenspezifische Wassergehalt bestimmten:

$$\theta_v = \frac{(4{,}70 \cdot V^3 - 6{,}40 \cdot V^2 + 6{,}40 \cdot V + 1{,}07) - a_0}{a_1} \tag{4-31}$$

4.3.7 Räumliche Interpolation der In-situ-Bodenfeuchte

Als Referenz für die Validierung der fernerkundungsbasierten Bodenfeuchteprodukte ASCAT SSM und ASAR SSM dienen die Messungen der Feldkampagne im Jahr 2011, die während der Bewässerungssaison von April bis September 2011 gesammelt wurden. Maßgeblich für die Terminierung der In-situ-Messungen war der Überflugszeitpunkt des Envisat Satelliten (3–4 tägige Wiederkehrzeit, Überflug ca. 17Uhr Ortszeit). Für die sieben repräsentativen Flächen standen am Ende der Feldkampagne zwischen 10 und 12 Messungen je Fläche zur Verfügung, die für die Validierung verwendet werden können. Die Messungen eines einzelnen Tages werden räumlich interpoliert und anschließend den zu validierenden ASCAT SSM bzw. ASAR SSM Pixeln zugeordnet. Die In-situ-Messungen wurden mit der ThetaProbe ML2X (Miller et al., 1996) durchgeführt. Die Messung einer Stichprobe erfolgte an drei Punkten, die in einer Entfernung von ca. 1 m, radial um den zu beprobenden Ort angeordnet waren. Für jeden dieser Punkte wurden fünf ThetaProbe Messungen ausgelöst und deren Mittelwert gebildet. Anschließend wurde der eigentliche Punktwert aus dem Mittel der drei radialen Punkte berechnet. Gleichzeitig mit der Bodenfeuchtemessung erfolgte eine Verortung des Punktes mit Hilfe eines tragbaren GPS-Empfängers, um die Punkte später für die räumliche Interpolation zuordnen zu können. Aus den Ergebnissen dieser Interpolation werden Mittelwerte für die repräsentativen Flächen gebildet, die dann für die Validierung verwendet werden.

Als Methode für die räumliche Interpolation wird das Interpolationsverfahren mit Gewichtung des inversen Abstandes der Messpunkte (IDW-Verfahren, inverse distance weighting) ausgewählt. Das IDW Verfahren ist zusammen mit dem Krigingverfahren die am häufigsten verwendete Methode bei der räumlichen Interpolation des Bodenwassergehalts (Li und Heap, 2011a). Im Vergleich zum IDW-Verfahren weist das Krigingverfahren zwar eine höhere Eignung bei der Wahl eines Interpolationsverfahrens auf (Blöschl und Grayson, 2000), das Interpolationsergebnis ist allerdings stark abhängig von der korrekten Schätzung des empirischen Variogramms. Hierfür ist es erforderlich eine geeignet große Anzahl an Messstellen zur Anpassung des Variogramms aufzunehmen (Blöschl, 2006). Eine Mindestanzahl zur Abbildung der charakteristischen Bodenfeuchtedynamik eines Gebiets geben Zotarelli et al. (2013) mit ca. 40 Messungen pro Hektar an. Während der Feldkampagne konnte eine ausreichende Punktdichte, wie sie für die Variogrammschätzung benötigt wird, nicht für jede Messung garantiert werden. Daher wurde Kriging als Interpolationsverfahren verworfen und stattdessen das IDW-Verfahren ausgewählt, welches sich in der Praxis ebenfalls als ausreichend geeignet erwiesen hat (LABO, 2003). Das IDW-Verfahren gehört zu den nichtstatistischen deterministischen Interpolationsverfahren. Die Grundannahme dieses Verfahrens ist die Ähnlichkeit der gemessenen raumbezogenen Daten in Abhängig von deren Abstand im Raum (Kappas, 2012). Der Wert eines nicht beobachteten Punktes wird als gewichtetes Mittel der benachbarten, punktuell gemessenen Werte der zu interpolierenden Variable geschätzt. Die Gewichtung des Einflusses (w_i) der Punktmessungen erfolgt dabei proportional zum inversen Abstand zwischen nicht beobachteten und beobachteten Punkten. Das Verfahren bietet zudem die Möglichkeit die Abstandsgewichtung durch die Einbeziehung zusätzlicher Hilfsgrößen anzupassen. Auf diese Weise können Einflussgrößen berücksichtigt werden, die die Bodenfeuchtedynamik wesentlich bestimmen. In der vorliegenden Arbeit werden die empirisch bestimmten relativen Einflussgrößen nach Lehmann (1995) verwendet (siehe Tabelle 4-10), deren relatives Gewicht empirisch abgeschätzt wird.

Tabelle 4-10: Beschreibung der Einflussgrößen die zur Anpassung der Gewichtung des Interpolationsverfahrens IDW verwendet werden.

Einflussgröße	Vorkommen der Einflussgröße	Wertebereich der Gewichtungen	Gewichtungsfaktoren
Bodenart	Sand	0,5	Größe des Porenraums und dessen Einfluss auf Oberflächenversickerung und kapillaren Aufstieg
	Sandiger Lehm	1	
	Lehm	0,7	
	Schluffiger Ton	0,75	
	Schluffiger Lehm	0,8	
	Toniger Lehm	0,5	
Landnutzung und Pflanzenwasserbedarf	Baumwolle	0,4	Pflanzenwasserverbrauch variiert mit Wachstumsstadium
	Weizen	0,8	
	Reis	0,5	
	Mais	0,6	
	Fruchtbäume	0,8	
	Mischnutzung	0,85	
	Brache	0,95	
Insolation abhängig vom Tag des Jahres	Tage der Bewässerungssaison von April bis Oktober	1 - 0,7	Dauer der Sonneneinstrahlung

Quelle: Eigene Darstellung

Aus dem Produkt aller Einzelgewichte resultiert das Gesamtgewicht (w_E). Die daraus resultierende Interpolationsgleichung zur Berechnung der Bodenfeuchte an unbeprobten Punkten $\theta_v(x, y)$ lautet:

$$\theta_v(x,y) = \sum_{i=1}^{n} w_i \cdot w_E \cdot \theta_{v,i} \qquad (4\text{-}32)$$

Anwendung fanden die Einflussgrößen Bodenart, Landnutzung und Insolation. Bei der Bodenart wird, wie bereits beschrieben, die FAO Klassifikation verwendet (FAO, 2006). Bei der Gewichtung der Landnutzung fließt die theoretische Dichte der Bodenbedeckung (Wachstumsstadium laut Anbaukalender in Abbildung 5-28, Kapitel 5.3.2) sowie der Pflanzenwasserbedarf nach Brouwer und Heibloem (1986) ein. Aufgrund der relativ flachen Topographie des Untersuchungsgebiets werden reliefbezogene Einflussgrößen, wie z. B. Geländeneigung, Exposition und Wölbung bei der Interpolation nicht berücksichtigt. Für die Umsetzung des beschriebenen Verfahrens wird der „Geostatistical Analyst" der Software ArcMap verwendet.

4.4 Physikalisch basierter Bodenwärmestromansatz

Wie bereits in der Einleitung zu dieser Arbeit beschriebenen, liegen die Gründe für die bisher überwiegend empirischen Methoden zur Abschätzung des Bodenwärmestroms in der limitierten Verfügbarkeit räumlich und zeitlich ausreichend aufgelöster Informationen des Bodenwassergehalts.

Diese Restriktion scheint durch die Verfügbarkeit der vorgehend beschriebenen Fernerkundungsbodenfeuchteprodukte theoretisch überwunden. Bereits veröffentlichte Vergleichsstudien des Bodenwärmestroms haben gezeigt, dass die in SEBAL implementierte empirische Methode ungeeignet ist und zu signifikanten Unterschätzungen des tatsächlichen Bodenwärmestroms führt (Singh et al., 2008). Zur Optimierung der Modellgüte des Bodenwärmestroms des verwendeten Residualmodells SEBAL wird in dieser Arbeit ein physikalisch basierter Ansatz entwickelt, der im Folgenden vorgestellt wird. In Abbildung 4-13 sind zunächst die Vorgehensweise bei der Bestimmung des Bodenwärmestroms sowie die benötigten Eingangsdaten dargestellt. Demnach wird der Bodenwärmestrom über den Ansatz der periodischen Temperaturveränderung abgeleitet. Die zur Lösung der in der Abbildung 4-13 darstellten Gleichung 3-51 benötigte Amplitude der Oberflächentemperatur des Bodens A_{ϑ_0} kann mit Fernerkundungsmethoden abgeleitet werden. Bevor dieser Ansatz jedoch näher erläutert wird, ist zunächst eine grundlegende Annahme zu treffen. Hiernach wird angenommen, dass die Temperaturamplitude in der Höhe z1 (A_{ϑ_1}) der Amplitude der Bodenoberfläche entspricht.

$$A_{\vartheta_0} \approx A_{\vartheta_1} \qquad (4\text{-}33)$$

Abbildung 4-13: Vorgehensweise bei der Bestimmung des Bodenwärmestroms.

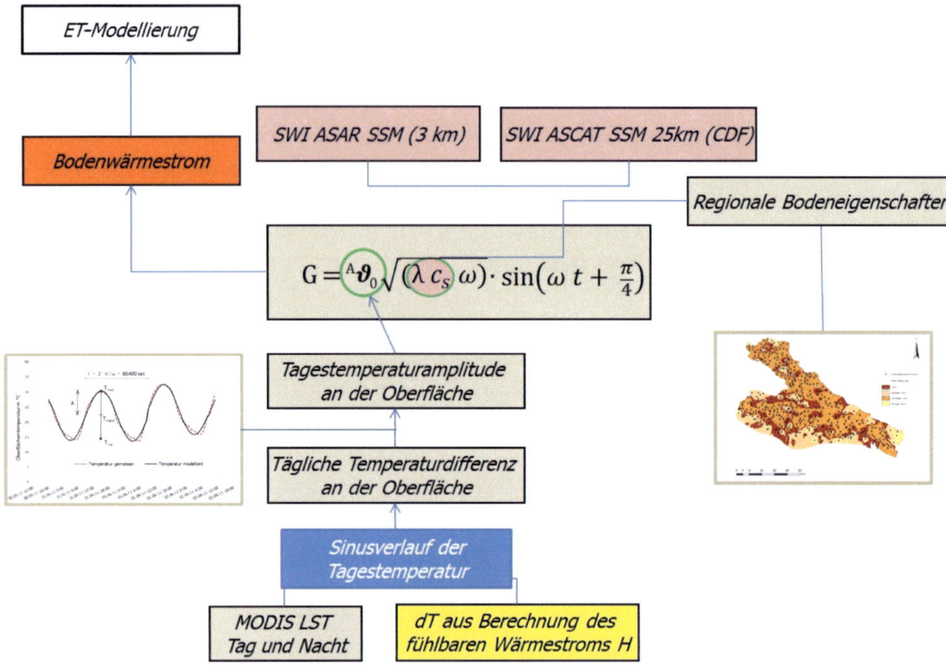

Quelle: Eigene Darstellung

Die Höhe z_1 ist äquivalent der Verschiebungshöhe d (siehe Abbildung 4-6), die vereinfachend als „Erhöhung der Erdoberfläche" zu verstehen ist. Damit ist die durch den Oberflächenbewuchs bedingte, vertikale Verschiebung der theoretischen meteorologischen Profile gemeint, welche die Höhe über der Oberfläche repräsentiert aus der die fühlbaren und latenten Wärmeströme entspringen und gleichzeitig der Nullpunkt des logarithmischen Windprofils ist. Die Temperaturamplitude A_{ϑ_1} in Höhe z1 wird aus MODIS LST (Tag/Nacht) Informationen abgeleitet, wobei die LST am Tag um die aus SEBAL berechnete Temperaturdifferenz (dT) gemindert wird (vgl. Unterkapitel 3.4.4). In der Nacht wird der Einfluss der Vegetation auf die Bodenoberflächentemperatur vernachlässigt, da die turbulenten Energieflüsse in der Nacht gering sind (Kite und Droogers, 2000; Liebethal und Foken, 2007) und sich daher keine Temperaturdifferenz einstellt, die aus dem fühlbaren Wärmestrom resultiert. Die mathematischen Entsprechungen der beschriebenen Annahmen finden sich in den folgenden Gleichungen:

$$T_{z_1,Tag} = LST_{Tag} - dT \tag{4-34}$$

$$T_{z_1,Nacht} = LST_{Nacht} \tag{4-35}$$

Für den Temperaturverlauf an der Oberfläche und unter Kenntnis der Bodenoberflächentemperaturen T(0,Tag) und T(0,Nacht) ergibt durch Einsetzten in die

Gleichung aus Abbildung 4-13 die Formel zur Bestimmung der Amplitude der Oberflächentemperatur des Bodens:

$$A_{\vartheta_0} = \frac{T(0,t_{Tag}) - T(0,t_{Nacht})}{\sin(\omega \cdot t_{Tag}) - \sin(\omega \cdot t_{Nacht})} \tag{4-36}$$

Zur Bestimmung der Wärmeleitfähigkeit λ, sowie der volumetrischen Wärmekapazität c_s werden Informationen über den Bodenwassergehalt und der regionalen Bodeneigenschaften benötigt. Der Bodenwassergehalt wird aus den Datenprodukten der Mikrowellenfernerkundung abgeleitet und in den Ansatz integriert. Als Datengrundlage für die räumliche Verteilung der regionalen Bodeneigenschaften wird die Bodenartenverteilungskarte verwendet, die später in Abschnitt 5.4.1 erläutert wird. Die Böden im Untersuchungsgebiet Khorezm bestehen hauptsächlich aus den Bodenarten Lehm und schluffiger Lehm, die sich in den für das Modell relevanten Eigenschaften (z.B. Lagerungsdichte, Porenraum usw.) nicht wesentlich unterscheiden, was die Robustheit der Methode im Untersuchungsgebiet zusätzlich erhöht. Die erhobenen Werte für die regionalen Bodenparameter Wärmeleitfähigkeit, Temperaturleitfähigkeit, Wärmekapazität und Dämpfungstiefe in der Umgebung der Eddy-Kovarianz-Station sind in Abhängigkeit vom Bodenwassergehalt in Tabelle 4-11 aufgeführt.

Tabelle 4-11: Experimentell bestimmte Bodenparameter nach McInnes (1981) und Van Wijk und de Vries (1963) für die Umgebung der Eddy-Kovarianz-Station. Lagerungsdichte (1,45 g/m³) und Textur (Ton: 20 %, Schluff: 52 %, Sand: 28 %) nach USDA.

Bodenwassergehalt in cm³/cm³	Temperaturleitfähigkeit in cm²/s	Wärmeleitfähigkeit in W/mK	Wärmekapazität in J/mK	Dämpfungstiefe in m
lufttrocken	0,0015	0,2201	1,5053	0,0063
0,15	0,0042	0,7636	1,7983	0,0108
0,2	0,0053	1,0640	2,0076	0,0121
0,25	0,0052	1,1634	2,2168	0,0120
0,3	0,0051	1,2401	2,4261	0,0119
0,35	0,0050	1,3167	2,6354	0,0117
0,4	0,0049	1,3933	2,8447	0,0116
gesättigt	0,0048	1,4699	3,0540	0,0115

Quelle: Eigene Erhebung

5 Anwendungsbeispiel in der Modellregion Khorezm

Die im vorherigen Kapitel beschrieben Methoden werden nun anhand des für diese Arbeit ausgewählten Untersuchungsgebiets Khorezm vorgestellt. Zu Beginn werden die Ergebnisse der Verarbeitung der mikrometeorologischen Messungen betrachtet (Kapitel 5.1). Darauf folgt die Vorstellung der Modellierungsergebnisse der Energiebilanzkomponenten und der abgeleiteten Evapotranspiration in Kapitel 5.2. In Kapitel 5.3 werden die Validierungsergebnisse für die Bodenfeuchteprodukte präsentiert. Abschließend erfolgt ein Vergleich der Modellergebnisse zwischen dem empirischen in SEBAL implementieren Ansatz und dem neu entwickelten Ansatz (Kapitel 5.4).

5.1 Qualitätskontrolle der mikrometeorologischen Messungen

In diesem Kapitel werden zunächst die Ergebnisse der Qualitätskontrolle der mikrometeorologischen Messungen vorgestellt. Die Grundlage für die an dieser Stelle besprochenen Maßnahmen bilden die 30-Minuten-Mittelwerte, die aus den 20-Hz-Messdaten berechnet werden. Begonnen wird mit der Vorstellung der Ergebnisse der Footprintanalyse (5.1.1). Im darauffolgenden Kapitel 5.1.2 werden die Ergebnisse des Stationaritätstests beschrieben. Dies ist der wesentlichste Test, um zu überprüfen ob die grundlegenden Annahmen der Eddy-Kovarianz-Theorie erfüllt sind. Im Kapitel 5.1.3 werden die Ergebnisse der Datenlückenschließung vorgestellt. Anschließend erfolgt die Beurteilung der Güte der Eddy-Kovarianz-Messung anhand der Energiebilanzschließung (5.1.4). Das abschließende Kapitel 5.1.5 befasst sich erneut mit der Footprintanalyse, hier allerdings mit dem Fokus auf der Untersuchung des Einflusses der kleinräumigen Heterogenität auf die Energiebilanzschließung. Die Datengrundlage dieses letzten Kapitels bilden Modellierungen auf Basis von Landsatdaten.

5.1.1 Ergebnis der Footprintanalyse und Diskussion

Die Eddy-Kovarianz-Methode basiert im Wesentlichen auf der theoretischen Annahme eines homogenen Untergrunds unter stationären Bedingungen. Das Kriterium des homogenen Messuntergrunds, kann im Arbeitsschritt der Qualitätssicherung nur überprüft werden, wenn hierzu Expertenwissen über die Situation in der Umgebung der Messstation herangezogen wird. Basierend auf den vorgestellten Footprint-Qualitätsklassen (Kapitel 4.1.2.2) werden die Messungen bezüglich ihrer Eignung zur Analyse bewertet. Messungen, bei denen das 80 %-Quellgebiet ganz, oder teilweise außerhalb des zu betrachtenden Ökosystems liegt, werden ausgeschlossen und unter Anwendung des vorgestellten Algorithmus zur Datenlückenschließung sinnvoll abgeschätzt. Zusätzlich zur Footprintausdehnung des jeweiligen Messintervalls werden bei der Qualitätskontrolle auch die Störeinflüsse, die sich aus der Anströmrichtung des mittleren Windes ergeben, berücksichtigt (siehe 4.1.1). Die Ergebnisse der Footprintanalyse sind in Tabelle 5-1 zusammengefasst.

Tabelle 5-1: Anzahl ungültiger 30-Minuten-Messintervalle in den Jahren 2009 bis 2011. Berücksichtigt werden Intervalle mit homogenen Messbedingungen und Messungen die aufgrund ihrer Anströmrichtung nicht vom Messturm beeinflusst wurden. In Klammern ist die jeweils theoretisch mögliche Anzahl von Messintervallen des betreffenden Jahres angegeben.

Jahr	ungültige Intervalle	
	Anzahl (theor.)	%
2009	2.178 (10.272)	26,3
2010	1.952 (10.272)	19,0
2011	798 (4.272)	18,7

Quelle: Eigene Berechnung

Der Anteil der ungültigen Messbedingungen bedingt durch Footprint und Anströmrichtung ist über die Jahre weitgehend identisch. Für das Jahr 2011 ist jedoch zu beachten, dass mit dem Feldfruchtwechsel im Sommer bis zum Ende der Vegetationsperiode heterogene Messbedingungen herrschten und sämtliche Messungen nach dem 21. Juni 2011 verworfen werden müssen, was zu einem verkürzten Beobachtungszeitraum in diesem Jahr führte. Zur Veranschaulichung der Lage des Footprints ist in Abbildung 5-1 die Quellfläche eines 30-Minuten-Mittelwertes am 21. Juni 2010 für das zu untersuchende Messgebiet dargestellt. Aus der Abbildung kann durch visuelle Interpretation folgende Information gewonnen werden:

1. Ca. 50 % des Gesamtflusses stammen von der gleichen landwirtschaftlichen Parzelle, auf der auch die Messstation installiert wurde.
2. Weniger als 80 % des Gesamtflusses stammen vom zu untersuchenden Ökosystem (Baumwolle, helle landwirtschaftliche Flächen), wonach die Messung an diesem Tag nicht als repräsentative Messung zu klassifizieren ist und daher für die weitere Bearbeitung verworfen werden muss.

Anders hingegen ist die Situation in Abbildung 5-2 zu beurteilen. Diese zeigt ein Beispiel eines 30-Minuten-Mittelwerts am 10. Juli 2010 bei dem gültige Messbedingungen herrschten. Hierauf ist ersichtlich, dass der gesamte Footprint, d.h. mehr als 80 % des Quellgebiets der turbulenten Wärmeströme, innerhalb der Grenzen des zu untersuchenden Ökosystems liegt, für die homogenen Bedingungen angenommen werden. Daher ist die Messung innerhalb dieses 30-Minuten-Intervalls als gültig zu klassifizieren und kann für die weitere Analyse verwendet werden.

Abbildung 5-1: 2D-Darstellung (oben) des Footprints im Untersuchungsgebiet für den 21.06.2010 11 Uhr. Die 2D-Ellipsen repräsentieren die Grenzen der Flächen mit 10 %, 50 %, 80 % und 95 % des gemessenen Gesamtflusses. Bei der 3D-Darstellung (unten) wird zusätzlich die Häufigkeit visualisiert mit der die Messungen aus dem entsprechendem Teilquellgebiet stammen.

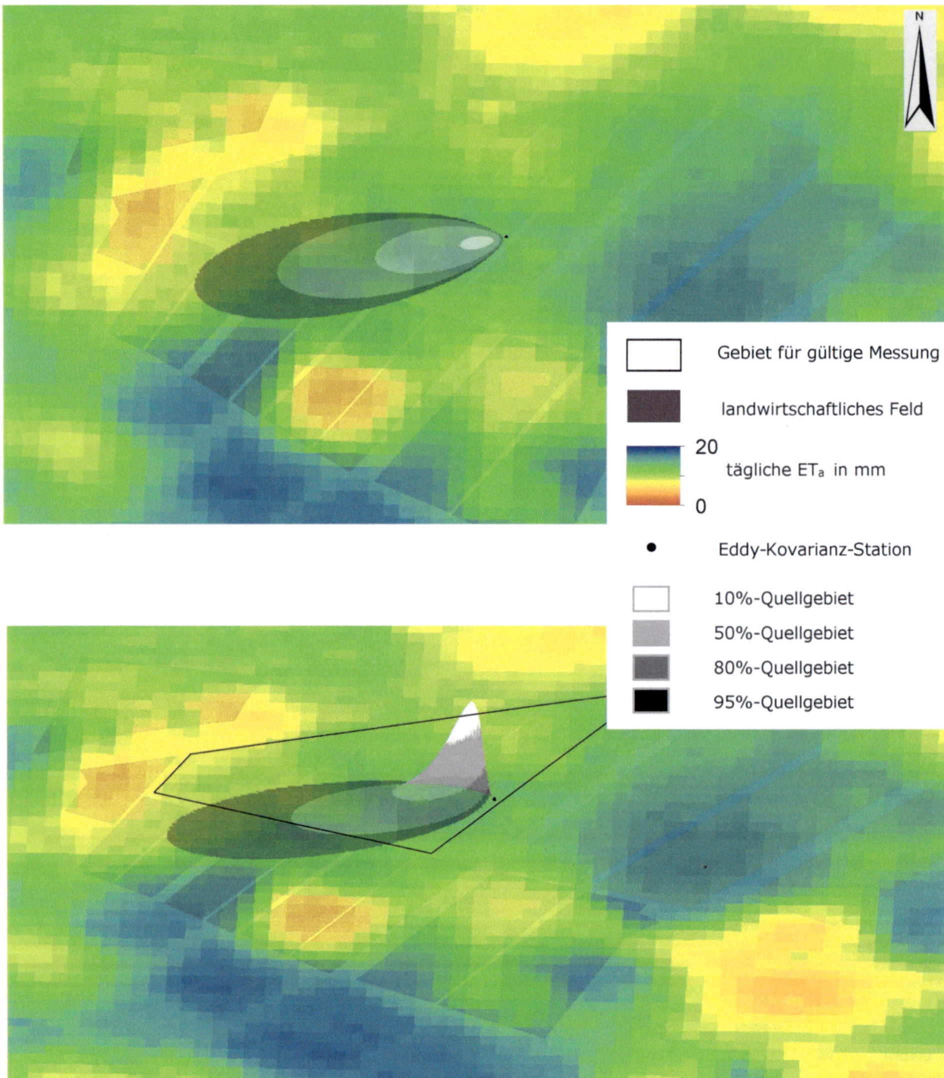

Quelle: Eigene Darstellung

Abbildung 5-2: 2D-Darstellung (oben) des Footprints im Untersuchungsgebiet für den 10.07.2010 10:30 Uhr. Die 2D-Ellipsen repräsentieren die Grenzen der Flächen mit 10 %, 50 %, 80 % und 95 % des gemessenen Gesamtflusses. Bei der 3D-Darstellung (unten) wird zusätzlich die Häufigkeit visualisiert mit der die Messungen aus dem entsprechendem Teilquellgebiet stammen.

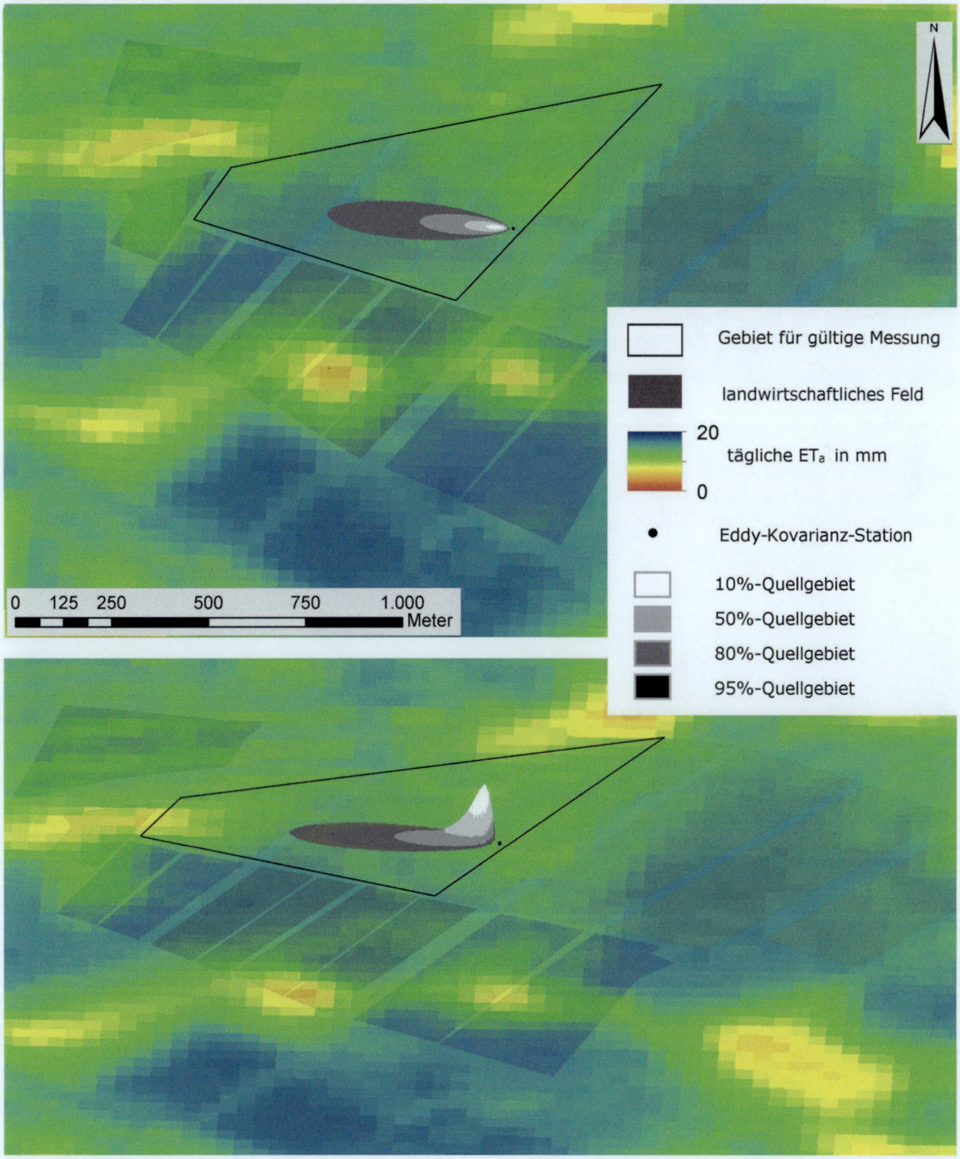

Quelle: Eigene Darstellung

Mit Hilfe der beschriebenen räumlichen Verteilung untersuchungsgebietsspezifischer Footprints, lässt sich eine Einschätzung hinsichtlich des Einflusses auf die Datenqualität vornehmen. Wie bereits im Kapitel 4.1.1.1 erwähnt wurden die Messinstrumente im Jahr 2010 versuchsweise 2,5 m höher als 2009 und 2011 installiert. Ziel war die Vergrößerung des Footprints und damit der repräsentativen Fläche der Turbulenzmessungen. Gleichzeitig führt die größere Footprintausdehnung zu einer erhöhten Anzahl von ungültigen Messungen, da der Footprint häufiger außerhalb der homogenen Messkonditionen liegt. Diese Tatsache wird in Kapitel 5.1.5 erneut aufgegriffen und visualisiert.

5.1.2 Ergebnisse der Stationaritätstests

Nach Analyse der Rohdaten sowie der Footprintanalyse erfolgen die Stationaritätstests. Die Abbildung 5-3 veranschaulicht am Beispiel eines 2-Tages-Zeitraums die Datengrundlage für den Stationaritätstest.

Abbildung 5-3: Exemplarische Darstellung der Ergebnisse eines Stationaritätstests für einen 2-Tages-Zeitraum (08. Mai – 09. Mai) des fühlbaren Wärmestroms im Jahr 2010. Rechte Bezugsachse: Relative Abweichung der 5-Minuten-Mittelwerte von den 30-Minuten-Mittelwerten.

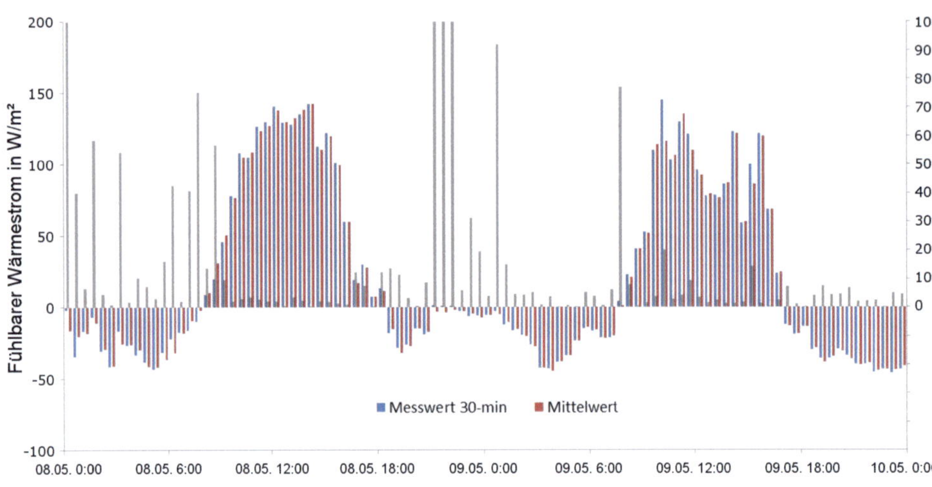

Quelle: Eigene Darstellung

Die Ergebnisse der Berechnungen des halbstündigen Wärmestroms (hier fühlbarer Wärmestrom in blau) werden mit den Ergebnissen der Mittelbildung innerhalb der 5-Minuten-Intervalle (rot) verglichen und deren Abweichung (grau), d.h. die Differenz zwischen 30-Minuten-Mittelwert und Mittelwert der 5-Minuten-Mittelwerte (siehe 4.1.2.3) werden anschließend klassifiziert. Gemäß der Einteilung der Stationaritätsklassen aus Kapitel 4.1.2.3 ergaben sich für die Jahre 2009 bis 2011 die in der Tabelle 5-2 aufgeführten Werte.

Tabelle 5-2: Verteilung der Stationaritätsklassen in den Untersuchungsjahren 2009 – 2011. Fettgedruckt sind die Werte der Stationaritätsklassen die als gültig bezeichnet werden (Klasse 1-5).

Stationaritätsklasse	2009		2010		2011	
	Häufigkeit	%	Häufigkeit	%	Häufigkeit	%
1	3138	86,6%	1274	88,2%	1084	60,1%
2	189	5,2%	86	6,0%	250	13,9%
3	81	2,2%	45	3,1%	133	7,4%
4	63	1,7%	18	1,2%	99	5,5%
5	37	1,0%	7	0,5%	69	3,8%
6	**46**	**1,3%**	**8**	**0,6%**	**107**	**5,9%**
7	**30**	**0,8%**	**4**	**0,3%**	**27**	**1,5%**
8	**25**	**0,7%**	**1**	**0,1%**	**14**	**0,8%**
9	**14**	**0,4%**	**1**	**0,1%**	**22**	**1,2%**

Quelle: Eigene Berechnung

In diesem Fall verbleiben von den Messdaten nach der Rohdaten- und Footprintanalyse für die Datenlückenschließung 96,8% (2009), 99,0% (2010) und 90,6% (2011). Anders als die Footprintanalyse, ist der Stationaritätstest in der verwenden Eddy-Kovarianz-Prozessierungs-Software EdiRe (Campbell Scientific, 2008b) implementiert und somit automatisierbar.

5.1.3 Ergebnisse der Datenlückenschließung für 2009–2011

Die Ergebnisse aller Messreihen sind in Tabelle 5-3 zusammengeführt. Exemplarisch für die Datenlückenschließung der Eddy-Kovarianz-Messreihen von 2009 bis 2011 werden nachfolgend die Ergebnisse der Datenlückenschließung für 2009 erläutert. Analog zur Untersuchung von Alavi et al. (2006) aus Kapitel 3.3.4 wird hier der multiple Regressionsansatz verwendet. Für die Bewässerungssaison des Jahres 2009 stehen 9.283 Halbstunden-Messwerte zur Verfügung (siehe Tabelle 5-3). Das entspricht einem Fehleranteil von 9,6% aufgrund von Systemausfällen und Wartung. Nach Durchführung der QK stehen noch 34,2% der möglichen Halbstunden-Werte der Bewässerungssaison zur Regressionsanalyse zu Verfügung, wobei der Anteil der Daten die aufgrund der Footprintanalyse ausgeschlossen werden mussten 21,2% beträgt. Von dem Gesamtfehler von 65,8% entfallen 21,7% auf die Tages- und 78,3% auf die Nachtmessungen, so dass für die multiple Regressionsanalyse am Tag insgesamt 53,5% aller möglichen Eddy-Kovarianz-Messungen der Saison zur Verfügung stehen.

Zur Veranschaulichung der Güte der Ergebnisse der robusten multiplen Regression sind in Abbildung 5-4 exemplarisch 3D-Streudiagramme der multiplen Regressionen für zwei Zeiträume während der Bewässerungsperiode 2009 dargestellt. Hieraus wird deutlich, dass sich die robuste multiple Regression aufgrund des geringen rRMSE (0,071 bzw. 0,095) und der hohen Determinationskoeffizienten (R^2=0,82 und 0,85) sehr gut zur Schließung von Eddy-Kovarianz-Messlücken eignet.

Abbildung 5-4: Darstellung der Regressionsebenen der multiplen Regression zur Schließung der Datenlücken des fühlbaren Wärmestroms anhand exemplarischer 11-Tages-Perioden.
Oben: 29.07. – 07.08.2009; Unten: 14.10. – 23.10.2009. Tageszeit der Regressionen: Tag.

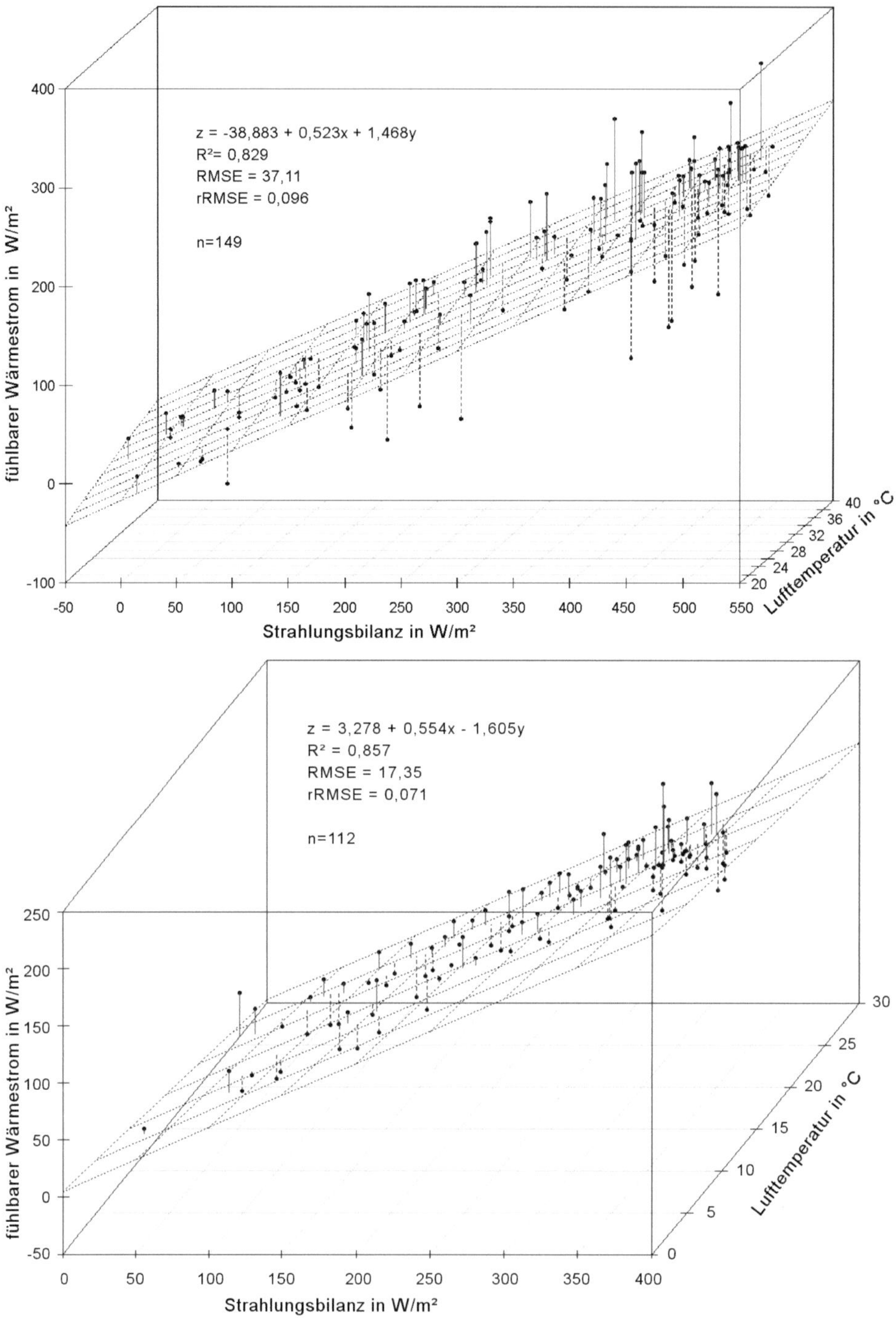

Quelle: Eigene Darstellung

Abbildung 5-5: Streudiagramme von gemessenen und aus multipler Regression abgeleiteten Messwerten für den fühlbaren Wärmestrom (oben) und für den latenten Wärmestrom (unten) in der Bewässerungssaison 2009.

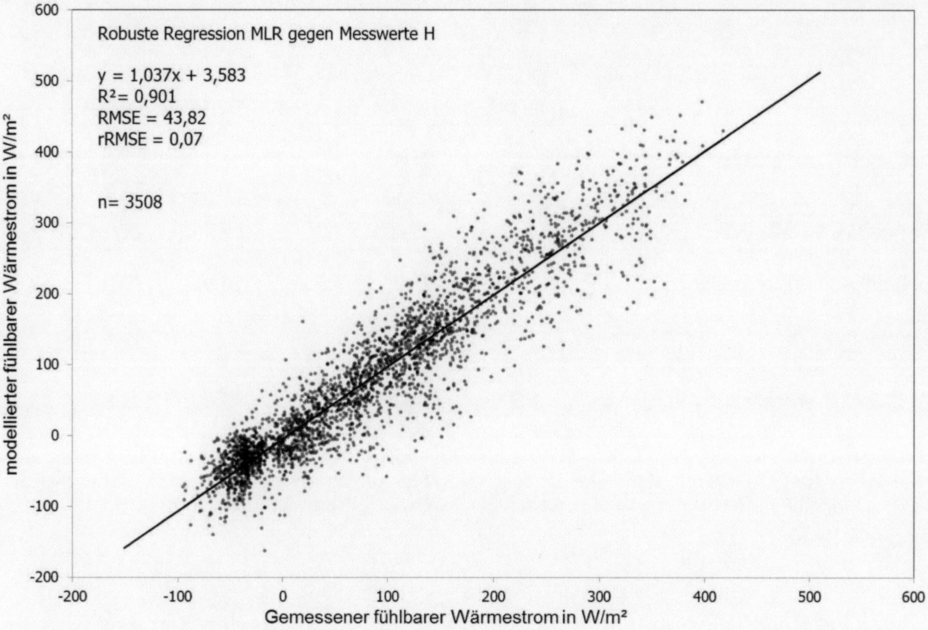

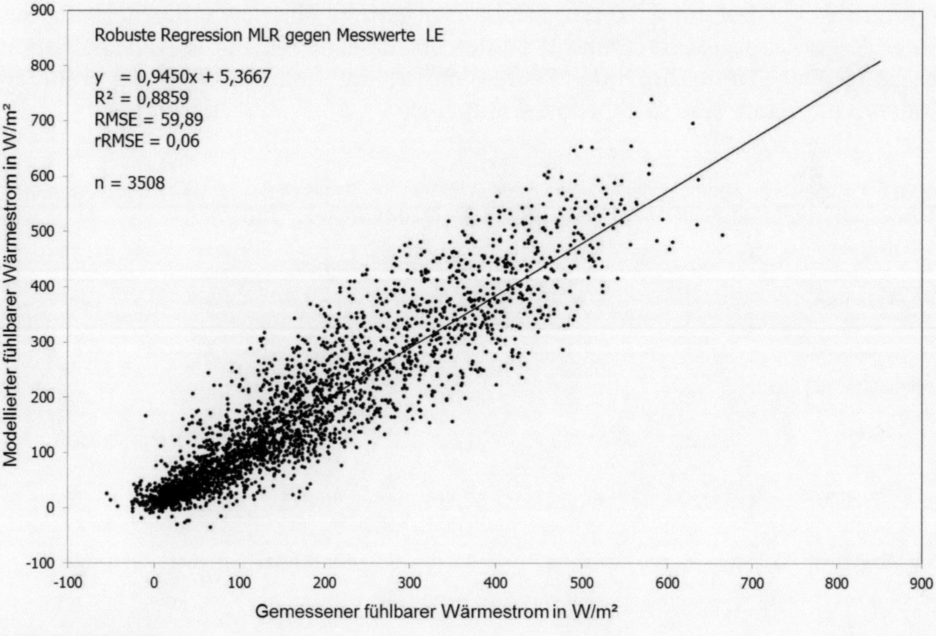

Quelle: Eigene Darstellung

Tabelle 5-3: Fehleranteile der Qualitätssicherung für die Jahre 2009 – 2011.

Fehlergruppe	2009 Anzahl (30min Intervalle)	2009 %	2010 Anzahl (30min Intervalle)	2010 %	2011 Anzahl (30min Intervalle)	2011 %
Gemessen Gesamt (theor.)	9.283 (10.272)	91,4	4.294 (10.272)	41,8	3.623 (4.272)*	84,8
Systemausfälle/Wartung	989	9,6	5.978	58,2	649	15,2
Footprint und Anströmsektor	2.178	21,2	1.952	19,0	798	18,7
Qualitätskontrolle	3.596	35,0	912	8,9	541	12,7
Für Datenlückenschließung verfügbar	3.508	34,2	1.430	13,9	1.635	38,3

* Bedingt durch den Feldfruchtwechsel im Sommer 2011 herrschten nach dem 21. Juni 2011 heterogene Messbedingungen, weshalb sämtliche der folgenden Messungen verworfen wurden. Daher liegt für dieses Jahr eine reduzierte Anzahl theoretisch gemessener Halbstundenwerte vor (vgl. 5.1.1).

Quelle: Eigene Erhebung

Beim Vergleich aller im Jahr 2009 gemessenen mit den aus den Regressionen abgeleiteten Messwerten ist ebenfalls ein starker Zusammenhang zu erkennen. Dieser Vergleich ist in Abbildung 5-5 dargestellt. Der geringe Bias sowie die Steigung der beiden Regressionsgeraden (nahe 1) deuten ebenfalls auf eine gute Approximation der gemessenen Werte durch das Regressions-Modell hin. Die Werte der weiteren Modellierungsjahre sind in Tabelle 5-4 aufgelistet.

Tabelle 5-4: Regressionsparameter der robusten linearen Regression. Vergleich der Eddy-Kovarianz-Messwerte mit denen des RMLR-Modells für den fühlbaren (H) und den latenten Wärmestrom (L_vE).

Jahr Parameter	2009 H	2010 H	2011 H	2009 L_vE	2010 L_vE	2011 L_vE
Regressions-geradengleichung	y = 1,037x +3,583	y = 0,9553x + 3,461	y = 0,9132x + 6,781	y = 0,945x + 5,3667	y = 0,987x + 15,97	y = 0,8917x + 11,356
R^2	0,901	0,758	0,712	0,8859	0,8923	0,8182
RMSE	41,451	47,351	53,316	55,034	60,212	65,521

Quelle: Eigene Berechnung

Abbildung 5-6: Streudiagramme der Energiebilanzschließung für die beobachteten Messzeitreihen der Jahre 2009 – 2011. Betrachtet werden die EBS im Zeitraum mit gültigen Messungen (links) sowie die sich ergebenden EBS nach der Datenlückenschließung (rechts). Hinweis: In 2011 verkürzter Beobachtungszeitraum aufgrund ungültiger Messbedingungen nach dem 21.06. (vgl. Kapitel 5.1.1)

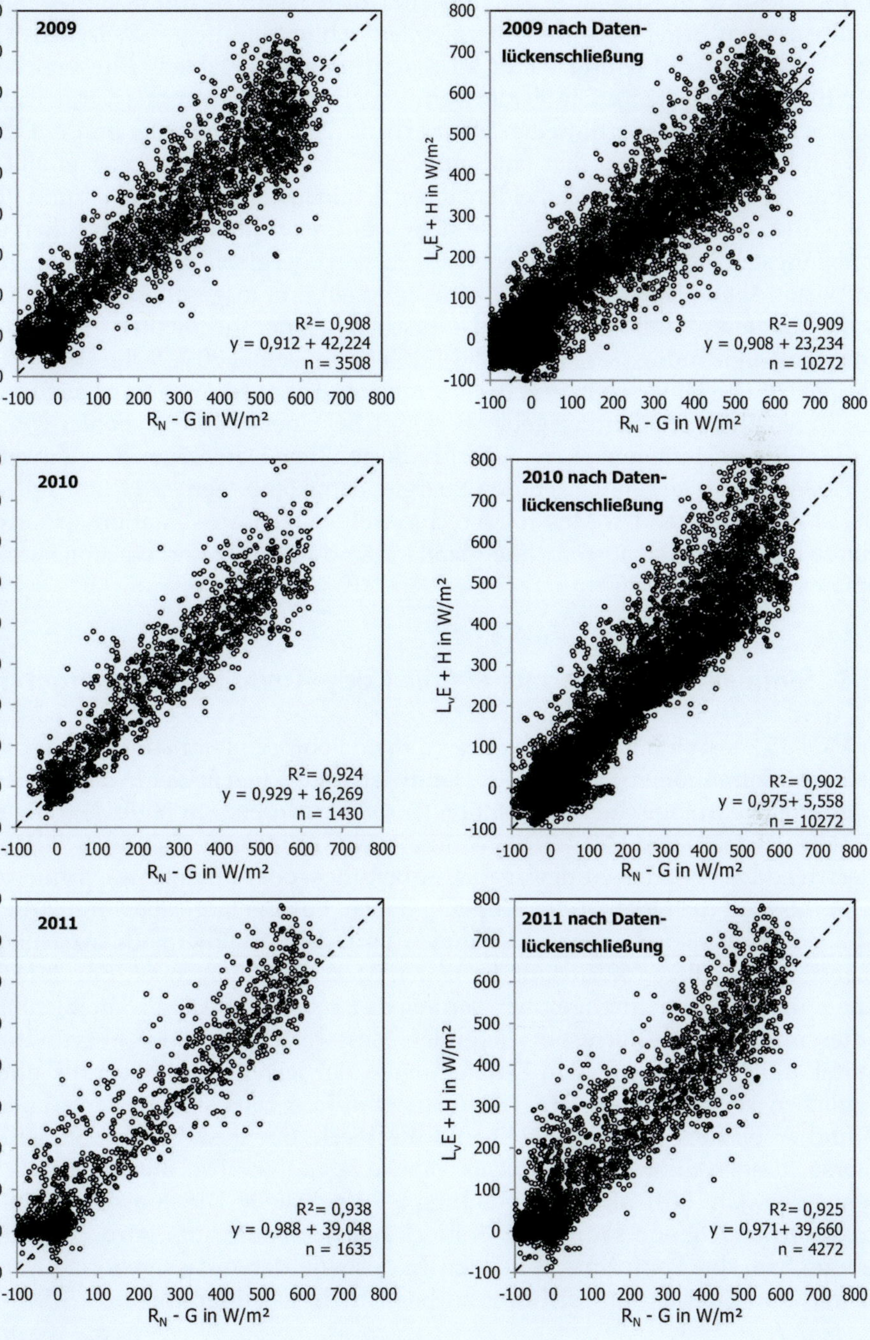

Quelle: Eigene Darstellung

5.1.4 Ergebnisse der Energiebilanzschließung und Diskussion

Für die im Rahmen dieser Dissertation gemessenen Zeiträume wird eine Energiebilanzschließung für die Jahre 2009 bis 2011 durchgeführt. Die in der Abbildung 5-6 illustrierten Ergebnisse der Energiebilanzschließung liegen zwischen 90,8 %, bzw. 97,5 % und 97,1 % und damit im Bereich des akzeptablen Gütebereichs von 100 ±10 % (siehe 4.1.2.5). Die Fehlerwerte entsprechen denen aus vergleichbaren Studien. Beispielsweise ermittelten Mauder et al. (2006) einen Fehler bei der EBS von 30 % bei Untersuchungen über landwirtschaftlichen Flächen. Koitzsch et al. (1988) errechneten über Winterweizenfeldern einen Schließungsfehler von 14 % und Ruhoff et al. (2012) erhielten in ihrer Studie über Zuckerrohrplantage in Brasilien einen Schließungsfehler von 7 %. Bei einer ausführlichen Energiebilanzschließungsanalyse von Wilson et al. (2002), wurden 22 Messstationen und insgesamt 50 Messjahre betrachtet. In dieser Studie wurde eine Unterschätzung der turbulenten Wärmeströme in der Größenordnung des Fehlers der EBS von im Mittel 20 % festgestellt (Wilson et al., 2002). Die Unterschätzung der turbulenten Wärmeströme wird auch für die Messungen im Untersuchungsgebiet bestätigt, bei einem mittleren Fehler von 5,7 % für die gültigen Messungen bzw. 4,9 % für die gefüllten Datensätze. Eine Zuweisung der Fehleranteile, getrennt nach den Energiebilanzkomponenten H und L_vE, kann anhand der vorliegenden Messreihe nicht erfolgen. Die meist stationsspezifischen Gründe für die ungeschlossene Energiebilanz sind vielfältig und wurden bereits im Kapitel 4.1.2.5 vorgestellt.

5.1.5 Einfluss des Footprints auf die Eddy-Kovarianz-Messergebnisse

Für MODIS kann eine Ausweisung des gültigen Footprints nur aufgrund der Landnutzungsinformationen (vgl. 4.2.4) der landwirtschaftlichen Felder in der Umgebung der mikrometeorologischen Messstation getroffen werden. Mit Hilfe der höher aufgelösten Landsatdaten (4.2.1.2) wird untersucht, ob weitere Faktoren, wie bspw. unterschiedliche Wuchsbedingungen, Bearbeitungs- oder Pflanzenwachstumsstadien, Einfluss auf die Qualität der Messung haben. Für die Jahre 2009 und 2010 wird an Tagen, für welche Landsat-Aufnahmen vorlagen, die Energiebilanzschließung anhand der jeweiligen korrespondierenden Messwerte berechnet. Für 2011 kann keine solche Analyse durchgeführt werden, da es zu den wenigen Satellitenbildern in diesem Jahr keine korrespondierenden Messwerte gibt (siehe Begründung in Kapitel 4.2.4). Karten mit den Darstellungen der jeweiligen Footprints und der räumlichen Verteilung der ET_{24} Werte aus dem Jahr 2009 sind in den Abbildung 5-7 und Abbildung 5-8 dargestellt und die Werte der deskriptiven Statistik der Untersuchungen dieses Jahres sind in Tabelle 5-5 aufgeführt. Entsprechende Karten aus dem Jahr 2010 sind in Abbildung 5-9 dargestellt. Die zum Aufnahmezeitpunkt vorherrschende räumliche Erstreckung des Footprints wird genutzt, um die innerhalb des Footprints geltenden ET_{24}, sowie deren dazugehörige Minima, Maxima und Standardabweichung zu berechnen. Der Wertebereich ($MaxET_{24}$ –

$MinET_{24}$) innerhalb des Footprints wird mit ET_{24} ins Verhältnis ($= \frac{\text{Wertebereich}}{ET24}$) gesetzt. Die Untersuchungen ergeben einen signifikanten Zusammenhang zwischen der EBS und diesem Verhältnis, d.h. bei einem Wert von >0,45 innerhalb des Footprints liegt der Fehler der Energiebilanzschließung außerhalb des Gütekriteriums von ±10 %. An den Tagen 20. Mai und 29. Mai 2009 liegt der Footprint teilweise außerhalb des Ökosystems. Daher ist die Messung ungültig und der Fehler der EBS kann darauf zurückgeführt werden. Für den 21.06. liegt ebenfalls eine nicht ausreichend geschlossene Energiebilanz vor. Hier wird das Kriterium des homogenen Messuntergrundes nicht durch die Ökosystemgrenze verletzt, sondern aufgrund von unterschiedlichem ET-Verhalten des Untergrundes. Dies wiederum lässt auf unterschiedliche Pflanzenwachstumsstadien schließen, die in diesem Fall die Heterogenität und daher die ungeschlossene Energiebilanz erklären.

Tabelle 5-5: Innerhalb des jeweiligen Footprints ermittelte deskriptive Statistik für ET_{24} im Jahr 2009. Fettgedruckt sind die Messungen der Tage, an denen der Fehler der EBS außerhalb des Gütekriteriums von ±10 % liegt.

Datum	EBS-Fehler	R^2	$MaxET_{24} - MinET_{24}$ in mm	$ET_{24, Footprint}$ in mm	ET_{24} Stdabw in mm	Wertebereich / ET_{24}
20.05.2009	**18,8%**	**0,972**	**1,332**	**2,631**	**0,291**	**0,506**
29.05.2009	**12,3%**	**0,927**	**4,602**	**10,158**	**1,215**	**0,453**
05.06.2009	0%	0,947	1,168	3,179	0,303	0,367
21.06.2009	**17,4%**	**0,912**	**2,927**	**4,529**	**0,899**	**0,646**
30.06.2009	5,2%	0,954	0,587	5,934	0,161	0,099
07.07.2009	9,4%	0,943	0,394	4,881	0,141	0,081
16.07.2009	0%	0,923	1,347	4,792	0,392	0,281
23.07.2009	8,2%	0,945	1,214	4,311	0,371	0,282
01.08.2009	8,7%	0,977	0,875	5,466	0,263	0,160
08.08.2009	5,1%	0,979	0,646	6,34	0,205	0,102
02.09.2009	9,6%	0,969	0,420	5,171	0,104	0,081

Quelle: Eigene Berechnung

Tabelle 5-6: Innerhalb des jeweiligen Footprints ermittelten deskriptiven Statistik für ET_{24} für das Jahr 2010. Fettgedruckt sind die Messungen der Tage, an denen der Fehler der EBS außerhalb des Gütekriteriums von ±10 % liegt.

Datum	EBS-Fehler	R^2	$MaxET_{24} - MinET_{24}$ in mm	$ET_{24, Footprint}$ in mm	ET_{24} Stdabw in mm	Wertebereich/ ET_{24}
08.06.2010	5,5%	0,982	0,836	1,868	0,216	0,448
17.06.2010	1,6%	0,986	0,392	3,013	0,100	0,130
24.06.2010	**22,2%**	**0,976**	**3,272**	**6,568**	**1,015**	**0,498**
03.07.2010	8,3%	0,964	1,430	5,607	0,394	0,255
10.07.2010	**13,3%**	**0,937**	**7,624**	**9,174**	**1,905**	**0,831**
23.10.2010	7,5%	0,950	0,692	6,241	0,182	0,111

Quelle: Eigene Berechnung

Abbildung 5-7: Darstellungen des Footprints an Tagen für die Landsatszenen im Jahr 2009 verfügbar waren, sowie Streudiagramme der EBS aus gültigen mikrometeorologischen Messungen.

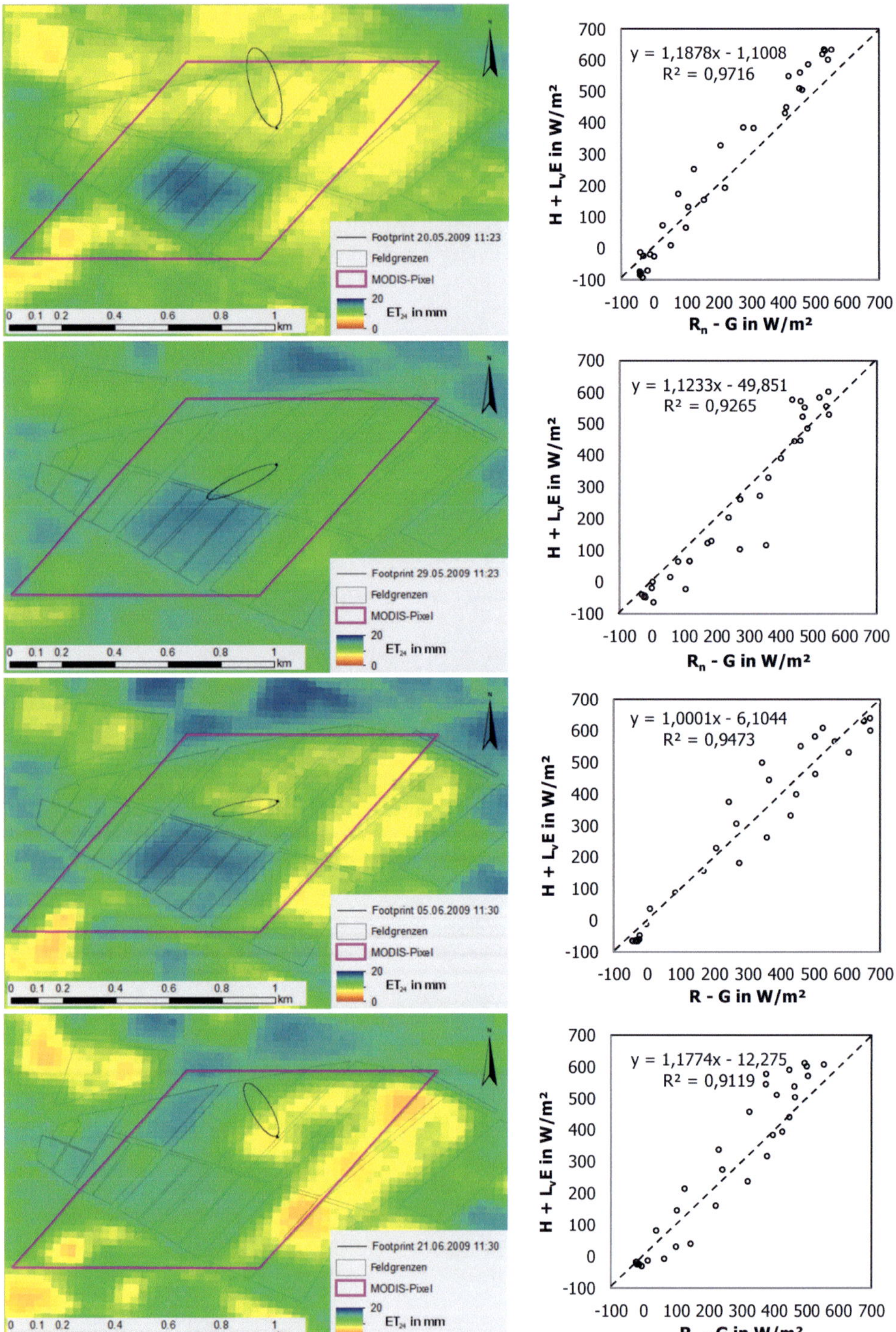

Quelle: Eigene Darstellung

Abbildung 5-8: Darstellungen des Footprints an Tagen für die Landsatszenen im Jahr 2009 verfügbar waren, sowie Streudiagramme der EBS aus gültigen mikrometeorologischen Messungen.

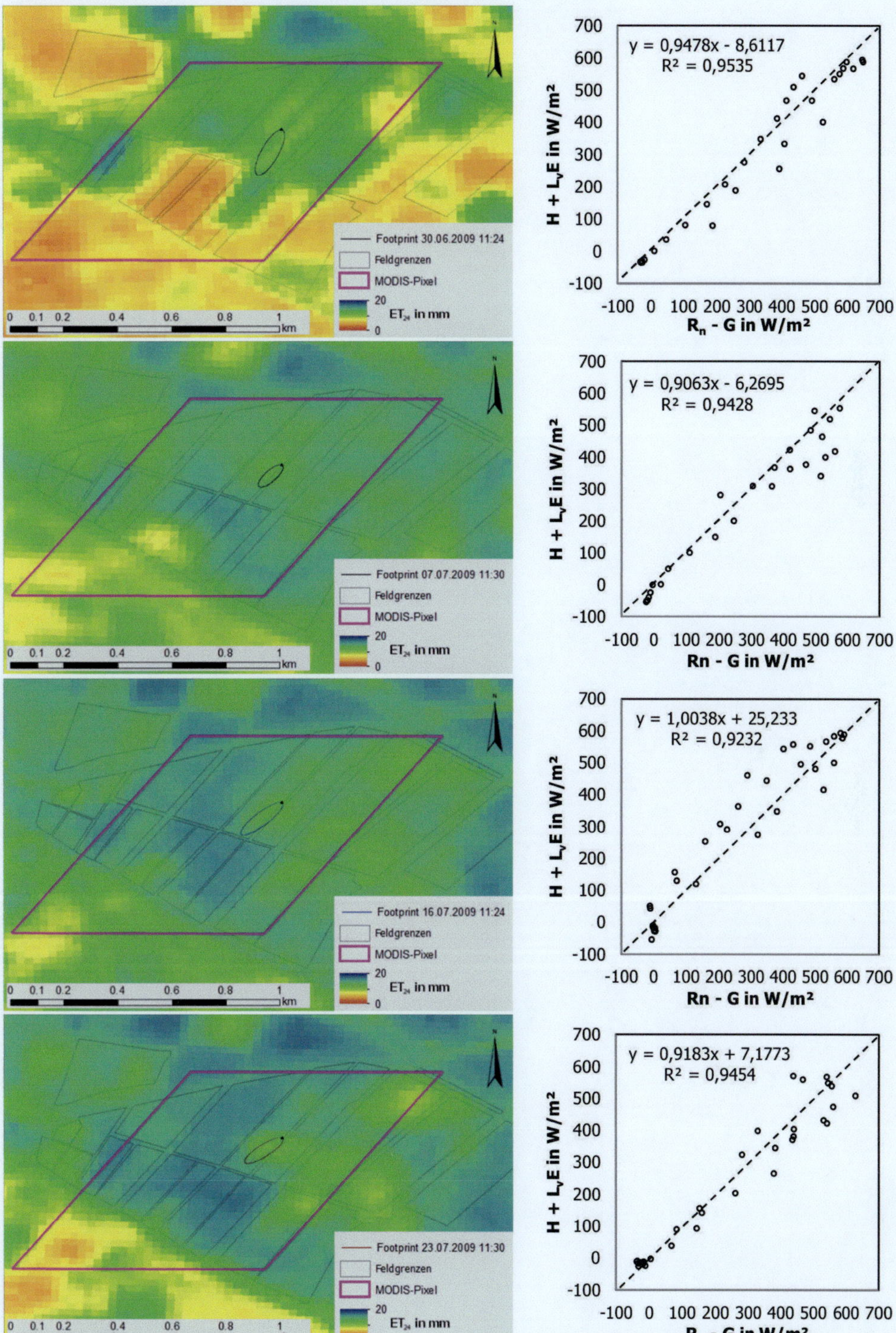

Quelle: Eigene Darstellung

Abbildung 5-9: Darstellungen des Footprints an Tagen für die Landsatszenen im Jahr 2010 verfügbar waren, sowie Streudiagramme der EBS aus gültigen mikrometeorologischen Messungen.

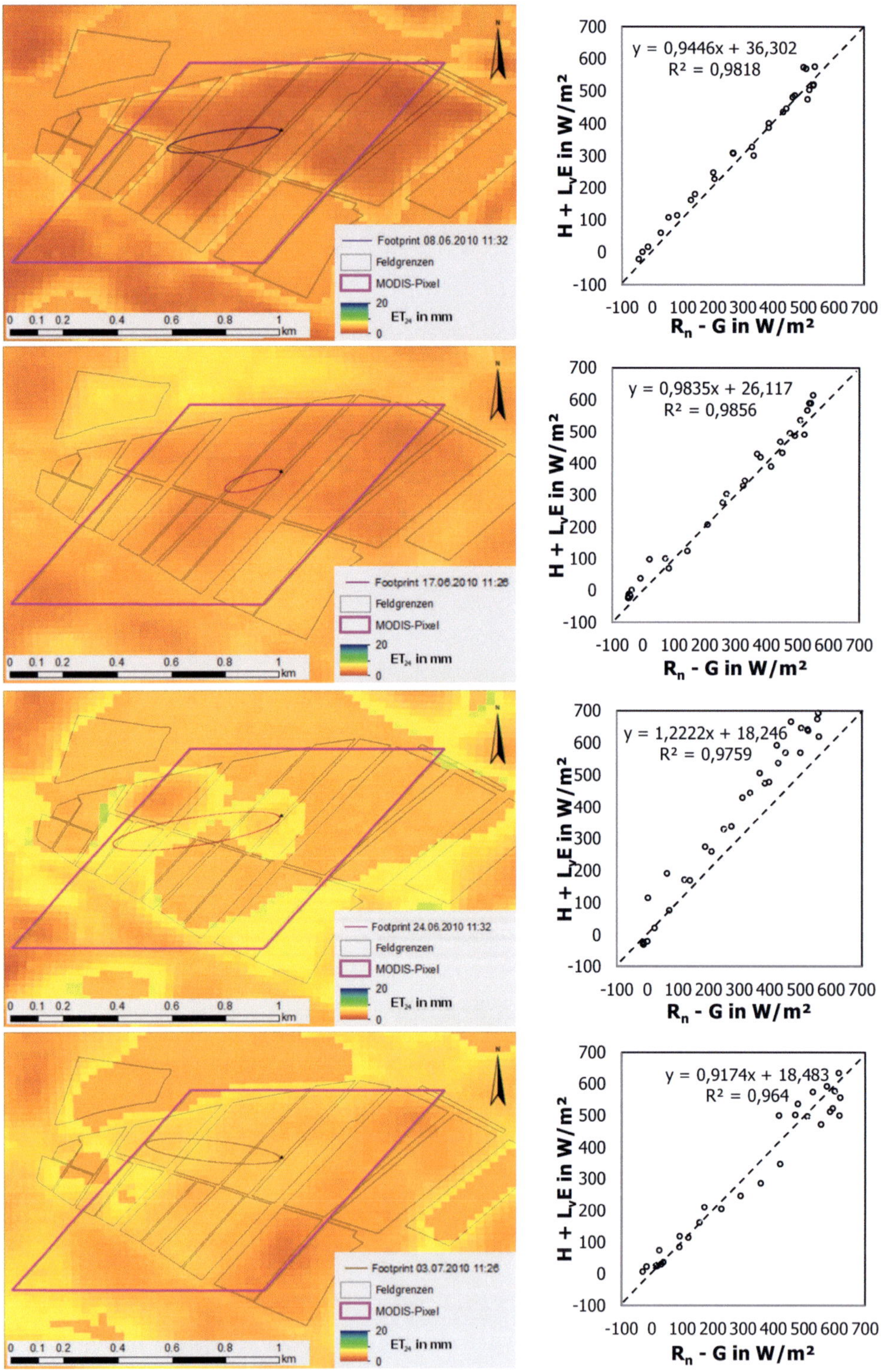

Abbildung 5-9: Fortsetzung

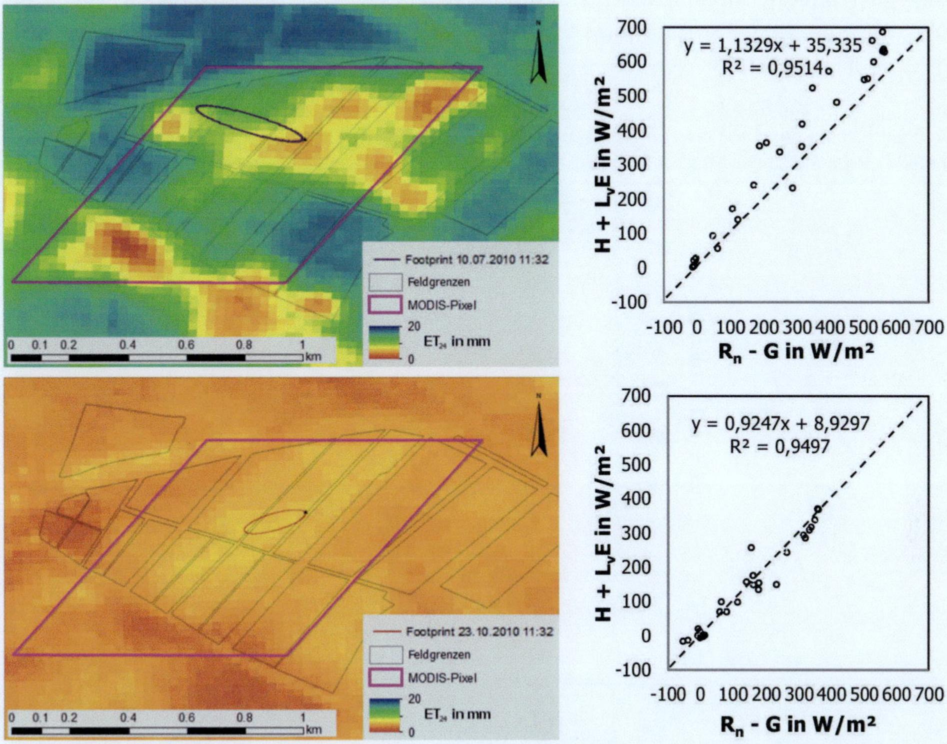

Quelle: Eigene Darstellung

Der für das Jahr 2009 festgestellte Zusammenhang besteht in den Messungen aus dem Jahr 2010 ebenfalls. Verwendet man die Footprint-Illustration aus Abbildung 5-9 bei der Interpretation der Werte aus Tabelle 5-6, dann wird der 24.06. aufgrund der Erstreckung des Footprints über die Ökosystemgrenzen hinaus als ungültig deklariert. Am 03. Juli liegt ein ähnlicher Footprint wie am 10. Juli vor, dennoch liegt für Letzteren der Fehler der EBS außerhalb des gewählten Gütekriteriums. Dies kann anhand der oben beschriebenen Zusammenhänge durch die heterogene Bewirtschaftung erklärt werden, welche durch die visuelle Interpretation bestätigt werden kann.

Die Ergebnisse weisen darauf hin, dass bei der Qualitätssicherung zusätzlich zur Überprüfung der gültigen Windrichtungen bzw. der Lage des Footprints innerhalb des zu untersuchenden Ökosystems, die Heterogenität in der Bewirtschaftung bzw. im Pflanzenwachstum berücksichtigt werden müssen. Diese Faktoren können in der vorliegenden Arbeit nur mit Hilfe von Satellitendaten ermittelt werden, deren temporäre Auflösung nicht genügt, um eine optimale Qualitätssicherung durchzuführen. Aus diesem Grund können nicht alle Messungen nach der Gültigkeit des Footprints bewertet werden.

Um die Auswirkungen der unterschiedlichen Quellflächen der Energiebilanzkomponenten (siehe Abbildung 4-6) zu bewerten, wird eine EBS der Energiebilanzkomponenten aus der Landsat-Modellierung durchgeführt. Hierfür werden die mit

Hilfe von Landsatdaten modellierten Werte der Strahlungsbilanz und des Bodenwärmestroms am Pixel der Messstation verwendet. Verglichen werden diese mit dem Mittelwert der turbulenten Wärmeströme (H und L_vE) innerhalb des jeweils gültigen Footprints.

Abbildung 5-10: Energiebilanzschließung auf Grundlage der SEBAL Modellierung mit Landsat-Daten unter Berücksichtigung des Footprints für das Jahr 2009 (oben) und 2010 (unten). Hinweis: Achsenabschnitte der Regressionsgeraden nicht signifikant.

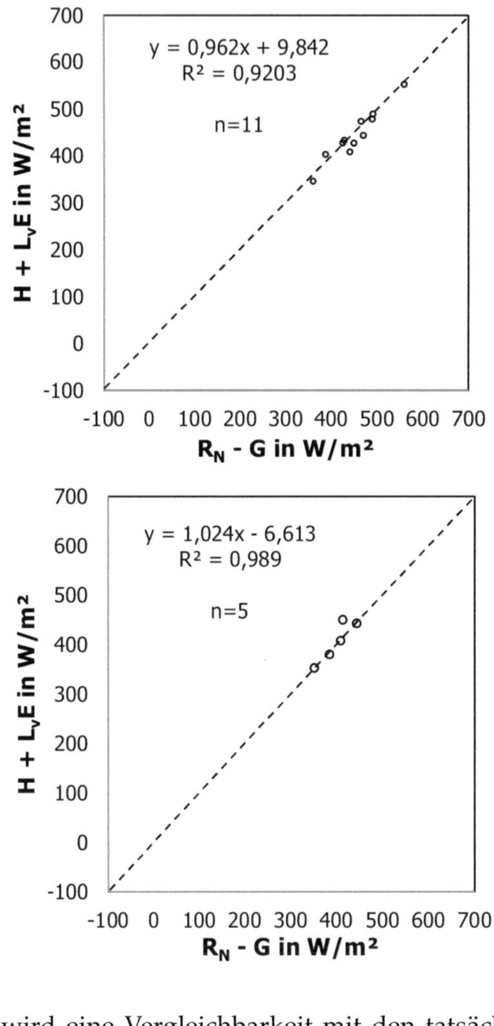

Quelle: Eigene Darstellung

Auf diese Weise wird eine Vergleichbarkeit mit den tatsächlichen Messbedingungen geschaffen (vgl. Kapitel 4.1.1), da R_N und G am Pixel des Messturms mit den turbulenten Wärmeströmen der Pixel innerhalb des Footprints verwendet werden. Die Ergebnisse der EBS von 2009 und 2010 sind in Abbildung 5-10 dargestellt. Vergleicht man das Ergebnis von 2009 (96,2 %) mit der EBS der Eddy-Kovarianz-Station (90,8 %, vgl. Abbildung 5-6), kann ein Teil der scheinbar ungeschlossenen EBS im Jahr 2009 durch den Einfluss der unterschiedlichen Quellgebiete erklärt werden. Für das Jahr 2010 fällt die Differenz nicht so deutlich aus wie im Jahr 2009. Hier stehen der EBS aus Landsatdaten von 102,4 % ein Wert von 97,5 % für die Eddy-Kovarianz-Station gegenüber. Im Jahr 2010 wirkt sich die Änderung der Instrumentenhöhe (siehe Kapitel 4.1.1) und die damit zusammenhängende Vergrößerung des Footprints positiv auf die Energiebilanzschließung aus.

5.2 Modellierung der Energiebilanzkomponenten und der tatsächlichen Evapotranspiration

Die Modellierung der Energiebilanzkomponenten in diesem Kapitel erfolgt unter Verwendung des in Kapitel 3.4 vorgestellten Residualansatzes SEBAL. Für diese Untersuchungen wird der neu entwickelte Bodenwärmestromansatz noch nicht verwendet. Diese Ergebnisse werden später im Kapitel 5.4 vorgestellt und bewertet. Bevor im nachfolgenden Kapitel (5.2.2) die räumliche Verteilung der ET im Untersuchungsgebiet innerhalb des Zeitraums 2009 bis 2011 vorgestellt wird, erfolgt zunächst die Bewertung der Güte der Modellierung der Energiebilanzkomponenten sowie ET_a. Wie bereits in Kapitel 3.6 vorgestellt gibt es unterschiedliche Empfehlungen für die Vorgehensweise bei der Validierung, die sich nach der zu validierender Variable richten. Zur Verbesserung des Leseflusses werden die Gütemaße, die zur Validierung in diesem Kapitel eingesetzt werden in Tabelle 5-7 aufgeführt.

Tabelle 5-7: Übersicht über die verwendeten Gütemaße bzw. Techniken zur Validierung der Bodenfeuchteprodukte.

Kategorie	Verwendetes Gütemaß bzw. visuelle Interpretationstechnik	Bedeutung
Quantitative Bewertung	Determinationskoeffizient (R^2)	Qualitative Beurteilung des statistischen Zusammenhangs
	absoluten Modellfehler (RMSE)	Quantitative Beurteilung
	relativen Modellfehler (RMSE)	Quantitative Beurteilung
	Nash-Sutcliffe-Effizienz (NSE)	Modellvorhersagegüte
Qualitative Bewertung	Streudiagramm	Visualisierung der Korrelation und Regression
	Verteilungsfunktion	Visuelle Güteinterpretation

Quelle: Eigene Erhebung

5.2.1 Bewertung der Modellergebnisse des Residualansatzes

Ein wesentliches Ziel der vorliegenden Arbeit, ist eine ganzheitliche Analyse sämtlicher zur Berechnung der tatsächlichen Evapotranspiration benötigten Energiebilanzkomponenten und bildet daher den Schwerpunkt der folgenden Untersuchungen. Um eine Einschätzung der modellierten Energiebilanzkomponenten hinsichtlich ihrer Genauigkeit zu erhalten, werden die vier gemessenen Energiebilanzkomponenten für die Jahre 2009 – 2011 mit den Messungen der mikrometeorologischen Station verglichen. Abschließend erfolgt ein Vergleich der aus der Energiebilanz abgeleiteten tatsächlichen ET-Werte.

Abbildung 5-11: Streudiagramme der modellierten und gemessenen Strahlungsbilanz für die Jahre 2009 – 2011, sowie des Gesamtzeitraums 2009 – 2010 (grau).

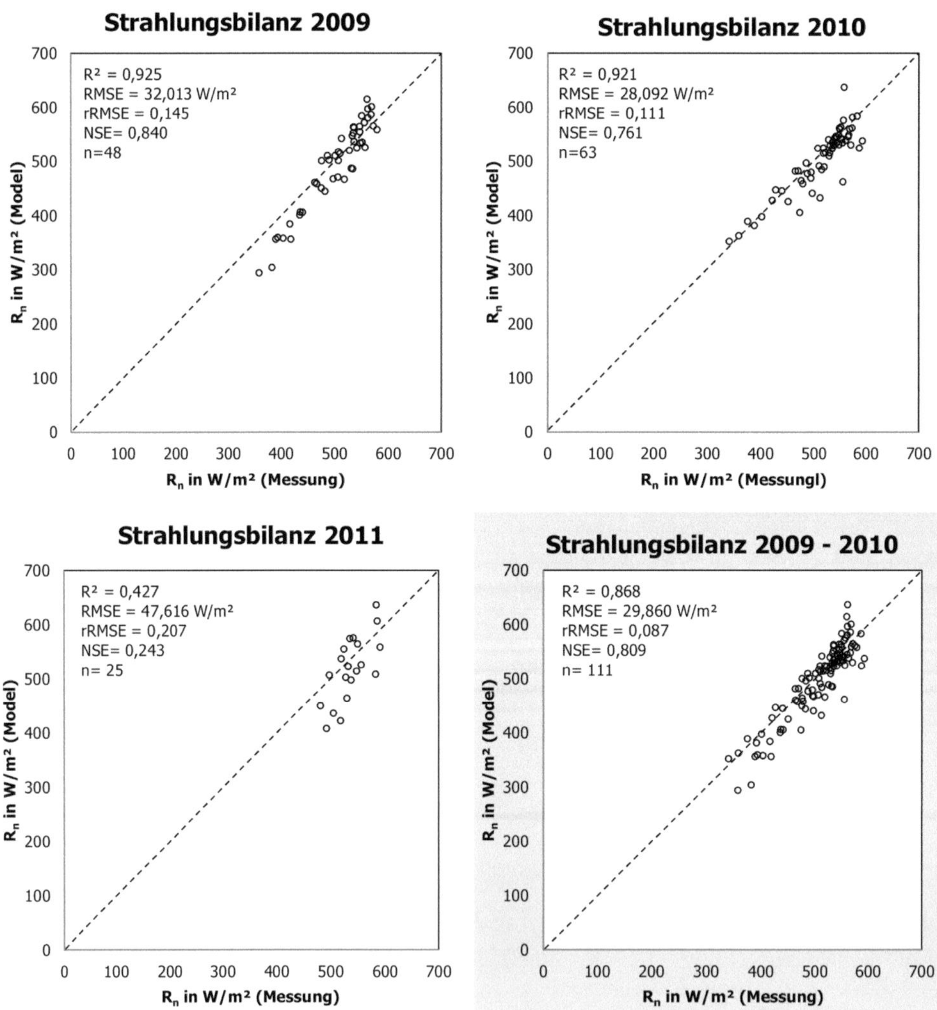

Quelle: Eigene Darstellung

Die unter Verwendung des Residualansatzes modellierte Strahlungsbilanz zeigt für den Punktvergleich am Ort der mikrometeorologischen Station die höchste Übereinstimmung aller Energiebilanzkomponenten mit den Messwerten (vgl. Abbildung 5-11). Dies kann zum einen durch geringe rRMSE von unter 0,2 belegt werden, als auch durch die hohen Werte der NSE (>0,5) sowie dem Determinationskoeffizienten ($R^2>0,75$). Die hohe Modellgüte zeigt sich sowohl in der Analyse der Einzeljahre, als auch in der Beurteilung des Zeitraums in denen die Untersuchungsfelder einen Baumwollbestand aufwiesen (2009 und 2010, siehe 4.2.4). Die statistischen Parameter zur Beurteilung der Modellgüte deuten in diesen Jahren allesamt auf eine sehr gute Vorhersagekraft für die Strahlungsbilanzkomponente hin. Eine Ausnahme bildet das Jahr 2011, in dem bekanntlich die untersuchten Felder eine andere dominierende Landnutzung mit geringerer Homogenität des modellierten Pixels aufwiesen (vgl. 4.2.4). In diesem Jahr kann für die Strahlungsbilanz eine insgesamt nur ausreichende Vorhersagekraft festgestellt werden. Hiermit bestätigen die Erkenntnisse aus den Untersuchungen dieser kurzen Zeitreihe im Wesentlichen die Ergebnisse der Studie von Hong et al. (2014). Aus diesem Grund wird die geringe Modellgüte der Strahlungsbilanz des Jahres 2011 auf die Tatsache zurückgeführt, dass die gemessenen R_N-Werte die Umgebungsverhältnisse nicht hinreichend repräsentieren.

Im Gegensatz zur hohen Modellgüte der Strahlungsbilanz stehen hohe relative Modellfehler (rRMSE > 0,4), niedrige Determinationskoeffizienten ($R^2<0,25$), sowie negative NSE-Werte beim Vergleich der Ergebnisse für den Bodenwärmestrom (Abbildung 5-12). Anhand dieser Gütemaße kann eine nur unzureichende Modellgüte des modellierten Bodenwärmestroms festgestellt werden. Hier zeigt sich, analog zu R_N, ebenfalls ein Unterschied für die Modellergebnisse im Jahr 2011. Während in den Jahren mit Baumwollbestand (2009 – 2010) ähnliche Werte ermittelt werden, ändert sich für das Jahr 2011 die Einschätzung der Modellgüte. Zwar werden auch hier überwiegend unzureichende Güteparameter bestimmt, es kommt jedoch zu einer deutlichen Verringerung des Modellfehlers. Unter Beachtung des empirischen Charakters der Formel für die Abschätzung der Bodenwärmekomponente (3.4.2) muss grundsätzlich von einem starken Zusammenhang zwischen den Modellergebnissen für G und R_N ausgegangen werden. Daher erscheint eine Verbesserung der Vorhersagekraft der Energiebilanzkomponente G, bei gleichzeitiger Verschlechterung der Modellgüte für R_N im Jahr 2011 als eher unwahrscheinlich. Belegt wird diese Annahme zudem durch den unzureichenden Wert des Bestimmtheitsmaßes, wie auch der Feststellung eines nicht signifikanten Zusammenhangs der beiden Zufallsstichproben (gemessener und modellierter Bodenwärmestrom). Für das Jahr 2011 kann, innerhalb des vorgegebenen Signifikanzniveaus von $\alpha = 0,05$ (vgl. Kapitel 3.6), kein Zusammenhang zwischen Mess- und Modellwert festgestellt werden (vgl. Tabelle 5-8).

Anders als bei der Strahlungsbilanz und dem Bodenwärmestrom, ist bei der Beurteilung der Güte der Modellierungsergebnisse für die turbulenten Energiebilanzkomponenten (H und L_vE) der Einfluss der Datenkorrektur bzw. Qualitätskontrolle zu berücksichtigen. Die Messungen an der Eddy-Kovarianz-Station unterlagen den bereits beschriebenen Einschränkungen, weshalb bei der Modellvalidierung nur auf einen reduzierten Datensatz an beobachteten Messwerten zurückgegriffen werden konnte. Daher können in einem ersten Vergleich nur 20 (2009), 16 (2010) bzw.

Abbildung 5-12: Streudiagramme des modellierten und gemessenen Bodenwärmestroms für die Jahre 2009 – 2011, sowie des Gesamtzeitraums 2009 – 2010 (grau).

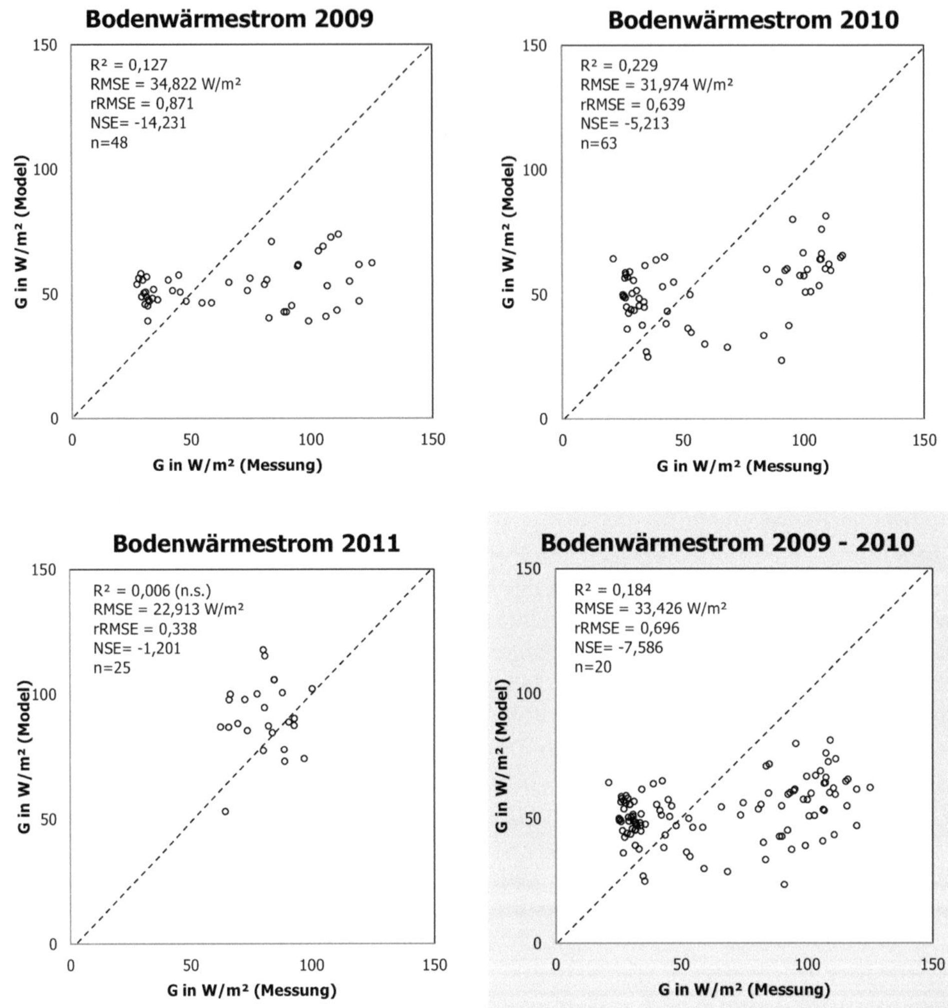

Quelle: Eigene Darstellung

12 (2011) gültige Datenpaare miteinander verglichen werden (Abbildung 5-13). Bei den übrigen Datenpaaren wurden entweder keine Daten aufgezeichnet oder es lagen ungültige Messbedingungen vor. Für einen weiteren Vergleich (siehe Abbildung 5-14) werden die Ergebnisse der Datenlückenschließung aus der multiplen linearen Regression (H_{MLR}) herangezogen. Auf diese Weise kann die Messgrundlage, auf der die Modellvalidierung basiert, für alle Energiebilanzkomponenten einheitlich gestaltet werden, d.h. für das Jahr 2009 stehen demnach 48, im Jahr 2010 63 und im Jahr 2011 25 Tage für die Modellergebnisbewertung zur Verfügung. Die Ergebnisse der Qualitätsbewertung für den fühlbaren Wärmestrom (Abbildung 5-13) zeigen die

Abbildung 5-13: Streudiagramme des modellierten und gemessenen fühlbareren Wärmestroms der Jahre 2009 – 2011, sowie des Gesamtzeitraums 2009 – 2010 (grau). Illustration des Einflusses der Qualitätsanalyse auf die Validierung durch Unterscheidung zwischen gültigen (o) und ungültigen Messbedingungen (x).

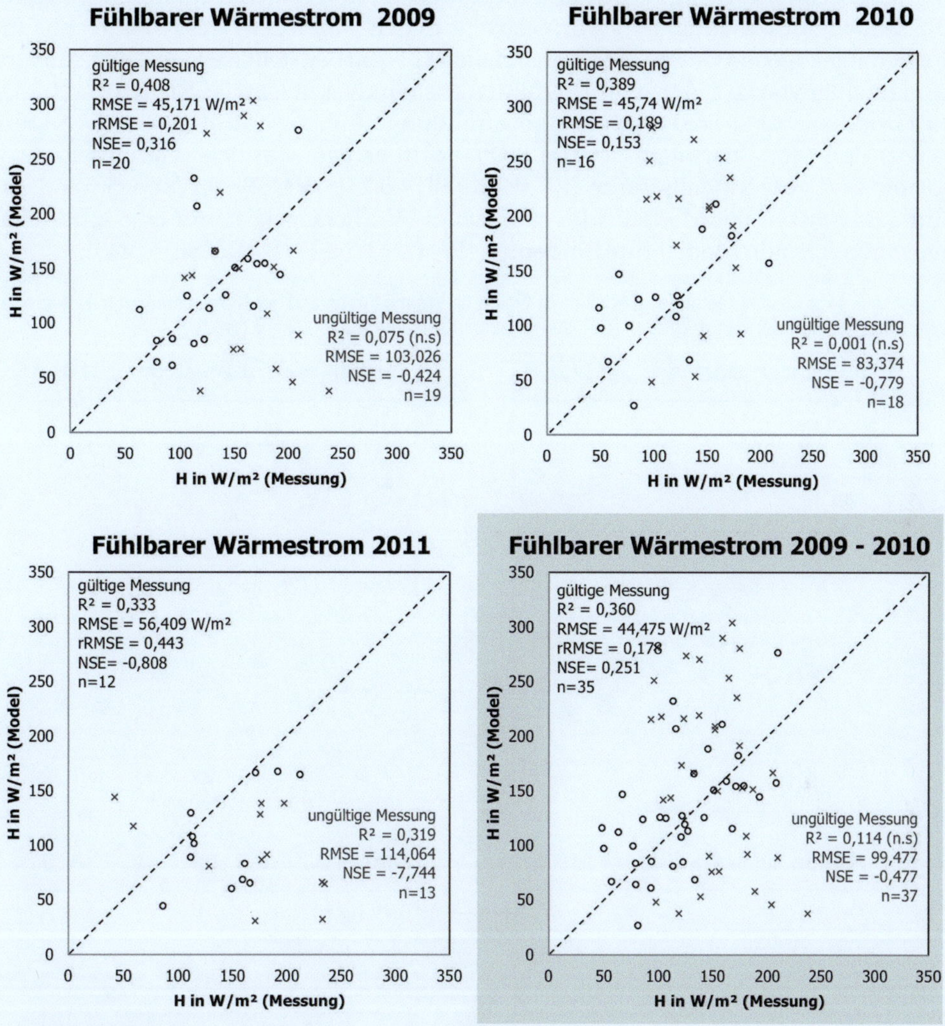

Quelle: Eigene Darstellung

Notwendigkeit für die Berücksichtigung der Qualitätskontrolle für die mikrometeorologischen Messungen. Nur so ist ein objektiver Vergleich zwischen den Messwerten und den Modellergebnissen durchführbar.

Die Tage an denen aufgrund der Qualitätskriterien die gemessenen Werte des fühlbaren Wärmestroms ungültig sind, weisen einen deutlich höheren Modellfehler als unter gültigen Bedingungen auf. In allen Fällen ist der RMSE mehr als doppelt so hoch und auch die Vorhersagekraft ist unzureichend. Anhand der Definition bzw. Spezifikationen der Qualitätskontrolle ist ein solcher Vergleich hinsichtlich einer Güteeinschätzung nicht zulässig, da die Vergleichswerte aus ungültigen Messungen stammen. An dieser Stelle soll, wie bereits erwähnt, lediglich die Bedeutung der Qualitätskontrolle verdeutlicht werden. Zur Einschätzung der Modellgüte werden die ungültigen Messungen bzw. der Vergleich zwischen gültigen und ungültigen Bedingungen nicht herangezogen. Die Modellgüte des fühlbaren Wärmestroms in den Jahren 2009 – 2010 kann anhand der herangezogenen Gütemaße als ausreichend bis gut beurteilt werden. Die relativen Modellfehler von 20,1 % bzw. 18,9 % bilden zusammen mit dem NSE 0,316 und 0,153 die Grundlage zu dieser Einschätzung (Abbildung 5-13).

Für den Modellierungszeitraum 2009 – 2010 zeigen sämtliche Gütemaße eine ausreichend gute Modellgüte an (R^2=0,36; NSE = 0,251; rRMSE=0,178), während im Jahr 2011 sowohl der Modellfehler als auch die Vorhersagekraft auf eine schwache bis unzureichende Modellgüte hindeuten (R^2=0,333; NSE < 0; rRMSE=0,443).

Abbildung 5-14: Streudiagramm des modellierten fühlbaren Wärmestroms und der Messzeitreihen mit geschlossenen Datenlücken der Jahre 2009 – 2011 sowie Gesamtzeitraum 2009 – 2010 (grau).

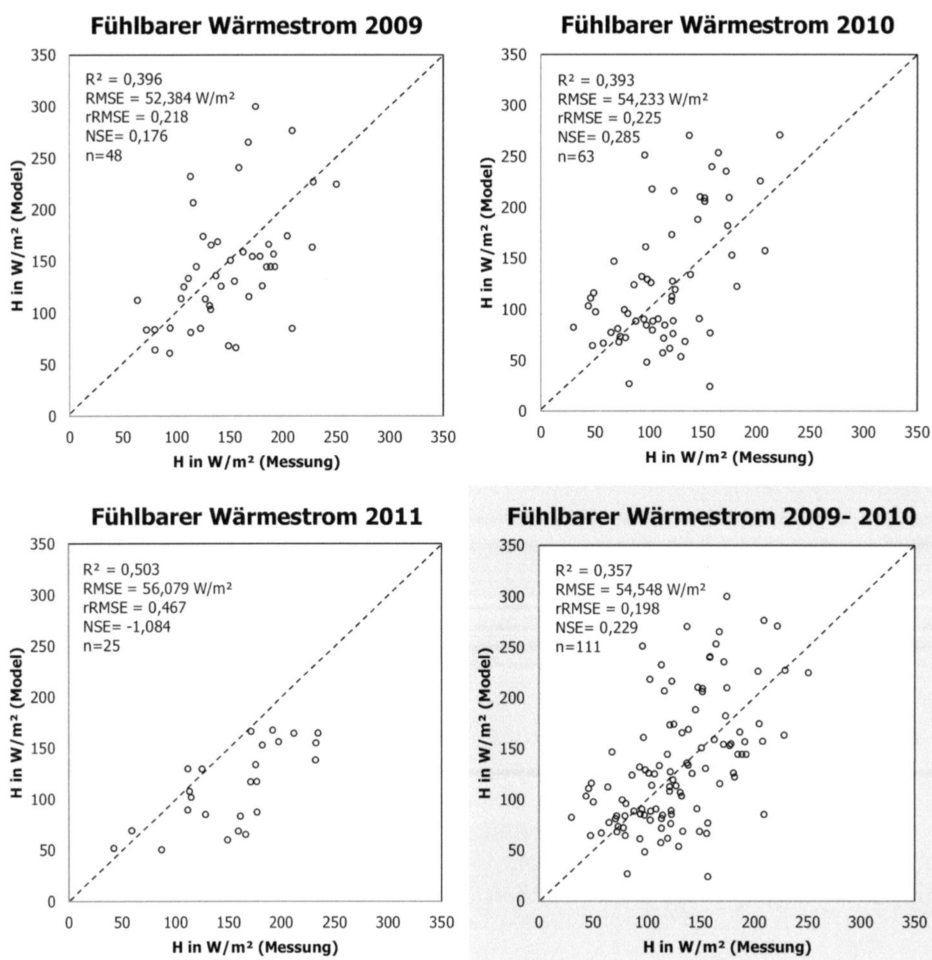

Quelle: Eigene Darstellung

Eine ähnliche Einschätzung ergibt sich bei Betrachtung des Vergleichs mit ergänzten Datensätzen (Abbildung 5-14) wobei die Qualitätsparameter ähnliche Wertebereiche aufweisen. Im Jahr 2011 zeigt sich durch den verkürzten Messzeitraum (April bis Juni 2011), auch eine signifikant schlechtere Modellgüte des fühlbaren Wärmestroms. Trotz eines erhöhten Determinationskoeffizienten (R^2=0,503), ergibt sich durch die Verschlechterung der NSE (NSE <0) beziehungsweise der rRMSE Werte (rRMSE=0,467) eine unzureichende Vorhersagkraft für diese Energiebilanzkomponente, im Gegensatz zu den Jahren 2009 und 2010 in denen eine ausreichend gute Modellgüte vorliegt (R^2>0,4; NSE<0,3; rRMSE>0,15).

Abbildung 5-15: Streudiagramme des modellierten und gemessenen latenten Wärmestroms der Jahre 2009 – 2011, sowie des Gesamtzeitraums 2009 – 2010 (grau). Illustration des Einflusses der Qualitätsanalyse auf die Validierung durch Unterscheidung zwischen gültigen (o) und ungültigen Messbedingungen (x).

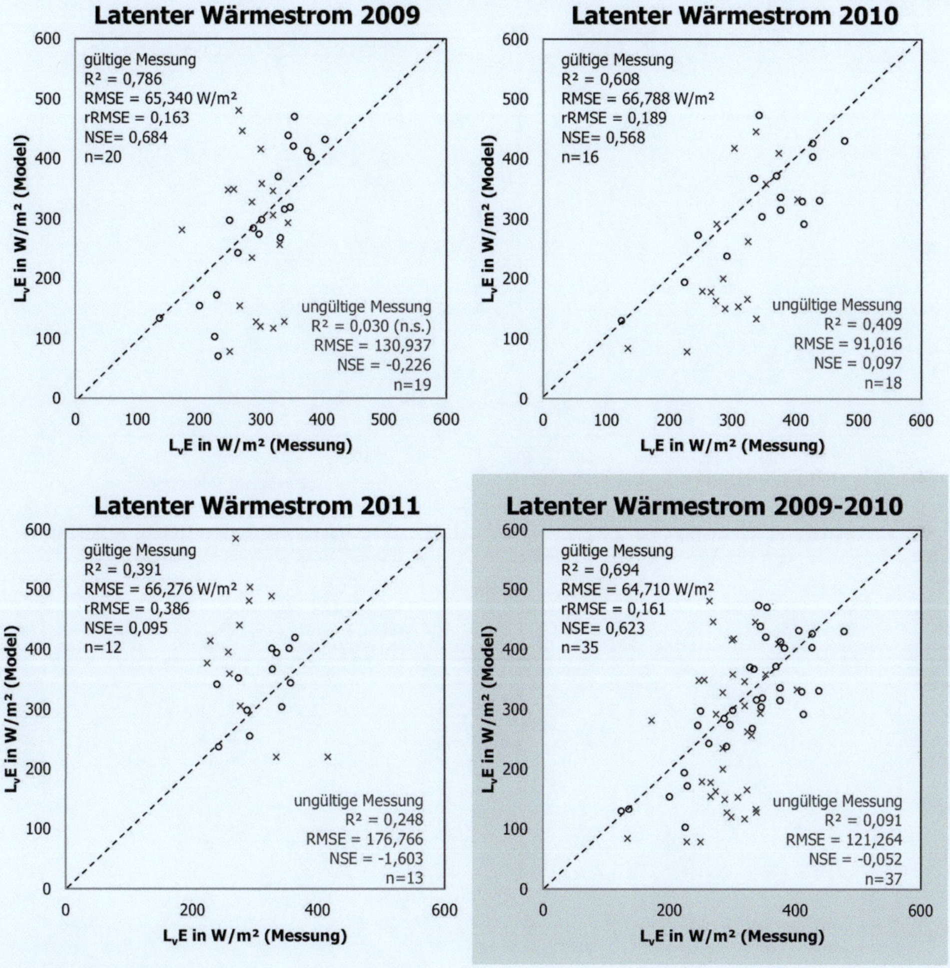

Quelle: Eigene Darstellung

Beim Vergleich der gemessenen latenten Wärmeströme mit den modellierten Werten (Abbildung 5-15) ergibt sich für die gültigen Messzeitpunkte im Durchschnitt eine gute Qualität der Modellergebnisse. In den Jahren mit Baumwollbestand wird eine hohe Modelleffizienz (NSE = 0,684 in 2009, bzw. 0,568 in 2010) bei gleichzeitig geringen relativen Modellfehlern (rRMSE < 0,2) ermittelt. Im Jahr 2011 zeigt sich eine ausreichende bis schwache Modellgüte. Ähnlich dem fühlbaren Wärmestroms weichen die Modellergebnisse an Tagen mit ungültigen Messbedingungen um mehr als doppelt so viel von den gemessenen Werten ab, als unter gültigen Bedingungen. An dieser Stelle sei noch einmal darauf hingewiesen, dass die hohen Abweichungen für ungültige Messbedingungen, durch die Eddy-Kovarianz-Theo-

Abbildung 5-16: Streudiagramme des gemessenen und modellierten latenten Wärmestroms der Jahre 2009 – 2011, sowie des Gesamtzeitraums 2009 – 2010 (grau). Datengrundlage bilden die Messzeitreihen nach Datenlückenschließung.

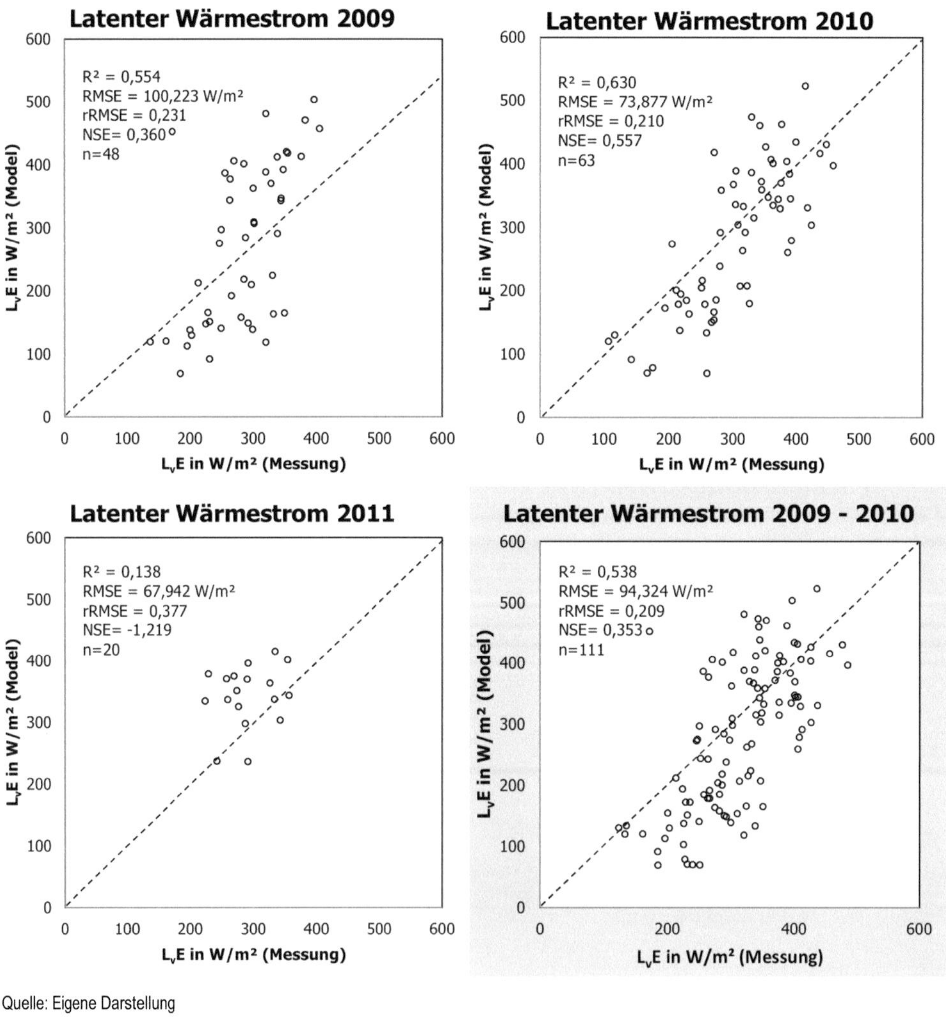

Quelle: Eigene Darstellung

rie impliziert, zu erwarten waren und daher nicht zur Beurteilung der Modellgüte herangezogen werden.

Die bisherigen Erkenntnisse aus den Gütebeurteilungen für die anderen Energiebilanzkomponenten legten bereits die Annahme nahe, dass die Modellgüte für den latenten Wärmestrom im Jahr 2011 unzureichend ist und ähnlich den anderen Komponenten diesen Jahres eine schwache Modellgüte anzeigt. Bei ähnlichen absoluten Modellfehlern unterschieden sich jedoch die weiteren Gütemaße wie R^2, NSE und rRMSE im Jahr 2011 deutlich von denen aus den Vorjahren ($R^2 = 0{,}138$; NSE < 0; rRMSE = 0,377). Durch Hinzunahme der gefüllten Datensätze für die Beurteilung der Modellgüte (Abbildung 5-16) ergibt sich für das Jahr 2009 eine leichte

Abbildung 5-17: Vergleich der ET-Tagessummen von Modellierung und Messung ET-Werte der mikrometeorologischen Station der Jahre mit Baumwollbestand 2009 – 2010.

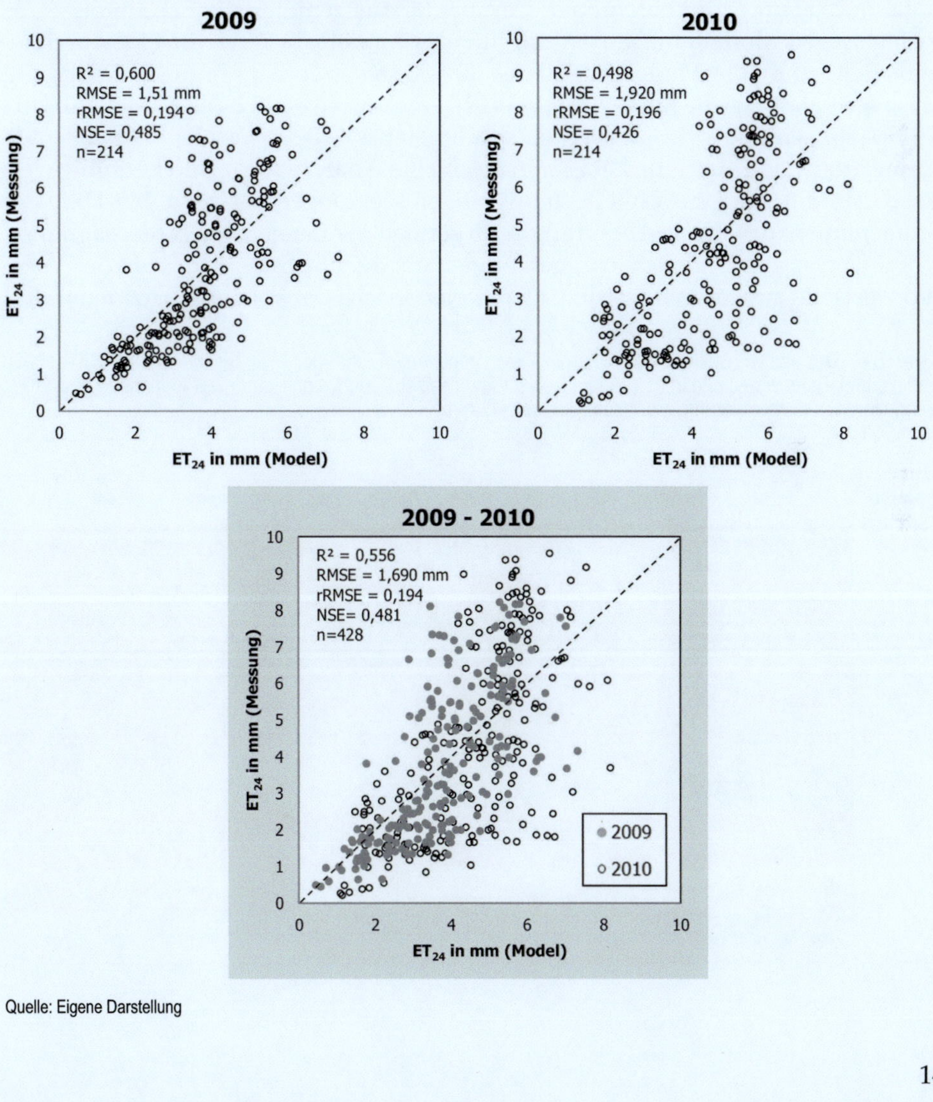

Quelle: Eigene Darstellung

Verschlechterung der Modellgüte ($R^2 = 0{,}554$; NSE = 0,36; rRMSE = 0,231), während die Einschätzungen aus dem Vergleich mit den gültigen Messungen (Abbildung 5-15) für 2010 und 2011 auch für den vervollständigten Datensatz bestätigt werden ($R^2 > 0{,}5$; NSE $< 0{,}25$; rRMSE $< 0{,}35$). Die Gütemaße für den Zeitraum 2009 und 2010 zeigen erneut eine noch überwiegend als gut zu beurteilende Modellgüte an, wohingegen die Güte für den latenten Wärmestrom in 2011 erneut als unzureichend bewertet wird.

Die bisher gewonnenen Erkenntnisse über die Modellgüte des latenten Wärmestroms lassen eine ausreichend gute Übereinstimmung zwischen modellierten und gemessenen Tagessummen der tatsächlichen Evapotranspiration erwarten, da der für diesen Prozess maßgebliche Parameter der latente Wärmestrom ist. Aufgrund der unvollständigen saisonalen Zeitreihe des Jahres 2011, sowie der unzureichenden Modellgüte, wird an dieser Stelle der Vergleich der täglichen Evapotranspiration auf die Jahre 2009 und 2010 beschränkt. Darüber hinaus genügen die Erkenntnisse aus der bisherigen Modellgütebeurteilung für das Modelljahr 2011 für eine abschließende Bewertung der Modellgüte dieses Jahres. Die Streudiagramme in Abbildung 5-17 zeigen, dass für die Jahre 2009 und 2010 eine ausreichend hohe Modelleffizienz (NSE = 0,481) erreicht wird, analog zu den Ergebnissen beim Vergleich des latenten Wärmestroms. Für das Jahr 2011 kann solch eine Analyse nicht durchgeführt werden, da ab Mitte Juni ausschließlich ungültigen Messungen vorlagen. Mit Hilfe der Summenlinienkurven aus Abbildung 5-18, können die Bereiche im Streudiagramm, die auf Über- bzw. Unterschätzungen hindeuten, dem Beginn bzw. Ende der Vegetationsperiode zugeordnet werden. Die Wertebereiche der Fehleinschätzungen sind

Tabelle 5-8: Deskriptive Statistik der Energiebilanzkomponenten und der ET_{24} für die Jahre 2009, 2010 (Landnutzung: Baumwolle) und 2011 (Landnutzung: Winterweizen). Nicht signifikante Zusammenhänge sind fett geschrieben. Qualitätscodierung: grün<sehr gut, gelb<gut, rot<schwach.

	2009				2010				2011			
Parameter	R^2	RMSE	rRMSE	NSE	R^2	RMSE	rRMSE	NSE	R^2	RMSE	rRMSE	NSE
R_n	0,92	32,01	0,15	0,84	0,92	28,09	0,11	0,52	0,43	47,62	0,21	0,24
G	0,12	34,82	0,87	-14,23	0,23	31,97	0,64	-5,21	**0,01**	22,91	0,34	-1,20
H	0,41	45,17	0,20	0,31	0,39	45,74	0,19	0,33	0,33	56,41	0,44	-0,81
$H_{ungültig}$	**0,08**	103,03	-	-0,42	**0,01**	83,37	-	-0,78	0,32	114,06	-	-7,74
H_{MLR}	0,40	52,38	0,22	0,18	0,39	54,23	0,23	0,29	0,50	56,08	0,47	-1,08
L_vE	0,79	65,34	0,16	0,68	0,61	66,79	0,19	0,57	0,39	66,86	0,39	0,10
$L_vE_{ungültig}$	**0,03**	130,94	-	-0,23	0,41	91,02	-	0,10	0,25	176,77	-	-1,60
L_vE_{MLR}	0,51	100,22	0,23	0,36	0,63	73,88	0,21	0,58	0,14	67,94	0,38	-1,22
ET_{24}	0,6	1,51	0,19	0,49	0,50	1,92	0,19	0,43	-	-	-	-

Quelle: Eigene Darstellung

im Jahr 2010 Modellgüte (RMSE=1,92 mm) größer als 2009 (RMSE=1,51 mm), worauf ebenfalls bereits die Summenlinien hindeuteten. Insgesamt kann die Modellierung der täglichen tatsächlichen Evapotranspiration mit ausreichend bis gut bewertetet werden. Die Abweichung der modellierten saisonalen Verdunstungsmengen von den gemessenen lassen sich nicht nur durch die ungeschlossene Energiebilanz erklären. Die damit zusammenhängende Unterschätzung des latenten Wärmestroms würde nämlich zu einer Steigerung der gemessenen Verdunstungsmenge führen, welche den Modellfehler erhöhen würde. Eine mögliche Erklärung hierfür ist die Unsicherheit bei der Ermittlung der Energiebilanzkomponente des Bodenwärmestroms, die bereits in ein Kapitel 3.4.2 vorgestellt und welche durch die Modellgütebeurteilung im Wesentlichen bestätigt wird. In der Bewässerungslandwirtschaft Khorezms wird gerade zu Saisonbeginn viel Wasser auf die Felder gebracht, was bei unbewachsenen Böden dazu führt, dass ein Großteil der verfügbaren Energie aufgrund der erhöhten Wärmeleitfähigkeit in den Boden eingeleitet wird.

Dies kann durch den empirischen Zusammenhang nicht hinreichend genau nachgebildet werden (Allen et al., 2007b), so dass der als Energiebilanzresiduum bestimmte latente Wärmestrom in der ersten Saisonhälfte niedriger ist als er durch das Residualmodell ermittelt werden kann. Tasumi (2003) empfiehlt hierfür die Verwendung eines LAI-Schwellenwertabhängigen Berechnungsansatzes des Bodenwärmestroms, der den Wärmetransport auf kaum bewachsenen Flächen berücksichtigt. Die Tabelle 5-8 vermittelt einen zusammenfassenden Überblick über die Modellierungsgüte der einzelnen Modellkomponenten in den drei untersuchten Jahren.

Die in Abbildung 5-18 dargestellten Summenlinien der ET-Tagessummen zeigen eine Überschätzung der Evapotranspiration des Modells zu Beginn des beobachteten Zeitraums (bis etwa August) und eine Unterschätzung zum Ende der Zeitreihe. Die

Abbildung 5-18: Saisonal kumulierte ET-Tagessummen der interpolierten, modellierten und aus mikrometeorologischen Messungen abgeleiteten Werte der täglichen ET_a der Jahre mit vollständiger Messreihe (2009 und 2010).

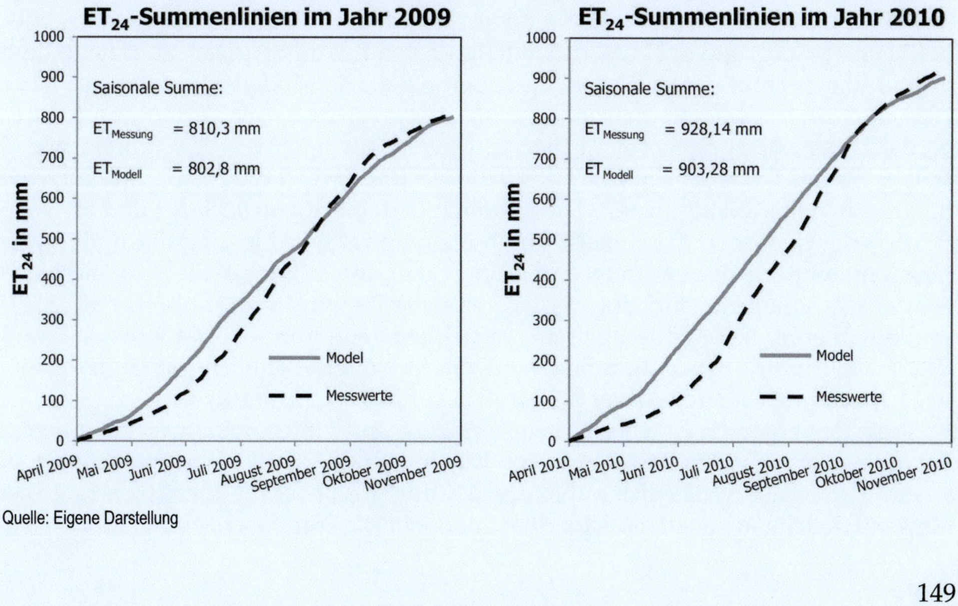

Quelle: Eigene Darstellung

Interpretation der ET-Tagessummen anhand der saisonalen Summenlinien deutet darauf hin, dass die Gesamtverdunstungsmenge über eine Saison zu 0,9 % (2009) bzw. 2,6 % (2010) unterschätzt wird. Berücksichtigt man die Erkenntnisse aus der Energiebilanzschließung (5.1.4), dass die turbulenten Wärmeströme ca. 5 % unterschätzt werden, bedeutet das eine potentielle Vergrößerung der modellseitigen Unterschätzung um etwa diesen Betrag.

Die im Rahmen dieser Arbeit gewonnen Erkenntnisse sind vergleichbar mit den Erkenntnissen aus ähnlichen SEBAL Vergleichsstudien (z.B. Ruhoff et al., 2012; Singh et al., 2008; Teixeira et al., 2009; Jacob et al., 2002). Diese Studien beschränken sich bei der Modellbewertung im Wesentlichen auf die beiden Gütemaße R^2 und RMSE, weshalb diese im Folgenden als Vergleichsgrößen zitiert werden. Außerdem unterscheiden sie sich hinsichtlich der Datengrundlage und sind daher nur bedingt mit der im Rahmen der vorliegenden Arbeit durchgeführten umfangreichen Untersuchung der Modellgenauigkeit vergleichbar. So basiert lediglich die Studie von Ruhoff et al. (2012) auf vergleichbaren Datenmengen, d.h. auf 28 MODIS-Szenen und Eddy-Kovarianz-Daten als Validierungswerte. Die Studien von Teixeira et al. (2009) und Singh et al. (2008) basieren auf 10 bzw. 7 Landsat-Szenen während die Studie von Jacob et al. (2002) sich auf 7 flugzeuggestützte Aufnahmen beruft.

Sämtliche der erwähnten Studien identifizieren R_N als Komponente mit der höchsten Modellgüte, dabei liegt R^2 im Mittel bei 0,86 und der RMSE von 38 W/m² (vgl. Tabelle 5-9). Die im Rahmen der vorliegenden Arbeit erhobenen und in Tabelle 5-8 aufgeführten Werte der Gütemaße für 2009 und 2010 ($R^2 \approx 0{,}92$ bzw. RMSE ≈ 30 W/m²) bestätigen diese Erkenntnisse. Auch bei den übrigen Energiebilanzkomponenten kommen die genannten Autoren in ihren Studien zu ähnlichen Einschätzungen (vgl. Tabelle 5-9). Demnach werden für H mittlere Gütemaße von 0,52 (R^2) und 62 W/m² (RMSE) erzielt. Für die Komponente L_vE werden geringfügig bessere Gütemaße ermittelt mit 0,74 (R^2) und 63 W/m² (RMSE). Hong et al. (2014) kamen zu ähnlichen Unterschieden in der Modellgüte für H und L_vE und schlussfolgern daraus, dass der fühlbare Wärmestrom in SEBAL vorsätzlich fehlerhaft ist, um einen fehlerfreien latenten Wärmestrom zu ermitteln und sich H daher nicht zur Kalibration des Modells eignet. Aufgrund der bessern Modellgüte von L_VE im Vergleich zu H liegt diese Vermutung auch in der vorliegenden Arbeit nahe. Die Modellergebnisse der Jahre 2009 und 2011 jeweils zu Saisonbeginn widersprechen dieser Vermutung jedoch, da die Unterschätzungen von H hier zu Überschätzungen von L_vE führen. Für G stellen, bis auf Teixeira et al. (2009; R^2=0,81 und RMSE=13,3 W/m²), alle Studien eine unzureichende Modellgüte fest. Die mittleren Gütemaße von 0,33 (R^2) und 55 W/m² (RMSE) für G werden dabei meist durch die empirische Ableitung der Bodenwärmestromkomponente begründet (vgl. Ruhoff et al., 2012; Singh et al., 2008 und Jacob et al., 2002). Eine Untersuchung der ET_{24} Modellgüte wurde von Ruhoff et al. (2012) und Singh et al. (2008) durchgeführt, mit Gütemaßen von $R^2 = 0{,}64$ bzw. 0,72 und RMSE = 0,72 mm/d bzw. 1,04 mm/d wird die Modellgüte ähnlich gut eingeschätzt, wie bei der vorliegenden Arbeit (R^2 = 0,55 und RMSE=1,72 mm/d).

Trotz der unterschiedlichen Datengrundlage und Untersuchungsgebiete liegen die in der vorliegenden Arbeit erzielten Ergebnisse der Modellgütebeurteilung in einem vergleichbaren Bereich mit anderen Studien, so dass die Identifizierung von G als unzureichend genau modelliertere Energiebilanzkomponente unterstützt wird.

Tabelle 5-9: Gütemaße vergleichbarer Studien.

	Ruhoff et al. (2012)		Singh et al. (2008)		Jacob et al. (2002)		Teixeira et al. (2009)		Mittelwert	
	R^2	RMSE	R^2	RMSE	R^2	RMSE	R^2	RMSE	R^2	RMSE
R_N	0,83	47,21 W/m²	0,76	65,24 W/m²	0,91	21,05 W/m²	0,94	17,52 W/m²	0,86	37,75 W/m²
G	0,44	41,85 W/m²	0,05	79,85 W/m²	0,52	44,35 W/m²	0,81	13,32 W/m²	0,33	55,35 W/m²
H	0,52	38,45 W/m²	0,23	108,56 W/m²	0,51	58,65 W/m²	0,83	42,15 W/m²	0,52	61,95 W/m²
L_vE	0,62	70,25 W/m²	-	-	0,67	84,77 W/m²	0,93	34,28 W/m²	0,74	63,1 W/m²
ET_{24}	0,64	0,72 mm/d	0,72	1,04 mm/d	-	-	-	-	0,68	0,88 mm/d

Quelle: Eigene Berechnung

5.2.2 Ergebnisse und Diskussion

Eine erste Bewertung der räumlichen Verteilung anhand der Ergebnisse der Modellierung der Energiebilanzkomponenten (R_N, LE, H und G) sowie der aus dem latenten Wärmestrom abgeleiteten ET_{24} erfolgt exemplarisch für ausgewählte charakteristische Modelltage, die in den Abbildung 5-19 und Abbildung 5-20 dargestellt sind.

Ausgewählt wurden Tage an denen eine flächendeckende Modellierung (100%) des Gebiets existierte und die innerhalb charakteristischer Perioden der Bewässerungssaison liegen (siehe Abbildung 5-28 oder Tabelle 5-15). Demnach ist der 24. April charakteristisch für ausgewachsenen Winterweizen vor der Bewässerung. Baumwoll- und Reisflächen tragen hier noch nicht zur Gebietsverdunstung bei. Der 13. Mai ist ein Modelltag der durch bereits stattgefundene oder unmittelbar bevorstehende Bewässerung von Winterweizen geprägt ist. Die Tage 05. Juni und 22. Juli stellen die ET-Situation vor bzw. nach der Hauptbewässerungsperiode für Baumwolle und Reis dar. Die Karten für den 2. und 29. September bilden die Situation nach der letzten Bewässerung bzw. kurz vor der Ernte ab.

Anhand der Abbildung 5-19 und Abbildung 5-20 kann in Mai und Juli eine Zunahme der Werte des latenten Wärmestroms bzw. eine Reduktion der Werte des fühlbaren Wärmestroms identifiziert werden. Dieser steht in engem Zusammenhang mit den Bewässerungsphasen für Weizen im Mai und Reis und Baumwolle im Juli. Außerdem lässt sich der Einfluss der Landnutzung beim Vergleich der Verdunstungsmuster aus Mai und Juli lokalisieren. Die erhöhten ET_a Werte treten besonders im nördlichen Teil des Untersuchungsgebiets (Rayon Gurlen) auf, da hier traditionell ein intensiver Reisanbau stattfindet (Conrad, 2006). Außerdem treten im Süden von Khorezm hohe ET Werte auf. Diese sind auf den Ulukshurkul-See zurückzuführen, der sich bis über die Grenze zu Turkmenistan erstreckt und das ET-Muster der südlichen Wüstenrandzone in zwei Teile separiert.

Abbildung 5-19: Exemplarische Darstellung der Energiebilanzkomponenten für ausgewählte charakteristische Modelltage im Jahr 2010.

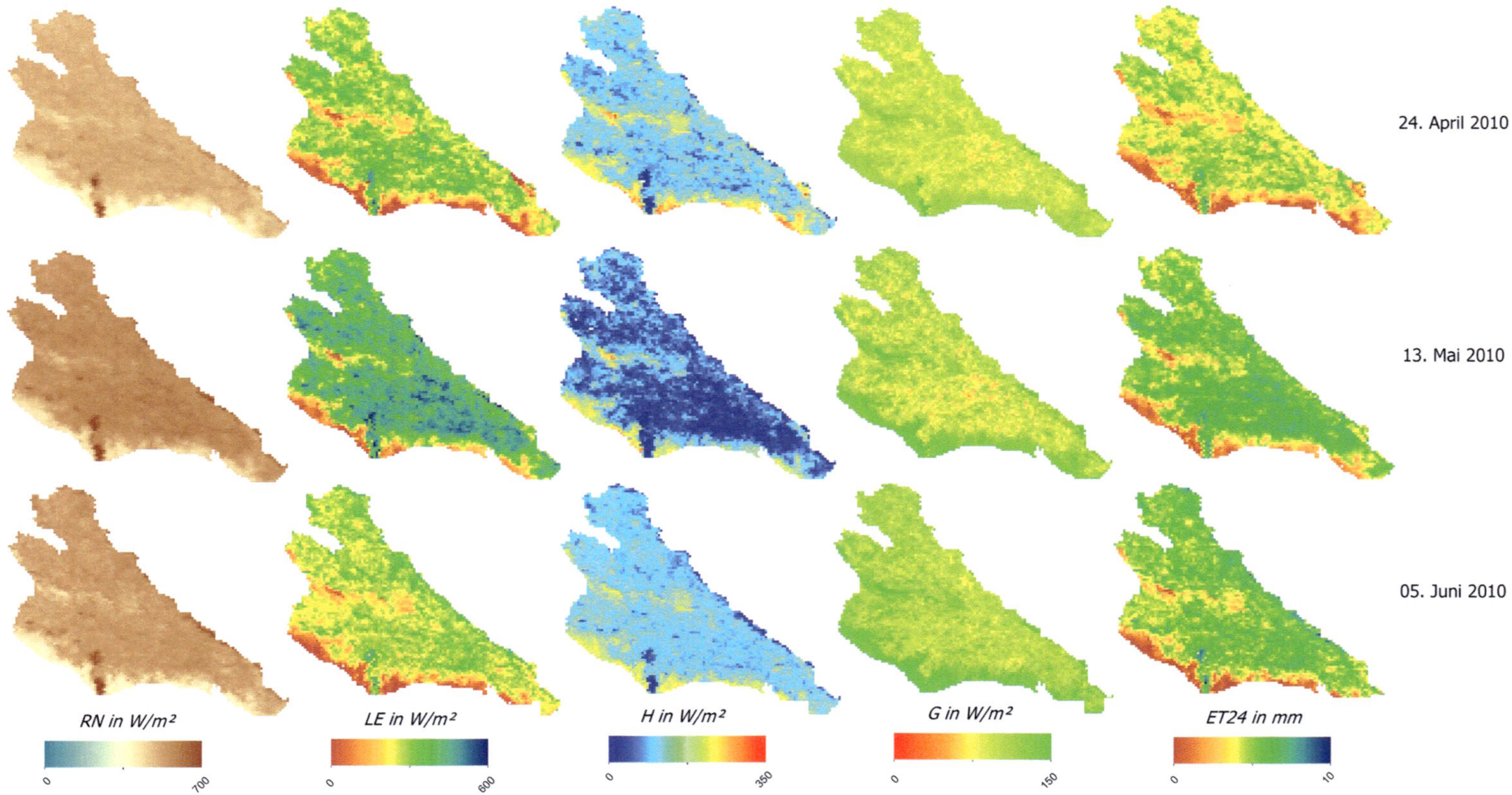

Abbildung 5-20: Exemplarische Darstellung der Energiebilanzkomponenten für ausgewählte charakteristische Modelltage im Jahr 2010.

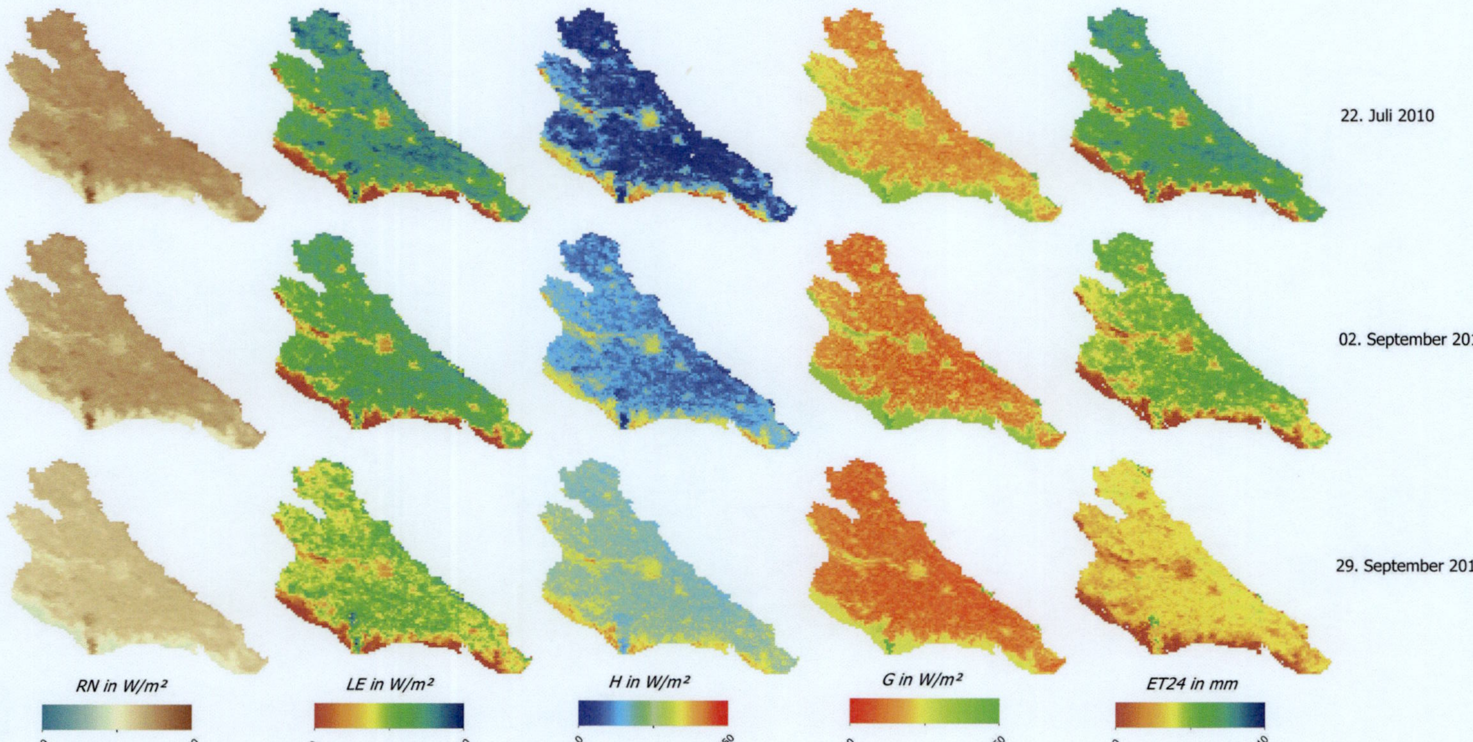

Abbildung 5-21: Modellergebnisse der saisonal kumulierten ET_a im Untersuchungszeitraum 2009 – 2011.

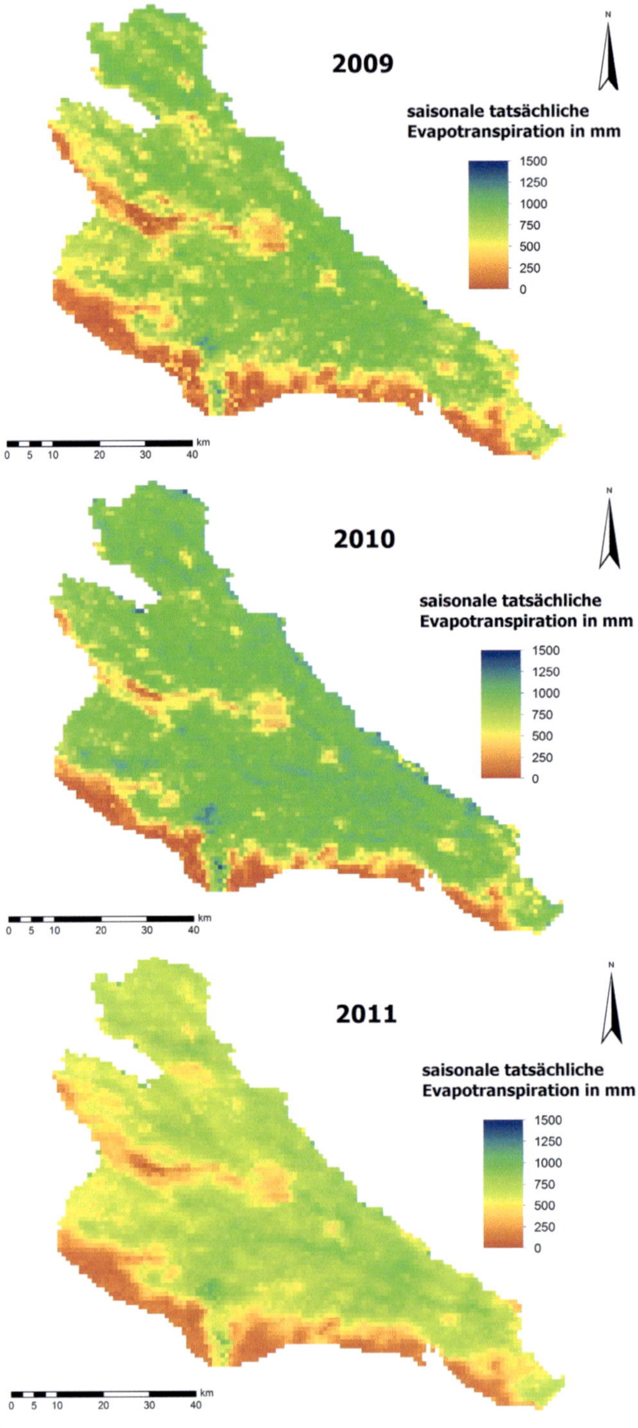

Quelle: Eigene Darstellung

Die Abbildung 5-21 zeigt die räumlich expliziten Modellergebnisse der saisonalen tatsächlichen Evapotranspiration für die Jahre 2009 bis 2011. Anhand der Farbskalierung der ET_a-Werte in Abbildung 5-21 können räumliche Verteilungen und Muster erkannt werden. Relativ geringe Verdunstungsmengen werden über den Siedlungsflächen und in den Wüstenregionen am südlichen Rand des Untersuchungsgebiets erreicht. Im Norden des Untersuchungsgebietes werden in allen Untersuchungsjahren hohe Verdunstungsmengen modelliert. In den nördlichen Regionen wird, u.a. bedingt durch eine gute Anbindung an die Bewässerungsinfrastruktur, traditionell viel Reis angebaut.

Die Bewertung der Ergebnisse der saisonalen ET erfolgt anhand der ins Bewässerungssystem eingeleitete Wassermengen (Tabelle 5-10). Üblicherweise wird genauso viel bzw. mehr Wasser entnommen als von administrativer Seite zulässig (Entnahmeverhältnis ≈ 100 %, SIS ICWC, 2012). Kommt es zu niedrigeren Einleitungsraten, wie beispielsweise im Jahr 2011, deutet dies auf ein unzureichendes Wasserdargebot hin und kann als Indikator für potentielle hydrologische Dürren[39] bzw. Ernteausfälle angesehen werden.

Die Differenz zwischen geplanter und tatsächlicher ganzjähriger Einleitungsrate in den Jahren 2009 und 2010 resultiert aus dem Umstand, dass im jeweiligen Frühjahr (für die Salzauswaschung) nicht die benötigte Menge an Wasser bereitgestellt werden konnte (SIS ICWC, 2012). Während der Vegetationsperiode dieser Jahre konnte das anfängliche Defizit überkompensiert werden (Entnahmeverhältnis >100 %). Im Jahr 2011 herrschte sowohl für das Gesamtjahr als auch während der Vegetationsperiode ein unzureichendes Entnahmeverhältnis, was auf eine hydrologische Dürre schließen lässt. Demnach kann für das Jahr 2010 eine überdurchschnittlich hohe Wasserverfügbarkeit beobachtet werden, wohingegen im Jahr 2011 nur eine insgesamt unterdurchschnittliche Wasserverfügbarkeit vorlag. Das Bewässerungsjahr 2009 ist geprägt, durch eine geringe Wasserverfügbarkeit zu Beginn der Bewässerungssaison.

Tabelle 5-10: Geplante und tatsächlich ins Bewässerungssystem eingeleitete Wassermengen unterschieden nach Gesamtjahr und Vegetationsperiode.

	Gesamtjahr			Vegetationsperiode		
Jahr	geplant in km³	tatsächlich in km³	in %	geplant in km³	tatsächlich in km³	in %
2009	4,67	3,94	84,36	3,59	3,70	103,03
2010	4,90	4,34	88,54	3,57	4,00	112,04
2011	4,63	2,90	62,74	3,59	2,05	56,97

Quelle: SIS ICWC 2012

Außerdem fällt auf, dass in Jahren mit hoher Wasserverfügbarkeit (2009 und 2010) ein geringer Ost-West-Gradient zu erkennen ist, der in Jahren mit limitierter Wasserverfügbarkeit (2011) deutlicher hervortritt (Abbildung 5-21). Hier ist eine

39 Hydrologische Dürre bedeutet, dass die Wasserreserven eines Gewässers für die Dauer ein definierten Periode unter einem festgelegten Schwellenwert liegen (Wilhite und Glantz, 1985).

Reduzierung der Verdunstungsmengen mit wachsendem Abstand des Ortes von den Wasserentnahmestellen zu beobachten. Besonders deutlich wird dies im Jahr 2011. Hier werden im Westen des Untersuchungsgebiets überwiegend niedrige saisonalen ET_a Mengen modelliert. Eine Gegenüberstellung der modellierten Verdunstungsmengen und der Menge des eingeleiteten Bewässerungswasser (BW_{ein}) erfolgt in Tabelle 5-11.

Tabelle 5-11: Deskriptive Statistik der saisonalen Evapotranspiration der Jahre 2009 bis 2011.

Jahr	Min in mm	Max in mm	Mittelwert in mm	Varianz in mm	Summe ET_a in km³	BW_{ein}* in km³	Summe ET_a / BW_{ein}
2009	4,9	1250,5	676,4	194,6	3,534	3,702	0,955
2010	5.4	1372,3	790,6	224,4	4,146	3,997	1,037
2011	49,0	1041,9	606,6	173,5	3,184	2,047	1,555

* Datenquelle: SIS ICWC

Quelle: Eigene Erhebung

Die Menge der saisonalen Verdunstung entspricht in den Jahren 2009 und 2010 annährend (Verhältnis Summe ET_a / BW_{ein} ≈ 100 %) der ins Bewässerungssystem eingeleiteten Wassermenge, wobei das Verhältnis im Jahr 2010 geringfügig über 100 % liegt und 2011 sogar bei über 155 %. Letzteres kann durch die niedrigen Grundwasserflurabstände erklärt werden, die den kapillaren Aufstiegs des Grundwassers begünstigtem und so zu gesteigerten Beitragen an der Evapotranspiration führen.

Die unterschiedliche intraannuelle ET wird durch die Darstellung der monatlichen ET-Summen verdeutlicht (Abbildung 5-22). So sind beispielsweise die niedrigen April Verdunstungssummen der Jahre 2009 und 2010, im Vergleich zu 2011, durch das Ausbleiben bzw. die Reduzierung der Salzauswaschung zu erklären. In Jahren mit hoher Wasserverfügbarkeit werden hohe ET_a Mittelwerte bzw. Summen modelliert und in Jahren mit eingeschränkter Wasserverfügbarkeit nehmen diese Werte ab. Das Verhältnis aus der Summe der saisonalen Evapotranspiration und der eingeleiteten Wassermenge kann hierbei als Indikator für die Einschätzung der Bewässerungssituation dienen. Betrachtet man den Zusammenhang über einen längeren Zeitraum (2003 – 2011, siehe Anhang C), so ist dieser statistisch signifikant.

Die Abbildung 5-23 stellt die Häufigkeitsverteilungen der ET_a-Modellergebnisse der drei Untersuchungsjahre dar. Die Histogramme weisen eine unimodale, linksschiefe Häufigkeitsverteilung auf, die durch die hohen ET_a-Raten der landwirtschaftlichen Flächen verursacht wird. Der leichte Anstieg der Häufigkeiten im unteren ET-Wertebereich stammt von den Flächen ohne landwirtschaftliche Nutzung. Je nach Häufigkeit der Flächen mit wasserintensiven Feldfrüchten (Baumwolle und Reis), verschiebt sich das Maximum hin zu der charakteristischen Verdunstungsmenge dieser Feldfrüchte (siehe Anhang D, Abbildung D-4), wie im Jahr 2010 beobachtet werden kann.

Abbildung 5-22: Monatliche Evapotranspiration im Zeitraum April bis Oktober von 2009 – 2011.

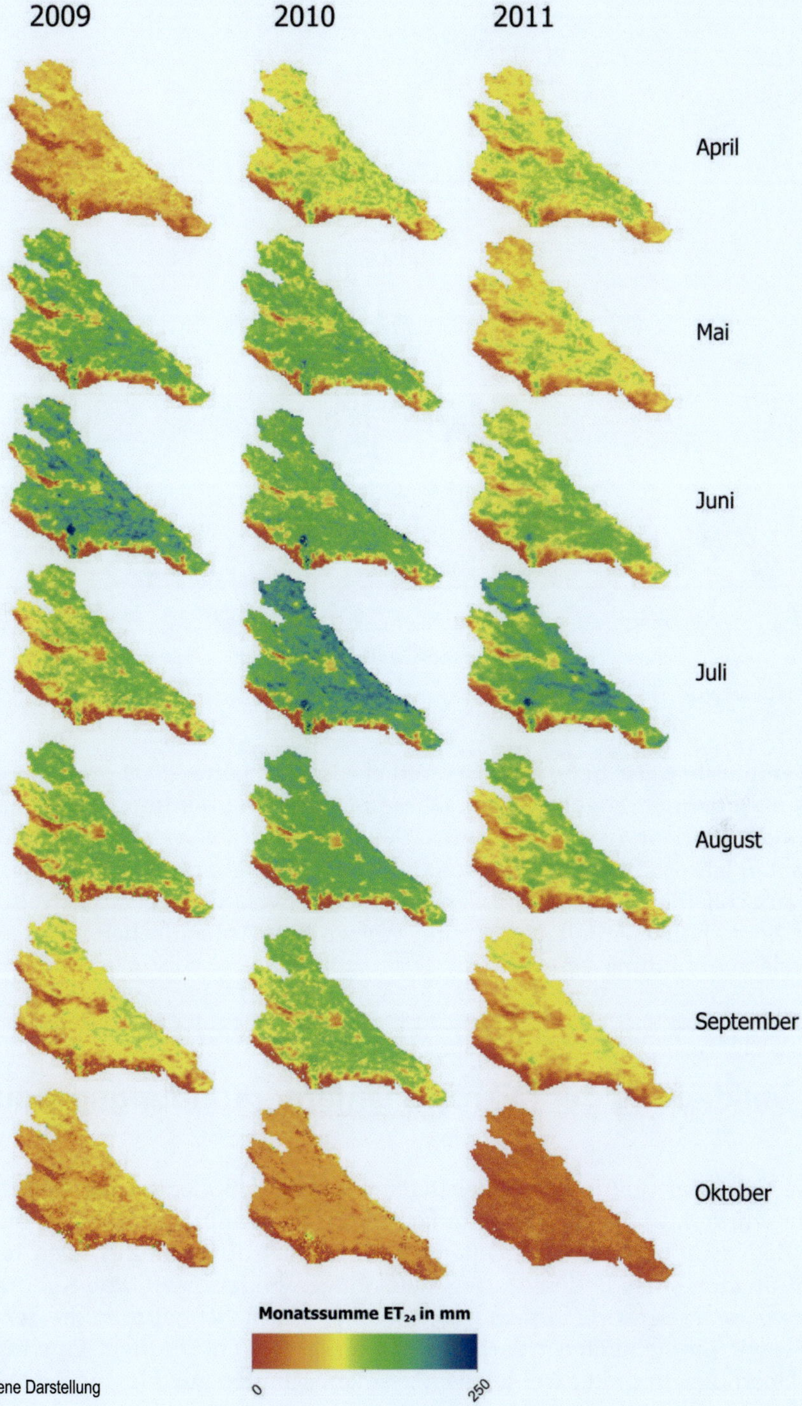

Quelle: Eigene Darstellung

Abbildung 5-23: Histogramme der Verteilung der saisonalen Evapotranspiration Werte für die Jahre 2009 – 2011.

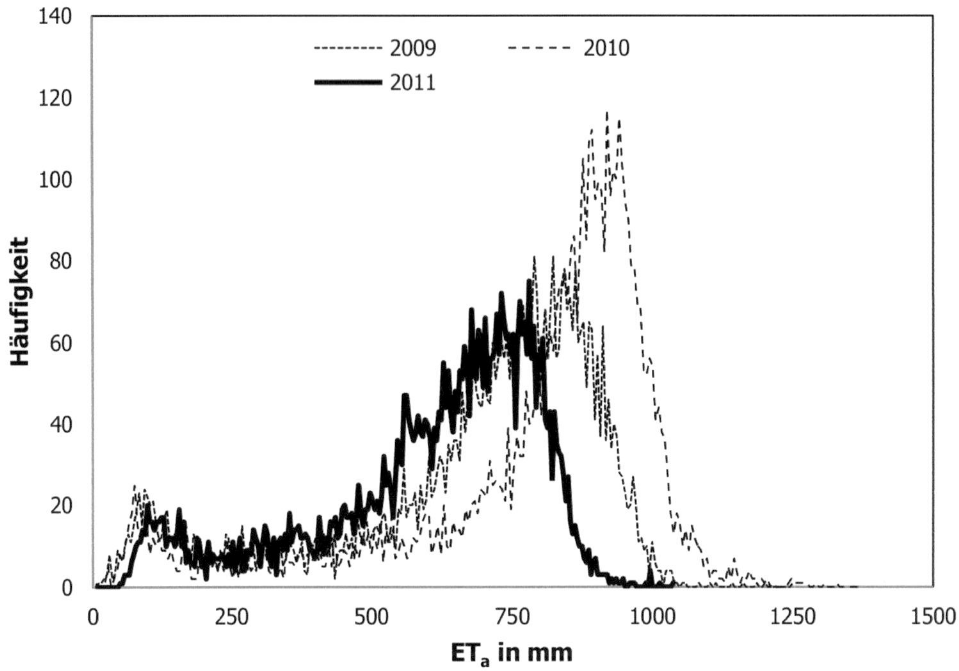

Quelle: Eigene Darstellung

Die vergleichsweise hohe durchschnittliche ET_a des Jahres 2009 resultiert daraus, dass es nach dem vorangegangenen Dürrejahr 2008 und der immer noch geringen Wasserverfügbarkeit Anfang des Jahres 2009 zu einer extensiven Bewirtschaftung in der zweiten Jahreshälfte kam. Das später im Jahr verfügbarer Bewässerungswasser wurde ausschließlich für die Bewässerung der Baumwoll- und Reisflächen eingesetzt, was zu einem hohen Anteil an Reis und Weizen-Reis Anbauflächen in diesem Jahr führte (siehe Abbildung 4-8).

5.3 Validierung der Mikrowellenfernerkundungsprodukte

Um die Güte der aus Radar abgeleiteten Werte der Bodenfeuchte bewerten zu können, wurde im Jahr 2011 eine umfangreiche Feldkampagne zur Erhebung des In-situ-Bodenwassergehalts im Untersuchungsgebiet durchgeführt. Den regelmäßigen Aufnahmen des Bodenwassergehalts gingen bodenspezifische Kalibrationen der verwendeten Sensorik voraus (Kapitel 5.3.3). Zusätzlich wurden die Textur der Böden sowie die geplanten Überflugzeiten der Satelliten ermittelt. Es wurden zu jedem Überflugzeitpunkt zwei lokale Messmannschaften zur Messung des Bodenwassergehalts ausgesandt. Dadurch konnte gewährleistet werden, dass bei jedem Überflug auf mindestens zwei Testflächen gleichzeitig der Bodenwassergehalt gemessen werden konnte. Die Beprobungen fanden unter Einsatz jeweils einer ThetaProbe-Sonde statt und erfolgten durch regelmäßig verteilte und repräsentative Messungen auf den zu untersuchenden Flächen. In Kapitel 5.3.6 werden die ermittelten Werte für die Bodenfeuchte mit den Werten der aufbereiteten Bodenfeuchteprodukte aus (5.3.5) vergleichen. Die durchgeführte Validierung der Fernerkundungsprodukte zielt ausdrücklich nicht auf die Feststellung absoluter Genauigkeiten des abgeleiteten Bodenwassergehalts ab, sondern vielmehr auf deren räumliche Korrelation. Analog zu Kapitel 5.2 werden auch zu Beginn dieses Kapitels die Gütemaße, die zur Validierung der Bodenfeuchteprodukte ASAR GM SSM und ASCAT SSM eingesetzt werden in Tabelle 5-12 aufgeführt.

Tabelle 5-12: Übersicht über die verwendeten Gütemaße bzw. Techniken zur Validierung der Bodenfeuchteprodukte.

Kategorie	Verwendetes Gütemaß bzw. visuelle Interpretationstechnik	Bedeutung
Quantitative Bewertung	Korrelationskoeffizient (r)	Quantitative Beurteilung des statistischen Zusammenhangs
	Absolute Modellfehler (RMSE)	Quantitative Beurteilung
	Bias	Quantitative Beurteilung
	Normierte Standardabweichung (nSD)	Verhältnis der Standardabweichungen Fernerkundungsprodukt zu In-situ-Messung
	Normierte zentrierte RMSE (E)	Relativer Güteparameter
Qualitative Bewertung	Taylordiagramm	Visuelle Güteinterpretation. Darstellung von r, RMSE, Bias und nSD
	Verteilungsfunktion	Visuelle Interpretation
	Streudiagramm	Visualisierung der Korrelation und Regression
	Boxplots	Visuelle Darstellung der Gütemaße

Quelle: Eigene Erhebung

5.3.1 Auswahl repräsentativer Flächen

Wie bereits in Kapitel 3.5.4 vorgestellt, kam bei der Planung des Bodenfeuchtemessnetzwerkes das Konzept der zeitlichen Stabilität von Bodenfeuchtemustern zur Anwendung. Hiermit konnte anstelle eines großräumigen Netzwerkes zur Überwachung der Bodenfeuchte, ein Netzwerk bestehend aus wenigen geeigneten Standorten installiert werden. Zur Ausweisung der Flächen wurde vor Durchführung der Feldarbeiten der „Scaling Layer" des Jahres 2010 verwendet (siehe Abbildung 5-24).

Dieser diente dazu, die Flächen, für die die Produktvalidierung durchgeführt wird, optimal auszuwählen, um so den Umfang des Bodenfeuchtenetzwerkes auf wenige Messflächen zu beschränken. Die Größe der repräsentativen Flächen ergibt sich aus der Größe der Pixel des ASAR SSM Bodenfeuchteprodukts. In der Abbildung 5-24 ist zu erkennen, dass die Siedlungsgebiete eine überwiegend niedrige zeitliche Stabilität (rote Flächen) aufweisen und sich daher weniger als repräsentative Flächen für die Bodenfeuchtemessungen eignen als die ländlichen Gebiete.

Abbildung 5-24: Scaling Layer und ausgewählte repräsentative Flächen mit eingeblendeter Siedlungsmaske.

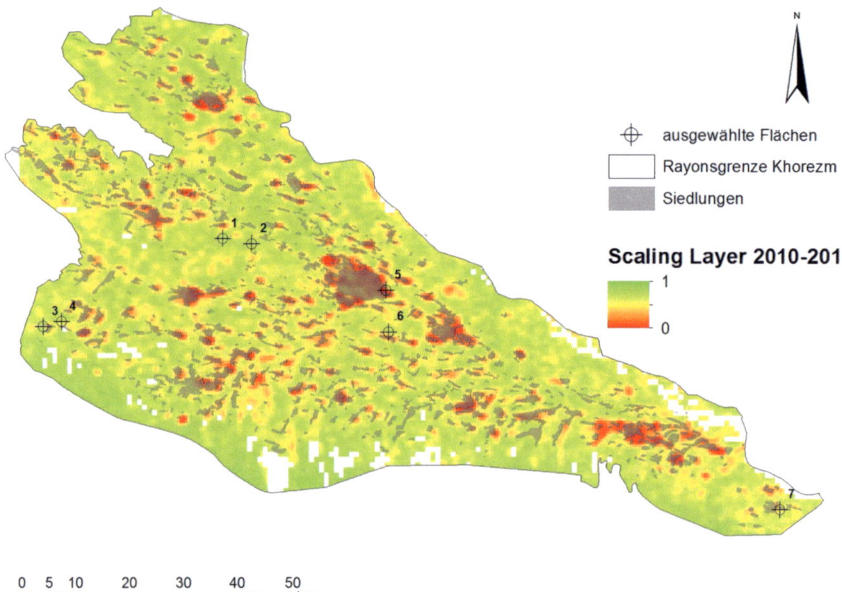

Quelle: Eigene Darstellung

Eine Erklärung für die niedrige Korrelation in den Siedlungsflächen ist auf die räumliche Auflösung der Gebietsreferenz (ASCAT SSM) von 25 km² zurückzuführen. Die Gebietsbodenfeuchte in der Hauptstadt Urgench setzt sich überwiegend aus den Signalen der angrenzenden landwirtschaftlichen Flächen zusammen. Der Flächenanteil der Bodenfeuchteinformation von Siedlungsflächen beträgt meist unter 20 %. Daher unterscheiden sich die Werte für die zeitliche Stabilität in den Siedlungen mit invariabler Bodenfeuchte von den hoch varianten Bodenfeuchteverhältnissen auf den landwirtschlichen Flächen, die durch Bewässerungsereignisse bestimmt werden.

Zur Visualisierung der unterschiedlichen räumlichen Abdeckung der Bodenfeuchteprodukte bzw. der repräsentativen Flächen dient Abbildung 5-25. Hier sind die Ausdehnungen der ASCAT SSM Gitterzelle (12,5 km) im Vergleich zu ASAR SSM (500 m) und MODIS (1 km) dargestellt. Der untere Teil der Abbildung zeigt das Gebiet in der Umgebung der Eddy-Kovarianz-Station. Da die Feldfrucht auf der hier dargestellten Fläche für das Jahr 2010 überwiegend Baumwolle ist (Anteil > 80 %), kann die Fläche als homogen bezeichnet werden. Die landwirtschaftlichen Felder im Untersuchungsgebiet unterliegen häufig einem jährlichen Wechsel der Feldfrucht zwischen Weizen und

Abbildung 5-25: Visualisierung der Pixelgröße der verschiedenen Produkte zur Illustration der Größe der repräsentativen Flächen

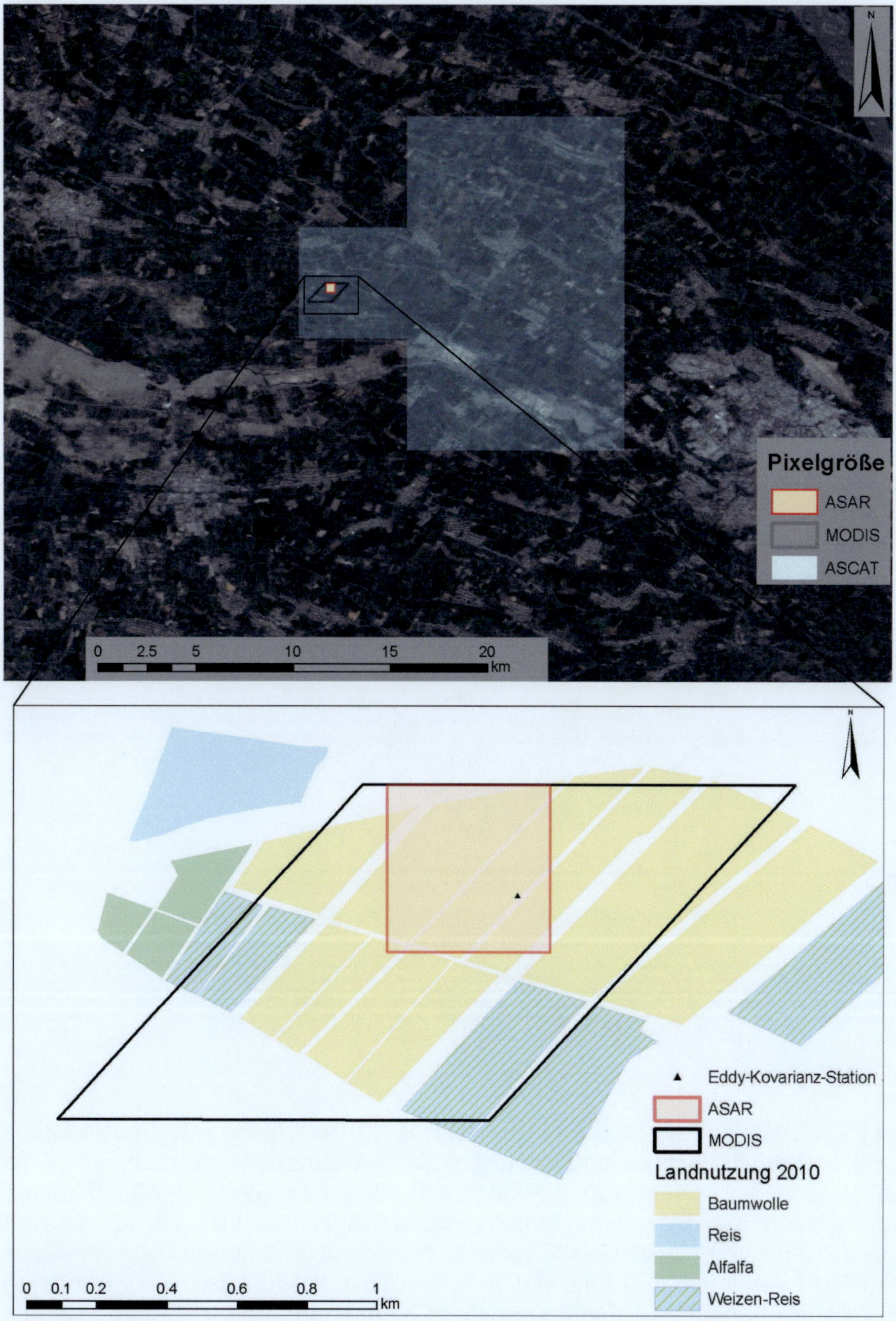

Bildquelle: Landsat 5 TM Juni 2010, 3-2-1-Echtfarbendarstellung

Baumwolle (Ibrakhimov et al., 2007). Die Stärke des statistischen Zusammenhangs einzelner Felder bzw. Flächen kann daher von Saison zu Saison variieren. Aus diesen Gründen werden bei der Validierung der Bodenfeuchteprodukte die Korrelationskoeffizienten der Bewässerungssaison 2011 berechnet, um die anhand des Scaling Layer 2010 ausgewählten repräsentativen Flächen hinsichtlich ihrer Eignung für das jeweils zu untersuchende Jahr zu beurteilen. Die saisonalen Korrelationen für das Jahr 2011 sowie die Werte des SL-2010 der sieben repräsentativen Gebiete sind in Tabelle 5-13 aufgeführt. Sofern in einem Gebiet mehrere Pixel mit hoher SL Korrelation vorlagen werden diese für die Validierung verwendet.

Tabelle 5-13: Werte des SL-2010, der saisonalen zeitlichen Stabilität des Jahres 2011, sowie Kalibrationsparameter der ausgewählten repräsentativen Messflächen

Nr.	Bezeichnung der Messstelle	Werte des SL-2010	Saisonale zeitliche Stabilität 2011
1a	Amir Temur 1	0,617	0,507
1b		0,636	0,578
2	Amir Temur 2	0,702	0,579
3a	Ashirmat 1	0,571	0,332
3b		0,598	0,367
3c		0,503	0,344
4a	Ashirmat 2	0,597	0,546
4b		0,582	0,502
4c		0,540	0,416
5	CRI	0,093	0,291
6	Khanka	0,311	0,307
7a	Pitnak	0,373	0,503
7b		0,343	0,560
7c		0,473	0,503

Quelle: Eigene Berechnung

Da die Ausweisung der Flächen anhand des SL-2010 erfolgte werden in Abbildung 5-26 die tatsächlich angebauten Feldfrüchte der Saison 2011 dargestellt, sowie die Ausdehnungen der korrespondierenden SEBAL Modellierungspixel (MODIS 1 km). Für die Landnutzung in der betrachteten Bewässerungssaison 2011 fällt auf, dass auf den ausgewählten repräsentativen Flächen überwiegend die bewässerungsintensiven Feldfürchte Baumwolle und Reis angebaut wurden. Diese Beobachtung impliziert einen möglichen Zusammenhang zwischen Landnutzung und zeitlicher Stabilität der Bodenfeuchte.

Abbildung 5-26: Übersicht über die anhand des Scaling Layers 2010 für die Bodenfeuchteproduktvalidierung ausgewählten Flächen und die tatsächliche Landnutzung im Jahr 2011.

Quelle: Eigene Darstellung

5.3.2 Zusammenhang zwischen zeitlicher Stabilität und Gebietslandnutzung

Um den Einfluss der angebauten Feldfrucht auf die zeitliche Stabilität des Bewässerungsgebietes zu untersuchen, wird für das Jahr 2010 eine Landnutzungsmusteranalyse durchgeführt. Hierzu wird basierend auf den Werten der Bodenfeuchteprodukte ASCAT SSM und ASAR SSM die zeitliche Stabilität der betreffenden Bewässerungssaison berechnet, d.h. der Korrelationskoeffizient zwischen insgesamt 84 Wertepaaren von Punktinformation (ASAR SSM) und Gebietsinformation (ASCAT SSM) für das Jahr 2010. Anschließend wird der Zusammenhang zwischen Landnutzung und zeitlicher Stabilität untersucht. Als Grundlage für die Landnutzung im Untersuchungsgebiet dient die Landnutzungsklassifikation des Jahres 2010 (vgl. Kapitel 2.4). Die Ergebnisse der Analyse des Einflusses der Landnutzung auf die zeitlichen Stabilitätsmuster sind in den Abbildungen 5-27, 5-29 und 5-30 dargestellt.

Abbildung 5-27: Einfluss der Landnutzung auf die Werte des Scaling Layers des Jahres 2010 (basierend auf Ergebnissen der Landnutzungsklassifikation). Bezugsgröße: ASAR-Pixel.

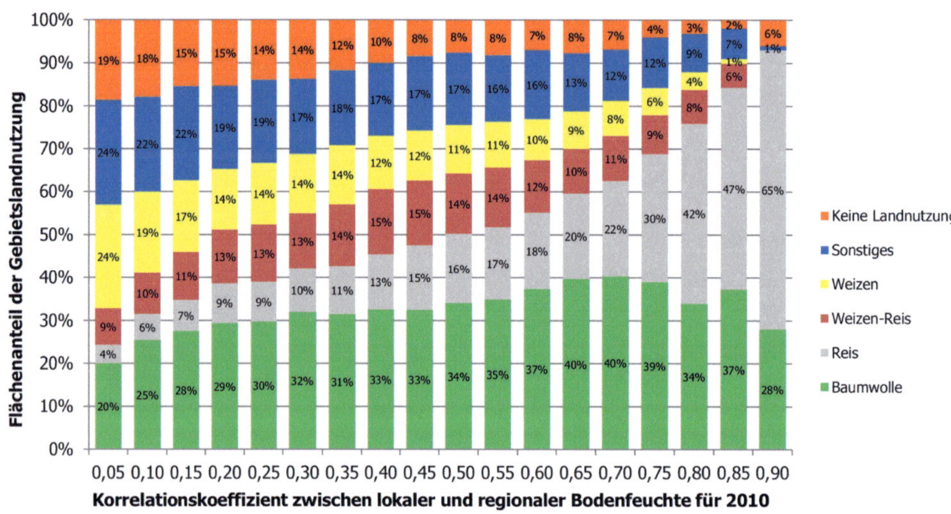

Quelle: Eigene Darstellung

Abbildung 5-27 illustriert, dass die zeitliche Stabilität zwischen lokaler Skala (ASAR SSM) und regionaler Skala (ASCAT SSM) bei abnehmendem Flächenanteil der Landnutzungen Reis und Baumwolle degradiert. Unter Einbeziehung des, in Abbildung 5-28 dargestellten, idealisierten Anbaukalenders der Untersuchungsregion bei der Interpretation der Analyse wird ersichtlich, dass die Feldfrüchte Baumwolle und Reis mit erhöhtem Wasserbedarf (Brouwer und Heibloem, 1986) im gleichen Zeitraum angebaut und bewässert werden und somit die Gesamtbodenfeuchte der Region bestimmen. Beträgt der gemeinsame Flächenanteil von Baumwolle und Reis an einem ASAR SSM Pixel mehr als 50 %, beträgt der Korrelationskoeffizient der saisonalen zeitlichen Stabilität der Bodenfeuchte über 0,5.

Abbildung 5-28: Idealisierter Anbaukalender der dominierenden Landnutzungen im Untersuchungsgebiet Khorezm.

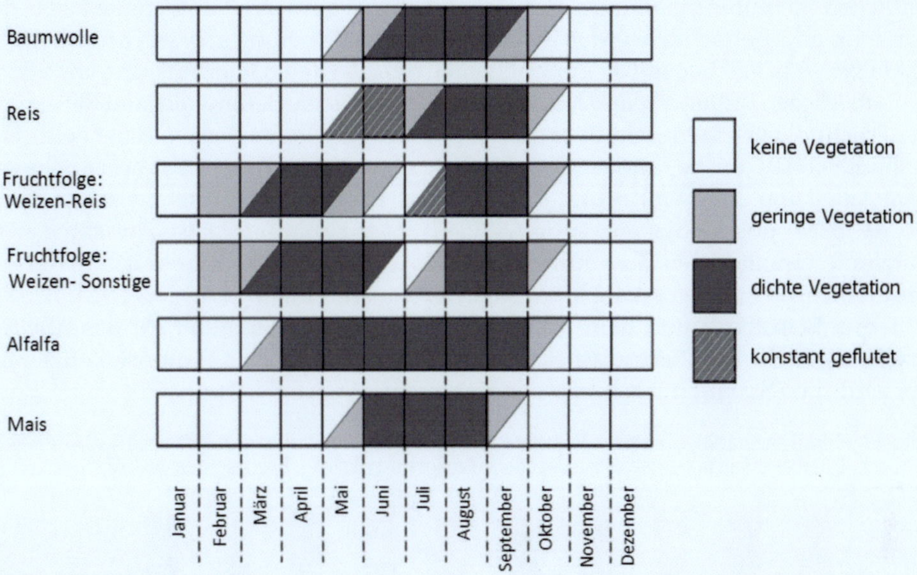

Quelle: Verändert nach Conrad et al., 2010

Abbildung 5-29: Boxplot der Korrelationskoeffizienten zwischen lokaler und regionaler Bodenfeuchte (zeitliche Stabilität) für die Bewässerungssaison 2010 über homogenen Flächen (Anteil der dominierenden Landnutzung >80 %)

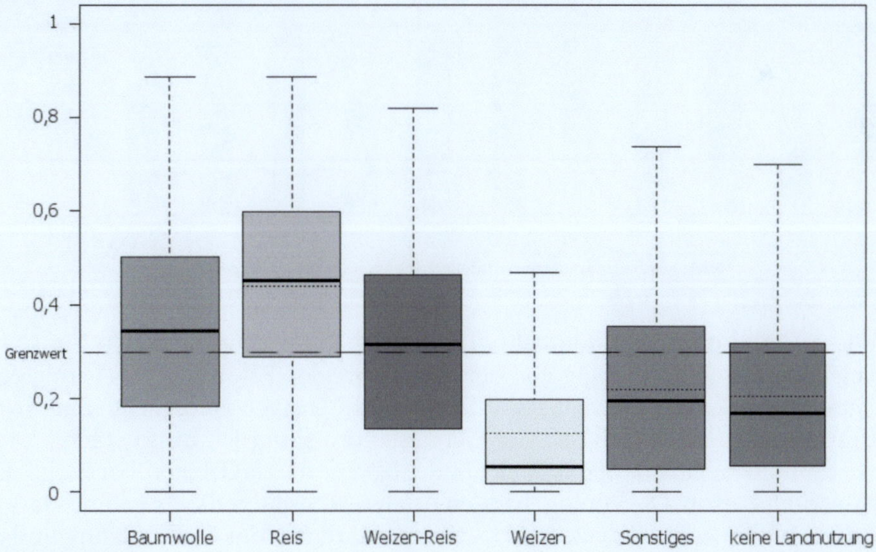

Quelle: Eigene Darstellung

Die Boxplot-Whisker-Abbildung 5-29 visualisiert die Stichprobenverteilung der zeitlichen Stabilität innerhalb einer Bewässerungssaison in Abhängigkeit von der Landnutzung. Betrachtet werden in dieser Analyse alle homogen bewachsenen ASAR SSM Pixel, d.h. Flächen mit einem Flächenteil der jeweiligen Landnutzung von >80 %.

Dabei liegen Mittelwert und Median für die Feldfrüchte Baumwolle und Reis, sowie der Fruchtfolge Weizen-Reis, über dem bereits vorgestellten Grenzwert der zeitlichen Stabilität von 0,3 (siehe Kapitel 3.5.4). Daraus folgt die Annahme, dass bei zunehmendem Anteil von Baumwolle- und Reisflächen die zeitliche Stabilität zwischen Punkt (ASAR SSM) und Gebietsmessung (ASCAT SSM) zunimmt. Diese Annahme wird durch die visualisierten Zusammenhänge in Abbildung 5-30 unterstützt, in der der Zusammenhang zwischen der anteiligen Gebietslandnutzung (ASCAT SSM, 12,5 km Gitterpunktabstand) und dem Mittelwert der zeitlichen Stabilität für das ASCAT-Pixel dargestellt ist. Diese entspricht dem Mittelwert des Korrelationskoeffizienten der zeitlichen Stabilität des korrespondierenden ASCAT Pixels.

Abbildung 5-30: Landnutzungsmuster im Verhältnis zum Mittelwert der zeitlichen Stabilität eines ASCAT Pixels für das Jahr 2010 (basierend auf Ergebnissen der Landnutzungsklassifikation). Bezugsgröße: ASCAT-Pixel.

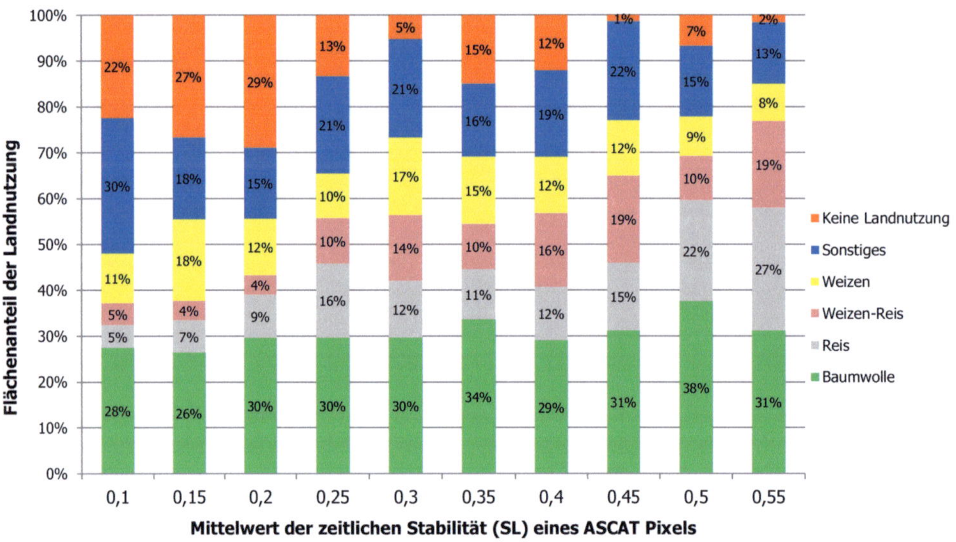

Quelle: Eigene Darstellung

Wie in Abbildung 5-30 deutlich wird, ist die Korrelation zwischen Punkt und Gebietsbodenfeuchte abhängig von der dominierenden Feldfurcht des betrachteten Gebietes. Je größer der Flächenanteil der wasserintensiven Feldfrüchte Baumwolle und Reis (inkl. Weizen-Reis) an der Gebietslandnutzung ist, desto stärker ist die durchschnittliche zeitliche Stabilität der Bodenfeuchte dieses Gebiets über die gesamte Bewässerungssaison. Die vorangehenden Analysen bestätigt die Annahme, dass das Bodenfeuchtemuster in Bewässerungsgebieten stark von der Landnutzung und den dadurch bedingten Bewässerungspraktiken abhängen, anders als z.B. in Regionen in denen Niederschlag maßgeblich für die Generierung der Bodenfeuchtemuster ist (Eltahir, 1998; Minet et al., 2013).

Der Wasserbedarf im Untersuchungsgebiet Khorezm ist stark von den dominierenden Baumwollökosystemen und ihrem spezifischen Bewässerungsbedarf geprägt (Tischbein et al., 2012). Dieser gebietscharakteristische Verlauf des Wasserbedarfs wird durch die ASCAT Bodenfeuchte repräsentiert und ist in Abbildung 5-31 illustriert. Um der dokumentierten Schwäche des Bodenfeuchtealgorithmus bei Schnee (Wagner et al., 2013) Rechnung zu tragen, wird als Darstellungszeitraum für die Abbildung 5-31 die schneefreie Periode (Conrad et al., 2012) zwischen März und November gewählt. Zwischen dem Verlauf der Bodenfeuchte und dem Verlauf des ins Bewässerungssystem eingeleiteten[40] Wassers existiert ein signifikanter Zusammenhang ($r=0{,}52$, $p<0{,}05$). Außerdem ist die Sensitivität der regionalen Bodenfeuchte (ASCAT) auf die Niederschlagsereignisse, z.B. im März und Mai, zu erkennen. Der Bodenwassergehalt in den niederschlagsfreien Monaten des Jahres 2011 (Juli bis September) ist demnach allein durch die ins System ein- und auf die Felder aufgeleitete Wassermenge zu erklären. Für die Feldfrüchte Baumwolle und Reis erfolgt zwecks Salzauswaschung eine erste großflächige Wasseraufbringung im März/April, wohingegen die eigentliche Hauptbewässerung meist im Juli/August stattfinden (Forkutsa et al., 2009). Im Vergleich dazu findet die Hauptbewässerung für Winterweizen zum Ende der Saison, im Oktober/November statt (Veldwisch 2010). Die Bewässerungszeitpunkte korrespondieren mit dem Anstiegen der Verlaufskurve des eingeleiteten Wassers ins Bewässerungsgebiet in Abbildung 5-31.

Abbildung 5-31: Wassereinleitung ins Bewässerungssystem Khorezm (SIS ICWC, 2012), Gebietsniederschlag und relativer regionaler Bodenfeuchteverlauf (ASCAT SSM) im Jahr 2011.

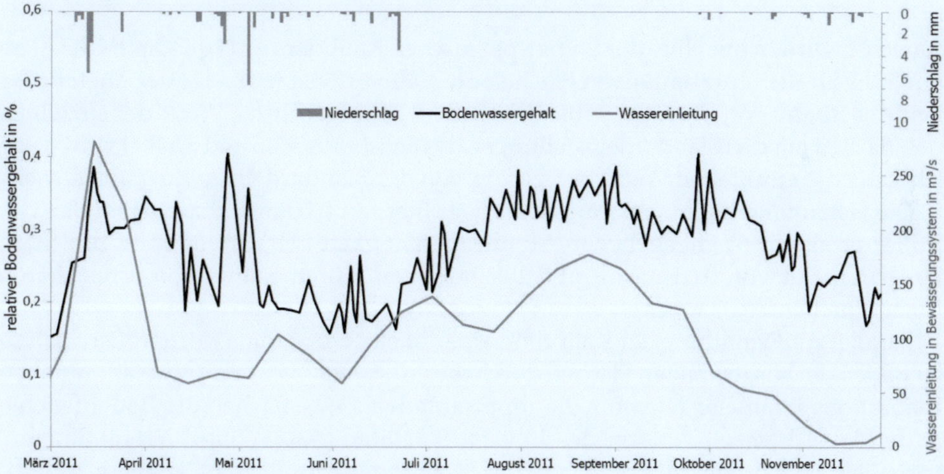

Quelle: Eigene Darstellung

Probleme bei der Datenerhebung

Aufgrund logistischer Schwierigkeiten erfolgte die Ausweisung der repräsentativen Flächen nicht ausschließlich nach geostatistischen Kriterien. Einerseits gelang es

40 Hiermit ist die Wassermenge gemeint, die aus dem Amu-Darya an den sieben Einlassstellen in des insgesamt 16.233 km lange Kanalsystem Khorezms eingeleitet und überwiegend für landwirtschaftliche Zwecke in der Region verteilt wird.

nicht immer die notwenigen Genehmigungen für den regelmäßigen Zugang zu den untersuchten landwirtschaftlichen Flächen zu beschaffen. Des Weiteren spielte die Erreichbarkeit der Messflächen eine wichtige Rolle bei der Planung der Messkampagne. Da die Messungen regelmäßig und manuell durchgeführt werden mussten und als Transportmittel auf dem teilweise baufälligem Straßensystem Khorezms lediglich Personenkraftfahrzeuge zur Verfügung standen, sollten die Messflächen gut und unter einem vertretbareren zeitlichen Aufwand erreichbar sein. Daher wurden bei der Auswahl der repräsentativen Messflächen überwiegend bereits bestehende Kooperationen zwischen dem Khorezm-Projekt und den ortsansässigen Landwirten genutzt. Aus diesem Grund wurden auch Flächen ausgewählt, die dem Kriterium der zeitlichen Stabilität der Bodenfeuchtemuster nicht optimal entsprachen, wie z.B. die Messfläche des Cotton Research Instituts (CRI; vgl. Tabelle 5-14, Feldnr. 5), aufgrund bereits bestehender Kooperationen und der sich daraus ergebenden einfacheren Zugänglichkeit zu den Versuchsfeldern allerdings trotzdem ins Messnetz integriert wurden. Die Messfläche CRI stellt daher eine Besonderheit unter den Messflächen dar. Bei der Durchführung der Analysen wird die Eignung des jeweiligen Messstandortes erneut aufgegriffen. Die in Tabelle 5-14 aufgeführten Messflächen weisen dennoch eine überwiegend gute Eignung als repräsentativer Standort auf, was durch die relativ hohe zeitliche Stabilität belegt ist.

5.3.3 In-situ-Messungen

Zunächst wurden mit Hilfe der bodenspezifischen Kalibrierung (vgl. Kapitel 4.3.6) im Jahr 2011 für die repräsentativen Flächen die Kalibrationsparameter der ThetaProbe Sonde bestimmt. Vergleicht man die in Tabelle 5-14 aufgeführten Werte der einzelnen Messflächen mit den Standardeinstellungen des Sensors (a_0=1,6 und a_1=8,4) wird deutlich, dass die ermittelten Werte nur gering von der Standardeinstellung abweichen.

Die Genauigkeit der Sensormessung liegt hier mit 0,03 m^3/m^3 zwischen der von (Miller et al., 1996) angegebenen Mindestgenauigkeit bei Verwendung der Standardparameter von 0,05 m^3/m^3 und der höchsten, durch Kalibration erreichbaren Genauigkeit von 0,02 m^3/m^3.

Parallel zur Ermittlung der Kalibrationsparameter wurde eine Korngrößenanalyse der Böden der ausgewählten Flächen durchgeführt. Unter Verwendung der ermittelten Kalibrationsparameter wird für die repräsentativen Messflächen die Bodenfeuchte zu den Überflugszeitpunkten des Envisat Satelliten (ASAR SSM) aufgenommen. Anschließend werden die Ergebnisse der Messungen räumlich interpoliert.

5.3.4 Ergebnisse der räumlichen Interpolation der In-situ-Bodenfeuchte

Die Ergebnisse der räumlichen Interpolation der In-situ-Bodenfeuchte sind exemplarisch für den Zeitraum 16. – 21. Mai 2011 in Abbildung 5-32 illustriert. Der ausgewählte Zeitraum ist charakteristisch für die Bodenfeuchtesituation der Wochen nach der letzten Bewässerung des Winterweizens. Auf sämtlichen der in der Abbildung

Tabelle 5-14: Werte der saisonalen zeitlichen Stabilität des Jahres 2011 (aus Tabelle 5-13) sowie Kalibrationsparameter der ausgewählten repräsentativen Messflächen.

Nr.	Bezeichnung der Messstelle	Zeitliche Stabilität 2011	a_0	a_1	Messgenauigkeit
1a	Amir Temur 1	0,507	1,57	8,64	2,54 Vol-%
1b		0,578			
2	Amir Temur 2	0,579	1,57	8,61	3,05 Vol-%
3a	Ashirmat 1	0,332	1,53	8,53	3,12 Vol-%
3b		0,367			
3c		0,344			
4a	Ashirmat 2	0,546	1,53	8,48	3,22 Vol-%
4b		0,502			
4c		0,416			
5	CRI	0,291	1,51	8,27	2,61 Vol-%
6	Khanka	0,307	1,52	8,90	3,91 Vol-%
7a	Pitnak	0,503	1,51	8,88	1,71 Vol-%
7b		0,560			
7c		0,503			
Mittelwerte:			1,53	8,63	3,04 Vol-%

Quelle: Eigene Berechnung

dargestellten Flächen ist der Bodenfeuchteunterschied zwischen den Weizenflächen und den später bewässerten Feldfrüchten ersichtlich. Es ist zu erkennen, dass die gewichtete IDW-Interpolationsmethode zu plausiblen Interpolationsergebnissen führt, obwohl die Interpolation häufig über die Feldgrenzen bewässerter und nicht bewässerter Flächen hinweg erfolgte. Diese „Interpolationsfehler" können durch die gewählte Interpolationsmethode nicht vermieden werden. Dennoch bleibt die Ausbreitung dieser Fehler, durch die Gewichtungsfunktion, räumlich eingeschränkt, so dass eine Unterscheidung zwischen feuchten, bewässerten und trockenen Flächen möglich ist. Außerdem ist zu erkennen, dass die ausgewählten repräsentativen Flächen eine überwiegend homogene Bodenfeuchtesituation aufweisen, d.h. in der Abbildung 5-32 sind die Weizenflächen feucht und die Baumwollflächen trocken. Die Mittelwerte die für die repräsentativen Flächen gebildet werden dienen als Vergleichswert für die später in Kapitel 5.3.6 durchgeführte Validierung der Fernerkundungsprodukte der Bodenfeuchte.

Abbildung 5-32: Interpolation der Bodenfeuchte für die repräsentativen Flächen im Jahr 2011.

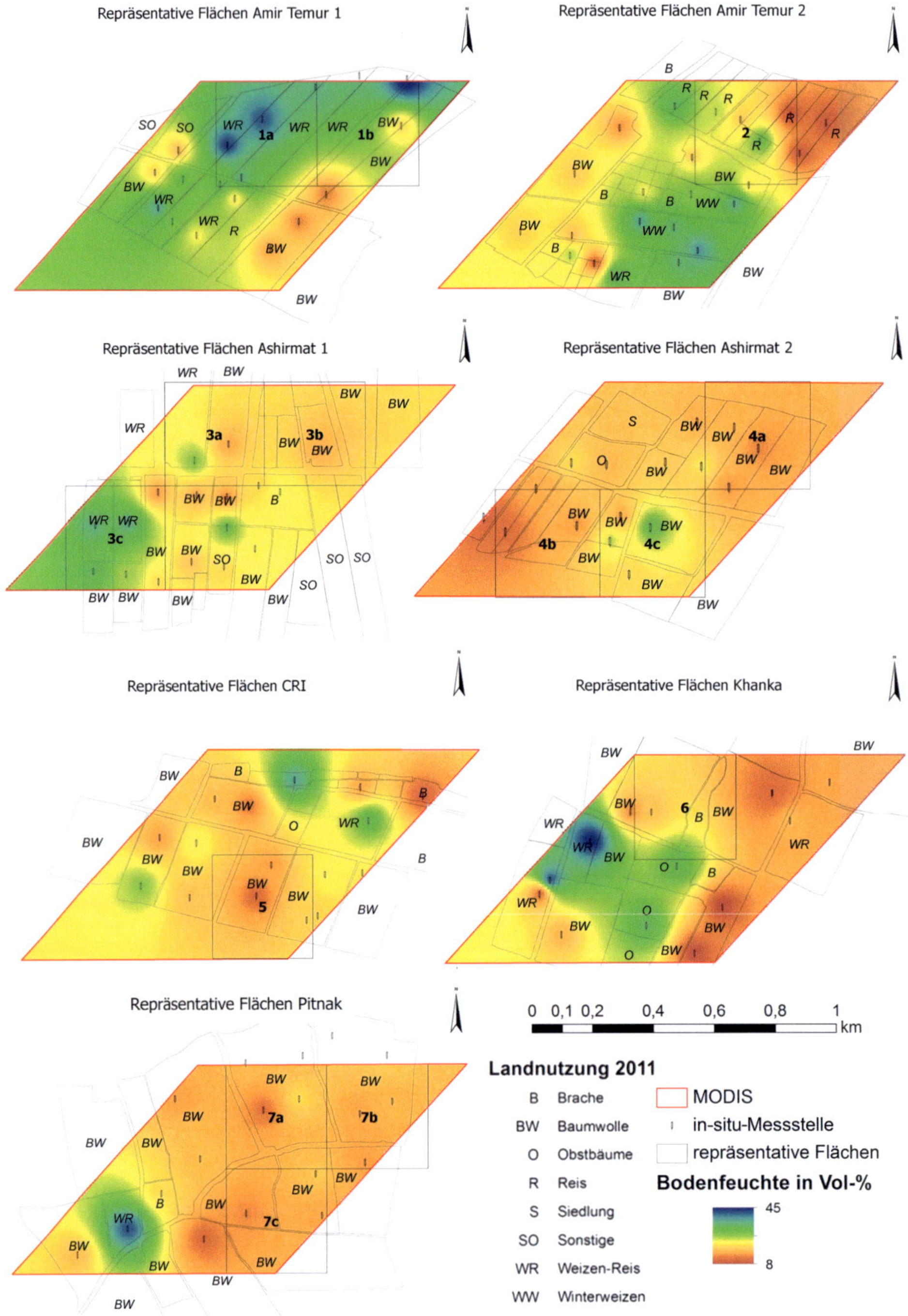

Quelle: Eigene Darstellung

Abbildung 5-33: Evolution der Bodenfeuchteprodukte am Standort Amir Temur 1a im Jahr 2010. a) Ableitung des volumetrischen Bodenwassergehalts aus dem relativen Sättigungsgrad von ASCAT SSM und ASAR SSM, b) Generierung des aggregierten Bodenwassergehalts (ASAR SSM 3 km) zur Minderung des Rauschens, c) CDF-Anpassung des ASCAT SSM Produkts an ASAR 3 km.

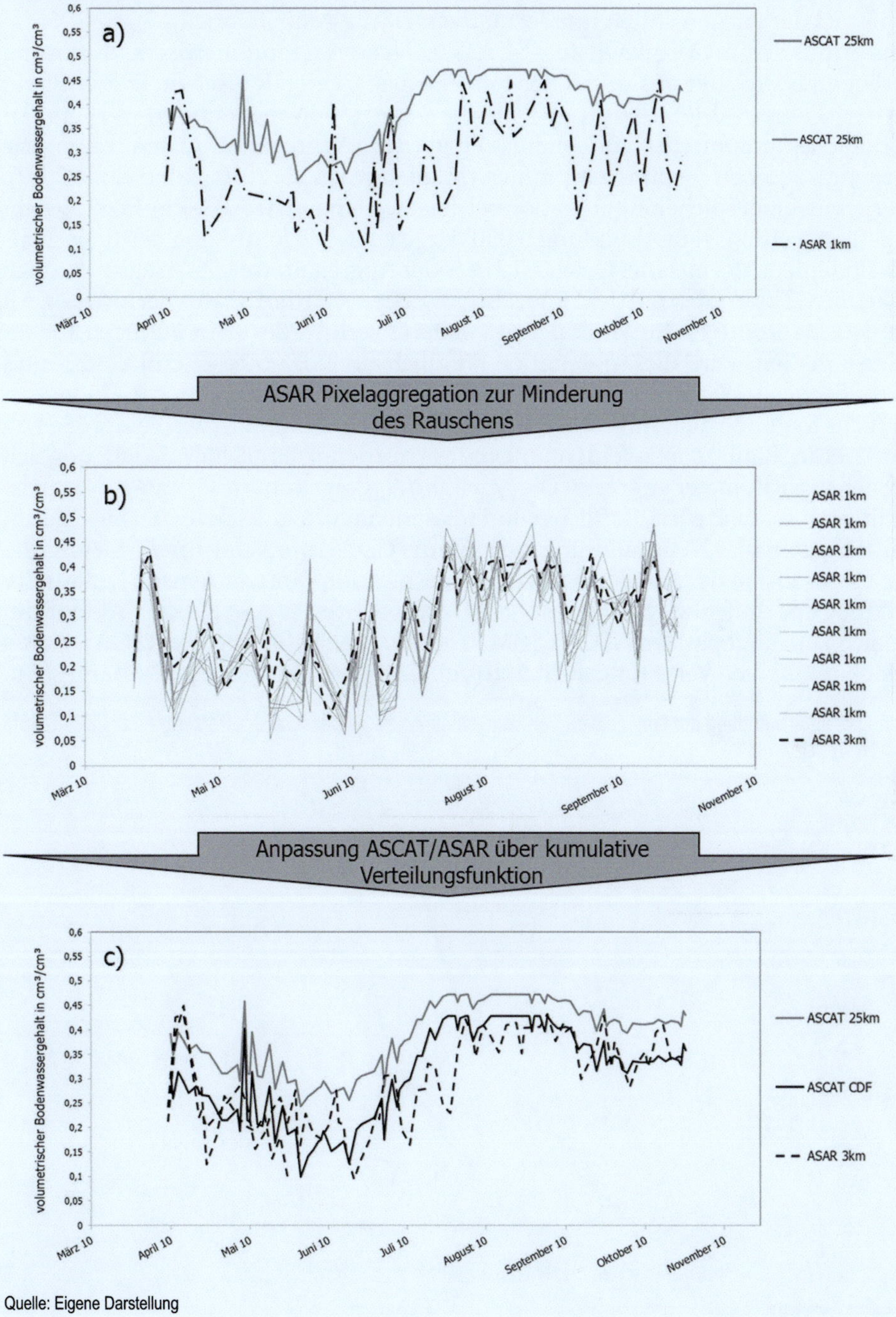

Quelle: Eigene Darstellung

5.3.5 Aufbereitung der Radarbodenfeuchtedaten

Die Abbildung 5-33a illustriert die aus den beiden Radardatensätzen ASCAT und ASAR abgeleiteten Werte des volumetrischen Bodenwassergehalts für das Jahr 2010, am Beispiel der ausgewählten repräsentativen Fläche Amir Temur 1.

Aufgrund der, im Vergleich zu ASCAT, schlechteren radiometrische Auflösung unterliegt das Produkt des ASAR Sensors einem stärkeren Rauschen. Dieser Effekt kann nach Pathe et al. (2009) durch räumliche Aggregation abgemindert werden. Zur Erhöhung der radiometrischen Genauigkeit wird die Aggregation auf eine räumliche Auflösung zwischen 3 – 5 km empfohlen (Mladenova et al., 2010; Pathe et al., 2009). Das Ergebnis einer solchen Aggregation bei der jeweils neun ASAR 1-km-Pixel zusammengefasst werden ist in Abbildung 5-33b dargestellt. Die Reduktion des Rauschens in der Bodenfeuchtezeitserie, welche sich aus der Aggregation ergibt, ist hier deutlich zu erkennen. Zusammen mit dem Rauschen reduziert sich die Detailschärfe des ASAR Bodenfeuchteprodukts. Zur Minimierung weiterer Verluste des kleinräumigen Bodenfeuchteverhaltens wird die Aggregation räumlich auf 3 x 3 km beschränkt. Aufgrund der großflächigen Wasseraufbringung des Bewässerungswassers durch die landwirtschaftliche Methode der Flutbewässerung und der durchschnittlichen Feldgröße von 0,4 km² werden häufig ganze Feldkomplex bewässert deren räumliche Ausdehnung sich über mehrere Kilometer erstreckt. Die gewählte Aggregationsauflösung von 3 km ist deshalb auch aus landwirtschaftlicher und wassermanagementtechnischer Sicht geeignet. Das Ergebnis der Neuskalierung mit Hilfe der CDF-Anpassung für die Messfläche Amir Temur 1 ist in der Abbildung 5-33c dargestellt. Ein weiterer Aspekt, der aus der Abbildung ersichtlich wird, ist die höhere Detailschärfe des ASAR 3 km Produkts im Vergleich zum angepassten ASCAT SSM Produkt. Die Skalierung der ASCAT-Daten mit der kumulativen Verteilungsfunktion (vgl. 4.3.4), ist in Abbildung 5-34 dargestellt.

Abbildung 5-34: Anwendung der kumulativen Verteilungsfunktion zur Anpassung der Perzentile der ASCAT SSM und ASAR 3 km Produkte.

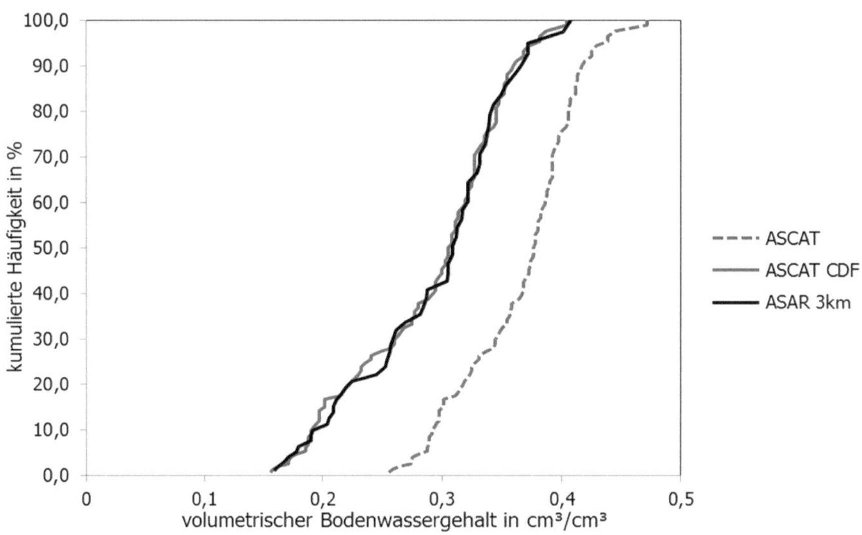

Quelle: Eigene Darstellung

Die lokalen Maxima der Bodenfeuchteverlaufskurve der ASAR Zeitreihe können dabei den Zeitpunkten der Bewässerung (siehe Tabelle 5-15) zugeordnet werden. Zur Veranschaulichung des Zusammenhangs zwischen Bewässerungsereignis und aus Radar abgeleiteter Bodenfeuchte dient Abbildung 5-35.

Tabelle 5-15: Im Feld dokumentierte Zeitpunkte der Bewässerungswassereinleitung auf die landwirtschaftlichen Felder der Versuchsfläche Amir Temur 1.

Feldfrucht	Dokumentierte Zeitpunkte der Bewässerungswassereinleitung im Jahr 2010						
Weizen-Reis	21. Februar	15. März	11. April	10. Mai	-	03.-06. Juli	-
Baumwolle	-	-	-	-	17.-26. Juni	18.-21. Juli	18.-24. August
Alfalfa	-	23. März	19. April	27. Mai	25. Juni	-	-

Quelle: Eigene Berechnung

Die sprunghafte Erhöhung der Bodenfeuchte Ende April/Anfang Mai kann durch Niederschlagsinfiltration erklärt werden (vgl. Abbildung 5-31). Dies deutet auf eine gute Detektion der kleinräumigen Bodenfeuchteunterschiede durch das ASAR SSM Produkt hin.

Abbildung 5-35: Illustration des dokumentierten Bewässerungszeitraums für die landwirtschaftlichen Flächen der Untersuchungsfläche Amir Temur im Jahr 2010.

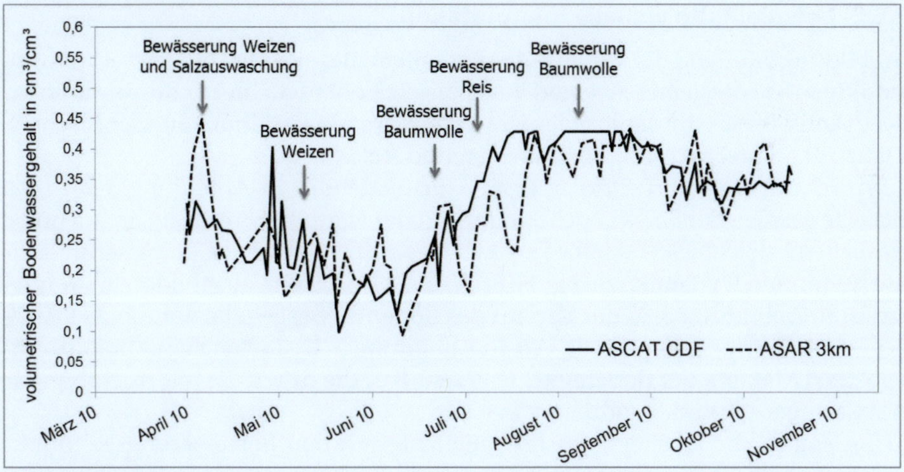

Quelle: Eigene Darstellung

5.3.6 Ergebnisse der Validierung und Diskussion

Im Folgenden werden die Ergebnisse der Validierung der Bodenfeuchteprodukte vorgestellt. Zunächst erfolgt ein Vergleich zwischen den räumlichen Mustern der Bodenfeuchte und ET_a (Kapitel 5.3.6.1). Darauf folgt eine visuelle Interpretation der Güte der Bodenfeuchteprodukte anhand zweier exemplarischer Bodenfeuchtezeitreihen (Kapitel 5.3.6.2). Anschließend werden mit den zu vergleichenden Bodenfeuchteprodukten sowohl einzeln für jede repräsentative Fläche (Kapitel 5.3.6.3) als auch flächenübergreifend (Kapitel 5.3.6.4) Analysen unter Verwendung von drei unterschiedlichen Grundmengen vorgenommen. Untersucht wird der Zusammenhang zwischen dem in-situ bestimmten Bodenwassergehalt und den Bodenfeuchteprodukten ASCAT CDF, ASAR 1 km und ASAR 3 km. Die unterschiedlichen Grundmengen die untersucht werden sind:

A) alle ausgewählten Flächen,
B) für ausgewählte Flächen mit einer zeitlichen Stabilität über 0,5 (SL-Wert 2010) und
C) ausgewählte Flächen mit einer zeitlichen Stabilität des Jahres 2011 über 0,5.

5.3.6.1 Vergleich der räumlichen Muster

In Abbildung 5-36 ist der Vergleich der räumlichen Bodenfeuchtemuster (ASAR, ASAR 3 km und ASCAT CDF) mit ET_{24} für ausgewählte charakteristische Modelltage dargestellt. Hierauf ist unter anderem die unterschiedliche räumliche Auflösung der Bodenfeuchteprodukte zu erkennen. Die räumlichen Muster, wie beispielsweise die trockenen Flächen an der südlichen Grenze zur Wüste oder in den Siedlungsbereichen, sind sowohl in der ET-Modellierung, als auch in den Bodenfeuchtedatensätzen ersichtlich. Außerdem kann die Zunahme der Feuchteverhältnisse im Juli nach der Bewässerungsperiode identifiziert werden.

5.3.6.2 Beispielhafte visuelle Interpretation

In Abbildung 5-37 sind die Verläufe der Bodenfeuchtezeitserien der Fernerkundungsprodukte sowie die gemessene und interpolierte Bodenfeuchte für die repräsentative Fläche Amir Temur 1b dargestellt. Die dominierende Landnutzung der Fläche war im Jahr 2011 eine Fruchtfolge aus Weizen und Reis.

Typisch für diese Fruchtfolge (vgl. Anbaukalender in Abbildung 5-28) ist der plötzliche Anstieg der Bodenfeuchte aufgrund der Hauptbewässerung im Juli und das anschließend gleichbleibend hohe Feuchteniveau. Diese durch die Bewässerungsereignisse bestimmte Dynamik wird gut durch die ASAR Daten abgebildet. Im Vergleich dazu ist in Abbildung 5-38 der Verlauf des Bodenwassergehalts der repräsentativen Fläche Amir Temur 2 dargestellt. Wie in Abbildung 5-37 sind auch in Abbildung 5-38 die lokalen Maxima der Bodenfeuchte erkennbar, die durch die feldfruchttypischen Bewässerungszeitpunkte induziert werden.

Hier stehen die Anstiege der Bodenfeuchte mit den Bewässerungszeitpunkten von Baumwolle/Reis in Zusammenhang, die üblicherweise Ende Juni/Anfang Juli und erneut Mitte August stattfinden (Forkutsa et al., 2009). Aus beiden Abbildungen ist zudem ersichtlich, dass die Bodenfeuchtezeitreihen gut mit der In-situ-Bodenfeuchteerhebung korrespondieren. Außerdem ist der Effekt der Glättung der Bodenfeuchtezeitreihen durch die räumliche Aggregation der ASAR SSM Informationen ersichtlich, da die Amplitude der Zeitreihe verringert wirkt. Durch diesen Verlauf wird die Tatsache verdeutlicht, dass durch räumliche Aggregation der ASAR SSM Informationen eine Varianzglättung und somit eine Tiefpassfilterung vorgenommen wird.

Abbildung 5-36: Vergleich der räumlichen Bodenfeuchtemuster der Fernerkundungsprodukte mit der ET_{24} für ausgewählte Modelltage im Jahr 2010.

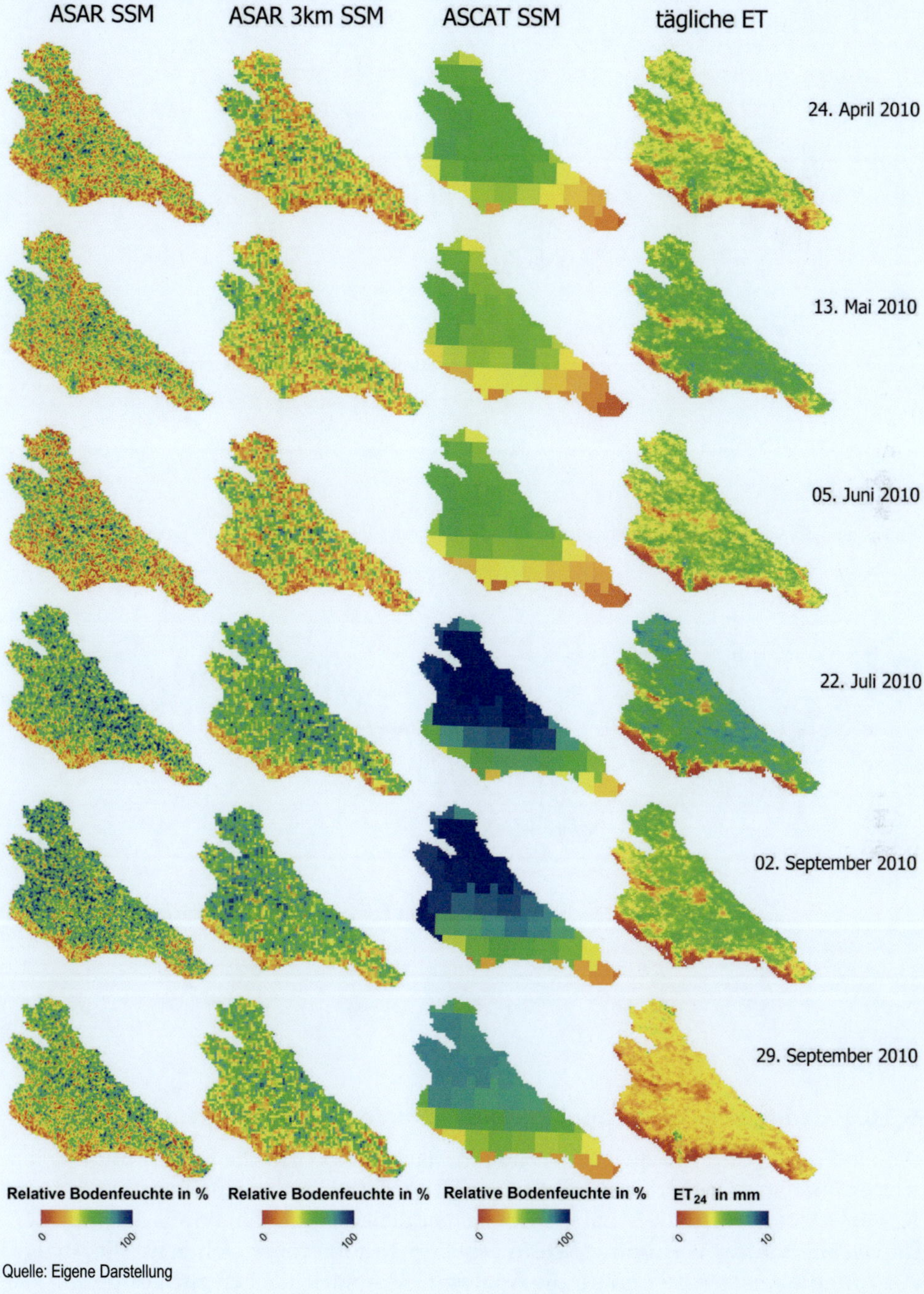

Quelle: Eigene Darstellung

Abbildung 5-37: Verlauf des Bodenwassergehalts der Fläche Amir Temur 1b im Jahr 2011. Feldfrucht: Weizen-Reis.

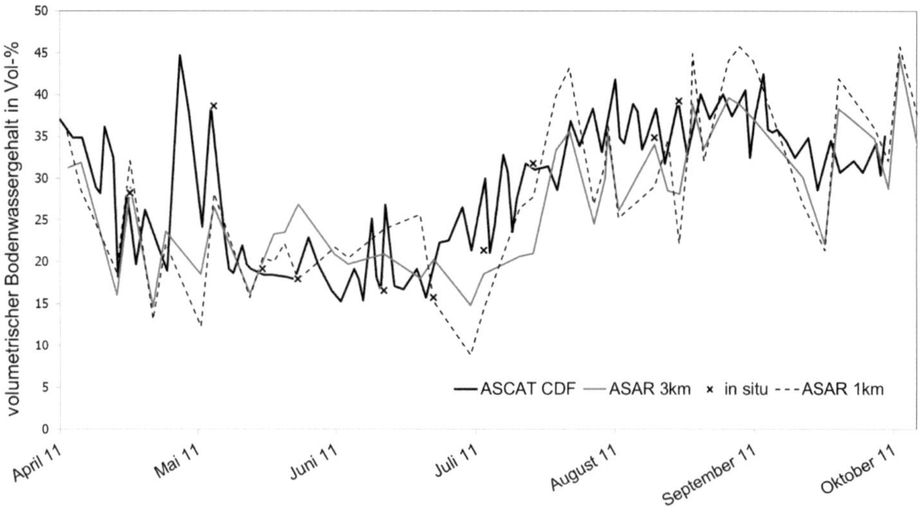

Quelle: Eigene Darstellung

Abbildung 5-38: Verlauf des Bodenwassergehalts der Fläche Amir Temur 2 im Jahr 2011. Feldfrucht: Baumwolle.

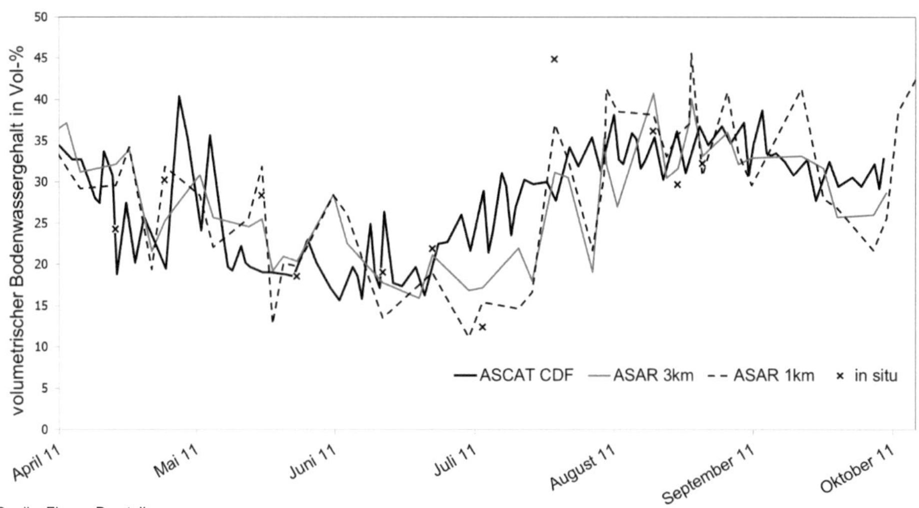

Quelle: Eigene Darstellung

5.3.6.3 Beurteilung der Produktgüte anhand der repräsentativen Flächen

Anhand der In-situ-Messwerte werden im nächsten Schritt die fernerkundungsbasierten Bodenfeuchtekarten validiert. Gemäß der Kriterien der zeitlichen Stabilität aus Kapitel 3.5.4 stehen für die Analyse unterschiedliche Grundmengen aus den repräsentativen Flächen zur Verfügung. Wie in Tabelle 5-16 aufgeführt, stehen für die Analyse A 14, für die Analyse B 9 und für die Analyse C 8 Versuchsflächen zur Verfügung. Die sich daraus ergebenden flächenweisen Korrelationskoeffizienten sind als Boxplot in

Abbildung 5-39 dargestellt. Der Wertebereich der Quartile erweist sich als produktspezifisch und ist bei ASCAT CDF am größten bzw. bei ASAR 3 km am geringsten. Die Streuung der Quantil-Werte ist bei ASAR 1 km am größten, was auf den Einfluss des Rauschens zurückzuführen ist. Anhand der gewählten Kriterien kann daher für alle drei untersuchten Fernerkundungsprodukte eine ausreichend gute Übereinstimmung mit den In-situ-Messungen festgestellt werden. Bei detaillierterer Betrachtung weist der mittlere Korrelationskoeffizient (r=0,63) auf eine hohe Übereinstimmung beim aggregierten ASAR 3 km Bodenfeuchteprodukts hin, wohingegen die Korrelation beim ASAR 1 km Produkt geringer ist (r=0,55, siehe Tabelle 5-17). Ein Grund hierfür ist, dass das Rauschen der ASAR SSM 1 km Daten die Korrelation negativ beeinflusst.

Tabelle 5-16: Werte der zeitlichen Stabilität der repräsentativen Messflächen, die als Auswahlkriterium zur Bildung der Grundmengen der folgenden Analyse dienen (vgl. Tabelle 5-13).

Nr.	Bezeichnung der Messstelle	Analyse A (Wert des SL-2010)		Analyse B (Wert des SL-2010)		Analyse C (Wert des SL-2011)	
1a	Amir Temur 1	0,617	x	0,617	x	0,507	x
1b		0,636	x	0,636	x	0,578	x
2	Amir Temur 2	0,702	x	0,702	x	0,579	x
3a	Ashirmat 1	0,571	x	0,571	x	0,332	o
3b		0,598	x	0,598	x	0,367	o
3c		0,503	x	0,503	x	0,344	o
4a	Ashirmat 2	0,597	x	0,597	x	0,546	x
4b		0,582	x	0,582	x	0,502	x
4c		0,540	x	0,540	x	0,416	o
5	CRI	0,093	x	0,093	o	0,291	o
6	Khanka	0,311	x	0,311	o	0,307	o
7a	Pitnak	0,373	x	0,373	o	0,503	x
7b		0,343	x	0,343	o	0,560	x
7c		0,473	x	0,473	o	0,503	x
Anzahl ausgewählter Flächen		*14*		*9*		*8*	

Quelle: Eigene Berechnung x = für die jeweilige Analyse ausgewählt, o = nicht für diese Analyse ausgewählt.

Der im Vergleich zu ASAR 3 km geringere mittlere Zusammenhang bei den angepassten ASCAT CDF Daten (r=0,55) lässt sich dadurch erklären, dass bei der Analyse A auch Flächen miteinbezogen wurden, die eine schwache zeitliche Stabilität aufwiesen. Das verdeutlicht die Abhängigkeit der ASCAT Bodenfeuchteinformationen von der zeitlichen Stabilität, d.h. nur bei hoher zeitlicher Stabilität können die ASCAT Werte für die Modellierung verwendet werden.

Abbildung 5-39: Boxplot der Korrelationskoeffizienten der Vergleichsanalysen. (Analyse A) Alle ausgewählten Flächen (dunkelgrau), (Analyse B) Flächen mit SL-Wert > 0,5 (weiß), (Analyse C) Flächen mit saisonaler Korrelation in 2011 > 0,5 (grau). Die Boxplotinhalte sind Median, Quartile und 2,5 % bzw. 97,5 %-Quantil.

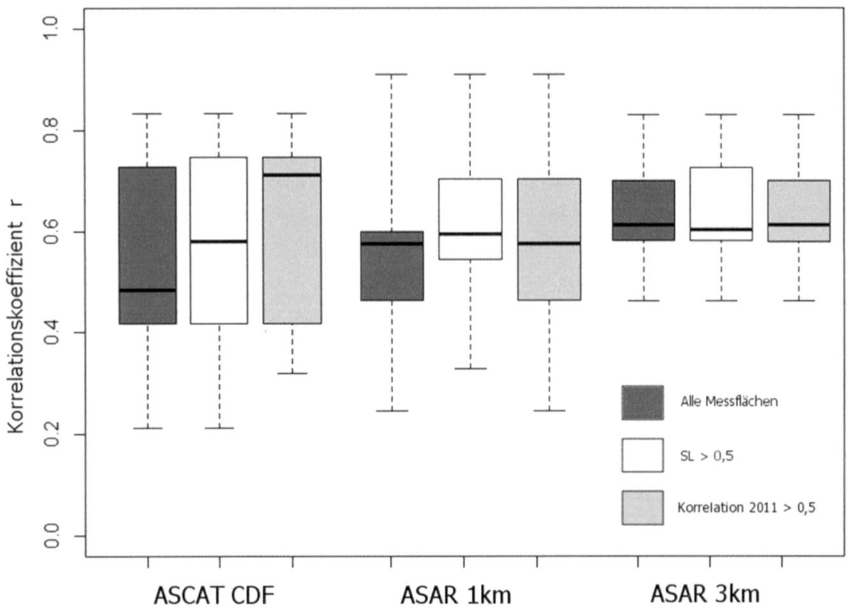

Quelle: Eigene Darstellung

In Analyse B werden die Flächen betrachtet, die laut SL-Wert (Tabelle 5-16) eine ausreichend hohe Korrelation (r>0,5) aufweisen und somit eine hohe Eignung als repräsentative Fläche für einen Produktvergleich ASCAT/ASAR implizieren. Mittelwert und Median des ASCAT CDF Korrelationskoeffizienten (r=0,58) steigen leicht an, im Vergleich zum Wert aus Analyse A. Das ist durch die Auswahl der repräsentativer Flächen für den Produktvergleich zu erklären (siehe Abbildung 5-39). Die Mittelwerte und Quartile von ASAR bleiben dabei nahezu unverändert.

Beim Vergleich der Werte für die saisonale zeitliche Stabilität in 2011 (Tabelle 5-16) mit den Korrelationskoeffizienten der Validierungsergebnisse aus Tabelle 5-17 zeigt sich, dass schwache Zusammenhänge zwischen Messung und Fernerkundungsprodukt überwiegend in Gebieten mit geringer saisonaler zeitlicher Stabilität des betrachteten Jahres liegen. Dieser Umstand wird, wie bereits erläutert, in der Analyse C berücksichtigt. Der erneute Anstieg des Mittelwert der Korrelation (r= 0,63) des angepassten ASAR SSM 3 km Produkts ist diesem verbesserten Auswahlkriterium zuzurechnen. Die Analyseergebnisse des aggregierten ASAR 3 km Produktes weisen, zum einen durch die geringere Streuung im Wertebereich, zum anderen aufgrund der hohen mittleren Korrelation zwischen In-situ-Messungen und Fernerkundungsinformationen, auf eine ausreichend gute Übereinstimmungen der Bodenfeuchteprodukte mit den tatsächlichen Bodenfeuchteverhältnissen hin. Zusammenfassend kann festgehalten werden, dass die ASCAT CDF Bodenfeuchteinformationen zu guten Ergebnisse führen, wenn die zeitliche Stabilität der untersuchten Fläche hoch ist (r=0,72, Analyse C). Für Flächen mit geringer zeitlicher Stabilität erzielen die ASCAT CDF Daten allerdings die niedrigsten Korrelationskoeffizienten (siehe Tabelle 5-17). Die Daten des ASAR 1 km Produkts weisen eine hohe Variabilität in allen drei Analysen auf. Unter Verwendung der 3 km ASAR Daten ist ein starker Zusammenhang zwischen Messung und Fernerkundungsprodukt, unabhängig vom Kriterium der zeitlichen Stabilität, zu erkennen.

Zur besseren Vergleichbarkeit mit bereits veröffentlichten Studien werden die gängigen Validierungsgütemaße (r, RMSE und Standardabweichung) in einem zweidimensionalen Taylordiagramm dargestellt. Auf diese Weise kann die Ähnlichkeit der verglichenen Größen visualisiert werden.

Abbildung 5 40: Taylordiagramm der durchgeführten Vergleichsanalysen. a) Vergleich für alle ausgewählten Flächen (Analyse A), b) für Flächen mit SL-Wert >0,5 (Analyse B), c) für Flächen mit saisonaler Korrelation > 0,5 (Analyse C).

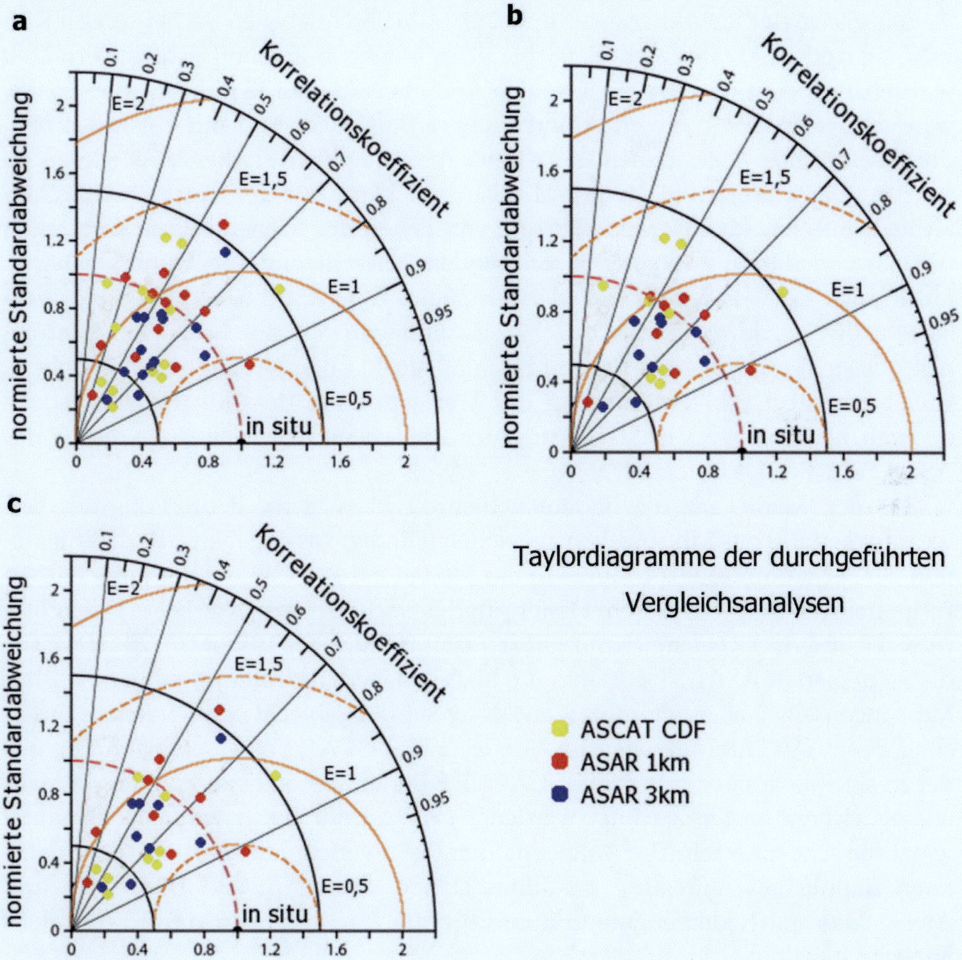

Quelle: Eigene Darstellung

Die Werte werden gemäß ihrer normierten Standardabweichung (nSD) und des Korrelationskoeffizienten in das Diagramm eingetragen. Der Abstand (E) zwischen den so erzeugten Punkten und dem In-situ-Referenzpunkt repräsentiert den zentrierten normierten RMSE. Niedrige Werte der normierten Standardabweichung (nSD < 1) bedeuten, dass die Variabilität in den In-situ-Daten höher ist als die der Fernerkundungsprodukte. Ähnlich der Interpretation des Korrelationskoeffizienten zeigt die Abbildung 5-40a (Analyse A) die robusteren Vergleichsergebnisse (geringere Ergebnisstreuung) beim aggregierten ASAR 3 km Produkt. Die Ergebnisse des angepassten ASCAT SSM Produkts weisen einen größeren Wertebereich auf, der sich durch die Qualität in der Auswahl der repräsentativerer Flächen deutlich verringert (Analyse C, Abbildung 5-40c).

5.3.6.4 Flächenübergreifende Beurteilung der Produktgüte

Anders als bei der im vorherigen Kapitel (5.3.6.3) beschriebenen flächenweisen Korrelation, sind in Abbildung 5-41 flächenübergreifenden Zusammenhänge ermittelt worden, d.h. sämtliche für die jeweilige Analyse A, B oder C gültigen Wertepaare werden gemeinsam in einem Streudiagramm dargestellt und mit einem Korrelationskoeffizienten beschrieben ohne den repräsentativen Flächen zugewiesen zu werden. Die in der Abbildung 5-41 gezeigten Werte für den Korrelationskoeffizienten unterscheiden sich geringfügig von denen der flächenweisen Korrelation (5.3.6.3) und führen zu keiner abweichenden Einschätzung der Zusammenhänge hinsichtlich der Verwendbarkeit der jeweiligen Datensätze. Die Abbildung visualisiert die Steigerung des statistischen Zusammenhangs durch die Verbesserung des Auswahlkriteriums bei den repräsentativen Flächen (Abbildung 5-41, oben). Außerdem wird die Reduzierung der Wertestreuung des Bodenwassergehalts erkennbar, der durch die Minderung des Rauschens bzw. der Aggregation des ASAR SSM Produktes erzielt wird.

Ziel der Validierung der Bodenfeuchteprodukte war die Beurteilung der Verwendbarkeit des aus Mikrowellen abgeleiteten Bodenwassergehalts für die Integration der Fernerkundungsprodukte in das Modell zur Berechnung der tatsächlichen Evapotranspiration. Vor diesem Hintergrund betrachtet eignen sich beide Datensätze (ASCAT und ASAR) ausreichend gut (r > 0,5 und RMSE < 10 Vol-%). Zwar weisen die aggregierten ASAR 3 km Daten die höchste Übereinstimmung mit den In-situ-Messungen auf, haben allerdings den Nachteil der schlechteren zeitlichen Auflösung der ASAR Informationen im Vergleich zu ASCAT. Die Übereinstimmungen der In-situ-Messungen mit dem ASCAT CDF Bodenwassergehalt können ebenfalls als ausreichend gut bezeichnet werden. Für Pixel mit hoher zeitlicher Stabilität wiegt die sehr gute zeitliche Auflösung den Detailverlust auf, der aus der schlechteren räumlichen Auflösung resultiert. Daher werden ASCAT SSM CDF und ASAR 3 km als Bodenfeuchteprodukte für die Integration in das ET- Modells verwendet.

Abbildung 5-41: Streudiagramm der in-situ und Fernerkundungsprodukte für die drei durchgeführten Analysen. (Analyse A) Vergleich für alle ausgewählten Flächen (links), (Analyse B) Vergleich für Flächen mit SL-Wert > 0,5 (mitte), (Analyse C) Vergleich für Flächen mit saisonaler Korrelation in 2011 > 0,5 (rechts).

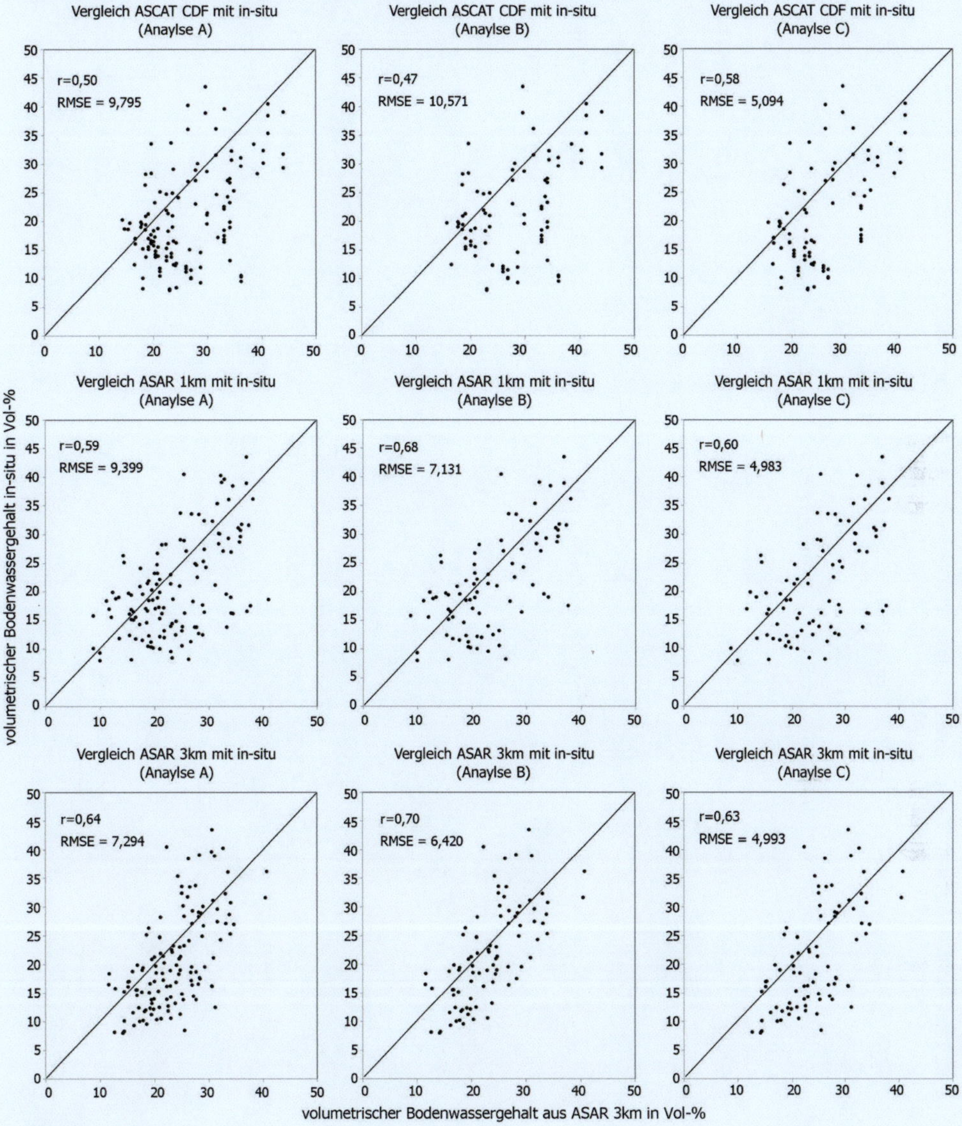

Quelle: Eigene Darstellung

Tabelle 5-17: Vergleich des Bodenwassergehalts zwischen In-situ-Messungen und Fernerkundungsprodukten (ASCAT CDF, ASAR SSM 1 km und dem aggregierten ASAR SSM-3 km Produkt) für alle repräsenttiven Flächen. Die Korrelation ist hinsichtlich ihrer Güte wie folgt klassifiziert:
gut (r > 0,7, grün), ausreichend gut (0,5 < r < 0,7, gelb), schwach (0,2 < r < 0,5, rot) und inakzeptabel (r < 0,2).

Nr.	Bezeichnung der Messstelle	Korrelationskoeffizient r			Bias in Vol-%			RMSE			E		
		ASCAT CDF	ASAR 1km	ASAR 3km	ASCAT CDF	ASAR 1km	ASAR 3km	ASCAT CDF	ASAR 1km	ASAR 3km	ASCAT CDF	ASAR 1km	ASAR 3km
1a	Amir Temur 1	0,42	0,71	0,58	0,420	1,179	1,618	8,191	6,554	7,024	1,070	0,843	0,894
1b		0,58	0,91	0,83	-1,565	-1,019	-0,425	7,137	3,592	4,359	0,904	0,447	0,563
2	Amir Temur 2	0,81	0,47	0,46	-2,339	0,878	-0,534	5,856	6,006	5,554	0,939	1,039	0,967
3a	Ashirmat 1	0,42	0,59	0,59	-8,923	-2,158	-2,435	11,786	6,159	5,730	1,302	0,976	0,877
3b		0,49	0,60	0,73	-8,195	-4,758	-2,782	10,990	7,602	5,329	1,207	0,977	0,749
3c		0,21	0,55	0,58	-8,727	-1,259	-2,002	13,454	8,010	7,094	1,232	0,952	0,819
4a	Ashirmat 2	0,75	0,60	0,70	-9,971	-6,262	-2,903	11,534	9,475	6,889	0,668	0,820	0,720
4b		0,83	0,33	0,60	-11,149	-2,965	-2,497	12,531	9,533	8,401	0,597	0,945	0,837
4c		0,73	0,82	0,77	-9,912	-3,507	-3,147	11,911	6,585	7,391	0,695	0,586	0,704
5	CRI	0,53	0,59	0,56	-4,349	-3,966	-4,175	8,619	8,097	8,348	0,853	0,809	0,828
6	Khanka	0,47	0,29	0,70	-2,021	-2,725	-3,385	6,946	8,499	5,803	1,026	1,243	0,728
7a	Pitnak	0,71	0,25	0,67	-1,530	-2,712	-4,125	8,321	10,562	8,541	0,822	1,036	0,752
7b		0,32	0,58	0,61	-5,799	-6,944	-7,607	7,199	11,407	8,961	1,011	1,303	1,123
7c		0,42	0,47	0,49	-6,275	-8,705	-9,456	9,137	11,967	11,686	0,910	1,125	0,941
	Mittelwerte	0,55	0,55	0,63	-5,738	-3,209	-3,133	9,544	8,146	7,222	0,945	0,936	0,822

Quelle: Eigene Berechnung

5.4 Evaluierung des Bodenwärmestromansatzes

Für das in Kapitel 4.4 vorgestellte physikalisch basierte Modell zur Berechnung des Bodenwärmestroms werden die modellierten und gemessenen Temperaturamplituden und Bodenwärmeströme verglichen. Der Ort der Messstation entspricht der in Kapitel 5.3.1 vorgestellten repräsentativen Fläche Amir Temur 1a. Als Vergleichswert für die physikalisch modellierten Bodenwärmeströme wird der empirisch abgeleitete Bodenwärmestrom aus SEBAL herangezogen. Für den im Rahmen dieser Arbeit entwickelten physikalisch basierten Ansatz kommen als Eingangsdaten die Bodenfeuchteprodukte ASAR SSM 3 km und ASCAT CDF zur Anwendung.

5.4.1 Interpolation der Bodentextur

Um räumlich verteilte Ergebnisse des Bodenwärmestroms für das Untersuchungsgebiet zu erhalten sind Informationen über die regionale Verteilung des Bodens erforderlich. Für die Charakterisierung der Bodentextur im Untersuchungsgebiet stehen umfangreiche Bodenproben der Khorezm Datenbank (State Research Institute of Soil Science & Agrochemistry, Tashkent) zur Verfügung. Insgesamt beinhaltet die

Abbildung 5-42: Bodenartendiagramm zur Einordnung der Böden im Untersuchungsgebiet, anhand der analysierten 432 Bodenpunkte der Bodendatenbank.

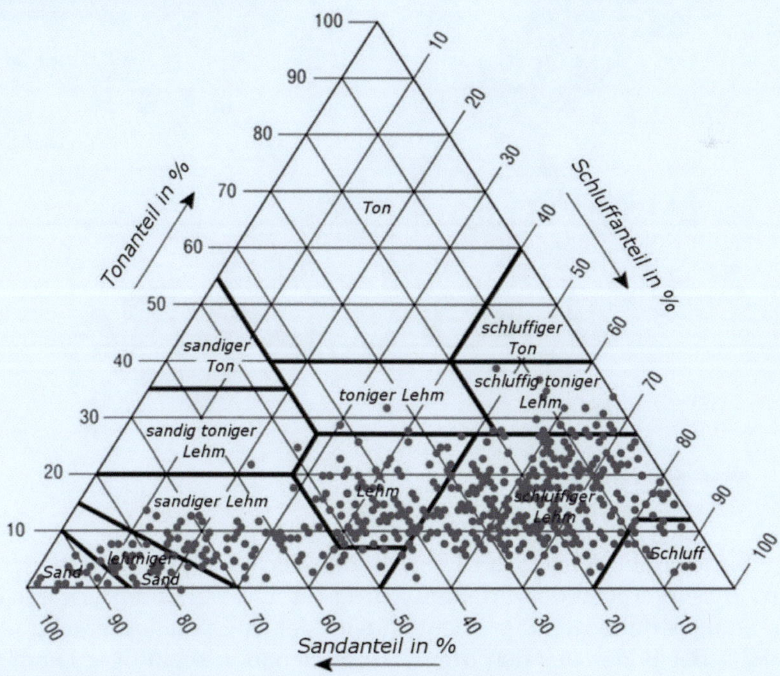

Quelle: State Research Institute of Soil Science & Agrochemistry, Tashkent, eigene Darstellung

Datenbank mehr als 2150 analysierte und georeferenzierte Bodenproben. Im Zusammenhang mit den weiteren Untersuchungen werden für die räumliche Interpolation der Bodentextur nur Bodenproben verwendet, die Informationen innerhalb des Pflughorizonts (bis 30 cm Tiefe) liefern, da dort der Großteil der Bodenwärmeenergie umgesetzt wird. Insgesamt werden 432 Punkte aus der Khorezm Datenbank für den obersten Bodenhorizont verwendet.

Laut Datenbank ist die Textur (USDA Klassifikation, aus russischer Nomenklatur überführt) der Böden des oberen Bodenhorizonts überwiegend schluffiger Lehm (Akramkhanov et al., 2012). Die Verteilung der Bodenproben und die sich daraus ergebenden Texturen können aus dem Bodenartendiagramm entnommen werden (vgl. Abbildung 5-42). Zusätzlich zur Hauptbodentextur existieren in Khorezm Böden aus lehmigem Sand, sandigem Lehm, Lehm und schluffigem Lehm. Da die Informationen der Bodendatenbank, bis auf die Bodenproben in den Rayonen Shavat und Pitniak, georeferenziert vorliegen, können sie für die Erstellung einer Bodentexturkarte von Khorezm verwendet werden (Abbildung 5-43).

Abbildung 5-43: Darstellung der Verteilung der Bodenarten im Untersuchungsgebiet. Datengrundlage für die Karte liefert die Interpolation der 432 Bodenproben der Khorezm Bodendatenbank (Datenquelle: State Research Institute of Soil Science & Agrochemistry, Tashkent).

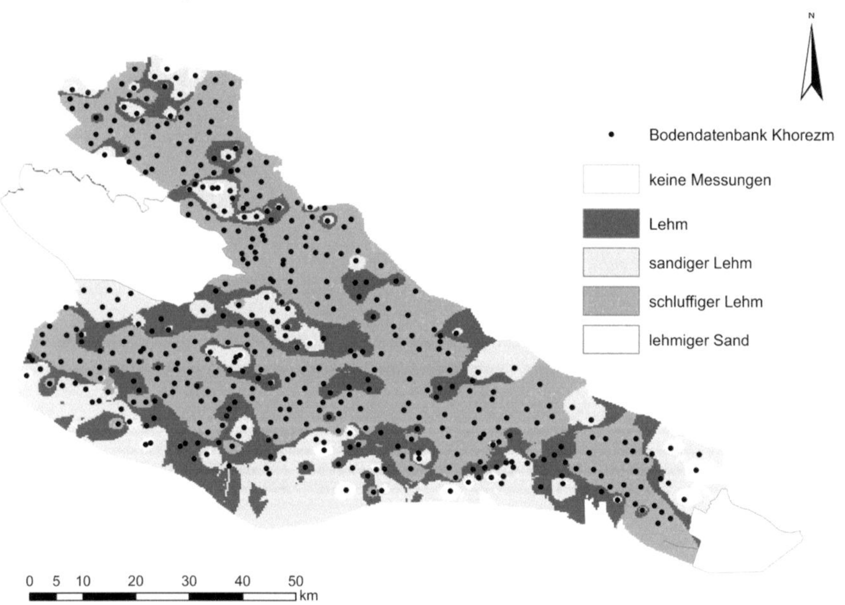

Quelle: Eigene Darstellung

Diese Karte ergibt sich aus der Interpolation der verfügbaren 432 Bodenpunkte. Als räumliches Interpolationsverfahren wurde das IDW Verfahren gewählt. Beurteilt man die Bodentexturverteilung erneut anhand der Interpolationsergebnisse, bestehen ca. 97 % der Böden aus den drei Hauptbodenarten schluffiger Lehm (46,6 %), sandiger Lehm (24,2 %) und Lehm (26,4 %). Dieser Umstand ist durch die räumliche

Verteilung der Bodenproben erklärbar. Die relativ hohe Messdichte in den bewirtschafteten Gebieten steht einer geringen Dichte in den Wüstenbereichen entgegen. Daher werden die in der Wüste vorherrschenden Bodenarten (Lehm und lehmiger Sand) im Interpolationsergebnis unterrepräsentiert.

5.4.2 Temperaturamplituden

Die Abbildung 5-44 zeigt den Verlauf der gemessenen Energiebilanzkomponenten G und R_N an der Station Amir Temur. Die Abbildung dient dazu die unter 4.4 getroffenen Annahmen, dass in der Nacht keine zusätzliche vegetationsbedinge Temperaturdifferenz existiert und die Beiträge der turbulenten Wärmeströme an der Energiebilanz in der Nacht daher vernachlässigbar klein sind zu verdeutlichen. Dies wird u.a. dadurch belegt, dass die Werte der Strahlungsbilanz in der Nacht etwa der Energie des Bodenwärmestroms entsprechen. Zusätzlich dargestellt werden die Zeitpunkte der Überflüge des MODIS/Terra Sensors. Außerdem wird die existierende und unter SEBAL vernachlässigte (siehe Kapitel 4.1) Phasendifferenz zwischen den beiden Komponenten visualisiert. Dieser beträgt im Untersuchungszeitraum ca. zwei Stunden (Literaturwert aus van Wijk (1963): drei Stunden). Des Weiteren ist in der Abbildung 5-44 die Auswirkung der Bewässerung auf G erkennbar. Am 25.06. erfolgt eine Bewässerung, woraufhin in den Folgetagen ein erhöhter Bodenwärmestrom gemessen wird.

Abbildung 5-44: Visualisierung der Verläufe des Bodenwärmestroms und der verfügbaren Energie an der Erdoberfläche innerhalb eines 4-Tageszeitraums im Juni 2010 an der Station Amir Temur.

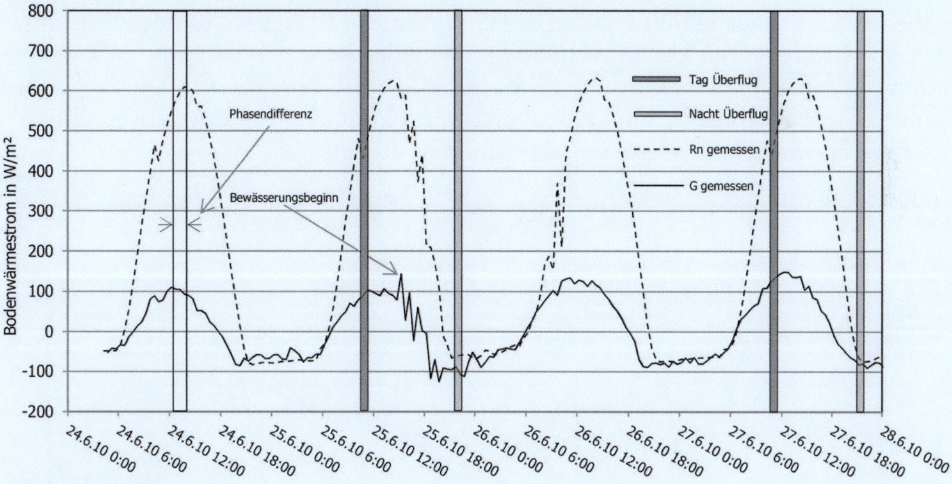

Quelle: Eigene Darstellung

Die gemäß Gleichung (4-36) abgeleiteten Amplituden werden mit den gemessenen Temperaturamplituden an der Oberfläche am Standort Amir Temur 1 verglichen. Unter Berücksichtigung der Güteparameter zeigt sich eine ausreichende Vorhersagegüte der Temperaturamplitude, mit einem relativen Modellfehler $<0{,}2$ und $NSE>0{,}1$.

Abbildung 5-45: Vergleich der gemessenen und der aus MODIS LST abgeleiteten Temperaturamplituden für den Standort Amir Temur in den Jahren 2010 (weiß) und 2011 (grau).

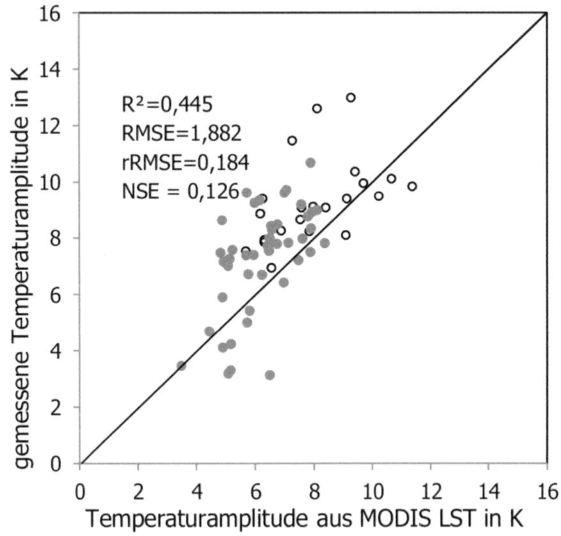

Quelle: Eigene Darstellung

Ein Streudiagramm zur Visualisierung der Güte des Amplitudenvergleichs ist in Abbildung 5-45 dargestellt. Die Gütemaße werden anhand der 66 Wertepaare des Gesamtzeitraums 2010 und 2011 berechnet. Zur Unterstützung der Aussagen die mit Hilfe der Gütemaße erzielt werden dient die visuelle Interpretation der Ergebnisse des Amplitudenvergleichs in Abbildung 5-46. Hier wird der Verlauf der Temperaturamplituden im Messzeitraum 15.06. bis 31.10.2010 beschreiben. Dieser geringe Unterschied bekräftigt die Einschätzung, dass der Verlauf der Temperaturamplituden über die Bewässerungssaison gut abgebildet wird.

Abbildung 5-46: Verlauf der Temperaturamplituden Zeitraum 15. Juni bis 31. Oktober 2010 am Beispiel der Station Amir Temur 1.

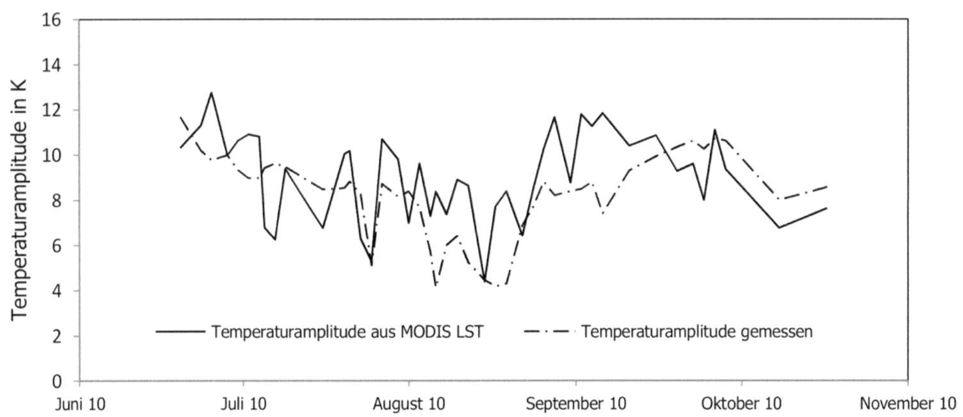

Quelle: Eigene Darstellung

Zusammen mit der qualitativen Interpretation von Abbildung 5-46 kann die entwickelte Methode zur Temperaturamplitudenableitung als gut geeignet bezeichnet werden. Die Methode wird daher zur Bestimmung der Eingangstemperaturamplituden für den entwickelten Ansatz der verbesserten Modellierung des Bodenwärmestroms eingesetzt.

5.4.3 Ergebnisse und Diskussion

Die Ergebnisse der Bodenwärmestrommodellierung, die in Abbildung 5-47 illustriert sind, zeigen den Vergleich zwischen dem empirischem und dem physikalisch basierten

Abbildung 5-47: Vergleich der Verläufe zwischen modelliertem und gemessenem Bodenwärmestrom im Zeitraum 15. Juni bis 31. Oktober 2010 (oben) sowie zwischen 01. April und 19. Juni 2011 (unten) auf der landwirtschaftlichen Fläche neben der Eddy-Kovarianz-Station.

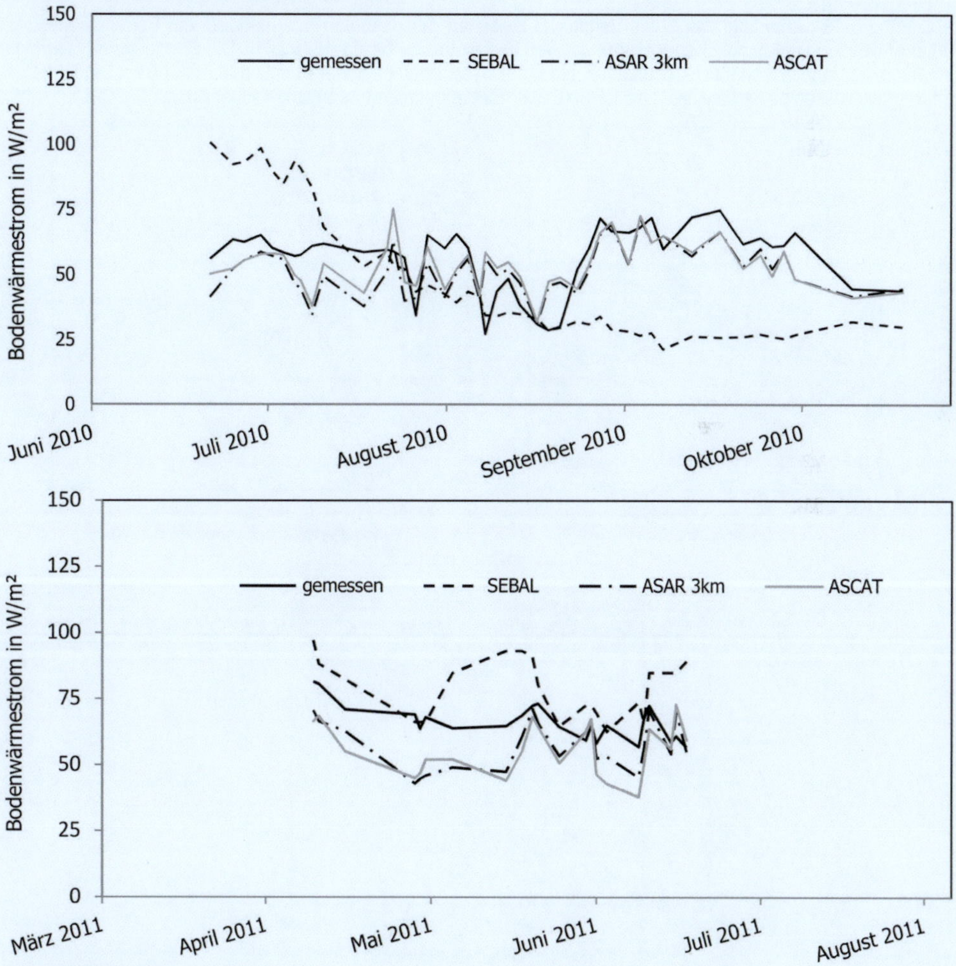

Quelle: Eigene Darstellung

Ansatz mit den Messungen auf der landwirtschaftlichen Fläche. Unter Verwendung des neu entwickelten Bodenwärmestromansatzes wird eine signifikante Verbesserung der Modellgüte des Bodenwärmestroms erzielt, unabhängig vom integrierten Bodenfeuchteprodukt (ASCAT CDF oder ASAR 3km). Es wird ersichtlich, dass der empirisch abgeleitete Bodenwärmestrom, wie bereits aus Kapitel 5.2.2 bekannt, durch SEBAL fehlerhaft abgeschätzt wird. Dagegen entsprich der Verlauf des physikalisch basiert abgeleiteten Bodenwärmestroms im Wesentlichen dem der In-situ-Messungen. Wie auf Abbildung 5-47 (unten) dargestellt ist, tritt im Jahr 2011 eine geringere Abweichung zwischen gemessenem und dem mit SEBAL modellierten Bodenwärmestrom auf als im Vorjahr. Insgesamt wird allerdings deutlich, dass der physikalische Ansatz auch in diesem Jahr zu einer Verbesserung der Modellgüte des Parameters beiträgt. Auf die Gründe die zu der verkürzte Messzeitreihe für 2011 führten wurde bereits eingegangen (vgl. Kapitel 5.1.1).

Abbildung 5-48: Streudiagramme des Vergleichs zwischen gemessenem und modelliertem Bodenwärmestrom unter Anwendung unterschiedlicher Eingangsdaten und Methoden für das Jahr 2010. Die Messung von G erfolgte innerhalb der landwirtschaftlich genutzten Fläche. a) Physikalisch basierter Ansatz und ASAR 3 km Eingangsdaten, b) Physikalisch basierter Ansatz mit ASCAT CDF Eingangsdaten und c) empirischer Ansatz (SEBAL).

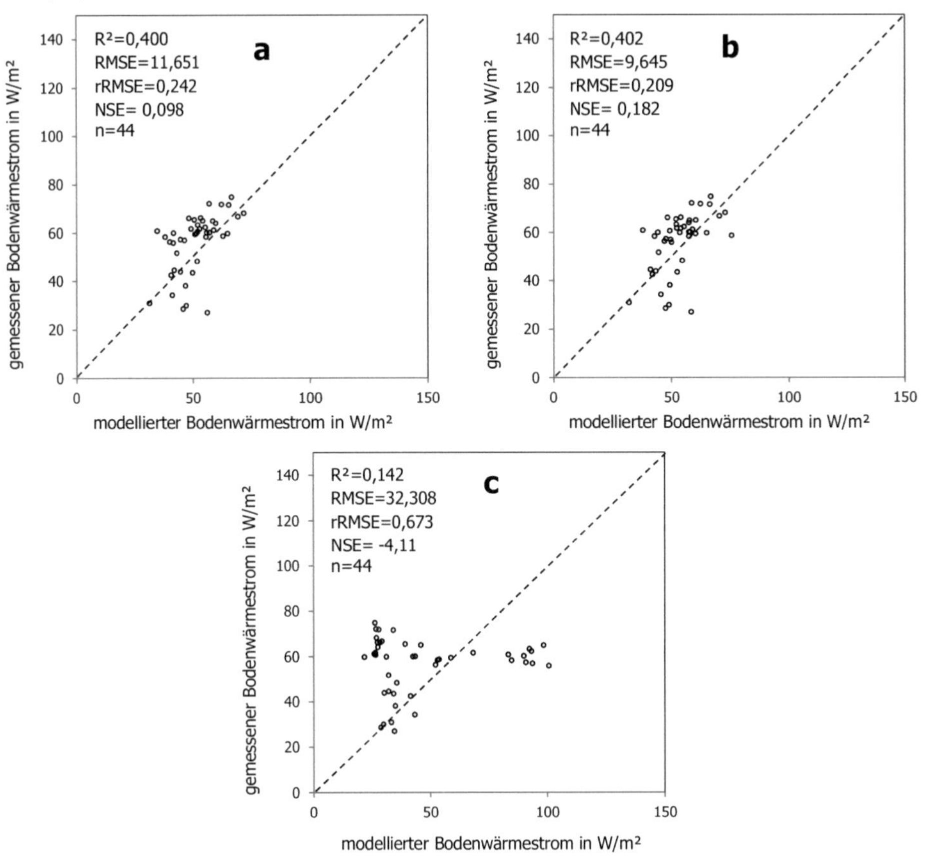

Quelle: Eigene Darstellung

Abbildung 5-48 visualisiert die Vergleichsergebnisse für das Jahr 2010 in Form von Streudiagrammen und die zugehörigen Gütemaße zur statistischen Beurteilung der Ergebnisse die in Tabelle 5-18 aufgelistet sind. Zur besseren Bewertung der Ergebnisse wird darauf hingewiesen, dass die Messung des Bodenwärmestroms ab Mitte Juni 2010 zusätzlich zur Messung unterhalb der Eddy-Kovarianz-Station erfolgte eine Messung auf der angrenzenden landwirtschaftlichen Fläche.

Beim Vergleich zwischen den Modellergebnissen des empirischen SEBAL Ansatzes mit In-situ-Messungen werden rRMSE von etwa 0,67 bzw. RMSE von 32 W/m² ermittelt. Das geringe Bestimmungsmaß (R^2= 0,142) ist ein Beleg dafür, dass die empirische Ableitungsmethode zu fehlerhaften Abschätzungen des Bodenwärmestroms führt. Die Verwendung des neu entwickelten Ansatzes zusammen mit

Abbildung 5-49: Vergleich zwischen G gemessen und modelliert unter Anwendung unterschiedlicher Eingangsdaten und Methoden für das Jahr 2011. Die Messung von G erfolgte innerhalb der landwirtschaftlich genutzten Fläche. a) Neu entwickelter Ansatz mit ASAR 3 km Eingangsdaten, b) Neu entwickelter Ansatz mit ASCAT CDF Eingangsdaten und c) empirischer Ansatz (SEBAL).

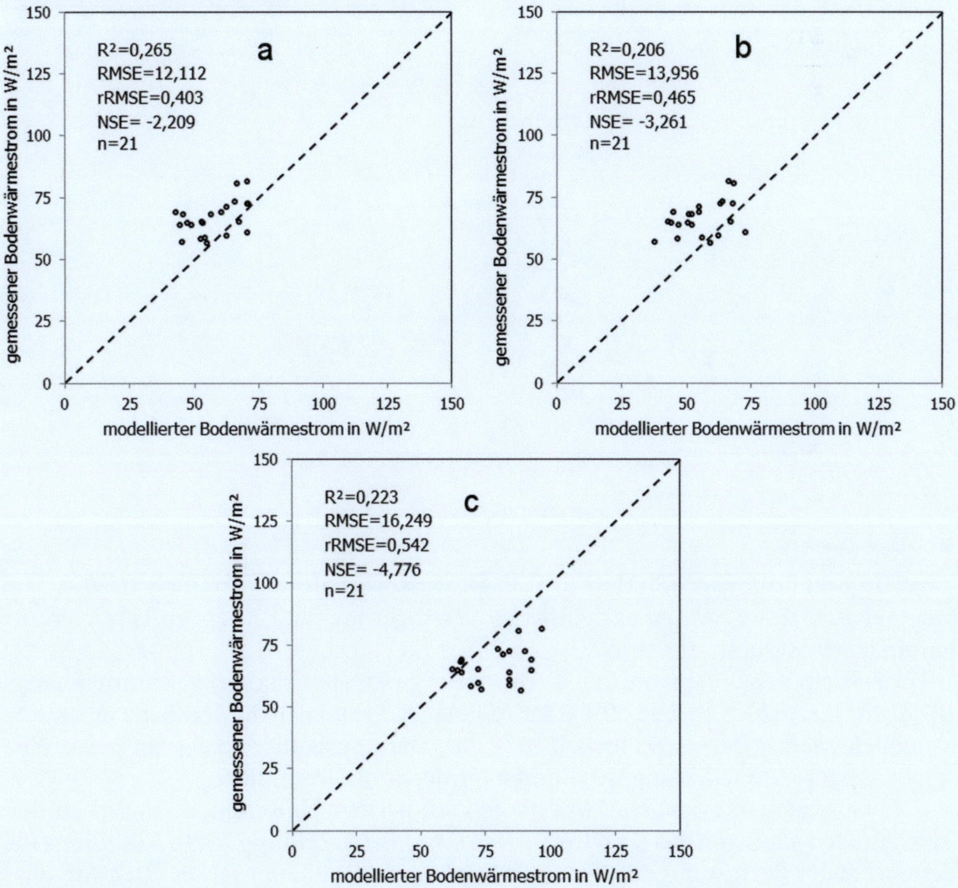

Quelle: Eigene Darstellung

Abbildung 5-50: Vergleich zwischen gemessenem und modelliertem Bodenwärmestrom für unterschiedliche Eingangsdaten und Methoden für das Jahr 2009. Die Messung erfolgte unterhalb der mikrometeorologischen Messstation. a) Neu entwickelter Ansatz mit ASAR 3 km Eingangsdaten, b) Neu entwickelter Ansatz mit ASCAT CDF Eingangsdaten und c) empirischer Ansatz (SEBAL).

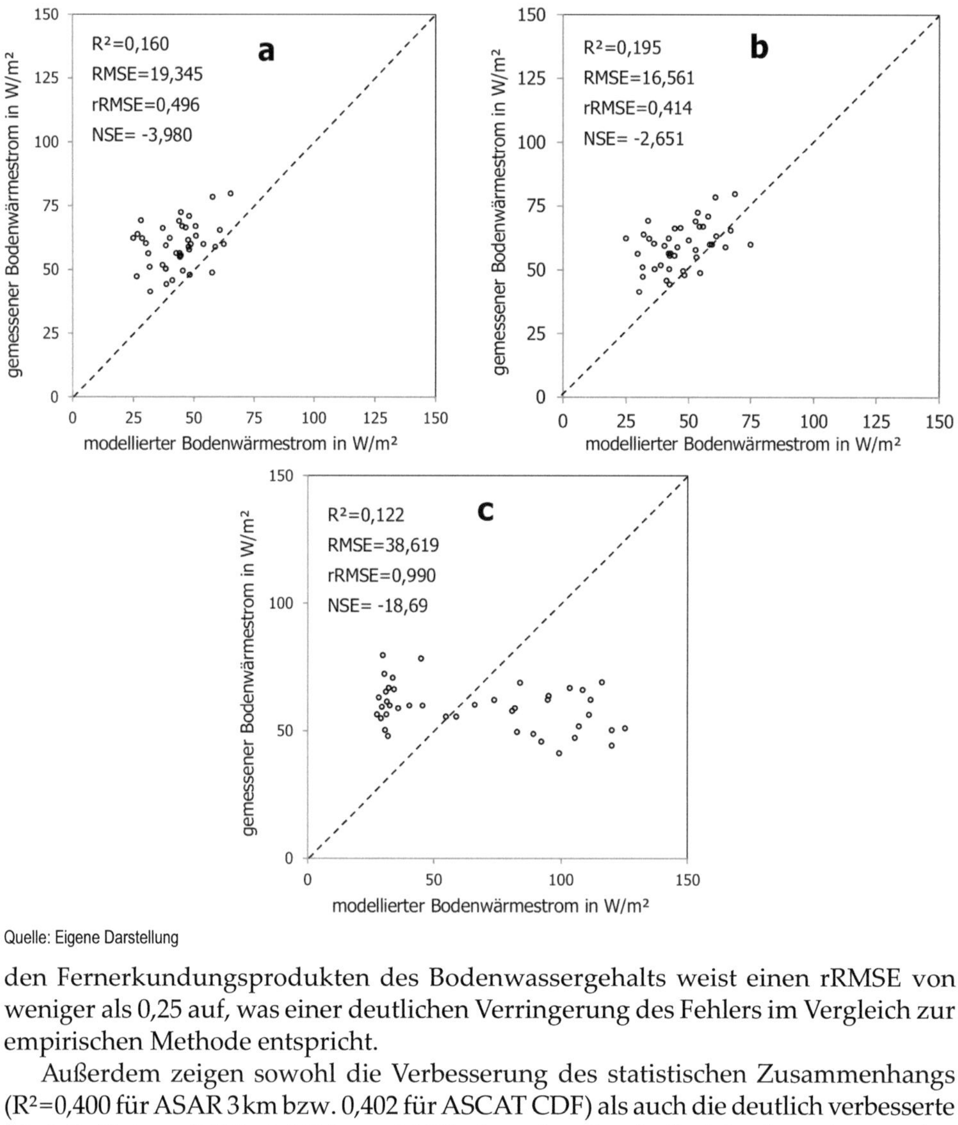

Quelle: Eigene Darstellung

den Fernerkundungsprodukten des Bodenwassergehalts weist einen rRMSE von weniger als 0,25 auf, was einer deutlichen Verringerung des Fehlers im Vergleich zur empirischen Methode entspricht.

Außerdem zeigen sowohl die Verbesserung des statistischen Zusammenhangs (R^2=0,400 für ASAR 3km bzw. 0,402 für ASCAT CDF) als auch die deutlich verbesserte Modelleffizienz (NSE=0,098 bzw. 0,182), dass der physikalisch basierte Ansatz eine zuverlässigere Modellierung des Bodenwärmestroms ermöglicht.

Die Gütemaße für das Jahr 2011 deuten auf geringe Unterschiede zwischen den verwendeten Ansätzen des Bodenwärmestroms hin (Abbildung 5-49). Allerdings fiel bereits bei der Bewertung der Energiebilanzkomponenten des Jahres 2011 auf, dass es aufgrund der Heterogenität des MODIS Pixels (siehe Kapitel 4.2.4) zu schlechten Gütemaßen für alle Energiebilanzkomponenten kommt.

In Ermangelung vergleichbarer Messungen des Bodenwärmestroms innerhalb der landwirtschaftlichen Fläche im Jahr 2009, wird im Folgenden die Modellgüte unter Verwendung des unterhalb der mikrometeorologischen Messstation gemessenen Bodenwärmestroms evaluiert. Die Streudiagramme sind in Abbildung 5-50 dargestellt und deuten auch im Jahr 2009 auf verbesserte Modellierungsergebnisse für G hin. Allerdings stehen den verbesserten relativen Modellfehlern (49,6 % bzw. 41,4 % im Vergleich zu 99 %) unzureichende Werte der Gütemaße der Modelleffizienz entgegen (NSE<0).

Im direkten Vergleich mit den empirisch ermittelten G Werten und unter Zuhilfenahme der visuellen Interpretation von Abbildung 5-51, kann dennoch von einer Verbesserung der Modellgüte ausgegangen werden.

Abbildung 5-51: Verläufe des modellierten und gemessenen Bodenwärmestroms im Jahr 2009. Die Messung des Bodenwärmestroms erfolgte unterhalb der mikrometeorologischen Messstation.

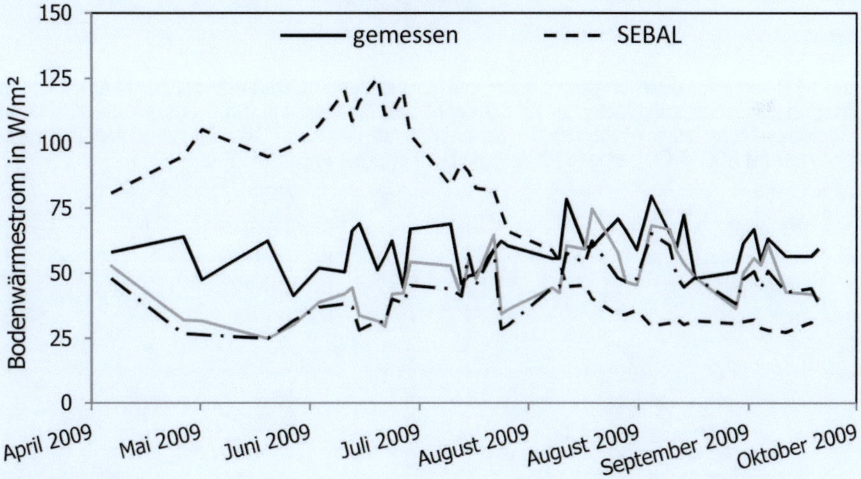

Quelle: Eigene Darstellung

Um die Bewertung der Ergebnisse aus dem Jahr 2009 besser in den Gesamtzusammenhang einzuordnen, erfolgt ergänzend die Bewertung der Modellgüte für den ebenfalls unterhalb der mikrometeorologischen Messstation gemessenen Bodenwärmestrom aus dem Jahr 2010. Die Abbildung 5-52 illustriert die geringe Differenz bei Verwendung des neu entwickelten Ansatzes zwischen gemessenem und modelliertem G im Vergleich zur empirischen Bestimmung des Bodenwärmestroms. Die Überschätzung von G durch den empirischen Ansatz bleibt, nach Interpretation des Verlaufs aus Abbildung 5-52, während der erstens Phase der Saison bestehen.

Die in der Abbildung 5-53 illustrierten Streudiagramme und Gütemaße belegen die Verbesserung der Ableitungsmethode des Bodenwärmestroms in diesem Jahr. Geringe relative Modellfehler (rRMSE<0,3) und verbesserte NSE Werte von -0,078 und -0,275 im Vergleich zu -5,587 belegen dies. Zusätzlich bietet die qualitative Beurteilung des Verlaufs des Bodenwärmestroms in Abbildung 5-52 die Mög-

Abbildung 5-52: Verläufe des modellierten und gemessenen Bodenwärmestroms im Jahr 2010. Die Messung des Bodenwärmestroms erfolgte unterhalb der mikrometeorologischen Messstation.

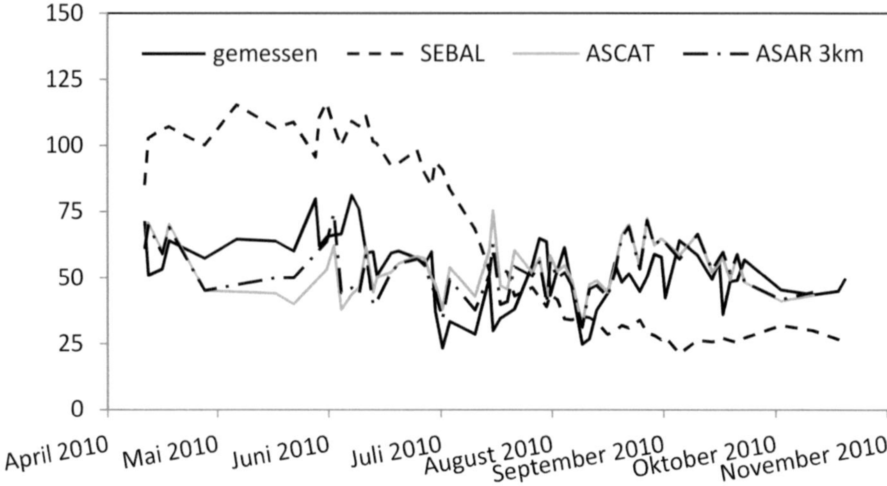

Quelle: Eigene Darstellung

Abbildung 5-53: Vergleich zwischen gemessenem und modelliertem Bodenwärmestrom unter Anwendung unterschiedlicher Eingangsdaten und Methoden für das Jahr 2010. Die Messung von G erfolgte unterhalb der mikrometeorologischen Messstation. a) Physikalisch basierter Ansatz und ASAR 3 km Eingangsdaten, b) Physikalisch basierter Ansatz mit ASCAT CDF Eingangsdaten und c) empirischer Ansatz (SEBAL).

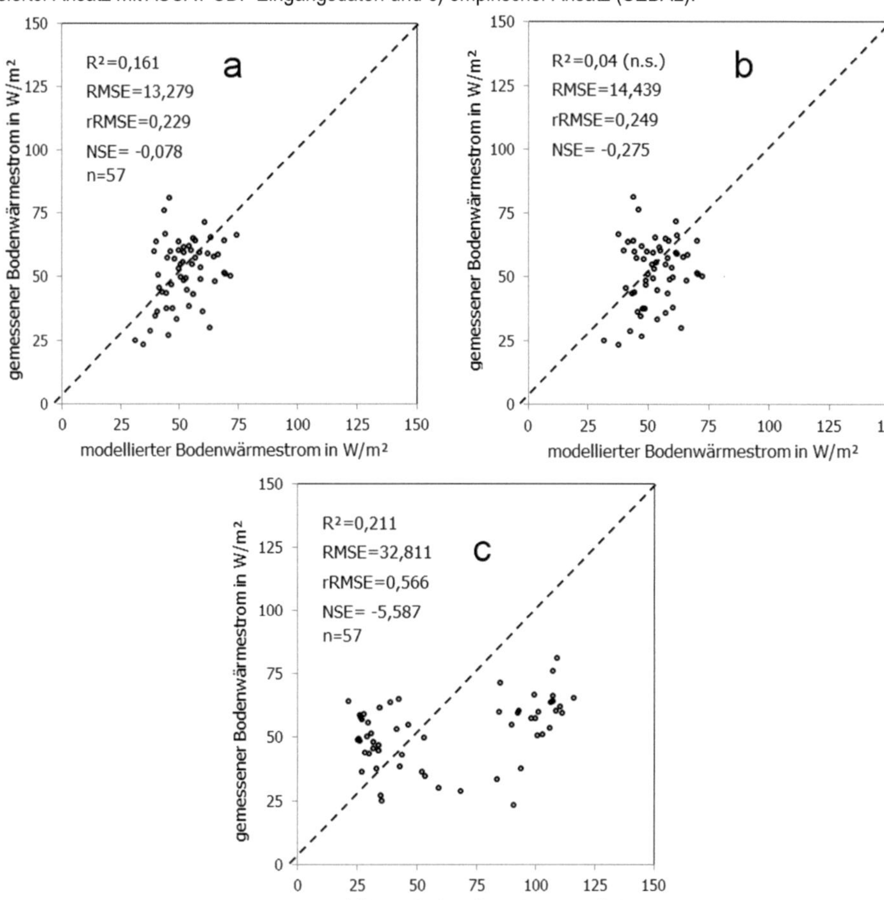

Quelle: Eigene Darstellung

lichkeit einer Einschätzung der Modellgüte für die gesamte Bewässerungssaison 2010. Sämtliche Gütemaße der Analysen die in diesem Unterkapitel vorgestellt werden sind in Tabelle 5-18 zusammengefasst und können für die Gütebeurteilung herangezogen werden. Durch die unterschiedliche Farbgebung der Gütemaße ist eine leichtere Gesamteinschätzung der Methoden möglich. Für den empirischen SEBAL Ansatz zeigen sämtliche Gütemaße eine schwache Modellgüte an (vgl. 5.2.1). Die Gütemaße (RMSE: 16 - 38 W/m² und R^2: 0,14 - 0,23) stimmen in der Größenordnung mit bereits veröffentlichen Vergleichsstudien überein (RMSE: 35 - 41 W/m² und R^2: 0,44; Ruhoff et al., 2012 bzw. RMSE: 79 W/m² und R^2: 0,06; Singh et al., 2008).

Der neu entwickelte G-Ansatz führt zu einer besseren Güteeinschätzungen. Für das Jahr 2010 werden, sowohl für G-Messungen unterhalb der Station als auch innerhalb der landwirtschaftlichen Fläche, mit dem neu entwickelten Ansatz überwiegend ausreichend bis gute Gütemaße ermittelt ($R^2 > 0,4$; rRMSE < 0,3 und NSE > 0,1). Die Ergebnisse aus dem Jahr 2011 sind erneut gesondert zu bewerten (vgl. Kapitel 5.1.1). Für dieses Untersuchungsjahr ist keine Modellverbesserung festzustellen, da die Gütemaße eine unverändert schwache Güte anzeigen. Die erzielten Verbesserungen im Jahr 2009, wie z.B. des RMSE von 38,62 W/m² auf 19,35 W/m² oder dem NSE von -18,59 auf -3,98, führen insgesamt nicht zu einer höheren Einschätzung der Modellgüte.

Tabelle 5-18: Gütemaße des modellierten Bodenwärmestroms mit unterschiedlichen Ansätzen und Eingangsdaten. In rot sind die Determinationskoeffizienten mit statistisch nicht signifikanten Zusammenhängen dargestellt. Die übrigen Gütemaße sind folgendermaßen eingefärbt: gut (grün), ausreichend gut (gelb).

		ASAR SSM 3 km				**ASCAT SSM CDF**				**SEBAL**			
	Jahr	r²	RMSE	rRMSE	NSE	r²	RMSE	rRMSE	NSE	r²	RMSE	rRMSE	NSE
Messung im Feld	2010	0,4	11,65	0,24	0,10	0,40	9,66	0,21	0,18	0,14	32,31	0,67	-4,11
	2011	0,27	12,11	0,48	-2,21	0,21	13,56	0,56	-3,26	0,23	16,25	0,54	-4,77
Messung unter Turm	2009	0,16	19,35	0,50	-3,98	0,20	16,56	0,41	-2,65	0,12	38,62	0,99	-18,59
	2010	0,16	13,28	0,23	-0,08		14,44	0,25	-0,28	0,21	32,81	0,57	-5,59

Quelle: Eigene Darstellung

Ein Vergleich der Modellgüte mit anderen alternativen Bodenwärmestromansätzen ist nur schwer möglich, da bei der Anwendung dieser Ansätze lediglich die Verbesserung der ET-Modellierungsergebnisse untersucht wurde. Die Alternativansätze sind überwiegend empirischer Natur und wurden hauptsächlich für Anwendungen in vegetationslosen Regionen entwickelt (Allen et al., 2011a; Anderson et al., 2007; Kustas et al., 1998). Im Gegensatz zu bewachsenen Flächen weisen vegetationslose Böden eine unterschiedliche Oberflächenalbedo auf, daher führt die Anwendung vegetationsbasierter Bodenwärmestromansätze auf vegetationslosen Flächen zu fehlerhaften Ergebnissen (Allen et al., 2011a). Allen et al. (2011a) beschreiben eine Methode, welche auf Überlegungen von Brutsaert (1982) und Stull (1988) basiert und G mit einer Funktion des fühlbaren Wärmestroms abgeschätzt wird. In METRIC ist für LAI<0,5 eine Berechnung implementiert, die G den Maximalwert der Ausdrücke 0,4 · H bzw. 0,15 · R_N zuweist (Allen et al., 2011a). Den mit der vorliegenden Studie am besten vergleichbaren physikalischen fernerkundungsbasierten Ansatz zur Berechnung von G veröffentlichen Bastiaanssen et al. (2012). In dieser Studie wird eine Sinusfunktion zur Beschreibung des Bodenwärmestroms verwendet. Als Eingangsparameter dienen die jährliche Lufttemperaturamplitude, der Tag des Jahres, die Wärmeleitfähigkeit, der LAI und die Dämpfungstiefe. Zur Ableitung der Parameter aus Fernerkundung wurden Daten des Advanced Microwave Scanning Radiometer (AMSR-E) mit einer räumlichen Auflösung von 25 km eingesetzt. Die Studie erzielte gute Ergebnisse für ET_{24} (R^2=0,70 und RMSE=0,45 mm/d) verweist aber auf die limitierte Nutzbarkeit der grob aufgelösten Mikrowelleninformationen und sieht großes Potential in der Nutzung von höher aufgelösten SAR Daten. Vor diesem Hintergrund erweist sich der im Rahmen der vorliegenden Arbeit entwickelte und validierte Ansatz zur Berechnung des Bodenwärmestroms als notwendiger wissenschaftlicher Beitrag zur Einschätzung des Einsatzpotenzials von SAR Informationen der Bodenfeuchte und ergänzt bzw. erweitert die bisher erzielten Erkenntnisse.

5.4.4 Modellergebnisse mit optimierter Bodenwärmestromberechnung

Die Untersuchungen, die in diesem Kapitel vorgestellt werden, dienen der Bewertung des angepassten SEBAL Residualansatzes mit optimierter Bodenwärmestromberechnung ($SEBAL_{G,opt}$) hinsichtlich der Modellierung der täglichen ET_a. Untersucht wird, ob die entwickelte Methode zur Ableitung des Bodenwärmestroms zu einer verbesserten Modellierung von L_vE bzw. ET_{24} führt. Zunächst wird daher die Auswirkung von $SEBAL_{G,opt}$ auf die Modellgüte des latenten Wärmestroms untersucht.

Die Darstellung der Streudiagramme in Abbildung 5-54 bildet den Vergleich zwischen den $SEBAL_{G,opt}$ Modellergebnissen für L_vE mit den Messungen der mikrometeorologischen Station ab. Diese sind vergleichbar mit den Analysen von SEBAL in Kapitel 5.2.1 (siehe Abbildung 5-16). Zur Vergleichbarkeit der jeweiligen Modellgüte sind in Tabelle 5-19 die Gütemaße beider Modelvarianten (SEBAL und $SEBAL_{G, opt.}$) aufgeführt und zur besseren Bewertung farblich codiert. Bei der Analyse der Gütemaße kann ein geringer Unterschied zwischen den beiden Modellansätzen festgestellt werden. Für die Jahre 2009 und 2010 führt die Interpretation der Gütemaße beider Modellansätze zu guten Modellergebnissen (NSE > 0,5; R^2 > 0,5 und rRMSE < 0,3). Die geringen Verbesserungen im Jahr 2011 durch $SEBAL_{G,opt}$ (rRMSE: von 0,377 auf 0,273 und NSE: von -1,219 auf -0,287) führen nicht zu einer besseren Bewertung der insgesamt schwachen Modellgüte diesen Jahres.

Als Grund für die unwesentlichen Auswirkungen der verbesserten Bodenwärmestromberechnung auf die Modellergebnisse ist der geringe Anteil von G an der Gesamtenergiebilanz zu nennen, daher führen die erzielten Verbesserungen in der Modellierung von G nicht notwendigerweise zu einer quantitativen Verbesserung des latenten Wärmestroms.

Für eine abschließende Bewertung der Gesamtmodellgüte genügen die Erkenntnisse über den latenten Wärmestrom allein nicht, weshalb ergänzend eine Untersuchung der Modellgüte der ET_{24} vorgenommen wird (Abbildung 5-55). Zur Ermittlung der saisonalen ET_{24} werden die latenten Wärmeströme nach Datenlückenschließung (Abbildung 5-54) verwendet und die daraus folgenden ET_{24}-Ergebnisse interpoliert. Bei der Bewertung der abgeleiteten mit den gemessenen ET_{24} zeigt sich ebenfalls nur eine geringe Verbesserung der insgesamt guten Modellgüte beider SEBAL-Modelvarianten (siehe Tabelle 5-19).

Abbildung 5-54: Streudiagramme des gemessenen und mit $SEBAL_{G,opt}$ modellierten latenten Wärmestroms der Jahre 2009, 2010 und 2011, sowie des Gesamtzeitraums 2009 – 2010 (grau). Datengrundlage bilden die Messzeitreihen nach Datenlückenschließung.

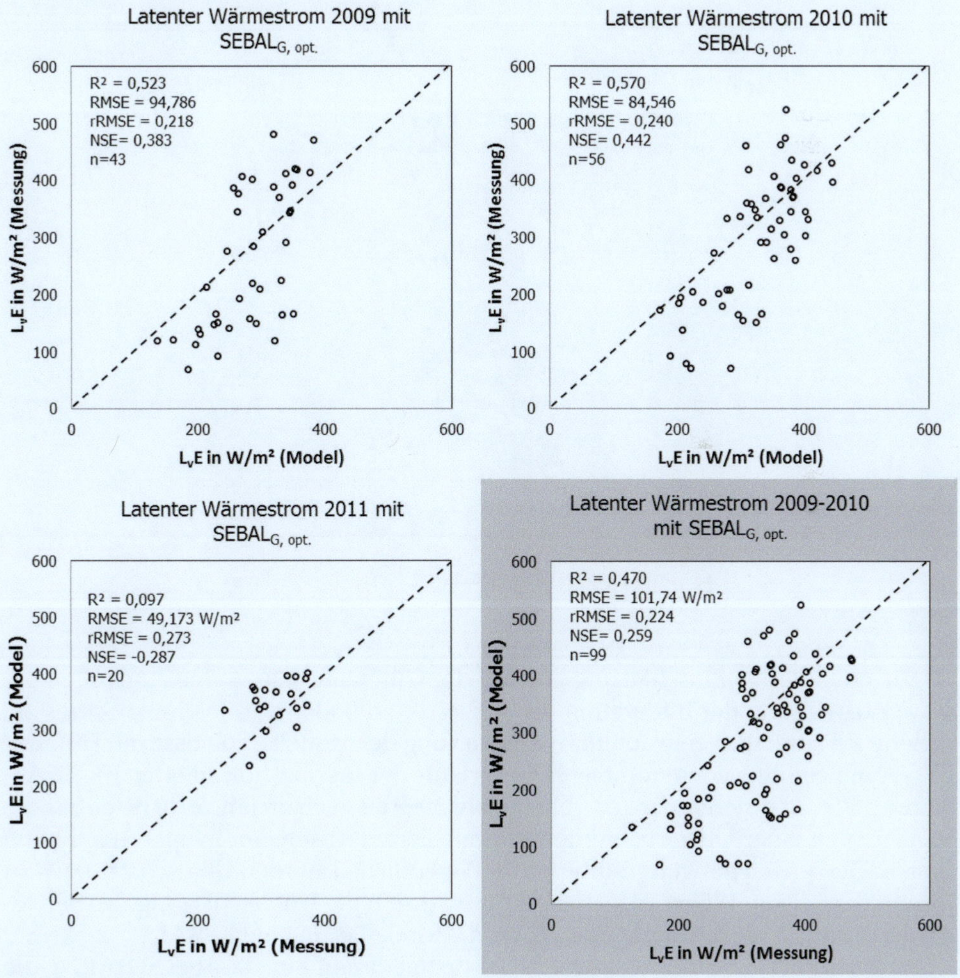

Quelle: Eigene Darstellung

Abbildung 5-55: Streudiagramme der gemessenen und den modifizierten modellierten ET_{24} in den Jahren 2009 und 2010.

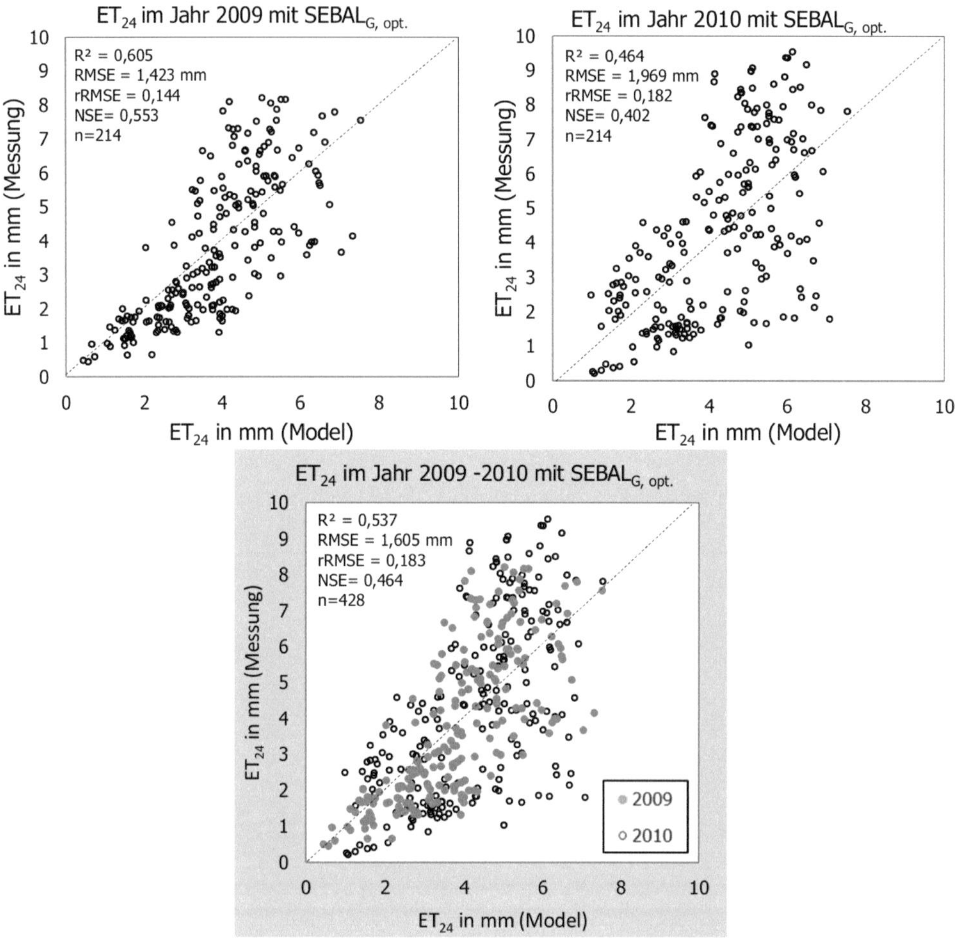

Quelle: Eigene Darstellung

Die quantitative Einschätzung anhand der Gütemaße lässt keine eindeutige positive Auswirkung der Integration des verbesserten Bodenwärmestromansatzes zu, daher wird zusätzlich eine qualitative Bewertung der Modellergebnisse mit Hilfe der ET_{24}-Summenlinine vorgenommen. Die Verläufe der saisonal kumulierten ET_{24} in Abbildung 5-56 illustrieren, dass sowohl im Jahr 2009 als auch im Jahr 2010 beide SEBAL Varianten zu einer Überschätzung der modellierten saisonalen Evapotranspiration führen. Die Abweichungen resultieren im Wesentlichen aus den Überschätzungen zu Beginn der Saison. Während sich die Kurven durch die Unterschätzung des SEBAL Ansatzes zum Ende hin angleichen, führt die Modellierung mit $SEBAL_{G,opt}$ zu keiner Überschneidung der Summenkurven. Das deutet darauf hin, dass bei $SEBAL_{G,opt}$ die ET_{24}-Überschätzung zu Saisonbeginn nicht durch eine Unterschätzung zu Saisonende

Tabelle 5-19: Deskriptive Statistik der L_vE und ET_{24}-Untersuchungen beider Modelvarianten (SEBAL und $SEBAL_{G,opt.}$) für 2009 – 2011. Die Gütemaße sind folgendermaßen eingefärbt: gut (grün), ausreichend (gelb), schwach (rot).

Jahr	Parameter	Tage	R^2	RMSE	rRMSE	NSE
2009	$L_vE\ MLR_{SEBAL}$	48	0,554	100,223	0,231	0,36
	$L_vE\ MLR_{SEBAL,G,opt.}$	43	0,523	94,786	0,218	0,383
2010	$L_vE\ MLR_{SEBAL}$	63	0,630	73,877	0,210	0,577
	$L_vE\ MLR_{SEBAL,G,opt.}$	56	0,570	84,546	0,240	0,402
2011	$L_vE\ MLR_{SEBAL}$	20	0,138	67,942	0,377	-1,219
	$L_vE\ MLR_{SEBAL,G,opt.}$	20	0,097	49,173	0,273	-0,287
2009	$ET_{24,\ SEBAL}$	214	0,600	1,510	0,194	0,485
	$ET_{24,\ SEBAL,G,opt.}$	214	0,605	1,423	0,144	0,553
2010	$ET_{24,\ SEBAL}$	214	0,498	1,920	0,196	0,426
	$ET_{24,\ SEBAL,G,opt.}$	214	0,464	1,969	0,198	0,402

Quelle: Eigene Berechnung

überkompensiert wird. Die Überschätzung der ET_{24} zu Saisonbeginn ist allerdings maßgebend für die Abweichungen zwischen gemessener und modellierter Gesamtverdunstungsmenge (Abbildung 5-56).

Bei der Interpretation der Summenlinien werden die Erkenntnisse beachtet, die aus der EBS in Kapitel 5.1.4 folgen. Unter der Annahme, dass die identifizierte Unterschätzung der turbulenten Wärmeströme von ≈5 % komplett dem latenten Wärmeström und damit auch der daraus abgeleiteten ET_{24} zugerechnet werden kann, führt dies zu einer Verbesserung der Einschätzung der saisonalen ET unter Verwendung des $SEBAL_{G,opt}$ Ansatzes (Tabelle 5-20). Die mittlere Differenz verbessert sich in diesem Fall auf 18,5 mm für $SEBAL_{G,opt}$ im Vergleich zu 59,8 mm für SEBAL. Unter Vernachlässigung der Überschätzungen in der ersten Saisonhälfte liefert $SEBAL_{G,opt}$ eine plausiblere Nachbildung der saisonalen ET für die zweite Saisonhälfte als der ursprünglich verwendete SEBAL Ansatz.

Zusammenfassend kann eine gute Modellgüte sowohl für SEBAL, als auch für $SEBAL_{G,opt}$ festgestellt werden, wobei letzterer eine leichte Verbesserung der qualitativen Modellgüte aufweist. Daher kann konstatiert werden, dass $SEBAL_{G,opt}$ zu einer Verbesserung des saisonalen Verlaufs der ET_{24} beiträgt.

Abbildung 5-56: Verlauf der saisonal kumulierten ET_{24} der Jahre 2009 und 2010 unter Verwendung von SEBAL und $SEBAL_{G,opt}$ im Vergleich zu den Messwerten.

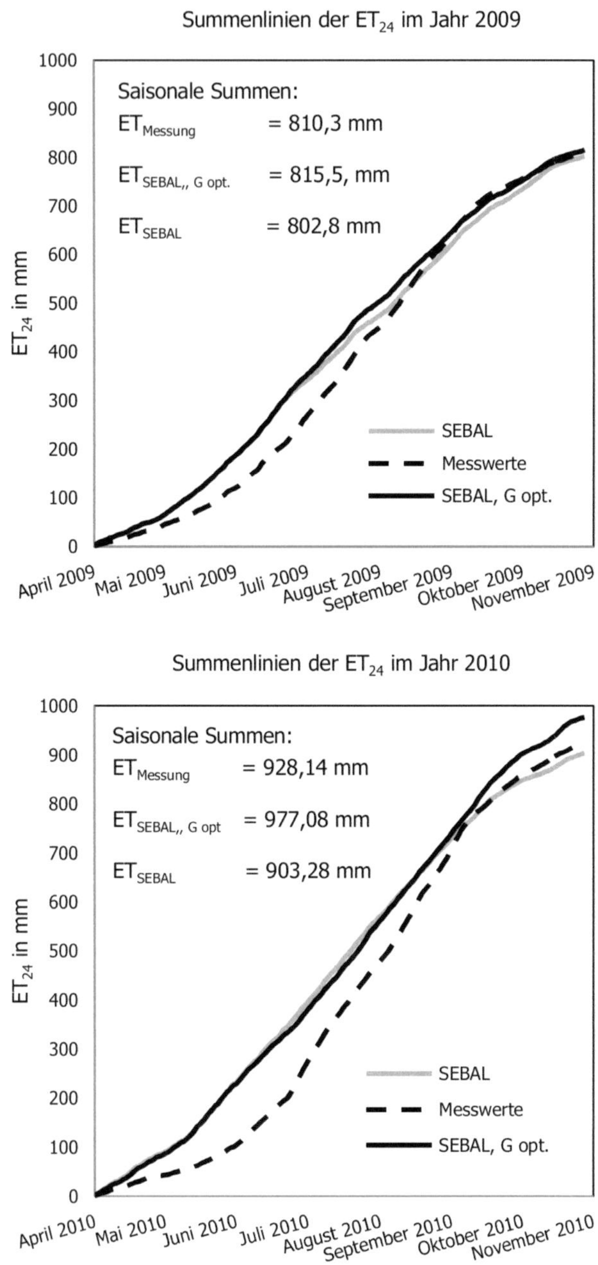

Quelle: Eigene Darstellung

Tabelle 5-20: Abweichung zwischen ET_{24} Mess- und Modellwerten unter Berücksichtigung der potentiellen Messwerte resultierend aus den Unterschätzung der turbulenten Wärmeströme von ≈ 5 %. Hinweis: pot. = potentiell.

Saisonale ET_{24}	Ist (Messung) in mm	Potentiell (Ist+5%) in mm	SEBAL in mm	ΔET_{Ist} in mm	ΔET_{pot} in mm	$SEBAL_{G,opt.}$ in mm	ΔET_{Ist} in mm	ΔET_{pot} in mm
2009	810,3	850,8	802,8	7,5	48	815,5	5,2	35,3
2010	928,14	974,5	903,3	24,8	71,5	977,1	49,0	2,6
			Ø-SEBAL	16,2	59,8	Ø-$SEBAL_{G,opt}$	27,1	18,5

Quelle: Eigene Berechnung

6 Zusammenfassung und Ausblick

Die Forschungsfrage dieser Arbeit ergab sich aus der globalen politischen und wissenschaftlichen Forderung nach einem verbesserten Modellverständnis des Wasserkreislaufs auf regionaler Ebene zur Unterstützung eines nachhaltigen Umgangs mit der Ressource Wasser. Als Schwerpunktregion hydrologischer Forschung zur Lösung dieser Umweltprobleme sind in den letzten Jahren die ariden und semiariden Gebiete Mittelasiens, des Balkan und des Kaukasus identifiziert worden. Im Zusammenhang mit dieser Forschungsfrage wurde die Region Khorezm als Untersuchungsgebiet ausgewählt, da sie als charakteristisch für die zu untersuchende wasserbezogene Problematik Mittelasiens gilt. Das übergeordnete Forschungsziel bestand in der Verbesserung der regionalen Modellierung der Energiebilanzkomponenten und der daraus abgeleiteten täglichen und saisonalen tatsächlichen Evapotranspiration in der Modellregion Khorezm, einem von Bewässerungslandwirtschaft und Baumwollökosystemen geprägten Gebiet. In diesem abschließenden Kapitel wird die Beantwortung dieser Forschungsfrage diskutiert. Aus der Frage nach einer Optimierung der regionalen Modellierung der Energiebilanzkomponenten erwuchsen weitere Forschungsfragen, die an dieser Stelle mit beantwortet werden. Außerdem erfolgen eine Diskussion des Potentials der gewonnen Erkenntnisse sowie ein Ausblick auf den zukünftigen Forschungsbedarf.

6.1 Zusammenfassung

Grundlegend für die Optimierung eines Modells ist das Verständnis der wesentlichen Modellkomponenten und der zugrundeliegenden Prozesse. Die Bewertung der Güte der Modellierung dieser Komponenten hilft bei der Identifikation potentieller Ansatzpunkte für eine Modelloptimierung. Im Fall des in dieser Arbeit verwendeten Residualmodells (SEBAL) stellte sich heraus, dass eine umfassende Gütebeurteilung sämtlicher Energiebilanzkomponenten bisher kaum und für eine vom Baumwollökosystem dominierte aride Bewässerungsregion, wie sie das Untersuchungsbiet darstellt, gar nicht existierte. Die sich hieraus für das Untersuchungsgebiet ergebende Forderung nach einer umfassenden Qualitätsbewertung der Modellkomponenten wurde mit der vorliegenden Dissertation erfüllt. Die für die Validierung verwendeten Vergleichswerte basieren auf mikrometeorologischen Messungen, die mit Hilfe einer Eddy-Kovarianz-Station aufgezeichnet wurden. Die Station wurde innerhalb eines Baumwollökosystems errichtet und lässt Rückschlüsse auf die für dieses Ökosystem spezifischen Energieflüsse zu. Die hochfrequenten Datenmessungen (20 Hz) der Messstation wurden in halbstündige Mittelwerte umgerechnet. An die weitgehend automatisiert durchführbare Analyse und Korrektur der Rohdaten schlossen sich umfangreiche und zeitaufwendige Maßnahmen der Qualitätssicherung und -kontrolle an. Diese umfassten u.a. die Überprüfungen der Stationarität der Bedingungen innerhalb des Mittelungsintervalls, eine Footprintanalyse und die Ergänzung von Messdatenlücken. Anschließend konnte mit Hilfe der Energiebilanzschließung überprüft werden, ob der erste Hauptsatzes der Thermodynamik erfüllt wurde, d.h. ob die Summe aus latentem und fühlbarem Wärmestrom äquivalent zur Summe alle übrigen Energiequellen und -senken war. Unter anderem bedingt durch die messtechnische Anordnung und die messmethodischen Probleme, war die Schließung der Energiebilanzgleichung für das Eddy-Kovarianz-System nicht möglich und lag im Jahr 2009 bei 90 % bzw. 97 % im Jahr 2010. Für das Jahr 2011 war aufgrund der Heterogenität des Messuntergrundes in diesem Jahr und der damit zusammenhängenden geringen Datenverfügbarkeit, eine seriöse Validierung über die gesamte Bewässerungssaison nicht möglich.

Die Güte der mikrometeorologischen Messung entsprach den Erkenntnissen aus ähnlichen Vergleichsstudien und konnte, anhand der gewählten Qualitätskriterien, als insgesamt gut bewertet werden. Da für die verschiedenen Messinstrumente unterschiedliche räumliche Bezugsflächen existierten, konnte der Restterm der Energiebilanzschließung keiner der Komponenten eindeutig zugeordnet werden. Ferner konnte anhand der EBS nicht beurteilt werden, ob überhaupt ein Messfehler vorliegt. Die Ergebnisse der Untersuchungen legen allerdings nahe, dass der Schließungsfehler durch eine Unterschätzung der turbulenten Wärmeströme zustande kommt, d.h. der Beitrag der beiden turbulenten Energiebilanzkomponenten potentiell größer war als er durch die Messungen erfasst wurde. Diese Unterschätzung wurde bei der Bewertung der Modellgüte mit Hilfe einer einfachen Annahme berücksichtigt. Angenommen wurde, dass der ermittelte Schließungsfehler vollständig aus dem latenten Wärmestrom entstammte und diesem zuzurechnen ist.

Der Einfluss des Footprints auf die Energiebilanzschließung wurde unter Verwendung räumlich höher aufgelöster Fernerkundungsdatensätze untersucht. Notwendig wurde dies, da bei der räumlichen Auflösung von MODIS (1 km) eine Ausweisung der gültigen Footprints nur aufgrund von Landnutzungsinformationen der landwirtschaftlichen Felder in der Umgebung der mikrometeorologischen Messstation getroffen werden konnte. Auf diese Weise konnten die heterogenen Bedingungen, die auf Subfeldebene herrschen, nicht mit MODIS identifiziert werden. Hierfür wurden die Energiebilanzkomponenten auf Grundlage von Landsatdaten berechnet und analysiert. Bei den für die Modellierung benötigten Eingangsdaten konnte dabei nicht wie bei MODIS auf bereits vorverarbeitete Datenprodukte zurückgegriffen werden, so dass sämtliche Eingangsparameter aus dem Level-1-Produkt von Landsat berechnet werden mussten. Die wesentliche Erkenntnis aus diesen Untersuchungen war, dass nicht allein die Lage des Footprints innerhalb des zu untersuchenden Ökosystems als Kriterium für die Homogenität des Messuntergrundes herangezogen werden kann, sondern vielmehr zusätzlich die Heterogenität der Bewirtschaftung bzw. des Pflanzenwachstums bei der Beurteilung berücksichtigt werden muss.

Bei der Evaluierung der modellierten Einzelkomponenten ergab sich für die Strahlungsbilanz eine hohe Modellgüte ($R^2 > 0{,}9$; $rRMSE < 0{,}2$ und $NSE > 0{,}5$). Diese Komponente bildet die Grundlage bei der Bezifferung der für die Prozesse an der Erdoberfläche zur Verfügung stehenden Energie. Für die residual bestimmte Größe der latenten Wärmeströmung konnte eine insgesamt gute Modellgüte festgestellt werden ($R^2>0{,}6$; rRMSE $<0{,}2$ und NSE $>0{,}5$). Dementsprechend gut wurde die tägliche Evapotranspiration modelliert. Hier ergab sich nach der Interpolation täglicher Werte eine insgesamt ausreichend gute Modellgüte ($R^2>0{,}5$; rRMSE $<0{,}2$ und NSE $>0{,}4$). Dies bestätigten die Ergebnisse vieler Energiebilanzstudien, die lediglich den für die Ableitung der Evapotranspiration maßgebenden Wärmestrom untersuchten. Eine Einschätzung über die Güte des Modells für die komplette Energiebilanzgleichung konnten diese Studien jedoch nicht liefern. Hilfreich bei der Beantwortung dieser Frage sind daher die Erkenntnisse der vorliegenden Arbeit für die Modellgüte des fühlbaren und des Bodenwärmestroms.

Die Modellgüte für die Komponente der fühlbaren Wärme lieferte eine insgesamt ausreichende Vorhersagequalität. Allerdings kam es besonders zu Beginn der Bewässerungssaison zu einer konstanten Unterschätzung der Komponente, da hier die latente Wärme um mehr als die Größenordnung des Bodenwärmestroms überschätzt wurde. Ferner darf der Umstand, der sich aus der Energiebilanzschließung des Eddy-Kovarianz-Systems ergab, nicht unberücksichtigt bleiben.

Die Beurteilung der Modellgüte für den Bodenwärmestrom führte zu einer insgesamt unzureichenden Qualität dieser Energiebilanzkomponente. Der relativ geringe Anteil des Bodenwärmestroms an der Gesamtenergiebilanz war ein Grund für die bisherige Vernachlässigung dieser Komponente bei der Modellbewertung. Als weiterer Grund wurden häufig die mangelnden messtechnischen Möglichkeiten für die Ermittlung der für den Bodenwärmestrom maßgebenden Prozesse in räumlich adäquater Auflösung angeführt. Diese Limitierung wird durch die aktuellen und zukünftigen höher aufgelösten Fernerkundungsprodukte überwunden. Diese liefern räumlich detailliertere Informationen über den Bodenwassergehalt.

Der Bodenwassergehalt ist neben der Bodentemperatur die bestimmende Größe für die Menge der in den Boden geleiteten verfügbaren Strahlungsenergie. Hier können, besonders mit Produkten der Mikrowellenfernerkundung, räumlich hochaufgelöste Informationen gewonnen werden. Außerdem ist die aus Radar abgeleitete Bodenfeuchte ein unabhängiges Instrument für die indirekte Validierung von Verdunstungsmustern. Diese Möglichkeit wurde bisher ebenfalls aufgrund der oben genannten räumlich unzureichenden messtechnischen Bedingungen nicht angewandt und konnte in dieser Arbeit erstmals für die Beurteilung der ET-Modellergebnisse herangezogen werden. Aus den oben angeführten Gründen wurde im Rahmen dieser Arbeit ein neuer Ansatz für die Bestimmung des Bodenwärmestroms entwickelt und evaluiert, der die Einbindung von fernerkundungsbasierten Bodenfeuchteprodukten ermöglicht.

Die Produkte die für den Ansatz instrumentalisiert wurden, waren die Produkte ASCAT und ASAR SSM. Die Produkte weisen eine unterschiedliche räumliche und temporale Auflösung auf und eignen sich für eine supplementäre Anwendung. Da eine untersuchungsgebietsspezifische Einschätzung der Produktzuverlässigkeit nicht existierte, musste vor der Anwendung dieser Produkte eine Validierung durchgeführt werden. Hierzu wurde eine intensive Validierungsfeldkampagne im Jahr 2011 durchgeführt. Bei der Festlegung der zu beprobenden Flächen kam das Konzept der zeitlichen Stabilität von Bodenfeuchtemustern zum Einsatz. Mit Hilfe dieses Konzepts konnten Validierungsflächen ausgewiesen werden, auf denen beide Produkte mit einem angemessenen Messaufwand validiert werden konnten. Bei der umfangreichen Datenvorverarbeitung entstandenen drei Varianten der Bodenfeuchteprodukte, die für die Verwendung im neu entwickelten Bodenwärmestromansatz evaluiert werden sollten. Dies waren ASAR 1 km SSM, ASAR 3 km SSM, sowie ASCAT SSM CDF. Das Ergebnis der Validierung zeigte eine verbesserte und ausreichend gute mittlere Modellgüte für alle drei verwendeten Bodenfeuchteprodukte im Vergleich mit den in-situ erhobenen Bodenfeuchteinformationen. Das ASCAT CDF Produkt erzielte für Flächen mit hoher zeitlicher Stabilität die besten Korrelationskoeffizienten ($r = 0{,}72$), erzielt aber für Flächen mit geringer zeitlicher Stabilität die niedrigste Korrelation ($r = 0{,}49$). Dagegen erzielte das ASAR 3 km Produkt im Mittel die robustesten Korrelationen ($r = 0{,}63$) und bietet sich für eine Integration in den optimierten Bodenwärmestromansatz an, sofern keine Informationen über die zeitliche Stabilität der Bodenfeuchtemuster vorliegen.

Der optimierte Ansatz zur Berechnung des Bodenwärmestroms basiert auf dem Konzept der periodischen Temperaturveränderung. Hierfür war es nötig die Temperaturamplitude an der Erdoberfläche großflächig abzuschätzen. Dies erfolgte unter Verwendung des Produktes der Oberflächentemperatur aus MODIS und SEBAL Zwischenergebnissen. Zusätzlich zur Temperaturamplitude der Erdoberfläche wurden feuchteabhängige Bodeneigenschaften benötigt. Hierfür wurde der Bodenwassergehalt aus den ausgewählten und evaluierten Radarprodukten verwendet, zusammen mit regionalen Informationen über die Bodeneigenschaften. Die Evaluierung des Ansatzes führte sowohl für das Zwischenprodukt, die Temperaturamplitude, wie für den Bodenwärmestrom zu einer insgesamt ausreichenden Qualitätsbewertung ($R^2 > 0{,}4$; $rRMSE < 0{,}3$ und $NSE > 0{,}1$). Abschließend wurde der Einfluss des neu entwickelten Ansatzes auf die Modelloptimierung untersucht. Hierbei stellte sich eine leicht verbesserte Vorhersagegüte für die Komponente des latenten Wärmestroms heraus. Vor diesem Hintergrund kann das ausgewiesene Forschungsziel als erreicht angesehen werden. Mit Hilfe des neu entwickelten fernerkundungsbasierten Ansatzes zur Berechnung des Bodenwärmestroms konnte das verwendete Energiebilanzresidualmodell hinsichtlich einer verbesserten Modellierung sämtlicher Energiebilanzkomponenten optimiert werden.

6.2 Ausblick und Forschungsbedarf

Die in dieser Arbeit durchgeführte Qualitätskontrolle sämtlicher Energiebilanzkomponenten kann als umfassend und daher als wesentlicher Forschungsbeitrag dieser Arbeit angesehen werden. Gemäß der Definition der Eddy-Kovarianz-Theorie besitzen die gewonnen Erkenntnisse jedoch nur innerhalb des betrachteten Baumwollökosystems ihre Gültigkeit. Eine Übertragung der Qualitätsbewertung auf Flächen mit differenter Landnutzung ist daher nicht ohne Weiteres möglich. Zwar ist das Baumwollökosystem im Untersuchungsgebiet mit einem Flächenanteil von über 35 % dominant und landschaftsprägend, dennoch ist eine Modellvalidierung auch für die übrigen landwirtschaftlichen Ökosysteme der Region zu empfehlen.

Wie in dieser Arbeit nachgewiesen wurde, ist es für die Qualitätskontrolle von Eddy-Kovarianz-Messungen erforderlich, bei der Footprintanalyse räumlich detaillierte Informationen heranzuziehen. Eine solche Bewertung der Heterogenität des Messuntergrundes auf Subfeldebene muss für vergleichbare, zukünftige Anwendungen zwingend berücksichtigt werden. Darüber hinaus werden Untersuchungen empfohlen, die die möglichen Einflussfaktoren unterschiedlicher Pflanzenwachstumsstadien und Bearbeitungspraktiken auf die mikrometeorologische Messung beziffern.

Ein weiterer Forschungsaspekt, der in der vorliegenden Arbeit nur angerissen werden konnte, ist die Verwendung von höher aufgelösten räumlichen Bodenfeuchteinformationen bei der indirekten Validierung von ET-Mustern. Dabei ist besonders die statistische Untersuchung räumlicher Zusammenhänge zwischen den beiden hydrologischen Komponenten von Interesse. Im geographischen Kontext stellt sich immer wieder die Frage nach der räumlichen Übertragbarkeit funktionierender Methoden. Prinzipiell lässt sich der in dieser Arbeit entwickelte und auf SEBAL basierende optimierte Residualansatz auf Regionen mit ähnlichen klimatischen Eigenschaften übertragen. Voraussetzung hierfür ist jedoch die Verfügbarkeit meteorologischer Daten aus diesen Regionen. Eine andere Frage im Zusammenhang mit der Übertragbarkeit ist die nach der Möglichkeit der Integration des neu entwickelten Bodenwärmestromansatzes in andere existierende fernerkundungsbasierte Residualansätze, wie z.B. SEBS, S-SEBI oder SSEB. Bei der Beantwortung dieser Frage wäre eine Modellvergleichsstudie hilfreich. Dabei beschränkt sich eine solche Untersuchung zunächst auf Single-Source-Ansätze, da diese von einer ähnlichen Modellvorstellung der Erdoberfläche ausgehen. Für eine Integration in Dual-Source-Modelle wäre eine Unterscheidung der Temperaturamplituden für ober- und unterhalb der Vegetationsbedeckung notwendig. Hierfür konnten bei der umfangreichen Literaturrecherche, die für die Entwicklung des optimierten Bodenwärmestromansatzes durchgeführt wurde, keine geeigneten Ansätze identifiziert werden. Demnach stellt die Erforschung des Prozessverständnisses der Wärmeübertragung unter der Vegetationsbedeckung einen Forschungsbedarf dar, der für eine Weiterentwicklung des Bodenwärmestromansatzes unerlässlich ist.

Außerdem sind an dieser Stelle die Forschungsfragen zu nennen, die sich aus der zukünftigen Verfügbarkeit räumlich höher aufgelöster Daten der optischen Fernerkundung und der Radarfernerkundung ergeben. Hier sind namentlich die Sentinel Missionen im Rahmen des europäischen Erdbeobachtungsprogramms Programm (Copernicus) zu erwähnen. Die verbesserte räumliche und zeitliche Auflösung der Sentinel-2-Sensoren erscheint besonders für hydrologische Fragestellungen und Anwendungen von Bedeutung. Für einen komplementären Einsatz bieten sich zudem Daten des MODIS-Aqua Sensors an, mit deren Hilfe u.a. die Ableitung der Temperaturamplitude verbessert werden kann. Zusätzlich bieten die zukünftig aus den C-Band SAR-Daten des Sentinel-1-Satelliten hervorgehenden Produkte des Bodenwassergehalts weitere Möglichkeiten zur Verbesserung des in dieser Arbeit entwickelten Bodenwärmestromansatzes. Aus diesen Gründen wird das zukünftige Anwendungspotenzial der Erkenntnisse dieser Dissertation als sehr hoch angesehen.

Literaturverzeichnis

Abdullah, M. (1990): *On a robust correlation coefficient, The Statistician*, Vol.39 No.4, S. 455–460.

Agam, N., Kustas, W.P., Evett, S.R., Colaizzi, P.D., Cosh, M.H. und McKee, L.G. (2012): *Soil heat flux variability influenced by row direction in irrigated cotton, Advances in Water Resources*, Elsevier Ltd, Vol.50, S. 31–40.

Akramkhanov, A. (2005): *The spatial distribution of soil salinity: Detection and prediction*, Bonn, Rheinische Friedrich-Wilhelms-Universität, Diss. masch., S. 120.

Akramkhanov, A., Kuziev, R., Sommer, R., Martius, C., Sultonov, M. und Lamers, J.P.A. (2012): *Soils and Soil Ecology in Khorezm*, in Martius, C. et al. (Hrsg.):*Cotton, Water, Salts and Sourns*, Dordrecht, Heidelberg, London, New York, Springer, S. 37–58.

Alavi, N., Warland, J. und Berg, a. (2006): *Filling gaps in evapotranspiration measurements for water budget studies: Evaluation of a Kalman filtering approach, Agricultural and Forest Meteorology*, Vol.141 No.1, S. 57–66.

Albergel, C., Rüdiger, C., Carrer, D., Calvet, J.-C., Fritz, N., Naeimi, V., Bartalis, Z., et al. (2009): *An evaluation of ASCAT surface soil moisture products with in-situ observations in southwestern France, Hydrology and Earth System Sciences*, European Geophysical Society, Lindau, Vol.13 No.2, S. 115–124.

Alexander, C. und Sadiku, M. (2012): *Fundamentals of Electric Circuits*, McGraw-Hill Science, 4. Aufl., S. 992.

Alexandratos, N. und Bruinsma, J. (2012): *World agriculture: towards 2030/2050, ESA Working Paper*, Vol.03 No.12, S. 160.

Allen, R.G. (2000): *Using the FAO-56 dual crop coefficient method over an irrigated region as part of an evapotranspiration intercomparison study, Journal of Hydrology*, Vol.229 No.1/2, S. 27–41.

Allen, R.G. (2003): *REF-ET: reference evapotranspiration calculation software for FAO and ASCE standardized equations*, Kimberly, University of Idaho, Bd. 2, S. 17.

Allen, R.G. (2005): *The ASCE standardized reference evapotranspiration equation, Environmental and Water Resources Institute (EWRI) of the American Society of Civil. Engineers*, Reston, Virginia, ASCE, S. 213.

Allen, R.G., Irmak, A., Trezza, R., Hendrickx, J.M.H., Bastiaanssen, W.G.M. und Kjaersgaard, J.H. (2011a): *Satellite-based ET estimation in agriculture using SEBAL and METRIC, Hydrological Processes*, Vol.25 No.26, S. 4011–4027.

Allen, R.G., Morse, A., Tasumi, M., Trezza, R., Bastiaanssen, W.G.M., Wright, J.L. und Kramer, W. (2002a): *Evapotranspiration from a Satellite-Based Surface Energy Balance for the Snake Plain Aquifer in Idaho, Proceedings of the USCID Conference*, San Luis, USA, S. 161–176.

Allen, R.G., Pereira, L.S., Howell, T. a. und Jensen, M.E. (2011b): *Evapotranspiration information reporting: I. Factors governing measurement accuracy, Agricultural Water Management*, Vol.98 No.6, S. 899–920.

Allen, R.G., Pereira, L.S., Raes, D. und Smith, M. (1998): *Crop evapotranspiration-Guidelines for computing crop water requirements-FAO Irrigation and drainage paper 56*, Rom, Italien, Food and Agriculture Organization of the United Nations, FAO, S. 15.

Allen, R.G., Tasumi, M., Morse, A. und Trezza, R. (2005): *A Landsat-based energy balance and evapotranspiration model in Western US water rights regulation and planning, Irrigation and Drainage Systems*, Vol.19 No.3-4, S. 251–268.

Allen, R.G., Tasumi, M., Morse, A., Trezza, R., Wright, J.L., Bastiaanssen, W.G.M., Kramber, W., et al. (2007a): *Satellite-based energy balance for Mapping Evapotranspiration with Internalized Calibration (METRIC) – Applications, Journal of Irrigation and Drainage Engineering*, Vol.133 No.4, S. 395–406.

Allen, R.G., Tasumi, M., Trezza, R., Morse, A., Wright, J.L., Bastiaanssen, W.G.M., Kramber, W., et al. (2007b): *Satellite-Based Energy Balance for Mapping Evapotranspiration with Internalized Calibration (METRIC)—Model, Journal of Irrigation and Drainage Engineering*, Vol.133 No.4, S. 380–394.

Allen, R.G., Waters, R., Bastiaanssen, W.G.M., Tasumi, M. und Trezza, R. (2002b): *SEBAL - Surface Energy Balance Algorithms for Land - Advanced Training and Users Manual*, Kimberly, Idaho Department of Water Resources, S. 98.

Ambast, S.K., Keshari, A.K. und Gosain, A.K. (2002): *An operational model for estimating Regional Evapotranspiration through Surface Energy Partitioning (RESEP), International Journal of Remote Sensing*, Taylor & Francis, Vol.23 No.22, S. 4917–4930.

Anderson, M.C., Norman, J.M., Diak, G.R., Kustas, W.P. und Mecikalski, J.R. (1997): *A Two-Source Time-Integrated Model for Estimating Surface Fluxes Using Thermal Infrared Remote Sensing, Remote Sensing of Environment*, Vol.60 No.2, S. 195–216.

Anderson, M.C., Norman, J.M., Mecikalski, J.R., Otkin, J. a. und Kustas, W.P. (2007): *A climatological study of evapotranspiration and moisture stress across the continental United States based on thermal remote sensing: 2. Surface moisture climatology, Journal of Geophysical Research*, Vol.112 No.D11, S. D11112.

ASCE. (1993): *Criteria for Evaluation of Watershed Models, Journal of Irrigation and Drainage Engineering*, ASCE, Vol.119 No.3, S. 429–442.

Attema, E.P.W. und Ulaby, F.T. (1978): *Vegetation modeled as a water cloud, Radio Science*, Vol.13 No.2, S. 357–364.

Aubinet, M., Grelle, A., Ibrom, A., Rannik, Ü., Moncrieff, J., Foken, T., Kowalski, A.S., et al. (2000): *Estimates of the Annual Net Carbon and Water Exchange of Forests, The EUROFLUX Methodology*, Advances in Ecological Research, Elsevier, Bd. 30, S. 113–175.

Aubinet, M., Vesala, T. und Papale, D. (2012): *Eddy Covariance: A Practical Guide to Measurement and Data Analysis*, Dordrecht, New York, Springer, S. 424.

Awan, U.K. (2010): *Coupling hydrological and irrigation schedule models for the management of surface and groundwater resources in Khorezm, Uzbekistan.*, Bonn, Rheinische Friedrich-Wilhelms-Universität, Diss. masch., S. 167.

Awan, U.K., Ibrakhimov, M., Tischbein, B., Kamalov, P., Martius, C. und Lamers, J.P.A. (2011): *Improving irrigation water operation in the lower reaches of the Amu Darya River–current status and suggestions, Irrigation and drainage*, Vol.60 No.5, S. 600–612.

Barcza, Z., Kern, A., Haszpra, L. und Kljun, N. (2009): *Spatial representativeness of tall tower eddy covariance measurements using remote sensing and footprint analysis, Agricultural and Forest Meteorology*, Vol.149 No.5, S. 795–807.

Barnes, E.M. und Hunsaker, D.J. (2010): *Irrigation water requirements*, in Heldman, D.R. et al. (Hrsg.):*Encyclopedia of Agricultural, Food, and Biological Engineering*, CRC Press, 2. Aufl., S. 549–551.

Barrett, A.H. und Lilley, A.E. (1963): *Mariner 2 Microwave Observations of Venus*, Cambridge, USA, S. 9.

Bartalis, Z., Naeimi, V., Hasenauer, S. und Wagner, W. (2008): *ASCAT Soil Moisture Product Handbook, ASCAT Soil Moisture Report Series*, Wien, Österreich, Vienna University of Technology, Bd. 15, S. 30.

Bartalis, Z., Wagner, W., Naeimi, V., Hasenauer, S., Scipal, K., Bonekamp, H., Figa, J., et al. (2007): *Initial soil moisture retrievals from the METOP-A Advanced Scatterometer (ASCAT), Geophysical Research Letters*, Vol.34 No.20, S. L20401.

Bartsch, A., Scipal, K., Wolski, P., Pathe, C., Sabel, D. und Wagner, W. (2007): *Microwave remote sensing of hydrology in southern africa, Global Change Issues in Developing and Emerging Countries, Universitätsdrucke Göttingen*, S. 269–277.

Bartsch, A., Wagner, W., Scipal, K., Pathe, C., Sabel, D. und Wolski, P. (2009): *Global monitoring of wetlands e the value of ENVISAT ASAR Global mode, Journal of environmental management*, Vol.90 No.7, S. 2226–2233.

Bastiaanssen, W.G.M. (1995): *Regionalization of surface flux densities and moisture indicators in composite terrain; a remote sensing approach under clear skies in mediterranean climates, Report 109*, Wageningen, NL, S. 271.

Bastiaanssen, W.G.M. (2000): *SEBAL-based sensible and latent heat uxes in the irrigated Gediz Basin, Turkey, Journal of Hydrology*, Vol.229 No.1–2, S. 87–100.

Bastiaanssen, W.G.M., Cheema, M.J.M., Immerzeel, W.W., Miltenburg, I.J. und Pelgrum, H. (2012): *Surface energy balance and actual evapotranspiration of the transboundary Indus Basin estimated from satellite measurements and the ETLook model, Water Resources Research*, Vol.48 No.11, S. W11512.

Bastiaanssen, W.G.M., Menenti, M., Feddes, R.A. und Holtslag, A.A.M. (1998a): *A remote sensing surface energy balance algorithm for land (SEBAL) 1. Formulation, Journal of Hydrology*, Vol.212/213, S. 198–212.

Bastiaanssen, W.G.M., Noordman, E.J.M., Pelgrum, H., Davids, G., Thoreson, B.P. und Allen, R.G. (2005): *SEBAL model with remotely sensed data to improve water-resources management under actual field conditions, Journal of Irrigation and Drainage Engineering*, Vol.131 No.1, S. 85–93.

Bastiaanssen, W.G.M., Pelgrum, H. und Wang, J. (1998b): *A remote sensing surface energy balance algorithm for land (SEBAL).: Part 2: Validation, Journal of Hydrology*, Vol.213, S. 213–229.

Bastiaanssen, W.G.M., Thoreson, B.P., Clark, B. und Davids, G. (2010): *Discussion of "Application of SEBAL model for mapping evapotranspiration and estimating surface energy fluxes in south-central Nebraska" by Ramesh K. Singh, Ayse Irmak, Suat, Journal of Irrigation and Drainage Engineering*, Vol.136 No.4, S. 282–283.

Bates, B., Kundzewicz, Z., Shaohong, W. und Palutikof, J. (2012): *Climate Change and Water - IPCC Technical Paper VI*, Genf, Schweiz, Intergovernmental Panel on Climate Change, S. 210.

Batra, N., Islam, S., Venturini, V., Bisht, G. und Jiang, L. (2006): *Estimation and comparison of evapotranspiration from MODIS and AVHRR sensors for clear sky days over the Southern Great Plains, Remote Sensing of Environment*, Vol.103 No.1, S. 1–15.

Bernhardt, K.-H. (1995): *Zur Interpretation der Monin-Obuchovschen Länge, Meteorologische Zeitschrift*, Gebrüder Borntraeger, Vol.4 No.2, S. 81–82.

Black, P.E. (1996): *Watershed Hydrology*, New York, CRC Press, 2. Aufl., S. 460.

Blaney, H.F. und Criddle, W.D. (1962): *Determining Consumptive Use and Irrigation Water Requirements, Technical bulletin of United States Department of Agriculture*, Washington, Agricultural Research Service, Bd. 1275, S. 59.

Blöschl, G. (2006): *Geostatistische Methoden bei der hydrologischen Regionalisierung, Wiener Mitteilungen*, Vol.197, S. 21–40.

Blöschl, G. und Grayson, R.B. (2000): *Spatial observations and interpolation*, in Grayson, R. et al. (Hrsg.): *Spatial Patterns in Catchment Hydrology: Observations and Modelling*, Cambridge University Press, S. 17–50.

Boegh, E., Soegaard, H. und Thomsen, a. (2002): *Evaluating evapotranspiration rates and surface conditions using Landsat TM to estimate atmospheric resistance and surface resistance, Remote Sensing of Environment*, Vol.79 No.2–3, S. 329–343.

Borchardt, S. und Trauth, M.H. (2012): *Remotely-sensed evapotranspiration estimates for an improved hydrological modeling of the early Holocene mega-lake Suguta, northern Kenya Rift, Palaeogeography, Palaeoclimatology, Palaeoecology*, Elsevier B.V., Vol. 361–362, S. 14–20.

Bowen, I.S. (1926): *The ratio of heat losses by conduction and by evaporation from any water surface, Physical Review*, Vol.27, S. 779–787.

Brocca, L., Melone, F., Moramarco, T. und Morbidelli, R. (2009a): *Soil moisture temporal stability over experimental areas in Central Italy, Geoderma*, Vol.148 No.3, S. 364–374.

Brocca, L., Melone, F., Moramarco, T. und Morbidelli, R. (2009b): *Antecedent wetness conditions based on ERS scatterometer data, Journal of Hydrology*, Vol.364 No.1, S. 73–87.

Brocca, L., Melone, F., Moramarco, T., Wagner, W. und Hasenauer, S. (2010): *ASCAT soil wetness index validation through in situ and modeled soil moisture data in central Italy, Remote Sensing of Environment*, Vol.114 No.11, S. 2745–2755.

Brouwer, C. und Heibloem, M. (1986): *Irrigation Water Management: Irrigation Water Needs*, Rom, Italien, S. 102.

Brown, S.C.M., Quegan, S., Morrison, K., Bennett, J.C. und Cookmartin, G. (2003): *High-resolution measurements of scattering in wheat canopies-implications for crop parameter retrieval, IEEE Transactions on Geoscience and Remote Sensing*, Vol.41 No.7, S. 1602–1610.

Brutsaert, W. (1982): *Evaporation into the atmosphere*, Dordrecht, NL, D. Reidel Publishing, S. 300.

Burba, G. (2013): *Eddy Covariance Method for Scientific, Industrial, Agricultural and Regulatory Applications: A Field Book on Measuring Ecosystem Gas Exchange and Areal Emission Rates*, Lincoln, USA, LI-COR Biosciences, S. 343.

Burba, G. und Anderson, D.J. (2010): *A Brief Pracitcal Guide to Eddy Covariance Flux Measurments*, Lincoln, USA, LI-COR Biosciences, Bd. 18, S. 214.

Businger, J.A. (1986): *Evaluation of the Accuracy with Which Dry Deposition Can Be Measured with Current Micrometeorological Techniques, Journal of Climate and Applied Meteorology*, Vol.25 No.8, S. 1100–1124.

Cai, X. und Leclerc, M.Y. (2006): *Forward-in-time and Backward-in-time Dispersion in the Convective Boundary Layer: the Concentration Footprint, Boundary-Layer Meteorology*, Vol.123 No.2, S. 201–218.

Camillo, P. (1989): *Estimating soil surface temperatures from profile temperature and flux measurements, Soil Science,* Vol.148 No.4, S. 233–243.

Campbell, G.S. (1985): *Soil physics with BASIC,* New York, Elsevier, S. 149.

Campbell Scientific. (2007a): *Self-Calibrating Soil Heat Flux Plate HFP01SC Manual.*

Campbell Scientific. (2007b): *CR3000 Micrologger Manual.*

Campbell Scientific. (2008a): *Model 107 Temperature Probe Manual.*

Campbell Scientific. (2008b): *EdiRe Software for Micrometeorological Applications,* Logan, USA, Campbell Scientific, Inc., S. 20.

Campbell Scientific. (2009a): *CSAT3 Three Dimensional Sonic Anemometer Manual,* Logan, USA, Campbell Scientific, Inc., S. 34.

Campbell Scientific. (2009b): *CR1000 Measurement and Control System Manual.*

Campbell Scientific. (2011): *LoggerNet Version 4.1 Manual.*

Carlson, T.N., Gillies, R.R. und Schmugge, T.J. (1995): *An interpretation of methodologies for indirect measurement of soil water content, Agricultural and Forest Meteorology,* Vol.77 No.3–4, S. 191–205.

Caspary, W. (2013): *Fehlertolerante Auswertung von Messdaten: Daten- und Modellanalyse, robuste Schätzung,* München, Oldenbourg Wissenschaftsverlag, S. 310.

Ceballos, A., Scipal, K., Wagner, W. und Martinez-Fernández, J. (2005): *Validation of ERS scatterometer-derived soil moisture data in the central part of the Duero Basin, Spain, Hydrological Processes,* John Wiley & Sons, Inc., Vol.19 No.8, S. 1549–1566.

Cermak, J.E. und Horn, J.D. (1968): *Tower shadow effect, Journal of Geophysical Research,* Vol.73 No.6, S. 1869–1876.

Champion, G. (1991): *Generalized formulation for semi-empirical radar models representing crop backscattering, Proceedings of the 5th International Colloquium – Physical Measurements and Signatures in Remote Sensing, Remote Sensing,* Courchevel, Frankreich, ESA SP-319, S. 269–272.

Chandrasekhar, S. (1960): *Radiative Transfer,* New York, Dover Publications, Inc., S. 415.

Chávez, J.L.J., Neale, C.M.U.C., Hipps, L.E., Prueger, J.H. und Kustas, W.P. (2005): *Comparing aircraft-based remotely sensed energy balance fluxes with eddy covariance tower data using heat flux source area functions, Journal of Hydrometeorology,* Vol.6 No.6, S. 923–940.

Chen, X., Li, B., Li, Q., Li, J. und Abdulla, S. (2012a): *Spatio-temporal pattern and changes of evapotranspiration in arid Central Asia and Xinjiang of China, Journal of Arid Land,* Vol.4 No.1, S. 105–113.

Chen, Y.-Y., Chu, C.-R. und Li, M.-H. (2012b): *A Gap-filling Model for Eddy Covariance Latent Heat Flux: Estimating Evapotranspiration of a Subtropical Seasonal Evergreen Broad-leaved Forest as An Example, Journal of Hydrology,* Vol.468-469, S. 101–110.

Choudhury, B.J., Idso, S.B. und Reginato, R.J. (1987): *Analysis of an empirical model for soil heat flux under a growing wheat crop for estimating evaporation by an infrared-temperature based energy balance equation, Agricultural and Forest Meteorology,* Vol.39 No.4, S. 283–297.

Cihlar, J., Chen, J. und Li, Z. (1997): *On the validation of satellite-derived products for land applications, Canadian Journal of Remote Sensing,* Vol.23 No.4, S. 381–389.

Clement, R.J. (2004): *Mass and Energy Exchange of a Plantation Forest in Scotland Using Micrometeorological Methods,* Edinburgh, University of Edinburgh, Diss. masch., S. 378.

Cleugh, H. a., Leuning, R., Mu, Q. und Running, S.W. (2007): *Regional evaporation estimates from flux tower and MODIS satellite data, Remote Sensing of Environment*, Vol.106 No.3, S. 285–304.

Colditz, R.R., Conrad, C., Wehrmann, T., Schmidt, M. und Dech, S. (2006): *Generation and Assessment of MODIS Time Series using Quality Information, IEEE International Symposium on Geoscience and Remote Sensing*, IEEE, S. 779–782.

Conrad, C. (2006): *Fernerkundungsbasierte Modellierung und hydrologische Messungen zur Analyse und Bewertung der landwirtschaftlichen Wassernutzung in der Region Khorezm (Usbekistan)*, Würzburg, Julius-Maximilians Universität, Diss. masch., S. 282.

Conrad, C., Dech, S., Dubovyk, O., Fritsch, S., Klein, D., Löw, F., Schorcht, G., et al. (2014): *Derivation of temporal windows for accurate crop discrimination in heterogeneous croplands of Uzbekistan using multitemporal RapidEye images, Computers and Electronics in Agriculture*, Elsevier B.V., Vol.103, S. 63–74.

Conrad, C., Dech, S.W., Hafeez, M., Lamers, J., Martius, C. und Strunz, G. (2007): *Mapping and assessing water use in a Central Asian irrigation system by utilizing MODIS remote sensing products, Irrigation Drainage System*, Vol.21 No.3–4, S. 197–218.

Conrad, C., Fritsch, S., Zeidler, J., Rücker, G. und Dech, S. (2010): *Per-Field Irrigated Crop Classification in Arid Central Asia Using SPOT and ASTER Data, Remote Sensing*, Vol.2 No.4, S. 1035–1056.

Conrad, C., Schorcht, G., Tischbein, B., Davletov, S., Sultonov, M. und Lamers, J.P.A. (2012): *Agro-meteorological trends of recent climate development in Khorezm and implications for crop production*, in Martius, C. et al. (Hrsg.):*Cotton, water, salts and soums - economic and ecological restructuring in Khorezm, Uzbekistan*, Dordrecht Heidelberg London New York, Springer, S. 25–36.

Courault, D., Jacob, F., Benoit, V., Weiss, M., Marloie, O., Hanocq, J.F., Fillol, E., et al. (2009): *Influence of agricultural practices on micrometerological spatial variations at local and regional scales, International Journal of Remote Sensing*, Taylor & Francis, Vol.30 No.5, S. 1183–1205.

Courault, D., Seguin, B. und Olioso, A. (2005): *Review on estimation of evapotranspiration from remote sensing data: From empirical to numerical modeling approaches, Irrigation and Drainage Systems*, Vol.19 No.3–4, S. 223–249.

Cowan, P.J. (2007): *Geographic usage of the terms Middle Asia and Central Asia, Journal of Arid Environments*, Vol.69 No.2, S. 359–363.

Croux, C. und Dehon, C. (2003): *Estimators of the multiple correlation coefficient : local robustness and confidence intervals Cristophe Croux and Catherine Dehon, Statistical Papers*, Vol.44 No.3, S. 315–334.

Czajkowski, K., Goward, S., Stadler, S. und Walz, A. (2000): *Thermal Remote Sensing of Near Surface Environmental Variables: Application Over the Oklahoma Mesonet, The Professional Geographer*, Vol.52 No.2, S. 345–357.

Dalton, J. (1802): *Experimental essays on the constitution of mixed gases; on the force of steam of vapour from waters and other liquids in different temperatures, both in a torricellian vacuum and in air on evaporation and on the expansion of gases by heat., Memoirs of the Literary and Philosophical Society of Manchester.*, Vol.5, S. 535–602.

Deus, D., Gloaguen, R. und Krause, P. (2011): *Water balance modelling in a semi-arid environment with limited in-situ data: remote sensing coupled with satellite gravimetry,*

Lake Manyara, East African Rift, Tanzania, Hydrology and Earth System Sciences Discussions, Vol.8 No.5, S. 8737–8792.

DIN 18121-1. (1998): *Norm DIN 18121-1. Untersuchung von Bodenproben – Wassergehalt – Teil 1: Bestimmung durch Ofentrocknung*, Berlin, Deutsches Institut für Normung e. V., S. 4.

Djanibekov, N. (2008): *A micro-economic analysis of farm restructuring in the Khorezm region, Uzbekistan*, Bonn, Rheinischen Friedrich-Wilhelms-Universität, Diss. masch., S. 193.

Dubois, P.C., van Zyl, J. und Engman, T. (1995): *Measuring soil moisture with imaging radars, IEEE Transactions on Geoscience and Remote Sensing*, IEEE, Vol.33 No.4, S. 915–926.

Dupigny-Giroux, L. und Lewis, J.E. (1999): *A Moisture Index for Surface Characterization over a Semiarid Area, Photogrammetric engineering and remote sensing*, Vol.65 No.8, S. 937–946.

DVWK. (1996): *Ermittlung der Verdunstung von Land- und Wasserflächen, DVWK-Merkblätter zur Wasserwirtschaft*, Bonn, Deutscher Verband für Wasserwirtschaft und Kulturbau e.V., Bd. 238, S. 240.

Elachi, C. (1987): *Introduction to the physics and techniques of remote sensing*, New Jearsey, USA, John Wiley & Sons, Inc., 2. Aufl., S. 616.

Elhaddad, A. und Garcia, L.A. (2008): *Surface Energy Balance-Based Model for Estimating Evapotranspiration Taking into Account Spatial Variability in Weather, Journal of Irrigation and Drainage Engineering*, American Society of Civil Engineers, Vol.134 No.6, S. 681–689.

Elias, E.A., Cichota, R., Torriani, H.H. und De Jong Van Lier, Q. (2004): *Analytical soil-temperature model: Correction for temporal variation of daily amplitude, Soil Science Society of America Journal*, Vol.68 No.3, S. 784–788.

Eltahir, E.A.B. (1998): *A Soil Moisture-Rainfall Feedback Mechanism: 1. Theory and observations, Water Resources Research*, Vol.34 No.4, S. 765–776.

Erceg-Hurn, D.M. und Mirosevich, V.M. (2008): *Modern robust statistical methods: an easy way to maximize the accuracy and power of your research., The American psychologist*, Vol.63 No.7, S. 591–601.

Etling, D. (2010): *Theoretische Meteorologie*, Berlin, Heidelberg, Springer, 3. Aufl.

Falge, E., Baldocchi, D., Olson, R., Anthoni, P., Aubinet, M., Bernhofer, C., Burba, G., et al. (2001): *Gap filling strategies for defensible annual sums of net ecosystem exchange, Agricultural and forest meteorology*, Elsevier, Vol.107 No.1, S. 43–69.

FAO. (2006): *Guidelines for soil description*, Rom, Italien, Food and Agriculture Organization of the United Nations, FAO, S. 109.

FAO. (2013): *AQUASTAT. Online database. Food and Agriculture Organisation*, Rom, Italien, verfügbar unter: http://www.fao.org/nr/water/aquastat/data/query/index. (zugegriffen 9 Juli 2014).

FAO. (2014): *World reference base for soil resources, World Soil Reference Reports*, Rom, Italien, Vol.106, S. 191.

Farah, H.O. und Bastiaanssen, W.G.M. (2001): *Impact of spatial variations of land surface parameters on regional evaporation: a case study with remote sensing data, Hydrological Processes*, Vol.15 No.9, S. 1585–1607.

Filzmoser, P. und Rousseeuw, P.J. (2002): *Robust Statistics, Probability and Statistics – The Encyclopedia of Life Support Systems*, Oxford, UK, EOLSS Publishers, Bd. 2, S. 326–344.

Foken, T. (2006): *Angewandte Meteorologie*, Berlin, Heidelberg, Springer, 2.Aufl., S. 335.

Foken, T. (2008): *The energy balance closure problem: An overview, Ecological Applications*, Vol.18 No.6, S. 1351–1367.

Foken, T., Leuning, R., Oncley, S.P., Mauder, M. und Aubinet, M. (2012): *Corrections and data quality control*, in Aubinet, M. et al. (Hrsg.):*Eddy Covariance – A Practical Guide to Measurement and Data Analysis*, Dordrecht, Heidelberg, London, New York, Springer, S. 85–131.

Foken, T. und Oncley, S.P. (1995): *Results of the workshop ,Instrumental and methodical problems of land surface flux measurements', Bulletin of the American Meteorologi cal Society*, Vol.76 No.7, S. 1191 – 1193.

Foken, T. und Wichura, B. (1996): *Tools for quality assessment of surface-based flux measurements, Agricultural and Forest Meteorology*, Vol.78 No.1–2, S. 83–105.

Folhes, M.T., Rennó, C.D. und Soares, J.V. (2009): *Remote sensing for irrigation water management in the semi-arid Northeast of Brazil, Agricultural Water Management*, Vol.96 No.10, S. 1398–1408.

Forkutsa, I. (2006): *Modeling water and salt dynamics under irrigated cotton with shallow groundwater in the Khorezm region of Uzbekistan*, Bonn, Rheinische Friedrich-Wilhelms-Universität, Diss. masch., S. 166.

Forkutsa, I., Sommer, R., Shirokova, Y.I., Lamers, J.P.A., Kienzler, K., Tischbein, B., Martius, C., et al. (2009): *Modeling irrigated cotton with shallow groundwater in the Aral Sea Basin of Uzbekistan: I. Water dynamics, Irrigation Science*, Vol.27 No.4, S. 331–346.

Frison, P.-L. und Mougin, E. (1996): *Use of ERS-1 wind scatterometer data over land surfaces, IEEE Transactions on Geoscience and Remote Sensing*, IEEE, Vol.34 No.2, S. 550–560.

Fung, A.K., Li, Z. und Chen, K.S. (1992): *Backscattering from a randomly rough dielectric surface, IEEE Transactions on Geoscience and Remote Sensing*, Vol.30 No.2, S. 356–369.

Gao, G. (2010): *Changes of evapotranspiration and water cycle in China during the past decades*, Gothenburg, Schweden, University of Gothenburg, Diss. masch., S. 62.

Gash, J.H. (1986): *A note on estimating the effect of a limited fetch on micrometeorological evaporation measurements, Boundary-Layer Meteorology*, Vol.35, S. 409–413.

Gaskin, G.J. und Miller, J.D. (1996): *Measurement of Soil Water Content Using a Simplified Impedance Measuring Technique, Journal of Agricultural Engineering Research*, Vol.63 No.2, S. 153–159.

GEF. (1998): *Aral Sea basin program, Water and Environmental Management Project*, Washington, USA, S. 55.

Glenn, E.P., Huete, A.R., Nagler, P.L., Hirschboeck, K.K. und Brown, P. (2007): *Integrating Remote Sensing and Ground Methods to Estimate Evapotranspiration, Critical Reviews in Plant Sciences*, Taylor & Francis, Vol.26 No.3, S. 139–168.

Göckede, M., Foken, T., Aubinet, M., Aurela, M., Banza, J., Bernhofer, C., Bonnefond, J.M., et al. (2007): *Quality control of CarboEurope flux data, Part I: Footprint analyses to evaluate sites in forest ecosystems, Biogeosciences Discussions*, Vol.4 No.6, S. 4025–4066.

Grayson, R.B. und Western, A.W. (1998): *Towards areal estimation of soil water content from point measurements: Time and space stability of mean response, Journal of Hydrology,* Vol.207 No.1–2, S. 68–82.

Grody, N.C., Weng, F. und Ferraro, R.R. (2000): *Application of AMSU for hydrological parameters,* in Pampalon, P. et al. (Hrsg.): *Microwave Radiometry and Remote Sensing of the Earth's Surface and Atmosphere,* Utrecht, Boston, Köln, Tokyo, Ridderprint, S. 339–352.

Guenther, B., Xiong, X., Salomonson, V., Barnes, W. und Young, J. (2002): *On-orbit performance of the Earth Observing System Moderate Resolution Imaging Spectroradiometer; first year of data, Remote Sensing of Environment,* Vol.83 No.1–2, S. 16–30.

Hafeez, M., Khan, S. und Song, K. (2007): *Spatial Mapping of Actual Evapotranspiration and Soil Moisture in the Murrumbidgee Catchment: Examples from National Airborne Field Experimentation, International Congress on Modelling and Simulation,* Christchurch, New Zealand, Modelling and Simulation Society of Australia and New Zealand, S. 2611–2617.

Hammerle, A., Haslwanter, A., Tappeiner, U., Cernusca, A. und Wohlfahrt, G. (2008): *Leaf area controls on energy partitioning of a temperate mountain grassland, Biogeosciences,* Vol.5 No.2, S. 421–431.

Hargreaves, G.H. und Samani, Z.A. (1985): *Reference Crop Evapotranspiration from Temperature, Applied Engineering in Agriculture,* Vol.1 No.2, S. 96–99.

Hasenauer, S., Komma, J., Parajka, J., Wagner, W. und Blöschl, G. (2009): *Bodenfeuchtedaten aus Fernerkundung für hydrologische Anwendungen, Österreichische Wasser- und Abfallwirtschaft,* Vol.61 No.7–8, S. 117–123.

Heinichen, J. (2007): *Bestimmung der Bodenfeuchte mit Fernerkundungsmethoden,* Jena, Friedrich-Schiller-Universität, Diplomarbeit, S. 30.

Held, A. (2004): *Turbulenter Austausch, Bildung und Wachstum atmosphärischer Partikel über einem Fichtenwald,* Münster, Westfälische Wilhelms-Universität, Diss. masch., S. 201.

Heusinkveld, B.G., Jacobs, A.F.G., Holtslag, A.A.M. und Berkowicz, S.M. (2004): *Surface energy balance closure in an arid region: role of soil heat flux, Agricultural and Forest Meteorology,* Vol.122 No.1–2, S. 21–37.

Hojstrup, J. (1999): *A statistical data screening procedure, Measurement Science and Technology,* Vol.4 No.2, S. 153–157.

Holmes, T.R.H., Owe, M., De Jeu, R. a. M. und Kooi, H. (2008): *Estimating the soil temperature profile from a single depth observation: A simple empirical heatflow solution, Water Resources Research,* Vol.44 No.2, S. W02412.

Hong, S.-H. (2008): *Mapping Regional Distributions of Energy Balance Components Using Optical Remotely.*

Hong, S.-H., Hendrickx, J.M.H., Kleissl, J., Allen, R.G., Bastiaanssen, W.G.M., Scott, R.L. und Steinwand, A.L. (2014): *Evaluation of an extreme-condition-inverse calibration remote sensing model for mapping energy balance fluxes in arid riparian areas, Hydrology and Earth System Sciences Discussions,* Copernicus GmbH, Vol.11 No.12, S. 13479–13539.

Hornidge, A.K., Oberkircher, L. und Kudryavtseva, A. (2013): *Boundary management and the discursive sphere - Negotiating ‚realities' in Khorezm, Uzbekistan, Geoforum,* Elsevier Ltd, Vol.45, S. 266–274.

Horst, T.W. und Weil, J. (1994): *How far is far enough? The fetch requirements for micrometeorological measurement of surface fluxes, Journal of Atmospheric and Oceanic Technology*, Vol.11, S. 1018–1025.

Huang, C., Li, X. und Lu, L. (2008): *Retrieving soil temperature profile by assimilating MODIS LST products with ensemble Kalman filter, Remote Sensing of Environment*, Vol.112 No.4, S. 1320–1336.

Hübener, H. (2004): *Mesoskalige Simulation einer Verdunstungsklimatologie für ein semiarides Untersuchungsgebiet in Südmarokko*, Köln, Universität zu Köln, S. 123.

Huber, P.J. (2004): *Robust Statistics*, New York, John Wiley & Sons, Inc., S. 308.

Ibatullin, S., Yasinsky, V. und Mironenkov, A. (2009): *The Impact of Climate Change on Water Resources in Central Asia*, Alamty, Kasachstan, Eurasian Development Bank, S. 44.

Ibrakhimov, M. (2005): *Spatial and temporal dynamics of groundwater table and salinity in Khorezm*, Bonn, Rheinische Friedrich-Wilhelms-Universität, Diss. masch., S. 196.

Ibrakhimov, M., Khamzina, A., Forkutsa, I., Paluasheva, G., Lamers, J.P.A., Tischbein, B., Vlek, P.L.G., et al. (2007): *Groundwater table and salinity: Spatial and temporal distribution and influence on soil salinization in Khorezm region (Uzbekistan, Aral Sea Basin), Irrigation and Drainage Systems*, Vol.21 No.3–4, S. 219–236.

Idso, S.B., Jackson, R.D. und Reginato, R.J. (1975): *Estimating evaporation: a technique adaptable to remote sensing., Science (New York, N.Y.)*, Vol.189 No.4207, S. 991–2.

Inoue, M., Ould Ahmed, B.A., Saito, T. und Irshad, M. (2008): *Comparison of twelve dielectric moisture probes for soil water measurement under saline conditions, American Journal of Environmental Sciences*, Vol.4 No.4, S. 367–372.

IPCC. (2007): *Climate change 2007: impacts, adaptation and vulnerability*, Cambridge, UK, Intergovernmental Panel on Climate Change, S. 987.

Irmak, S. und Haman, D.Z. (2011): *Evapotranspiration : Potential or Reference?, Extension Publication No: ABE343 (AE256).*, Gainesville, USA, Institute of Food and Agricultural Sciences, IFAS, University of Florida, S. 2.

Jackson, R.D., Reginato, R.J. und Idso, S.B. (1977): *Wheat canopy temperature: a practical tool for evaluating water requirements, Water Resources Research*, Vol.13, S. 651–656.

Jackson, T.J. (1986): *Soil Water Modeling and Remote Sensing, IEEE Transactions on Geoscience and Remote Sensing*, IEEE, Vol.GE-24 No.1, S. 37–46.

Jackson, T.J. (2006): *Estimation of Surface Soil Moisture Using Microwave Sensors*, in Anderson, M.G. et al. (Hrsg.): *Encyclopedia of Hydrological Sciences*, Chichester, UK, John Wiley & Sons, Inc., S. 799–810.

Jacob, F., Olioso, A., Gu, X.F., Su, Z. und Seguin, B. (2002): *Mapping surface fluxes using airborne visible, near infrared, thermal infrared remote sensing data and a spatialized surface energy balance model, Agronomie*, EDP Sciences, Vol.22 No.6, S. 669–680.

Jacobs, J. (2004): *SMEX02: Field scale variability, time stability and similarity of soil moisture, Remote Sensing of Environment*, Vol.92 No.4, S. 436–446.

Jann, B. (2009): *Diagnostik von Regressionsschätzungen bei kleinen Stichproben*, in Wolf, C. et al. (Hrsg.): *Klein aber fein! Quantitative empirische Sozialforschung mit kleinen Fallzahlen*, Wiesbaden, VS Verlag für Sozialwissenschaften, S. 93–125.

Jann, B. (2010): *Handbuch der sozialwissenschaftlichen Datenanalyse*, in Wolf, C. et al. (Hrsg.):, Wiesbaden, VS Verlag für Sozialwissenschaften, S. 1098.

Jensen, J.R. (2007): *Remote Sensing of the Environment: An Earth Resource Perspective*, S. 592.

Jia, Z., Liu, S. und Xu, Z. (2010): *Validation of remotely sensed evapotranspiration: A case study, International Geoscience and Remote Sensing Symposium (IGARSS)*, IEEE, S. 2119–2122.

Jiang, L. und Islam, S. (2003): *An intercomparison of regional latent heat flux estimation using remote sensing data, International Journal of Remote Sensing*, Taylor & Francis Group, Vol.24 No.11, S. 2221–2236.

Jiménez, C., Prigent, C., Mueller, B., Seneviratne, S.I., McCabe, M.F., Wood, E.F., Rossow, W.B., et al. (2011): *Global intercomparison of 12 land surface heat flux estimates, Journal of Geophysical Research: Atmospheres*, Vol.116 No.2, S. D02102.

Johansen, O. (1975): *Thermal conductivity of soils*, Trondheim, Norwegen, Norwegian Institute of Technology, S. 322.

Johnson, A.I. (1962): *Methods of measuring soil moisture in the field, Water Supply Paper*, Washington, USA, United States Government Publishing Office, S. 25.

Kadereit, J.W., Körner, C., Kost, B. und Sonnewald, U. (2014): *Strasburger – Lehrbuch der Pflanzenwissenschaften.*

Kaimal, J.C. und Gaynor, J.E. (1991): *Another look at sonic thermometry, Boundary-Layer Meteorology*, Vol.56 No.4, S. 401–410.

Kaleita, A.L., Heitman, J.L. und Logsdon, S.D. (2005): *Field calibration of the theta probe for des moines lobe soils, Applied Engineering in Agriculture*, Vol.21 No.5, S. 865–870.

Kalma, J.D., McVicar, T.R. und McCabe, M.F. (2008): *Estimating Land Surface Evaporation: A Review of Methods Using Remotely Sensed Surface Temperature Data, Surveys in Geophysics*, Vol.29 No.4–5, S. 421–469.

Kamble, B., Irmak, A., Hubbard, K. und Gowda, P. (2013): *Irrigation scheduling using remote sensing data assimilation approach, Advances in Remote Sensing*, Vol.2, S. 258–268.

Kappas, M. (2012): *Geographische Informationssysteme*, Braunschweig, Westermann, 2.Aufl., S. 288.

Kerr, Y. (2007): *Soil moisture from space: Where are we?, Hydrogeology Journal*, Vol.15 No.1, S. 117–120.

Kerr, Y.H., Waldteufel, P., Wigneron, J.-P., Delwart, S., Cabot, F., Boutin, J., Escorihuela, M.-J., et al. (2010): *The SMOS Mission: New Tool for Monitoring Key Elements of the Global Water Cycle, Proceedings of the IEEE*, Vol.98 No.5, S. 666–687.

Khamzina, A. (2006): *The assessment of tree species and irrigation techniques for afforestation of degraded agricultural landscapes in Khorezm, Uzbekistan, Aral Sea Basin, Ecology and Development Series*, Bonn, Rheinische Friedrich-Wilhelms-Universität, Diss. masch., S. 151.

Kienzler, K., Lamers, J.P.A., Ibragimov, N. und Vlek, P.L.G. (2005): *Sustainable winter wheat production in the Aral Sea Basin: Quantity, quality and economics of mineral fertilizer utilization, INTAS Aral Sea Basin water and food conference: managing water and food quality and security in Central Asia.*, Almaty, Kasachstan, S. 9.

Kite, G.W. und Droogers, P. (2000): *Comparing evapotranspiration estimates from satellites, hydrological models and field data, Journal of Hydrology*, Vol.209 No.1–2, S. 3–18.

Klein, D.R. (2011): *Umweltinformation im Völker- und Europarecht*, Tübingen, J. C. B. Mohr, 1. Aufl.

Kljun, N., Kormann, R., Rotach, M.W. und Meixer, F.X. (2003): *Comparison of the Langrangian Footprint, Boundary-Layer Meteorology*, Vol.106, S. 349–355.

Kljun, N., Rotach, M. und Schmid, H.P. (2002): *A three-dimensional backward Lagrangian footprint model for a wide range of boundary-layer stratifications, Boundary-Layer Meteorology*, Springer, Vol.103 No.2, S. 205–226.

Knabe, S. (2004): *Erfassung der räumlichen und zeitlichen Veränderung von Bodenfeuchtemustern in semiariden Gebieten mittels ERS-1 / 2 InSAR Zeitreihen*, Wien, Österreich, Technischen Universität Wien, S. 212.

Koitzsch, R., DzingelL, M., Foken, T. und Mücket, G. (1988): *Probleme der experimentellen Erfassung des Energieaustausches über Winterweizen, Zeitschrift für Meteorologie*, Akademie-Verlag, Vol.38 No.3, S. 150–155.

Kormann, R. und Meixner, F.X. (2001): *An analytical footprint model for non-neutral stratification, Boundary-Layer Meteorology*, Vol.99 No.2, S. 207–224.

Kraus, H. (2008): *Grundlagen der Grenzschicht-Meteorologie*, Bonn, Springer, S. 212.

Kristensen, L. (1998): *Cup Anemometer Behavior in Turbulent Environments, Journal of Atmospheric and Oceanic Technology*, Vol.15 No.1, S. 5–17.

Küpfmüller, K. (2005): *Theoretische Elektrotechnik*, Berlin, Springer, 16.Aufl., S. 733.

Kustas, W., Zhan, X. und Schmugge, T. (1998): *Combining Optical and Microwave Remote Sensing for Mapping Energy Fluxes in a Semiarid Watershed, Remote Sensing of Environment*, Vol.64 No.2, S. 116–131.

Kustas, W.P., Moran, M.S. und Norman, J.M. (2003): *Evaluating the Spatial Distribution of Evaporation, Handbook of Weather, Climate and Water: Atmospheric Chemistry, Hydrology, and Societal Impacts*, Hoboken, USA, John Wiley & Sons, Inc., S. 461–492.

Kutschera, U. (1995): *Kurzes Lehrbuch der Pflanzenphysiologie*, Wiesbaden, Quelle und Meyer, S. 435.

Kuttler, W. (2009): *Klimatologie*, Paderborn ; München, Schöningh Verlag, S. 260.

Kuttler, W., Goldbach, A., Dütemeyer, D. und Barlag, A.B. (2012): *Messung der urbanen Evapotranspiration in Oberhausen, dynaklim Publikationen*, Vol.24, S. 24.

LABO. (2003): *Geostatistische und statistische Methoden und Auswerte-verfahren für Geodaten mit Punkt-bzw. Flächenbezug*, Dresden, Bund-Länder-Arbeitsgemeinschaft Bodenschutz, S. 149.

Lambin, E.F. und Ehrlich, D. (1996): *The surface temperature-vegetation index space for land cover and land-cover change analysis, International Journal of Remote Sensing*, Taylor & Francis Group, Vol.17 No.3, S. 463–487.

Leclerc, M. und Thurtell, G. (1990): *Footprint prediction of scalar fluxes using a Markovian analysis, Boundary-Layer Meteorology*, S. 247–258.

Lee, X., Finnigan, J. und Kyam, T. (2004): *Coordinate Systems and Flux Bias Error*, in Lee, X. et al. (Hrsg.): *Handbook of Micrometeorology*, S. 34.

Lee, X., Massman, W.J. und Law, B. (2005): *Handbook of Micrometeorology*, in Mysak, L. et al. (Hrsg.):, New York, Boston, Dordrecht, London, Moskau, Kluwer Academic Publishers, S. 250.

Legates, D.R. und McCabe, G.J. (1999): *Evaluating the use of "goodness of fit" measures in hydrologic and hydroclimatic model validation, Water Resources Research*, Vol.35 No.1, S. 233–241.

Lehmann, W. (1995): *Anwendung geostatistischer Verfahren auf die Bodenfeuchte in ländlichen Einzugsgebieten*, Karlsruhe, Karlsruhe, Institut für Hydrologie und Wasserwirtschaft, Universität Karlsruhe, Diss. masch., S. 174.

Létolle, R. und Mainguet, M. (1996): *Der Aralsee. Eine ökologische Katastrophe*, Berlin, Springer, S. 571.

Li, J. und Heap, A.D. (2011a): *A review of comparative studies of spatial interpolation methods in environmental sciences: Performance and impact factors, Ecological Informatics*, Vol.6 No.3, S. 228–241.

Li, L., Gaiser, P.W., Bevilacqua, R.M., Jackson, T.J., Njoku, E.G., Rudiger, C., Calvet, J.-C., et al. (2010): *WindSat Global Soil Moisture Retrieval and Validation, IEEE Transactions on Geoscience and Remote Sensing*, Vol.48 No.5, S. 2224–2241.

Li, L., Luo, G., Chen, X., Li, Y., Xu, G., Xu, H. und Bai, J. (2011b): *Modelling evapotranspiration in a Central Asian desert ecosystem, Ecological Modelling*, Vol.222 No.20–22, S. 3680–3691.

Li, S. (1998): *Wirkungen von Insektizidbehandlungen auf Arthropoden im Baumwollökosystem – IPM zur Bekampfung von Helicoverpa armigera in China*, Weikersheim, Hohenheim, Universität Hohenheim, Diss. masch., S. 185.

Li, Z.L., Shevlyakov, G.L. und Shin, V. (2006): *Robust estimation of a correlation coefficient for ε-contaminated bivariate normal distributions, Automation and Remote Control*, Vol.67 No.12, S. 1940–1957.

Li, Z.-L., Tang, R., Wan, Z., Bi, Y., Zhou, C., Tang, B., Yan, G., et al. (2009): *A review of current methodologies for regional evapotranspiration estimation from remotely sensed data., Sensors (Basel, Switzerland)*, Vol.9 No.5, S. 3801–53.

LI-COR. (2001): *LI-7500 – Product Information*, Lincoln, USA, LI-COR Biosciences, S. 8.

LI-COR. (2004): *LI-7500 – Instruction manual*, Lincoln, USA, LI-COR Biosciences, S. 155.

Liebethal, C. und Foken, T. (2007): *Evaluation of six parameterization approaches for the ground heat flux, Theoretical and Applied Climatology*, Vol.88 No.1–2, S. 43–56.

Lin, M., Lucas, H.C. und Shmueli, G. (2013): *Too Big to Fail: Large Samples and the p-Value Problem, Information Systems Research*, Vol.24 No.4, S. 906–917.

Liu, S., Hu, G. und Lu, L. (2007): *Estimation of regional evapotranspiration by TM/ETM+ data over heterogeneous surfaces, Photogrammetric Engineering and Remote*, Vol.73 No.10, S. 1169–1178.

Loew, A., Ludwig, R. und Mauser, W. (2006): *Derivation of surface soil moisture from ENVISAT ASAR wide swath and image mode data in agricultural areas, IEEE Transactions on Geoscience and Remote Sensing*, Vol.44 No.4, S. 889–899.

Long, D. und Singh, V.P. (2012): *A modified surface energy balance algorithm for land (M-SEBAL) based on a trapezoidal framework, Water Resources Research*, Vol.48 No.2, S. W02528.

Loucks, O. (1977): *Emergence of research on agro-ecosystems, Annual review of ecology and systematics*, Vol.8, S. 173–192.

Maniak, U. (2005): *Hydrologie und Wasserwirtschaft*, Berlin, Heidelberg, Springer, S. 680.

Maronna, R.A., Martin, R.D. und Yohai, V.J. (2006): *Robust Statistics: Theory and Methods*, in Shewhart, W.A. et al. (Hrsg.):, Chichester, England, John Wiley & Sons, Inc., S. 436.

Martius, C., Lamers, J.P.A., Khamzina, A., Mollinga, P., Müller, M., Rücker, G., Sommer, R., et al. (2006): *Economic and Ecological Restructuring of Land- and Water Use in the Region Khorezm (Uzbekistan): Phase III*, Bonn, Zentrum für Entwicklungsforschung, S. 46.

Mauder, M., Liebethal, C., Göckede, M., Leps, J.-P., Beyrich, F. und Foken, T. (2006): *Processing and quality control of flux data during LITFASS-2003, Boundary-Layer Meteorology*, Vol.121 No.1, S. 67–88.

Mayer, H. (2006): *Beschreibende Statistik: Mit 80 Beispielen*, München, Wien, Hanser Verlag, S. 190.

McInnes, K.J. (1981): *Thermal conductivities of soils from dryland wheat regions of Eastern Washington*, Washington, Washington State University, Diss.masch., S. 102.

Mebratu, D. (1998): *Sustainability and sustainable development: Historical and conceptual review, Environmental Impact Assessment Review*, Vol.18 No.6, S. 493–520.

Mecikalski, J.R., Mackaro, S.M., Anderson, M.C., Norman, J.M. und Basara, J.B. (2005): *Evaluating the use of the Atmospheric Land Exchange Inverse (ALEXI) model in short-term prediction and mesoscale diagnosis, Conference on Hydrology*.

Meijninger, W.M.L., Beyrich, F., Lüdi, A., Kohsiek, W. und Bruin, H.A.R.D. (2005): *Scintillometer-Based Turbulent Fluxes of Sensible and Latent Heat Over a Heterogeneous Land Surface – A Contribution to Litfass – 2003, Boundary-Layer Meteorology*, Vol.121 No.1, S. 89–110.

Melesse, A.M. und Nangia, V. (2005): *Estimation of spatially distributed surface energy fluxes using remotely-sensed data for agricultural fields, Hydrological Processes*, Vol.19 No.14, S. 2653–2670.

Menenti, M. und Choudhury, B.J. (1993): *Parameterization of land surface evaporation by means of location dependent potential evaporation and surface temperature range*, (Bolle, H.J., Feddes, R.A. und Kalma, J.D.,Hrsg.) *Proceding*, Wallingford, UK, International Association of Hydrological Sciences 1993., Vol.212, S. 561–568.

MENZHULIN, G., Heimann, M. und LLOYD, J. (2002): *A simple three-dimensional canopy–planetary boundary layer simulation model for scalar ..., Tellus*, Vol.54 No.B, S. 784–819.

Meschede, D. (2006): *Gerthsen Physik*, in Meschede, D. (Hrsg.):, Berlin, Heidelberg, New York, Springer, 23. Aufl., S. 1262.

Micklin, P.P. und Aladin, N. V. (2008): *Reclaiming the Aral Sea., Scientific American*, Vol.298 No.4, S. 64–71.

Miller, J.D. und Gaskin, G. (1996): *Thetaprobe ML2x: Principles of operation and applications, MLURI Tech. Note*, Cambridge, UK, Macaulay Land Use Research Institute, S. 1–20.

Minet, J., Verhoest, N.E.C., Lambot, S. und Vanclooster, M. (2013): *Temporal stability of soil moisture patterns measured by proximal ground-penetrating radar, Hydrology and Earth System Sciences Discussions*, Vol.10 No.4, S. 4063–4097.

Mladenova, I., Lakshmi, V., Walker, J.P., Panciera, R., Wagner, W. und Doubkova, M. (2010): *Validation of the ASAR Global Monitoring Mode Soil Moisture Product Using the NAFE'05 Data Set, IEEE Transactions on Geoscience and Remote Sensing*, Vol.48 No.6, S. 2498 – 2508.

Mo, X., Liu, S., Lin, Z. und Zhao, W. (2004): *Simulating temporal and spatial variation of evapotranspiration over the Lushi basin, Journal of Hydrology*, Vol.285 No.1–4, S. 125–142.

Moeng, C.-H. und Wyngaard, J.C. (1988): *Spectral Analysis of Large-Eddy Simulations of the Convective Boundary Layer, Journal of the Atmospheric Sciences*, Vol.45 No.23, S. 3573–3587.

Mohamed, Y., Bastiaanssen, W.G.M. und Savenije, H. (2004): *Spatial variability of evaporation and moisture storage in the swamps of the upper Nile studied by remote sensing techniques, Journal of Hydrology*, Vol.289 No.1–4, S. 145–164.

Monin, A.S. und Obukhov, A.M. (1954): *Basic laws of turbulent mixing in the surface layer of the atmosphere, Trans. Geophys. Inst. Akad. Nauk. USSR*, Vol.24 No.151, S. 163–187.

Montgomery, R.B. (1948): *Vertical eddy flux of heat in the atmosphere, Journal of Meteorology*, Vol.5 No.6, S. 265–274.

Moore, C.J. (1986): *Frequency response corrections for eddy correlation systems, Boundary-Layer Meteorology*, Vol.37, S. 17–35.

Moran, M.S., Jackson, R., Raymond, L., Gay, L. und Slater, P. (1989): *Mapping surface energy balance components by combining landsat thematic mapper and ground-based meteorological data, Remote Sensing of Environment*, Vol.30 No.1, S. 77–87.

Moran, M.S., Peters-Lidard, C.D., Watts, J.M. und McElroy, S. (2004): *Estimating soil moisture at the watershed scale with satellite-based radar and land surface models, Canadian Journal of Remote Sensing*, NRC Research Press Ottawa, Canada, Vol.30 No.5, S. 805–826.

Moriasi, D.N., Arnold, J.G., Van Liew, M.W., Bingner, R.L., Harmel, R.D. und Veith, T.L. (2007): *Model evaluation guidelines for systematic quantification of accuracy in watershed simulations, Transactions Of The Asabe*, Vol.50 No.3, S. 885–900.

Morse, A., Tasumi, M., Allen, R.G. und Kramber, W.J. (2000): *Application of the SEBAL methodology for estimating consumptive use of water and streamflow depletion in the Bear River Basin of Idaho through remote, Final Report*, Boise, USA, Idaho Department of Water Resources, S. 107.

Mougin, E., Lopes, A., Frison, P.L. und Proisy, C. (1995a): *Preliminary analysis of ERS-1 wind scatterometer data over land surfaces, International Journal of Remote Sensing*, Proquest, Vol.16 No.2, S. 391–398.

Mougin, E., Lo Seena, D., Rambal, S., Gaston, A. und Hiernaux, P. (1995b): *A regional Sahelian grassland model to be coupled with multispectral satellite data. I: Model description and validation, Remote Sensing of Environment*, Vol.52 No.3, S. 181–193.

Mu, Q., Heinsch, F.A., Zhao, M. und Running, S.W. (2007): *Development of a global evapotranspiration algorithm based on MODIS and global meteorology data, Remote Sensing of Environment*, Vol.111 No.4, S. 519–536.

Mueller, B., Seneviratne, S.I., Jimenez, C., Corti, T., Hirschi, M., Balsamo, G., Ciais, P., et al. (2011): *Evaluation of global observations-based evapotranspiration datasets and IPCC AR4 simulations, Geophysical Research Letters*, Vol.38 No.6, S. L06402.

Mukhammadiev, U.K. (1982): *Water resource use. Tashkent, Usbekistan (auf russisch).*, Tashkent, Usbekistan, S. 87.

Munger, W., Loescher, H.W. und Luo, H. (2012): *Measurement, Tower, and Site Design Considerations*, in Aubinet, M. et al. (Hrsg.): *Eddy Covariance – A Practical Guide to Measurement and Data Analysis*, Dordrecht, Heidelberg, London, New York, Springer, S. 21 – 58.

Muñoz-Carpena, R., Shukla, S. und Morgan, K. (2004): *Field devices for monitoring soil water content, Extension Bulletin 343 of the Dept. of Agr. and Bio. Engineering, University of Florida*, Gainesville, USA, S. 16.

Myneni, R., Knyazikhin, Y., Glassy, J., Votava, P. und Shabanov, N. (2003): *User's guide: FPAR, LAI (ESDT: MOD15A2) 8-day composite NASA MODIS land algorithm*, NASA Earth Observatory, S. 17.

Naeimi, V. (2009): *Model improvements and error characterization for global ERS and METOP scatterometer soil moisture data*, Wien, Österreich, Wien, Technische Universität Wien, Diss. masch., S. 132.

Naeimi, V., Leinenkugel, P., Sabel, D., Wagner, W., Apel, H. und Kuenzer, C. (2013): *Evaluation of Soil Moisture Retrieval from the ERS and Metop Scatterometers in the Lower Mekong Basin, Remote Sensing*, Vol.5 No.4, S. 1603–1623.

NASA LP DAAC. (2014): *MODIS Land Products Quality Assurance Tutorial.*

Nash, J.E. und Sutcliffe, J.V. (1970): *River flow forecasting through conceptual models part I — A discussion of principles, Journal of Hydrology*, Vol.10 No.3, S. 282–290.

Neftel, A., Spirig, C. und Ammann, C. (2008): *Application and test of a simple tool for operational footprint evaluations., Environmental pollution*, Vol.152 No.3, S. 644–52.

Njoku, E.G., Jackson, T.J., Lakshmi, V., Chan, T.K. und Nghiem, S.V. (2003): *Soil moisture retrieval from AMSR-E, IEEE Transactions on Geoscience and Remote Sensing*, IEEE, Vol.41 No.2, S. 215–229.

Norman, J.M., Anderson, M.C., Kustas, W.P., French, A.N., Mecikalski, J.R., Torn, R., Diak, G.R., et al. (2003): *Remote sensing of surface energy fluxes at 10-m pixel resolutions, Water Resources Research*, Vol.39 No.8, S. 1221.

Norman, J.M., Kustas, W.P. und Humes, K.S. (1995): *Source approach for estimating soil and vegetation energy fluxes in observations of directional radiometric surface temperature, Agricultural and Forest Meteorology*, Vol.77 No.3–4, S. 263–293.

Norman, J.M., Kustas, W.P., Prueger, J.H. und Diak, G.R. (2000): *Surface flux estimation using radiometric temperature: A dual-temperature-difference method to minimize measurement errors, Water Resources Research*, Vol.36 No.8, S. 2263–2274.

Nouri, H., Beecham, S., Kazemi, F., Hassanli, a. M. und Anderson, S. (2013): *Remote sensing techniques for predicting evapotranspiration from mixed vegetated surfaces, Hydrology and Earth System Sciences Discussions*, Vol.10 No.3, S. 3897–3925.

Oberkircher, L., Tischbein, B., Hornidge, A.-K., Schorcht, G., Bhaduri, A., Awan, U.K. und Manschadi, A.M. (2010): *Rethinking Water Management in Khorezm, Uzbekistan, ZEF Working Paper*.

Oh, Y., Sarabandi, K. und Ulaby, F.T. (1992): *An empirical model and an inversion technique for radar scattering from bare soil surfaces, IEEE Transactions on Geoscience and Remote Sensing*, IEEE, Vol.30 No.2, S. 370–381.

Or, D., Tuller, M. und Stothoff, S. (2006): *Review of Vadose Zone Measurement and Monitoring Tools for Yucca Mountain Performance Confirmation Plan*, San Antonio, U.S. Nuclear Regulatory Commission, S. 110.

Overgaard, J., Rosbjerg, D. und Butts, M.B. (2006): *Land-surface modelling in hydrological perspective – a review, Biogeosciences*, Vol.3 No.2, S. 229–241.

Paiva, C.M., França, G.B., Liu, W.T.H. und Rotunno Filho, O.C. (2011): *A comparison of experimental energy balance components data and SEBAL model results in Dourados, Brazil, International Journal of Remote Sensing*, Vol.32 No.6, S. 1731–1745.

Papale, D. (2012): *Data gap filling*, in Aubinet, M. et al. (Hrsg.): *Eddy Covariance: A Practical Guide to Measurement and Data Analysis*, Dordrecht Heidelberg London New York, Springer, S. 159–173.

Papale, D., Reichstein, M., Aubinet, M., Canfora, E., Bernhofer, C., Kutsch, W., Longdoz, B., et al. (2006): *Towards a standardized processing of Net Ecosystem Exchange measured with eddy covariance technique: algorithms and uncertainty estimation, Biogeosciences*, Vol.3 No.4, S. 571–583.

Parajuli, P.B. (2007): *SWAT bacteria sub-model evaluation and application*, Manhattan, USA, Manhattan, USA, Kansas State University, Diss. masch., S. 67.

Parrens, M., Zakharova, E., Lafont, S., Calvet, J.-C., Kerr, Y., Wagner, W. und Wigneron, J.-P. (2012): *Comparing soil moisture retrievals from SMOS and ASCAT over France, Hydrology and Earth System Sciences*, Vol.16 No.2, S. 423–440.

Pasquill, F. (1972): *Some aspects of boundary layer description, Quarterly Journal of the Royal Meteorological Society*, Vol.98 No.417, S. 469–494.

Pathe, C. und Wagner, W. (2004): *Soil moisture estimation on a regional scale using ENVISAT ASAR Wide Swath images, Proceedings of the 4th International Symposium on Retrieval of Bio- and Geophysical Parameters from SAR Data for Land Applications*, S. 8.

Pathe, C., Wagner, W., Sabel, D., Doubkova, M. und Basara, J.B. (2009): *Using ENVISAT ASAR global mode data for surface soil moisture retrieval over Oklahoma, USA, IEEE Trans. Geosci. Remote. Sens*, IEEE, Vol.47 No.2, S. 468–480.

Pauli, F.W. (1969): *Die Kennzeichnung der Ökosysteme durch die Biodynamik des Bodens, Schriften des Vereines zur Verbreitung naturwissenschaftlicher Kenntnisse in Wien*, S. 21.

Penman, H.L. (1948): *Natural Evaporation from Open Water, Bare Soil and Grass, Proceedings of the Royal Society A: Mathematical, Physical and Engineering Sciences*, Vol.193 No.1032, S. 120–145.

Peters-Lidard, C.D., Blackburn, E., Liang, X. und Wood, E.F. (1998): *The Effect of Soil Thermal Conductivity Parameterization on Surface Energy Fluxes and Temperatures, Journal of Atmospheric Sciences*, Vol.55 No.7, S. 1209–1224.

Pimm, S.L. (1984): *The complexity and stability of ecosystems, Nature*, Vol.307, S. 321–326.

Prandtl, L. (1904): *Über Flüssigkeitsbewegung bei sehr kleiner Reibung, Verhandlungen des dritten internationalen Mathematiker Kongresses*. Heidelberg, S. 484–491.

Priestley, C.H.B. und Taylor, R.J. (1972): *On the Assessment of Surface Heat Flux and Evaporation Using Large-Scale Parameters, Monthly Weather Review*, Vol.100 No.2, S. 81–92.

Prihodko, L. (1997): *Estimation of air temperature from remotely sensed surface observations, Remote Sensing of Environment*, Vol.60 No.3, S. 335–346.

Qin, Z., Su, G., Zhang, J., Ouyang, Y., Yu, Q. und Li, J. (2010): *Identification of important factors for water vapor flux and CO2 exchange in a cropland, Ecological Modelling*, Vol.221 No.4, S. 575–581.

Qu, J., Powell, A. und Sivakumar, M.V.K. (2013): *Satellite-based Applications on Climate Change*, Berlin, Springer Science & Business Media, S. 381.

Qui, H. (2006): *Thermal Remote Sensing of Soil Moisture : Validation of Presumed Linear Relation between Surface Temperature Gradient and Soil Moisture Content*, Melbourne, Australien, University of Melbourne.

Ramos, J.G., Cratchley, C.R., Kay, J.A., Casterad, M.A., Martínez-Cob, A. und Domínguez, R. (2009): *Evaluation of satellite evapotranspiration estimates using ground-meteorological data available for the Flumen District into the Ebro Valley of N.E. Spain, Agricultural Water Management*, Vol.96 No.4, S. 638–652.

Rannik, Ü., Sogachev, A., Foken, T., Mathias, G., Kljun, N., Leclerc, M.Y. und Vesala, T. (2012): *Footprint Analysis*, in Aubinet, M. et al. (Hrsg.): *Eddy Covariance – A Practical Guide to Measurement and Data Analysis*, Dordrecht, Heidelberg, London, New York, Springer, S. 211–261.

Rasch, B., Friese, M., Hofmann, W. und Naumann, E. (2010): *Quantitative Methoden*, Berlin Heidelberg New York, Springer, 3. Auflage., S. 261.

Reichstein, M., Falge, E., Baldocchi, D., Papale, D., Aubinet, M. und Berbigier, P. (2005): *On the separation of net ecosystem exchange into assimilation and ecosystem respiration. pdf, Global Change Biology*, Vol.11 No.9, S. 1424–1439.

Ren, H., Yan, G., Chen, L. und Li, Z. (2011): *Angular effect of MODIS emissivity products and its application to the split-window algorithm, ISPRS Journal of Photogrammetry and Remote Sensing*, Elsevier B.V., Vol.66 No.4, S. 498–507.

Richter, K., Hank, T.B., Atzberger, C., Locherer, M. und Mauser, W. (2011): *Goodness-of-fit measures : what do they tell about vegetation variable retrieval performance from Earth observation data Introduction – Background, SPIE Conference Praque*.

Robinson, D. a., Gardner, C.M.K. und Cooper, J.D. (1999): *Measurement of relative permittivity in sandy soils using TDR, capacitance and theta probes: comparison, including the effects of bulk soil electrical conductivity, Journal of Hydrology*, Vol.223 No.3–4, S. 198–211.

Roerink, G., Su, Z. und Menenti, M. (2000): *S-SEBI: A simple remote sensing algorithm to estimate the surface energy balance, Physics and Chemistry of the Earth, Part B: Hydrology, Oceans and Atmosphere*, Vol.25 No.2, S. 147–157.

Roerink, G.J., Bastiaanssen, W.G.M., Chambouleyron, J. und Menenti, M. (1997): *Relating Crop Water Consumption to Irrigation Water Supply by Remote Sensing, Water Resources Management*, Kluwer Academic Publishers, Vol.11 No.6, S. 445–465.

Rohli, R. V. und Vega, A.J. (2013): *Climatology*, Baton Rouge, Jones & Bartlett Publishers.

Rousseeuw, P.J. und Leroy, A.M. (1987): *Robust Regression and Outlier Detection*, Wiley Series in Probability and Statistics, Hoboken, USA, John Wiley & Sons, Inc.

Roy, D.P., Wulder, M.A., Loveland, T.R., C.E., W., Allen, R.G., Anderson, M.C., Helder, D., et al. (2014): *Landsat-8: Science and product vision for terrestrial global change research, Remote Sensing of Environment*, Elsevier B.V., Vol.145, S. 154–172.

Rüdiger, C., Calvet, J.-C., Gruhier, C., Holmes, T.R.H., de Jeu, R. a. M. und Wagner, W. (2009): *An intercomparison of ERS-Scat and AMSR-E soil moisture observations with model simulations over France, Journal of Hydrometeorology*, Vol.10 No.2, S. 431–447.

Ruhoff, A.L., Paz, A.R., Collischonn, W., Aragao, L.E.O.C., Rocha, H.R. und Malhi, Y.S. (2012): *A MODIS-Based Energy Balance to Estimate Evapotranspiration for Clear-Sky Days in Brazilian Tropical Savannas, Remote Sensing*, Vol.4 No.3, S. 703–725.

Sabel, D. (2006): *Scaling information from ENVISAT ASAR data for downscaling of scatterometer derived soil moisture estimates to 1 km resolution*, Wien, Technische Universität Wien, Diss.masch., S. 74.

Sahebi, M.R., Bonn, F. und Gwyn, Q.H.J. (2003): *Estimation of the moisture content of bare soil from RADARSAT-1 SAR using simple empirical models, International Journal of Remote Sensing*, Taylor & Francis, Vol.24 No.12, S. 2575–2582.

Samimi, C. (1996): *Raum-zeitliche Modellierung der aktuellen Evapotranspiration und der Bodenfeuchte unter Einsatz von Landsat-TM*, Erlangen, Fränkische Geographische Gesellschaft, Bd. 57, S. 117.

Schaefer, M. (2012): *Wörterbuch der Ökologie*, Heidelberg, Spektrum Akademischer Verlag, 5.Aufl., S. 379.

Schaepman-Strub, G., Schaepman, M.E., Painter, T.H., Dangel, S. und Martonchik, J.V. (2006): *Reflectance quantities in optical remote sensing—definitions and case studies, Remote Sensing of Environment*, Vol.103 No.1, S. 27–42.

Schanda, E. (1986): *Physical fundamentals of remote sensing*, Berlin [u.a.], Springer, S. 187.

Scheffer, F. und Schachtschabel, P. (2010): *Lehrbuch der Bodenkunde*, in Horn, R. et al. (Hrsg.):, Heidelberg, Spektrum Akademischer Verlag, S. 570.

Schmid, H.P. (2002): *Footprint modeling for vegetation atmosphere exchange studies: A review and perspective, Agricultural and Forest Meteorology*, Vol.113 No.1–4, S. 159–183.

Schmid, H.P. und Oke, T.R. (1990): *A model to estimate the source area contributing to turbulent exchange in the surface layer over patchy terrain, Quarterly Journal of the Royal Meteorological Society*, Vol.116, S. 965–988.

Schrödter, H. (1985): *Verdunstung*, Berlin, Heidelberg, Springer, S. 190.

Schuepp, P.H., Leclerc, M.Y., MacPherson, J.I. und Desjardins, R.L. (1990): *Footprint prediction of scalar fluxes from analytical solutions of the diffusion equation, Boundary-Layer Meteorology*, Vol.50 No.1–4, S. 355–373.

Schütze, N., Grundmann, J. und Schmitz, G.H. (2011): *Perspektiven für die integrierte Wasserbewirtschaftung durch den Einsatz simulationsbasierter Optimierungsmethoden am Beispiel landwirtschaftlich genutzter küstennaher arider Gebiete im Oman, Hydrologie und Wasserbewirtschaftung*, Vol.55 No.5, S. 104–115.

Scipal, K. (2002): *Global Soil Moisture Retrieval from ERS Scatterometer Data*, Wien, Technische Universität Wien, Diss. masch., S. 128.

Seguin, B. und Itier, B. (1983): *Using midday surface temperature to estimate daily evaporation from satellite thermal IR data, International Journal of Remote Sensing*, Vol.4 No.2, S. 371–383.

Senay, G.B., Budde, M., Verdin, J.P. und Melesse, A.M. (2007): *A Coupled Remote Sensing and Simplified Surface Energy Balance Approach to Estimate Actual Evapotranspiration from Irrigated Fields, Sensors*, Molecular Diversity Preservation International, Vol.7 No.6, S. 979–1000.

Senay, G.B., Budde, M.E. und Verdin, J.P. (2011): *Enhancing the Simplified Surface Energy Balance (SSEB) approach for estimating landscape ET: Validation with the METRIC model, Agricultural Water Management*, Elsevier B.V., Vol.98 No.4, S. 606–618.

Shao, Y., Taff, G.N. und LUNETTA, R.S. (2011): *A Review of Selected MODIS Algorithms, Data Products, and Application*, in Qihao, W. (Hrsg.):*Advances in Remote Sensing*, Bica Raton, USA, CRC/Taylor and Francis, S. 556.

Shen, S. und Leclerc, M.Y. (1994): *Large-eddy simulation of small-scale surface effects on the convective boundary-layer structure, Atmosphere-Ocean*, Vol.32 No.4, S. 717–731.

Shen, S. und Leclerc, M.Y. (1995): *How large must surface inhomogeneities be before they influence the convective boundary layer structure? A case study., Quarterly Journal of the Royal Meteorological Society*, Vol.121, S. 1209–1228.

Singh, R.K. und Irmak, A. (2009): *Estimation of Crop Coefficients Using Satellite Remote Sensing, Journal of Irrigation and Drainage Engineering*, American Society of Civil Engineers, Vol.135 No.5, S. 597–608.

Singh, R.K., Irmak, A., Irmak, S. und Martin, D.L. (2008): *Application of SEBAL Model for Mapping Evapotranspiration and Estimating Surface Energy Fluxes in South-Central Nebraska, Journal of Irrigation and Drainage Engineering*, Vol.134 No.3, S. 273–285.

SIS ICWC. (2012): *Online data of the Hydromet data. Scientific-Information Center of the Interstate Coordination Water Commission of the Central Asia*, verfügbar unter: http://www.cawater-info.net/ (zugegriffen 22 Januar 2013).

Sogachev, A. und Lloyd, J. (2004): *Using a One-and-a-Half Order Closure Model of the Atmospheric Boundary Layer for Surface Flux Footprint Estimation, Boundary-Layer Meteorology*, Vol.112 No.3, S. 467–502.

Stadelbauer, J. (2003): *Mittelasien-Zentralasien: Raumbegriffe zwischen wissenschaftlicher Strukturierung und politischer Konstruktion, Petermanns Geographische Mitteilungen*, Vol.147 No.5, S. 58–63.

Starr, G.C., Lowery, B. und Cooley, E.T. (2000): *Soil water content determination using a network analyzer and coaxial probe, Soil Science Society of America Journal*, Vol.64 No.3, S. 867.

Steinfeld, G. (2009): *Die Beurteilung von Turbulenzmess-und Analyseverfahren der Mikrometeorologie durch virtuelle Messungen innerhalb von Grobstruktursimulationen*, Hannover, Gottfried Wilhelm Leibnitz Universität, Diss. masch., S. 110.

Steinfeld, G., Raasch, S. und Markkanen, T. (2008): *Footprints in Homogeneously and Heterogeneously Driven Boundary Layers Derived from a Lagrangian Stochastic Particle Model Embedded into Large-Eddy Simulation, Boundary-Layer Meteorology*, Vol.129 No.2, S. 225–248.

Strahler, A.H. (2013): *Introducing Physical Geography*, Hoboken, USA, John Wiley & Sons, Inc., 6. Aufl., S. 686.

Stull, R.B. (1988): *An Introduction to Boundary Layer Meteorology*, Dordrecht, Springer, Bd. 13, S. 666.

Su, Z. (2002): *The Surface Energy Balance System (SEBS) for estimation of turbulent heat fluxes, Hydrology and Earth System Sciences*, Vol.6 No.1, S. 85–99.

Suleiman, A.A., Bali, K.M. und Kleissl, J. (2009): *Comparison of ALARM and SEBAL Evapotranspiration of Irrigated Alfalfa, ASABE Annual International Meeting.*

Sun, C., Jiang, D., Wang, J. und Zhu, Y. (2010): *A new approach to accurate validation of remote sensing retrieval of evapotranspiration based on data fusion, Hydrology and Earth System Sciences Discussions*, Vol.7 No.2, S. 1745–1784.

Sutanudjaja, E.H., De Jong, S.M., Van Geer, F.C. und Bierkens, M.F.P. (2013): *Using ERS spaceborne microwave soil moisture observations to predict groundwater head in space and time, Remote Sensing of Environment*, Vol.138, S. 172–188.

Swinbank, W.C. (1951): *The measurement of vertical transfer of heat and water vapor by eddies in the lower atmosphere, Journal of Meteorology*, Vol.8 No.3, S. 1–11.

Taconet, O., Benallegue, M., Vidal-Madjar, D., Prevot, L., Dechambre, M. und Normand, M. (1994): *Estimation of soil and crop parameters for wheat from airborne radar backscattering data in C and X bands, Remote Sensing of Environment*, Vol.50 No.3, S. 287–294.

Tang, R., Li, Z.-L. und Tang, B.-H. (2010): *An application of the Ts–VI triangle method with enhanced edges determination for evapotranspiration estimation from MODIS data in arid and semi-arid regions: Implementation and validation, Remote Sensing of Environment*, Elsevier Inc., Vol.114 No.3, S. 540–551.

Tansley, A.G. (1923): *Practical plant ecology. A guide for beginners in field study of plant communities.*, London, UK, Allen & Unwin, S. 231.

Tasumi, M. (2003): *Progress in operational estimation of regional evapotranspiration using satellite imagery*, Moscow, University of Idaho, Diss. masch.

Tasumi, M. und Allen, R.G. (2007): *Satellite-based ET mapping to assess variation in ET with timing of crop development, Agricultural Water Management*, Vol.88 No.1–3, S. 54–62.

Tasumi, M., Trezza, R., Allen, R.G. und Wright, J.L. (2005): *Operational aspects of satellite-based energy balance models for irrigated crops in the semi-arid U.S., Irrigation and Drainage Systems*, Vol.19 No.3–4, S. 355–376.

Teixeira, A.H. de C., Bastiaanssen, W.G.M., Ahmad, M.D. und Bos, M.G. (2009): *Reviewing SEBAL input parameters for assessing evapotranspiration and water productivity for the Low-Middle São Francisco River basin, Brazil, Agricultural and Forest Meteorology*, Vol.149 No.3–4, S. 462–476.

Tischbein, B., Awan, U.K., Abdullaev, I., Bobojonov, I., Conrad, C., Jabborov, H., Forkutsa, I., et al. (2012): *Water management in Khorezm: current situation and options for improvement (hydrological perspective)*, in Martius, C. et al. (Hrsg.): *Cotton, water, salts and soums – economic and ecological restructuring in Khorezm, Uzbekistan*, Dordrecht Heidelberg London New York, Springer, S. 69–92.

Topp, G.C., Davis, J.L. und Annan, A.P. (1980): *Electromagnetic determination of soil water content: Measurements in coaxial transmission lines, Water Resources Research*, Vol.16 No.3, S. 574–582.

Turc, L. (1961): *Estimation of irrigation water requirements, potential evapotranspiration: a simple climatic formula evolved up to date, Annales Agronomiques*, Vol.12, S. 13–49.

Ulaby, F.T., Moore, R.K. und Fung, A.K. (1981): *Microwave remote sensing: Active and passive. Volume 1 – Microwave remote sensing fundamentals and radiometry*, London, UK, Artech House Publishers, S. 456.

Ulaby, F.T., Moore, R.K. und Fung, A.K. (1982): *Microwave Remote Sensing, Active and Passive: Vol II, Radar Remote Sensing and Surface Scattering and Emission Theory*, London, UK, Artech House Publishers, S. 634.

Ulaby, F.T., Moore, R.K. und Fung, A.K. (1986): *Microwave Remote Sensing Volume 3*, London, UK, Artech House Publishers, S. 1120.

Ulden, A. (1978): *Simple estimates for vertical diffusion from sources near the ground, Atmospheric Environment (1967)*, Vol.74, S. 2125–2129.

UNECE. (2011): *Strengthening Water Management and transboundary Water Cooperation in Central Asia*, Genf, Schweiz, United Nations Economic Commission for Europe, S. 152.

UNECE. (2014): *Integrated Water Resources Management in Eastern Europe, the Caucasus and Central Asia. European Union Water Initiative National Policy Dialogues progress report 2013.*, Genf, Schweiz, United Nations Economic Commission for Europe, S. 35.

UNEP. (2011): *Environment and Security in the Amu Darya Basin*, Nairobi, Kenia, United Nations Environment Programme, S. 100.

UNESCO. (1998): *Internationales hydrologisches Glossar*, verfügbar unter: https://hydrologie.org/glu/indexde.htm (zugegriffen 11 September 2013).

UNESCO. (2012): *Managing Water Under Uncertainty and Risk*, Paris, Frankreich, United Nations Educational Scientific and Cultural Organisation, Bd. 1, S. 909.

Usowicz, B. (1993): *A method for the estimation of thermal properties of soil.*, *International Agrophysics*, Vol.7 No.1, S. 27–37.

Usowicz, B. und Usowicz, L. (2004): *Thermal conductivity of soils—Comparison of experimental results and estimation methods*, *Eurosoil 2004 Congress*, Freiburg, Germany, S. 10.

UZStat. (2010): *Crop statistics for Khorezm Province 1998–2009, Tashkent (unpublished).*, *State Committee of the Republic of Uzbekistan on statistics.*, Tashkent, Usbekistan., verfügbar unter: http://www.stat.uz/ (zugegriffen 11 September 2013).

UZStat. (2014): *Demographic information, State Committee of the Republic of Uzbekistan on statistics.*, verfügbar unter: http://www.stat.uz (zugegriffen 11 September 2013).

Vachaud, G., Passerat de Silans, A., Balabanis, P. und Vauclin, M. (1985): *Temporal Stability of Spatially Measured Soil Water Probability Density Function*, *Soil Science Society of America Journal*, Vol.49, S. 822–828.

Veldwisch, G.J. (2007): *Changing patterns of water distribution under the influence of land reforms and simultaneous WUA establishment*, *Irrigation and Drainage Systems*, Vol.21 No.3–4, S. 265–276.

Veldwisch, G.J. (2010): *„Adapting to demands" : allocation, scheduling and delivery of irrigation water in Khorezm, Uzbekistan*, *Water, environmental security and sustainable development : Conflict and cooperation in Central Eurasia.*, London New York, Routledge Ltd., S. 99–121.

Veldwisch, G.J. und Spoor, M. (2008): *Contesting Rural Resources: Emerging 'Forms' of Agrarian Production in Uzbekistan*, *Journal of Peasant Studies*, Routledge, Vol.35 No.3, S. 424–451.

Verhoef, A., Ottlé, C., Cappelaere, B., Murray, T., Saux-Picart, S., Zribi, M., Maignan, F., et al. (2012): *Spatio-temporal surface soil heat flux estimates from satellite data; results for the AMMA experiment at the Fakara (Niger) supersite*, *Agricultural and Forest Meteorology*, Vol.154–155, S. 55–66.

Vermote, E.F., Tanre, D., Deuze, J.L., Herman, M. und Morcette, J.-J. (1997): *Second Simulation of the Satellite Signal in the Solar Spectrum, 6S: an overview*, *IEEE Transactions on Geoscience and Remote Sensing*, Vol.35 No.3, S. 675–686.

Verstraeten, W.W., Veroustraete, F. und Feyen, J. (2005): *Estimating evapotranspiration of European forests from NOAA-imagery at satellite overpass time: Towards an operational processing chain for integrated optical and thermal sensor data products*, *Remote Sensing of Environment*, Vol.96 No.2, S. 256–276.

Verstraeten, W.W., Veroustraete, F. und Feyen, J. (2008): *Assessment of Evapotranspiration and Soil Moisture Content Across Different Scales of Observation, Sensors*, Vol.8 No.1, S. 70–117.

Vesala, T., Kljun, N., Rannik, U., Rinne, J., Sogachev, A., Markkanen, T., Sabelfeld, K., et al. (2008): *Flux and concentration footprint modelling: state of the art., Environmental pollution*, Vol.152 No.3, S. 653–66.

Vickers, D. und Mahrt, L. (1997): *Quality control and flux sampling problems for tower and aircraft data, Journal of Atmospheric and Oceanic Technology*, Citeseer, Vol.14 No.3, S. 512–526.

Vietinghoff, H. (2002): *Die Verdunstung freier Wasserflächen – Grundlagen, Einflussfaktoren und Methoden der Ermittlung*, Allensbach, Ufo Atelier Für Gestaltung & Verlag.

Vinogradov, S. und Langford, V.P.E. (2001): *Managing transboundary water resources in the Aral Sea Basin: in search of a solution, International Journal of Global Environmental Issues*, Vol.1 No.3/4, S. 345.

Viscarra Rossel, R.A., Adamchuk, V.I., Sudduth, K.A., McKenzie, N.J. und Lobsey, C. (2011): *Proximal Soil Sensing. An Effective Approach for Soil Measurements in Space and Time, Advances in Agronomy*, Vol.113, S. 237–282.

Vlek, P.L.G., Lamers, J.P.A., Martius, C., Rudenko, I., Manschadi, A.M. und Eshchanov, R. (2012): *Cotton, Water, Salts and Sourns – Research and Capacity Building for Decision-Making in Khorezm, Uzbekistan, Cotton, Water, Salts and Sourns*, Dordrecht, Springer, S. 3–22.

Vlek, P.L.G., Martius, C., Martius, C., Wehrheim, P., Wehrheim, P., Schoeller-Schletter, A., Schoeller-Schletter, A., et al. (2001): *Economic and ecological restructuring of land- and water use in the region Khorezm (Uzbekistan), ZEF Work Papers for Sustainable Development in Central Asia*, Vol.1.

Wagner, W. (1998): *Soil moisture retrieval from ERS scatterometer data*, Wien, Österreich, Wien, Technische Universität Wien, Diss. masch., S. 121.

Wagner, W., Bartalis, Z., Naeimi, V., Park, S.-E., Figa-Saldana, J. und Bonekamp, H. (2010): *Status of the Metop ASCAT soil moisture product, 2010 IEEE International Geoscience and Remote Sensing Symposium*, IEEE, S. 276–279.

Wagner, W., Hahn, S., Kidd, R., Melzer, T., Bartalis, Z., Hasenauer, S., Figa-Saldaña, J., et al. (2013): *The ASCAT Soil Moisture Product: A Review of its Specifications, Validation Results, and Emerging Applications, Meteorologische Zeitschrift*, Vol.22 No.1, S. 5–33.

Wagner, W., Lemoine, G., Borgeaud, M. und Rott, H. (1999a): *A study of vegetation cover effects on ERS scatterometer data, IEEE Transactions on Geoscience and Remote Sensing*, IEEE, Vol.37 No.2, S. 938–948.

Wagner, W., Lemoine, G. und Rott, H. (1999b): *A method for estimating soil moisture from ERS scatterometer and soil data, Remote Sensing of Environment*, Vol.4257 No.99, S. 191–207.

Wagner, W., Pathe, C., Doubkova, M., Sabel, D., Bartsch, A., Hasenauer, S., Blöschl, G., et al. (2008): *Temporal Stability of Soil Moisture and Radar Backscatter Observed by the Advanced Synthetic Aperture Radar (ASAR), Sensors*, Vol.8 No.2, S. 1174–1197.

Wagner, W., Pathe, C., Sabel, D., Bartsch, A., Künzer, C. und Scipal, K. (2007): *Experimental 1 km soil moisture products from ENVISAT ASAR for Southern Africa, Proceedings of ENVISAT Symposium 2007*, S. 6.

Wan, Z. und Dozier, J. (1996): *A generalized split-window algorithm for retrieving land-surface temperature from space, IEEE Transactions on Geoscience and Remote Sensing*, Vol.34 No.4, S. 892–905.

Wan, Z., Zhang, Y., Zhang, Q. und Li, Z.-L. (2004): *Quality assessment and validation of the MODIS global land surface temperature, International Journal of Remote Sensing*, Vol.25 No.1, S. 261–274.

Wang, J., Sammis, T.W., Gutschick, V.P., Gebremichael, M. und Miller, D.R. (2009): *Sensitivity Analysis of the Surface Energy Balance Algorithm for Land (SEBAL), Transactions Of The ASABE*, Vol.52 No.3, S. 801–811.

Wang, J., Zamar, R., Marazzi, A., Yohai, V.J., Salibian-barrera, M., Maronna, R.A., Zivot, E., et al. (2015): *R-Package ' robust '*, Version: 0.4–16.

Wang, K., Li, Z. und Cribb, M. (2006): *Estimation of evaporative fraction from a combination of day and night land surface temperatures and NDVI: A new method to determine the Priestley–Taylor parameter, Remote Sensing of Environment*, Vol.102 No.3–4, S. 293–305.

Wang, L., Qu, J.J., Zhang, S., Hao, X. und Dasgupta, S. (2007): *Soil moisture estimation using MODIS and ground measurements in eastern China, International Journal of Remote Sensing*, Taylor & Francis, Vol.28 No.6, S. 1413–1418.

Watson, D.J. (1947): *Comparative physiological studies on the growth of field crops. I. Variation in net assimilation rate and leaf area between species and varieties, and within and between years., Annals of Applied Biology*, Vol.11 No.41, S. 41–76.

Webb, E.K., Pearman, G.I. und Leuning, R. (1980): *Correction of flux measurements for density effects due to heat and water vapour transfer, Quarterly Journal of the Royal Meteorological Society*, Vol.106 No.447, S. 85–100.

Wefer, G. (2010): *Dynamische Erde – Zukunftsaufgaben der Geowissenschaften*, Bremen, MARUM, S. 367.

Wegerich, K. (2010): *Handing over the sunset: External factors influencing the establishment of water user associations in Uzbekistan: Evidence from Khorezm Province*, Göttingen, Culliver Verlag, S. 169.

Western, A.W., Grayson, R.B. und Blöschl, G. (2002): *Scaling of soil moisture: A Hydrologic Perspective, Annual Review of Earth and Planetary Sciences*, Vol.30 No.1, S. 149–180.

Wiesmann, A. (1994): *Remote Sensing of Land Surfaces with the ERS-1 Scatterometer*, Bremen, Universität Bremen, Masterarbeit, S. 84.

Van Wijk, W.R. (1963): *Physics of plant environment, Physics of Plant Environment.*, Amsterdam, NL, North Holland Publication, S. 382.

Van Wijk, W.R. und de Vries, D. (1963): *Periodic temperature variations in a homogeneous soil, Physics of plant environment*, Amsterdam, NL, North Holland Publication, S. 102–143.

Wilczak, J.M., Oncley, S.P. und Stage, S.A. (2001): *Sonic Anemometer Tilt Correction Algorithms, Boundary-Layer Meteorology*, Kluwer Academic Publishers, Vol.99 No.1, S. 127–150.

Wilhite, D.A. und Glantz, M.H. (1985): *Understanding: the Drought Phenomenon: The Role of Definitions, Water International*, Taylor & Francis Group, Vol.10 No.3, S. 111–120.

Willmott, C.J. (1981): *On the validation of models, Physical geography*, Vol.2 No.2, S. 184–194.

Wilpert, K. V., Nell, U., Lukes, M., Schack-Kirchner, H. (1998): *Genauigkeit von Bodenfeuchtemessungen mit „Time Domain-Reflektometrie" und., Frequency Domain-Sensoren" in heterogenen Waldböden, Zeitschrift für Pflanzenernährung und Bodenkunde,* Vol.161 No.2, S. 179–185.

Wilson, K. (2002): *Energy balance closure at FLUXNET sites, Agricultural and Forest Meteorology,* Vol.113 No.1–4, S. 223–243.

Wismann, V., Cavanie, A., Hoekman, D.H., Woodhouse, I.H., Boehnke, K. und Schmullius, C. (1996): *Land surface observations using the ERS-1 windscatterometer. Part I, Final report European Space Agency,* Noordwijk, NL, ESA/ ESTEC, S. 57.

Wloczyk, C. (2007): *Entwicklung und Validierung einer Methodik zur Ermittlung der realen Evapotranspiration anhand von Fernerkundungsdaten in Mecklenburg-Vorpommern,* Rostock, Universität Rostock, Diss. masch., S. 143.

WMO. (1967): *International meteorological vocabulary. (Secretariat of the World Meteorological Organization), Quarterly Journal of the Royal Meteorological Society,* Vol.182 No.395, S. 148–148.

WMO. (1976): *The CIMO International Evaporimeter Comparisons: Final Report,* Genf, Schweiz, Secretariat of the World Meteorological Organization, S. 449.

Wohlfahrt, G., Hammerle, A., Haslwanter, A., Bahn, M., Tappeiner, U. und Cernusca, A. (2008): *Seasonal and inter-annual variability of the net ecosystem CO2 exchange of a temperate mountain grassland: Effects of weather and management, Journal of Geophysical Research,* Vol.113, S. 14.

Worbes, M., Botman, E., Khamzina, A., Tupitsa, A., Martius, C. und Lamers, J.P.A. (2006): *Scope and constraints for tree planting in the irrigated landscapes of the Aral Sea Basin: case studies in Khorezm Region, Uzbekistan, ZEF – Discussion Papers on Development Policy,* Vol.112, S. 65.

Wu, C.-D., Cheng, C.-C., Lo, H.-C. und Chen, Y.-K. (2010): *Application of SEBAL and Markov Models for Future Stream Flow Simulation Through Remote Sensing, Water Resources Management,* Vol.24 No.14, S. 3773–3797.

Xiong, J., Wu, B., Yan, N. und Zeng, Y. (2010): *Estimation and validation of land surface evaporation using remote sensing and meteorological data in North China, IEEE Journal of selected topics in applied earth observations and remote sensing,* Vol.3 No.3, S. 337–344.

Yao, Y., Liang, S., Qin, Q., Wang, K. und Zhao, S. (2011): *Monitoring global land surface drought based on a hybrid evapotranspiration model, International Journal of Applied Earth Observation and Geoinformation,* Elsevier B.V., Vol.13 No.3, S. 447–457.

Yoder, R.E., Johnson, D.L., Wilkerson, J.B. und Yoder, D.C. (1998): *Soil water sensor performance, Applied engineering in agriculture,* Vol.14 No.2, S. 121–133.

Yohai, V.J. (1987): *High breakdown-point and high efficiency robust estimates for regression, The Annals of Statistics,* Vol.15 No.2, S. 642–656.

Zotarelli, L., Dukes, M. und Paranhos, M. (2013): *Minimum Number of Soil Moisture Sensors for Monitoring and Irrigation Purposes, edis.ifas.ufl.edu,* Gainesville, Florida, Institute of Food and Agricultural Sciences, S. 2–5.

Zwart, S.J. und Bastiaanssen, W.G.M. (2007): *SEBAL for detecting spatial variation of water productivity and scope for improvement in eight irrigated wheat systems, Agricultural Water Management,* Vol.89 No.3, S. 287–296.

Anhang

A ET-Berechnungsverfahren aus meteorologischen Beobachtungen

A.I Aerodynamische Verfahren

Diese Gruppe der Berechnungsverfahren berücksichtigt den aerodynamischen Transportprozess, d.h. die Abhängigkeit der Geschwindigkeit des molekularen Transports von der Temperatur und dem atmosphärischen Druck. Die Evaporationsrate ist dabei proportional zum Dampfdruck der Luft. Der erste Versuch der physikalischen Ableitung der potentiellen ET wurde von Dalton (1802) durchgeführt. Er beschrieb darin die Evaporation einer freien Wasseroberfläche mit Hilfe einer Massentransportgleichung:

$$E_{Dalton} = f(u) \cdot (e_s - e_a) \qquad \text{in mm/d} \qquad \text{(A-1)}$$

Mit: $f(u)$ als Funktion zur Beschreibung des Wasserdampfaustausches in Abhängigkeit von der Windgeschwindigkeit in mm/hPa, e_s Sättigungsdampfdruck an der Wasseroberfläche in hPa und e_a aktueller Dampfdruck der Luft in hPa.

Basierend auf den Überlegungen von Dalton entstanden eine Reihe unterschiedlicher Ansätze. Eine Methode zur Ableitung von Monatssummen der potentiellen ET ist das Verfahren nach Haude (1958). Haude stellte für gemäßigte humide Klimagebiete eine, auf Daltons Ansatz basierende Formel, auf, die es ermöglicht die Monatssumme der potenziellen ET zu bestimmen.

$$\mathrm{ET_{0,Haude}} = \mathrm{f_H} \cdot (\mathrm{e_s} - \mathrm{e}) \qquad \text{in mm/d} \qquad \text{(A-2)}$$

Zur Berechnung des aktuellen Sättigungsdefizits (e_s - e) der Luft in hPa sind lediglich Messungen der relativen Luftfeuchte und Temperatur gegen 14 Uhr MOZ nötig. Bei dem Parameter f_H handelt es sich einen empirisch ermittelten, monatsweise variierenden Faktor.

A.II Methoden nach dem Strahlungskonzept

Für Regionen in denen nicht auf meteorologische Messgrößen, wie Luftfeuchte und Windgeschwindigkeit, zurückgegriffen werden kann, wurden empirische ET-Berechnungsverfahren entwickelt. Diese berechnen ET_0 aus der Lufttemperatur und Strahlungsinformationen. In diesem Zusammenhang sind vor allem die Methoden von Turc (1961) und Blaney und Criddle (1962) zu nennen. Die von Turc (1961) entwickelte Methode ist eine Abschätzung von Tageswerten der ET_0, die mit Hilfe einer Funktion aus Lufttemperatur, relativer Luftfeuchte und solarer Einstrahlung berechnet wird.

$$ET_{0,Turc} = 0.0031 \cdot C \cdot (R_g + 209.4) \cdot \frac{T}{T + 15} \qquad \text{in mm/d} \qquad (A\text{-}3)$$

Die Luftfeuchte geht in C ein und ist für Luftfeuchtebereiche größer und kleiner 50 % unterschiedlich definiert. Außerdem ist die Methode nur für Temperaturen über dem Gefrierpunkt definiert und wird häufig für die Berechnung der Gebietsverdunstung verwendet (Maniak, 2005). Ein weiteres empirisches Strahlungsverfahren ist das Verfahren nach Blaney und Criddle (1962). Es wird häufig zur Berechnung einer Referenz-ET für den Pflanzenwasserbedarf semiarider Gebiete verwendet (Brouwer und Heibloem, 1986) und basiert auf Messungen der Lufttemperatur (T) und der Relation zwischen durchschnittlichen Sonnenscheindauer S einen Zeitintervalls n und der jährlichen maximal möglichen Sonnenscheindauer S_{Jahr}.

$$ET_{0,Blan\text{-}Cri} = (8.128 + 0.457 \cdot T) \cdot \frac{S_n \cdot 100}{S_{Jahr}} \qquad \text{in mm/d} \qquad (A\text{-}4)$$

Weitere Verfahren sind Thornthwaite (1957) und Turc-Ivanov (1984).

A.III Verfahren nach aerodynamischen und Energiebilanzkonzept

Basierend auf Penmans Kombinationsverfahren wurden mehrere Vereinfachungen dieser komplexen Gleichung entwickelt. An dieser Stelle werden die Formeln von Priestley und Taylor (1972) und Hargreaves und Samani (1985) vorgestellt. Priestley und Taylor vernachlässigen in ihrem Ansatz den aerodynamischen Teil der Kombinationsgleichung und ersetzen ihn durch Einführung eines dimensionslosen, empirischen Koeffizienten α.

$$ET_{0,Pri-Tay} = \alpha \cdot \frac{s}{s + \gamma} \cdot \frac{R_n - G}{L_v} \qquad \text{in mm/d} \qquad (A\text{-}6)$$

Hargreaves und Samani (1985) hingegen entwickelten eine empirische Formel zur Vereinfachung der Penman Gleichung indem sie auf Messungen der Strahlungskomponenten verzichteten. Als Eingangsdaten werden hier lediglich die Lufttemperatur, die extraterrestrische Strahlung R_a und die spezifische Verdunstungswärme benötigt.

$$ET_{0,Harg-Sam} = \frac{0.0023 \cdot R_a}{L_v} \cdot \sqrt{(T_{max} - T_{min})} \cdot (T + 290) \qquad \text{in mm/d} \qquad (A\text{-}7)$$

Weitere empirische Ableitungen von Penmans Kombinationsgleichung sind die Verfahren nach Makkink (1957) und Wendling-Turc (1991), die an dieser Stelle allerdings nicht näher erläutert werden. Die wichtigste Weiterentwicklung von Penmans Kombinationsverfahren durch Monteith (1965) führte zur international anerkannten Methode zur Ermittlung der tatsächlichen ET, dem sogenannten Penman-Monteith-Verfahren.

$$ET_a = \frac{1}{L_v} \cdot \frac{s \cdot (R_n - G) + \frac{\rho \cdot c_p}{r_a} \cdot (e_s(T) - e)}{s + \gamma \cdot \left(1 + \frac{r_s}{r_a}\right)} \quad \text{in mm/d} \qquad \text{(A-8)}$$

Mit: c_p: spezifische Wärmekapazität der Luft in J/(kg · K)
ρ: Dichte der Luft in kg/m³

Hierfür wurden zusätzlich zur effektiven Strahlungsbilanz und dem Sättigungsdampfdefizit zwei Verdunstungswiderstände des Pflanzenbestandes eingeführt (Maniak, 2005). Hierbei handelt es sich um den aerodynamischen Widerstand r_a in s/m und dem mittleren Stomatawiderstand r_s in s/m. Die Methode nach Penman-Monteith ist Grundlage für die Berechnung der FAO-Gras-Referenzevapotranspiration (Allen et al., 1998):

$$ET_0 = \frac{0{,}408 \cdot s \cdot (R_n - G) + \gamma \cdot \frac{900}{T + 273} \cdot u_2 \cdot (e_s(T) - e)}{s + \gamma \cdot (1 + 0{,}34 \cdot u_2)} \quad \text{in mm/d} \qquad \text{(A-9)}$$

Mit: u_2: Windgeschwindigkeit in 2 m Höhe in m/s

Wie bereits in Abschnitt 2.1.1 vorgestellt, wurden als Standardeigenschaften der Gras-Referenzfläche eine angenommene Grashöhe von 12 cm, ein Stomatawiderstand von 70 s/m und ein aerodynamischer Widerstand von 208 s/m für eine Windgeschwindigkeit von 1 m/s festgelegt. Weitere Methoden zur Ermittlung der realen ET sind u.a. Bagrov (1953), Sponagel (1980), Wendling (1984) und Renger & Wessolek (1990). Dabei ist die Penman-Monteith-Methode die einzige Methode zur Ableitung von Stunden- bzw. Tageswerten der Verdunstung, wobei die anderen genannten Methoden lediglich zur Berechnung von Mehrtages-, Monats- oder Jahressummen der Evapotranspiration dienen.

B Messprogramm

```
'CR3000 KHOREZM, Uzbekistan
StationName KHOREZM
'Modified by Patrick Knoefel 18.06.2010, Uni Wuerzburg
'Modified and adapted to CR3000 March 2008 by Ulrike Falk, Centre for Development Research
'Modified 26 July 2004 by Nicolas Brueggemann, Forschungszentrum Karlsruhe GmbH, IMK-IFU
'17 june 2004 IL by Roland Vogt
'Based on version 1.4 by e. swiatek, Campbell Scientific Inc.
'
'This CR3000 program measures turbulence sensors at 10 or 20 Hz.
'The time series are saved to a CF Card.
'The CR3000 will also compute on-line turbulent fluxes from the measured data.
'The flux table saves all the cross products that are required to rotate
'the on-line fluxes into natural wind coordinates in post processing as described in:
'Kaimal, J. C. and Finnigan, J. J.: 1994, Atmospheric Boundary Layer Flows, Their
' Structure and Measurement, Oxford University Press, New York, 289 pages.
'Tanner, C. B. and Thurtell, G . W.: 1969, Anemoclinometer measurements of reynolds
' stress and heat transport in the atmospheric surface layer, Final Report, United
' States Army Electronics Command, Atmospheric Sciences Laboratory, Fort Huachuca,
' Arizona.
'
'The following sensors are measured:
'CSAT3 three dimensional sonic anemometer
'LI-7500 open path infrared gas analyzer (co2 and h2o)
'
'HMP45C temperature and relative humidity probe, thmp:SE1 rh_hmp:SE2, SW12-1
'CNR1 long- and shortwave radiation components, NetRad:Diff3-6 Temp:Diff7,8
'HFP_SC soil heat flux plate, self-calibrating, SHF:SE3,4 SW12-2
'The sign convention for the fluxes is positive away from
'the surface and negative towards the surface.
'
'The CR3000 will introduce delays into the CSAT3 data. These delays match the fixed
' 302.369 mSec delay that Campbell Scientific programs into the LI-7500 of the
' LI-7500 irga (see page 3-23 of the LI-7500 manual published by Li-Cor). The delays
' are a function of the Scan Interval and are computed automatically by the program.
'
'The site attendant must load in several constants and calibration values. Search
'for the text string "unique" to find the locations where unique constants and
'calibration values are entered.
'*** Unit Definitions ***
'Units
'degC degrees Celsius
'degrees degrees (angle)
'g grams
'J joules
'kg kilograms
'kPa kilopascals
'm meters
'mg milligrams
's seconds
'ms milliseconds
'us microseconds
'V volts
'mV millivolts
'W watts
'mol mols
'mmol millimols
'umol micromols
'*** Operation ***
'
' Set the constant SCAN_INTERVAL to 100 mSec (10 Hz) or 50 mSec (20 Hz). The
'appropriate value of the constants CSAT_OPT, ANALOG_DELAY, and CSAT_DELAY will be
'computed by the CR3000. Connect all the sensors to the CR3000 as described in the
'Wiring sectio'
'Download the program to the CR3000. When servicing the station, set save_flx_flag_on
'low or set Custom Menu option "Save Fluxes?" to No, note that if save_flx_flag_on ("Save
'Fluxes?") is not set back to high (Yes), no flux data will be saved.
'*** User Control in "Custom" Menu of Program Control Flags ***
'The Custom Menu allows the station operator to conveniently change the status of the
'Program Control Flags using the CR3000 keyboard display.
'Save Fluxes? Change to "Yes" (default) to start processing flux data.
'save_flx_flag_on Change to "No" when cleaning webs from CSAT3 or performing other
```

```
' site maintenance. This "bad" data will not be included in the on-line fluxes.
'
'Save Time Series? Change to "Yes" (default) to begin collecting time series on PC Card.
'save_ts_flag_on Change to "No" to stop collecting time series on the PC Card.
'*** Wiring ***
'SDM INPUT
'SDM-C1 CSAT3 SDM Data (green)
' LI-7500 SDM Data (grey)
'SDM-C2 CSAT3 SDM Clock (white)
' LI-7500 SDM Clock (blue)
'SDM-C3 CSAT3 SDM Enable (brown)
' LI-7500 SDM Enable (brown)
'G CSAT3 SDM reference (black)
' CSAT3 SDM shield (clear)
' LI-7500 SDM reference (black)
' LI-7500 SDM shield (white)
'ANALOG INPUT
'
'9H HMP45C temperature signal (yellow)
'9L HMP45C signal reference (purple)
'gnd HMP45C shield (clear)
'
'10H HMP45C relative humidity signal (blue)
'10L short jumper wire to 9L
'gnd
'POWER OUT
'5V HMP45C power control (orange)
'12V HMP45C power (red)
'G HMP45C power reference (black)
'POWER IN
'12V CR3000 (red)
'G CR3000 (black)
'EXTERNAL POWER SUPPLY
'POS CSAT3 power (red)
' LI-7500 power (red with white)
' CR3000 (red)
'NEG CSAT3 power reference (black)
' CSAT3 power shield (clear)
' LI-7500 power reference (red with black)
' LI-7500 ground (green)
' CR3000 (black)
'*** CONSTANTS ***
Const ANGLE_FROM_NORTH = 324 'Unique value.
'Compass azimuth of the -x axis. For the figure
'below, ANGLE_FROM_NORTH = 90.
' () -> Compass coordinate system
' {} -> Right handed coordinate system aligned to magnetic North
'
' (N)
' {-y}
' |
' |
' (W) {+x} --------[ ]----X---> {-x} (E)
' / | \
' CSAT3 Block | CSAT3 Transducers
' |
' v
' {+y}
' (S)
'
'The program computes the Compass wind direction, using the constant ANGLE_FROM_NORTH,
'and a CSAT3 wind direction. Good CSAT3 wind directions are between -90 to 0 and 0 to
'90 degrees (-pi/2 to 0 and 0 to pi/2 radians), i.e. the wind is blowing into the CSAT3
'sensor head.
'Measurement Rate '10 Hz 20 Hz
Const SCAN_INTERVAL = 100 '100 (mSec) 50 (mSec)
'Output period
Const OUTPUT_INTERVAL = 30 'On-line flux data output interval in minutes.
Const CSAT_OPT = INT (1/SCAN_INTERVAL*1000) '10 (Hz) 20 (Hz)
Const ANALOG_DELAY = INT (300/SCAN_INTERVAL+1) '4 (3 scan delay) 7 (6 scan delay)
Const CSAT_DELAY = INT (ANALOG_DELAY-2) '2 (1 scan delay) 5 (4 scan delay)
Const CP = 1004 'Estimate of heat capacity of air [J/(kg K)].
Const LV = 2440 'Estimate of the latent heat of vaporization [J/g].
Const SDM_PER = 30 'Default SDM clock speed, 30 uSec bit period.
Const RD = 0.28704 'Gas constant for dry air [J/(g K)].
Const RV = 0.0004615 'Gas constant for water vapor [J/(mg K)].
Const R = 8.3143e-3 'Universal gas constant [(kP m^3)/(K mol)].
Const A_0 = 6.107800 'Coefficients for the sixth order approximating
```

```
Const A_1 = 4.436519e-1 ' saturation vapor pressure polynomial (Lowe,
Const A_2 = 1.428946e-2 ' Paul R., 1976.: An approximating polynomial for
Const A_3 = 2.650648e-4 ' computation of saturation vapor pressure, J. Appl.
Const A_4 = 3.031240e-6 ' Meteor., 16, 100-103).
Const A_5 = 2.034081e-8
Const A_6 = 6.136821e-11
Const CAL_INTERVAL=180 'HFP01SC calibration interbal in minutes
Const YES = -1 'Yes is defined as True or -1.
Const NO = 0 'No is defined as False or 0.
'*** VARIABLES ***
'CSAT3 variables with additional one or four scan delay, from the Data Table csat_buf.
Public csat(5) 'wind, temperature, and diagnostic data from CSAT3.
Alias csat(1) = Ux
Alias csat(2) = Uy
Alias csat(3) = Uz
Alias csat(4) = Ts
Alias csat(5) = diag_csat
Units csat = m/s
Units Ts = degC
Units diag_csat = unitless
'Declare Variables and Units for temperature and SIS measurement
Public T107_C
Public T107_C_2
Public T107_C_3
Public T107_C_4
Public sm1
Alias sm1=VWC
Units T107_C=Deg C
Units T107_C_2=Deg C
Units T107_C_3=Deg C
Units T107_C_4=Deg C
Units VWC=Volts
'LI-7500 has a fixed delay of 302.369 mSec (three scans at 10 Hz or six scans at 20 Hz).
Public irga(6) 'co2, h2o, pressure, and diagnostic from the LI-7500.
Alias irga(1) = co2
Alias irga(2) = h2o
Alias irga(3) = press
Alias irga(4) = diag_irga
Alias irga(5) = co2_umol
Alias irga(6) = h2o_mmol
Units co2 = mg/m^3
Units h2o = g/m^3
Units press = kPa
Units diag_irga = unitless
Units co2_umol = umol/mol
Units h2o_mmol = mmol/mol
'Warning flags for CSAT3 and LI-7500.
Public diag_bits(9)
Alias diag_bits(1) = del_T_f 'Delta temperature warning flag.
Alias diag_bits(2) = track_f 'Tracking (signal lock) warning flag.
Alias diag_bits(3) = amp_h_f 'Amplitude high warning flag.
Alias diag_bits(4) = amp_l_f 'Amplitude low warning flag.
Alias diag_bits(5) = chopper_f 'Chopper warning flag.
Alias diag_bits(6) = detector_f 'Detector warning flag.
Alias diag_bits(7) = pll_f 'PLL warning flag.
Alias diag_bits(8) = sync_f 'Synchronization warning flag.
Alias diag_bits(9) = agc 'Automatic gain control.
Units diag_bits = samples
Units agc = unitless
'HFP01SC Soil Heat Flux measurement variables
Public shf
Public shf_cal
Alias shf=hfp01sc_1
Units shf=W/m^2
Units shf_cal=W/m^2
'HFP01SC calibration variables
Dim shf_mV 'soil heat flux measurement [mV]
Dim shf_mV_run 'Average of previous 100 measurements
Dim shf_mV_0 'Average pf prev. 100 meas. at minute 1 of shf_calibration intervall
Dim shf_mV_180 'Average pf prev. 100 meas. at minute 4 of shf_calibration intervall
Dim shf_mV_end 'Average pf prev. 100 meas. at minute 19 of shf_calibration intervall
Dim V_Rf 'Voltage at heater [mV]
Dim V_Rf_run 'Average of prev. 100 heater meas.
Dim V_Rf_180 'Average pf prev. 100 heater meas. at minute 19 of shf_calibration in
Dim shf_cal_on 'Flag when calibration run
Dim k
'Dim SB, Psb, Hsb, Ksb, SenEC 'SB = Sensor Body Temperature, SenEC = Sensor Error correctio
'CNR1 short- and longwave radiation components variables and units
```

```
Public CM3Up 'downelling shortwave radiation
Public CM3Dn 'upwelling shortwave radiation
Public CG3Up 'downelling longwave radiation
Public CG3Dn 'upwelling longwave radiation
Public CNR1TC 'Instrument_temp in Celsius
Public CNR1TK 'Instrument_temp in Kelvin
Public NetRs 'Net radiation shortwave
Public NetRl 'Net radiation longwave
Public Albedo 'Albedo
Public UpTot 'Sum of downwelling radiation
Public DnTot 'Sum of upwelling radiation
Public NetTot 'Differnce UpTot - DnTot
Public CG3UpCo 'CG3Up corrected
Public CG3DnCo 'CG3Dn corrected
Units CM3Up=W/meter²
Units CM3Dn=W/meter²
Units CG3Up=W/meter²
Units CG3Dn=W/meter²
Units CNR1TC=Deg C
Units CNR1TK=K
Units NetRs=W/meter²
Units NetRl=W/meter²
Units Albedo=W/meter²
Units UpTot=W/meter²
Units DnTot=W/meter²
Units NetTot=W/meter²
Units CG3UpCo=W/meter²
Units CG3DnCo=W/meter²
'Variable for battery voltage and panel temperature.
Public batt_volt 'Battery voltage.
Public panel_temp 'CR3000 panel temperature.
Units batt_volt = V
Units panel_temp = degC
'No delay on meteorological sensors.
Public hmp(2) 'HMP45C vapor density, temperature and relative humidity.
Alias hmp(1) = thmp 'HMP45C temperature.
Alias hmp(2) = rh_hmp 'HMP45C relative humidity.
Units thmp = degC
Units rh_hmp = fraction
'Diagnostic variables.
Dim disable_flag_on(4) 'Intermediate processing disable.
'disable_flag_on(1) 'Set high when CSAT3 diagnostic warning flags are on or CSAT3 h
'disable_flag_on(2) 'Set high when LI-7500 diagnostic warning flags are on or LI-75
'disable_flag_on(3) 'Set high when CSAT3 diagnostic warning flags are on.
' Used to filter the sum of CSAT3 diagnostic warning flags.
'disable_flag_on(4) 'Set high when LI-7500 diagnostic warning flags are on.
' Used to filter the sum of LI-7500 diagnostic warning flags.
Dim n 'Number of samples in the on-line covariances.
Units n = samples
'Program Control flags.
Public save_flx_flag_on
Public save_ts_flag_on
'Measurement variables without delays.
Dim csat_in(5) 'CSAT3 data, before adding delay.
Dim panel_temp_in 'Panel temperature, before adding delay.
Dim Thmp_in 'HMP45C temperature, before adding delay.
'Arrays to store delayed data.
Dim analog_data(3) 'Three or six scan old data from the Data Table scan_3_6.
'Working variables.
Dim cov_in(7) 'Array used in the covariance instruction.
Dim co2_mm_m3 'Carbon dioxide concentration [mmol/m^3], used to compute umol/mol concentrat
Dim h2o_mm_m3 'Water vapor concentration [mmol/m^3], used to compute vapor pressure and mmo
'Dim Ts_K 'CSAT3 sonic temperature in Kelvin
Dim thmp_K 'HMP45C temperature in Kelvin.
Dim j 'Counter variable.
Dim scan_count 'Counts the number scans that have been executed.
Dim wind_east 'Uy wind in compass coordinate system.
Dim wind_north 'Ux wind in compass coordinate system.
Dim even_min_flag_on 'Used to synchronize the time series output to the even minute.
Dim slow_min_on 'Used to synchronize the time series output to the even minute (slow da
'IR-Sensors
Public TargetCorrT 'Corrected Target Temp
Public TC_1(2)
Public SensorCorr 'Corrected Sensor Temp
Public Psb,Hsb,Ksb
Alias TC_1(1) = TargetApparentT 'Sensor 1
Alias TC_1(2) = SensorBodyT 'Sensor 1
'*** FINAL OUTPUT DATA TABLES ***
```

```
'This table will hold about 9 days of raw data (CSAT3, Li-7500) on the PC Card (1GB).
'Set save_ts_flag_on high or set "Save Time Series?" custom menu option to Yes to save time
DataTable (RawData,even_min_flag_on,-1)
DataInterval (0,SCAN_INTERVAL,mSec,0) 'Time stamp every record.
CardOut (0,-1) 'Ring memory.
'CardOut (1,-1) 'Fill and Stop
Sample (5,csat(1),IEEE4) 'CSAT-data, raw (Ux, Uy, Uz, Ts, diag_csat).
Sample (4,irga(1),IEEE4) 'LiCor-data, raw (co2, h2o, pressure, diag_irga).
Sample (1,Thmp,IEEE4) 'HMP45C-data: Temperature and Humidity Probe
Sample (1,rh_hmp,IEEE4)
EndTable
'*** WORKING DATA TABLES ***
'Delay the CSAT3 measurements by one or four scans.
DataTable (csat_buf,TRUE,CSAT_DELAY)
Sample (5,csat_in(1),IEEE4)
EndTable
'This table will hold 28 days of data (scaled) for Radiation and soil heat flux
'components, time interval: 10 min
DataTable (slowhalf,TRUE,4032)
DataInterval (0,OUTPUT_INTERVAL,Min,10)
CardOut (1,4032) 'Stop after 28*144 data steps, this is 28 days
Average(1,CM3Up,FP2,0) 'CNR1 data
StdDev(1,CM3Up,FP2,0)
Average(1,CM3Dn,FP2,0)
StdDev(1,CM3Dn,FP2,0)
Average(1,CG3Up,FP2,0)
StdDev(1,CG3Up,FP2,0)
Average(1,CG3Dn,FP2,0)
StdDev(1,CG3Dn,FP2,0)
Average(1,CNR1TC,FP2,0)
StdDev(1,CNR1TC,FP2,0)
Average(1,CNR1TK,FP2,0)
Average(1,Albedo,FP2,0)
Average(1,NetTot,FP2,0)
StdDev(1,NetTot,FP2,0)
Average(1,thmp,FP2,0)
Sample(1,rh_hmp,FP2)
Average(1,T107_C,FP2,False)
Average(1,T107_C_2,FP2,False)
Average(1,T107_C_3,FP2,False)
Average(1,T107_C_4,FP2,False)
Average(1,VWC,FP2,False)
Average (2,TC_1(),IEEE4,False)
Average (1,TargetCorrT,IEEE4,False)
Average(1,hfp01sc_1,IEEE4,shf_cal_on) 'Soil Heat Flux
Sample(1,shf_cal,IEEE4)
Average (1,panel_temp,IEEE4,0) 'Panel temperature.
Average (1,batt_volt,IEEE4,0) 'Battery voltage.
EndTable
'***Subroutine HFP01SC calibration ***
Sub hfp01sc_cal
'Begin HFP01SC calibration on a fixed interval
If (IfTime(1,CAL_INTERVAL,Min)) Then
shf_cal_on=TRUE
Move (shf_mV_0,1,shf_mV_run,1)
SW12(2,TRUE)
EndIf
If (IfTime(4,CAL_INTERVAL,Min)) Then
Move(shf_mV_180,1,shf_mV_run,1)
Move(V_Rf_180,1,V_Rf_run,1)
SW12(2,FALSE)
EndIf
If (IfTime(19,CAL_INTERVAL,Min)) Then
Move(shf_mV_end,1,shf_mV_run,1)
'Compute new calibration
shf_cal=(V_Rf_180*V_Rf_180*128.7)/ABS(((shf_mV_0+shf_mV_end)/2)-shf_mV_180)
'Stop filtering data
shf_cal_on=FALSE
EndIf
EndSub
'*** DEFINE CUSTOM MENU ***
DisplayMenu ("Program Control",TRUE)
MenuItem ("Save Time Series?",save_ts_flag_on)
MenuPick (Yes,No)
EndMenu
'*** PROGRAM ***
BeginProg
n = 1
```

```
'Save fluxes on compile.
save_flx_flag_on = TRUE
'Save the time series on compile.
save_ts_flag_on = TRUE
'Set all variables to NaN.
Move (csat_in(1),5,NaN,1)
Move (irga(1),4,NaN,1)
'Set the SDM clock speed.
SDMSpeed (SDM_PER)
'Scan at a given interval.
Scan (SCAN_INTERVAL,mSec,100,0)
'Get CSAT3 wind and sonic temperature data.
CSAT3 (csat_in(1),1,3,91,CSAT_OPT)
'Get LI-7500 data.
CS7500 (irga(1),1,7,6) 'Output option 6 in not described but returns co2 (mg/m^3), h
'press (kPa), diag_irga (unitless), co2_umol (umol/mol) and h2o_mmol (mmo
'Measure the HMP45C temperature and fraction humidity with single-ended measurements.
co2_mm_m3 = co2
h2o_mm_m3 = h2o
'Convert LI-7500 data from molar density (mmol/m^3) to mass density.
' 44 (g/mol) - molecular weight of carbon dioxide
' 0.018 (g/mmol) - molecular weight of water vapour
If ( NOT (co2 = -99999) ) Then ( co2 = co2*44 ) '-> (mg / m^3).
If ( NOT (h2o = -99999) ) Then ( h2o = h2o*0.018 ) '-> (g / m^3).
SW12(1,1)
VoltSe (thmp,1,mV1000,1,0,0,250,0.1,-40.0) 'according to manual mV2500 but Voltage ran
VoltSe (rh_hmp,1,mV1000,2,0,0,250,0.1,0) '-> 2500mV
SW12(1,0)
thmp_in=thmp
'Measure Radiation budget components
'Delay the CSAT3 measurements by one or four scans.
CallTable csat_buf
If ( scan_count >= ANALOG_DELAY ) Then
'Load in CSAT3 measurements that have been delayed by one or four scans.
GetRecord (Ux,csat_buf,CSAT_DELAY)
wind_east = -1*Uy
wind_north = Ux
'Define 61502 in the CSAT3-diagnostic word as NaN.
If ( diag_csat = NaN ) Then ( diag_csat = 61502 )
'Break up the four CSAT3 warning flags into four separate bits.
del_T_f = (diag_csat AND &h8000)/&h8000
track_f = (diag_csat AND &h4000)/&h4000
amp_h_f = (diag_csat AND &h2000)/&h2000
amp_l_f = (diag_csat AND &h1000)/&h1000
'Turn on the intermediate processing disable flag when any CSAT3 warning flag is high
'special cases NaN (61502), a Lost Trigger (61440), No Data (61503), an SDM error (61
'embedded code (61442).
If ( diag_csat AND &hf000 ) Then
disable_flag_on(1) = TRUE
Else
disable_flag_on(1) = FALSE
EndIf
'Totalize the CSAT3 diagnostic warning flags only. Turn on the intermediate processi
'the CSAT3 special cases NaN (61502), a Lost Trigger (61440), No Data (61503), an SDM
'or wrong CSAT3 embedded code (61442).
If ( (diag_csat AND &hf000) = &hf000 ) Then
disable_flag_on(3) = TRUE
Else
disable_flag_on(3) = FALSE
EndIf
'Save only the four most significant bits of the CSAT3 diagnostics, except for the sp
'NaN (61502), a Lost Trigger (61440), No Data (61503), an SDM error (61441), or wrong
'embedded code (61442).
If ( diag_csat < &hf000 ) Then ( diag_csat = INT ((diag_csat AND &hf000)/&h1000) )
'Swap the LI-7500 diagnostic bit state.
diag_irga = diag_irga XOR &h00f0
'Compute the AGC (automatic gain control).
agc = INT ((diag_irga AND &h000f) * 6.25 + 0.5)
'Break up the four LI-7500 warning flags into four separate bits and swap bit state.
chopper_f = (diag_irga AND &h0080)/&h0080
detector_f = (diag_irga AND &h0040)/&h0040
pll_f = (diag_irga AND &h0020)/&h0020
sync_f = (diag_irga AND &h0010)/&h0010
'Turn on the intermediate processing disable flag when any LI-7500 warning flag is hi
'special cases NaN or an SDM error.
If ( diag_irga AND &h00f0 ) Then
disable_flag_on(2) = TRUE
Else
```

```
disable_flag_on(2) = FALSE
EndIf
'Totalize the LI-7500 diagnostic warning flags only. Turn on the intermediate proces
'the LI-7500 special cases NaN (255) or SDM error (255).
If ( (diag_irga AND &h00ff) = &h00ff ) Then
disable_flag_on(4) = TRUE
Else
disable_flag_on(4) = FALSE
EndIf
'Save only the four most significant bits of the LI-7500 diagnostic word.
diag_irga = INT ((diag_irga AND &h00f0)/&h0010)
'Write a file mark to the time series table every twenty-four hours with a five hour
'The filemark is written only to the CF Card if time series data are being stored.
If ( even_min_flag_on AND IfTime (300,1440,Min) ) Then ( FileMark (RawData) )
'Start saving the time series data on a even minute boundary.
If ( save_ts_flag_on ) Then
If ( IfTime (0,1,Min) ) Then ( even_min_flag_on = TRUE )
Else
even_min_flag_on = FALSE
EndIf
CallTable RawData
'Load cov_in() array for the covariance computation.
cov_in(1) = Uz
cov_in(2) = Ux
cov_in(3) = Uy
cov_in(4) = Ts
cov_in(5) = h2o
cov_in(6) = co2
cov_in(7) = Thmp 'Thmp from HMP45C
Else
scan_count = scan_count + 1
EndIf
NextScan
'*** SLOW SEQUENCE ***
SlowSequence
'Set all variables to NaN.
Move (panel_temp,1,NaN,1)
Move (batt_volt,1,NaN,1)
'HFP01SC factory calibration in W/(m^2 mV) = 1000/sensitivity = 1000/(58.8 uV m^2/W) =
shf_cal=17.0068
'Scan interval 10 seconds.
Scan(10,sec,100,0) 'Measurements every 10 sec also sufficient. If problems with
'Get CR3000 panel temperature.
PanelTemp (panel_temp,250)
'Measure battery voltage.
Battery (batt_volt)
'CNR1 Net Radiometer measurements CM3Up, CM3Dn, CG3Up, CG3Dn, CNR1TC, CNR1TK,
'NetRs, NetRl, Albedo, UpTot, DnTot, NetTot, CG3UpCo, and CG3DnCo:
VoltDiff(CM3Up,1,mV20,3,True,0,250,100.0,0)
VoltDiff(CM3Dn,1,mV20,4,True,0,250,100.0,0)
VoltDiff(CG3Up,1,mV20,5,True,0,250,100.0,0)
VoltDiff(CG3Dn,1,mV20,6,True,0,250,100.0,0)
BrHalf4W(CNR1TC,1,mV50,mV50,7,1,1,4200,True,True,0,250,1,0)
PRT(CNR1TC,1,CNR1TC,1,0)
CNR1TK=CNR1TC+273.18
NetRs=CM3Up-CM3Dn
NetRl=CG3Up-CG3Dn
Albedo=CM3Dn/CM3Up
UpTot=CM3Up+CG3Up
DnTot=CM3Dn+CG3Dn
NetTot=UpTot-DnTot
CG3UpCo=CG3Up+5.67*9.72^-8*CNR1TK^4
CG3DnCo=CG3Dn+5.67*9.72^-8*CNR1TK^4
'Measure HFP01SC Soil Heat Flux
VoltSe(shf_mV,1,mV50C,3,TRUE,200,250,1,0)
'Apply calibration to HFP01SC heat flux plate
shf=shf_mV*shf_cal
'Measure voltage across the heater (Rf_V)
VoltSe (V_Rf,1,mV5000,4,TRUE,200,250,0.001,0)
'Maintain a 100 sample running average
AvgRun(shf_mV_run,1,shf_mV,100)
AvgRun(V_Rf_run,1,V_Rf,100)
'The following part is added by Patrick Knoefel in June 2010
'Measuring temperature and soil moisture
'Main Program
'107 Temperature Probe measurement T107_C at 3cm:
Therm107(T107_C,1,19,Vx2,0,250,1.0,0.0)
'107 Temperature Probe measurement T107_C_2 at 7cm:
```

```
Therm107(T107_C_2,1,20,Vx2,0,250,1.0,0.0)
'107 Temperature Probe measurement T107_C_3 at 15cm:
Therm107(T107_C_3,1,21,Vx2,0,250,1.0,0.0)
'107 Temperature Probe measurement T107_C_4 at 70cm:
Therm107(T107_C_4,1,22,Vx2,0,250,1.0,0.0)
'IR-Sensor for Surface Temperature
TCDiff (TC_1(),2,mV20C ,13,TypeK,panel_temp,True ,0,250,1.0,0)
Psb = 49.9092 + 0.59237 * SensorBodyT + 0.00558 * SensorBodyT^2
Hsb = 4.2828 + 0.4248 * SensorBodyT - 0.00077 * SensorBodyT^2
Ksb = 52.0705 - 5.3816 * SensorBodyT + 0.387 * SensorBodyT^2
SensorCorr = (0.25/Psb) * ((TargetApparentT - Hsb)^2 - Ksb)
TargetCorrT = TargetApparentT - SensorCorr
'Measuring Soil moisture
'Switch on power for ML2x
ExciteV (Vx3,+5000,0)
'Wait for 4 seconds
Delay(0,4,Sec)
VoltDiff(sm1,1,mV5000,9,True ,0,250,1.0,0)
VWC=-5.1853+0.0721*sm1-6.9877E-5*sm1^2+5.3643E-8*sm1^3
'Switch off power for ML2x (SW 12V-1)
ExciteV (Vx3,0,0)
'Call Data Tables and Store Data
'Start saving the time series data on a even minute boundary.
If ( IfTime (0,1,Min) ) Then ( slow_min_on = TRUE ) Else (slow_min_on = FALSE)
Call hfp01sc_cal
CallTable slowhalf
NextScan
EndProg
```

C Aufbereitung der meteorologischen Informationen 2003 – 2011

Tabelle C-1: Geplante und tatsächlich ins Bewässerungssystem eingeleitete Wassermengen unterschieden nach Gesamtjahr und Vegetationsperiode der Jahre 2003 – 2011.

	Gesamtjahr			Vegetationsperiode		
Jahr	geplant in km³	tatsächlich in km³	%	geplant in km³	tatsächlich in km³	%
2003	4,67	4,61	98,79	3,61	3,58	99,24
2004	4,58	4,86	106,04	3,61	3,68	101,85
2005	4,66	5,12	109,70	3,61	3,93	108,88
2006	4,94	4,72	95,52	3,62	3,68	101,77
2007	3,91	3,86	98,54	3,14	3,10	98,92
2008	4,26	2,41	56,60	3,25	1,69	51,92
2009	4,67	3,94	84,36	3,59	3,70	103,03
2010	4,90	4,34	88,54	3,57	3,99	112,04
2011	4,63	2,90	62,74	3,59	2,05	56,97

Quelle: Eigene Berechnung

Abbildung C-1: Darstellung der geplanten und tatsächlich ins Bewässerungssystem eingeleiteten Wassermengen der Jahre 2003 – 2011 (oben) bzw. während der entsprechenden Vegetationsperiode (unten).

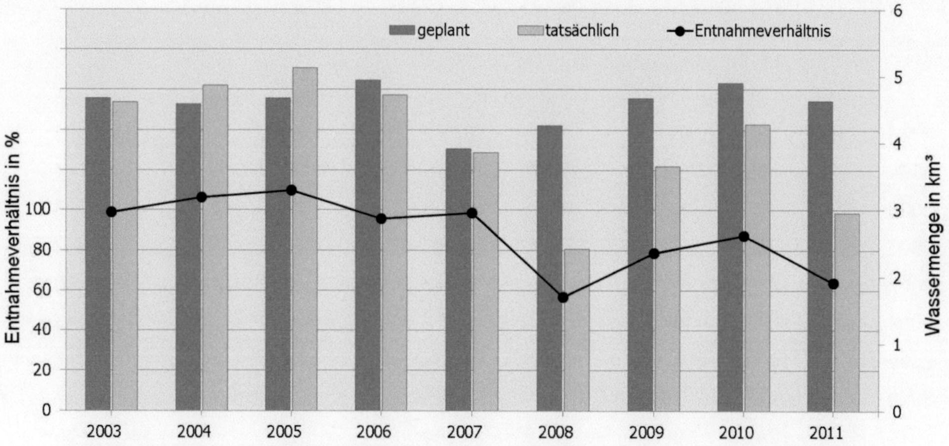

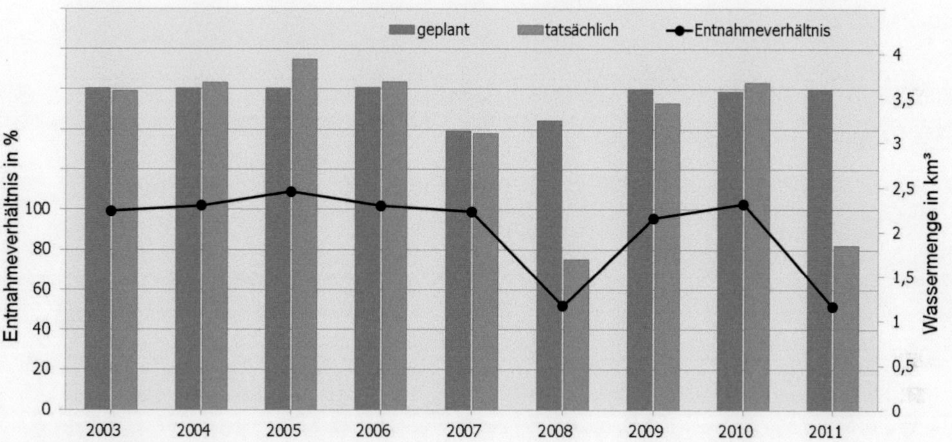

Quelle: Eigene Darstellung

D Ergebnisse der Modellierung 2003 – 2011

Tabelle D-1: Deskriptive Statistik der saisonalen Evapotranspiration der Jahre 2003 bis 2010.

Jahr	Min in mm	Max in mm	Mittelwert in mm	Varianz in mm	Summe ET_a in km³	eingleitetes Bewässerungswasser* in km³	Summe ET_a / Bewässerungswasser
2003	10,6	1351,3	639,4	266,4	3,365	3,583	0,939
2004	6,9	1755,2	772,2	314,2	4,049	3,678	1,101
2005	6,3	1599,7	687,1	286,1	3,603	3,931	0,917
2006	25,0	1273,1	626,4	254,1	3,286	3,683	0,892
2007	20,0	1275,7	629,5	232,2	3,313	3,103	1,068
2008	4,8	1223,4	591,7	244,5	3,112	1,687	1,845
2009	4,9	1250,5	676,4	194,6	3,534	3,702	0,955
2010	5.4	1372,3	790,6	224,4	4,146	3,997	1,037
2011	49,0	1041,9	606,6	173,5	3,184	2,047	1,555

Quelle: SIS ICWC

Abbildung D-1: Boxplotdarstellung der Mittelwerte (schwarz) und Standardabweichungen (grau) der saisonalen ET_{act} (Primärachse) und Balkendiagrammdarstellung der verfügbaren Wassermengen im Bewässerungsgebiet (Sekundärachse) der Jahre 2003 – 2010.

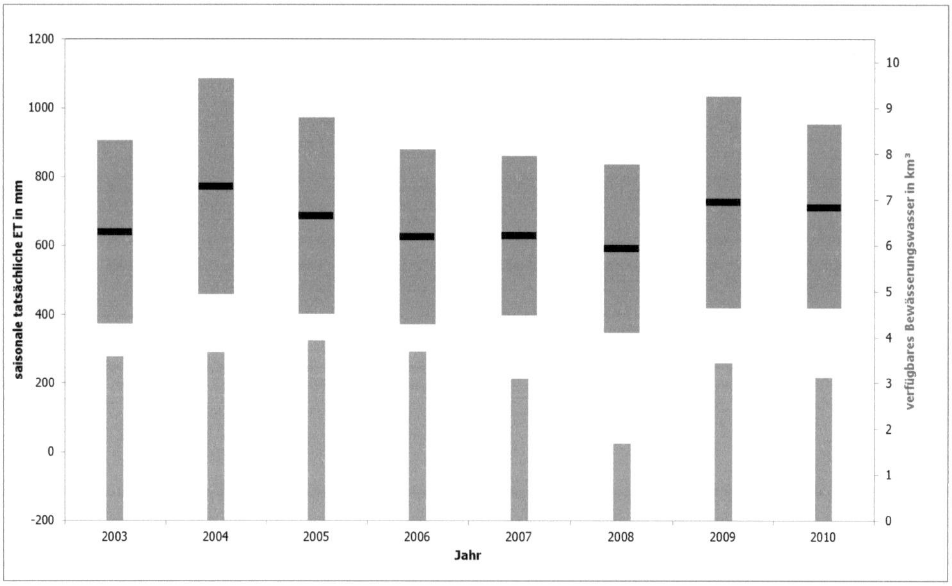

Quelle: Eigene Darstellung

Abbildung D-2: Modellergebnisse der saisonalen ET_a im Untersuchungsgebiet der Jahre 2003 – 2008.

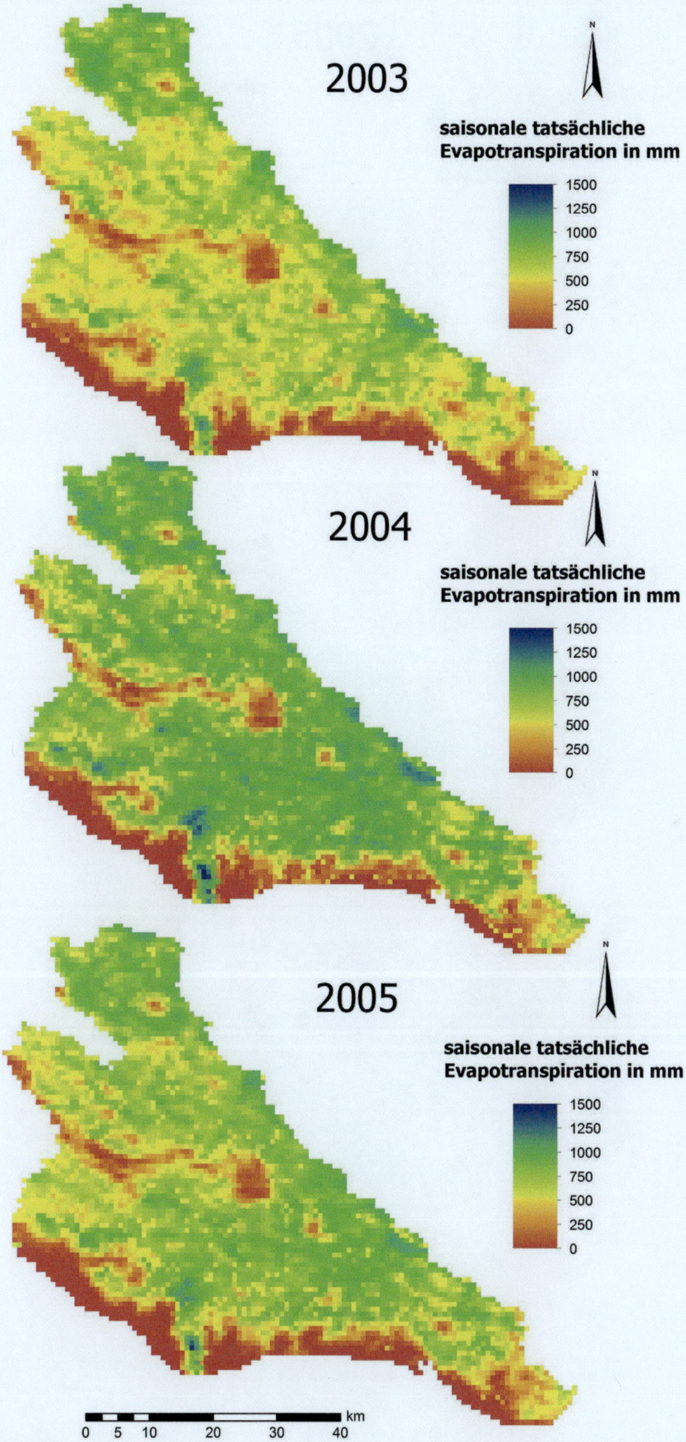

Quelle: Eigene Darstellung

Fortsetzung Abbildung D-2

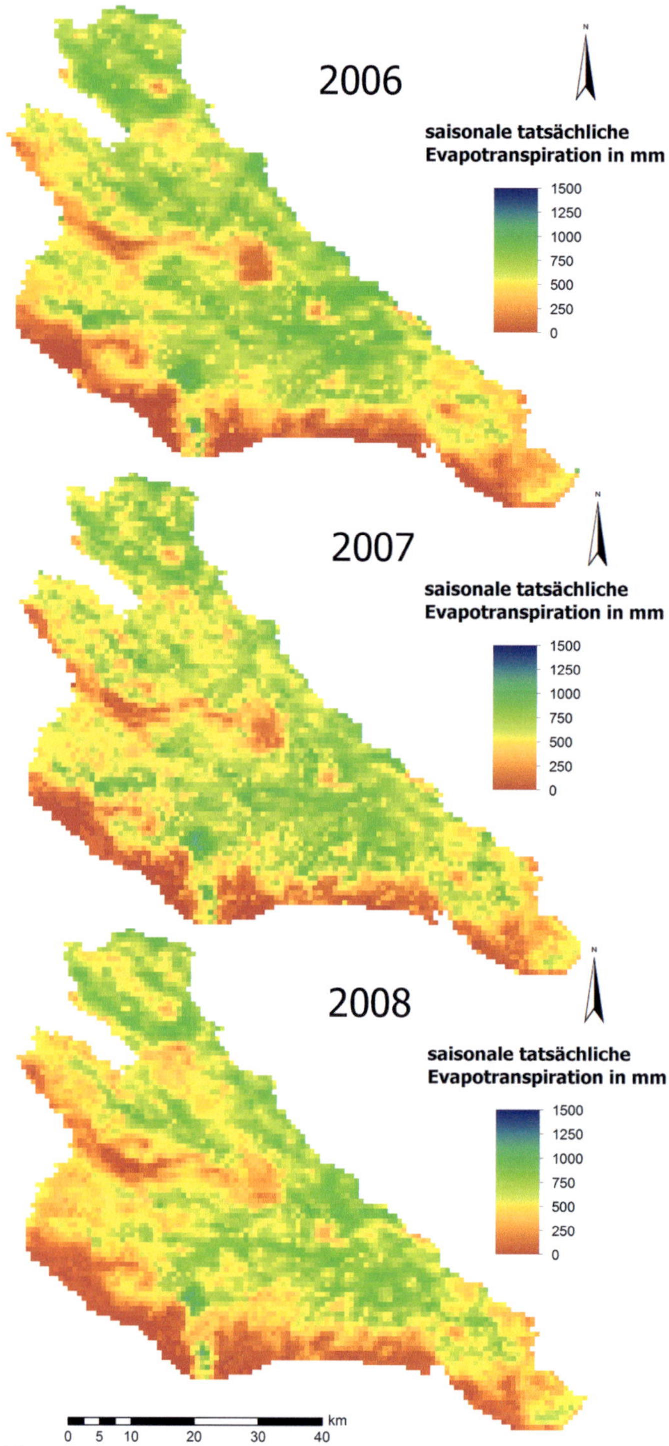

Quelle: Eigene Darstellung

Abbildung D-3: Beschriftung von Abbildung D-3: Beispielhafte Histogramme der Verteilung der Werte der saisonalen ET für die Jahre 2004 bis 2009.

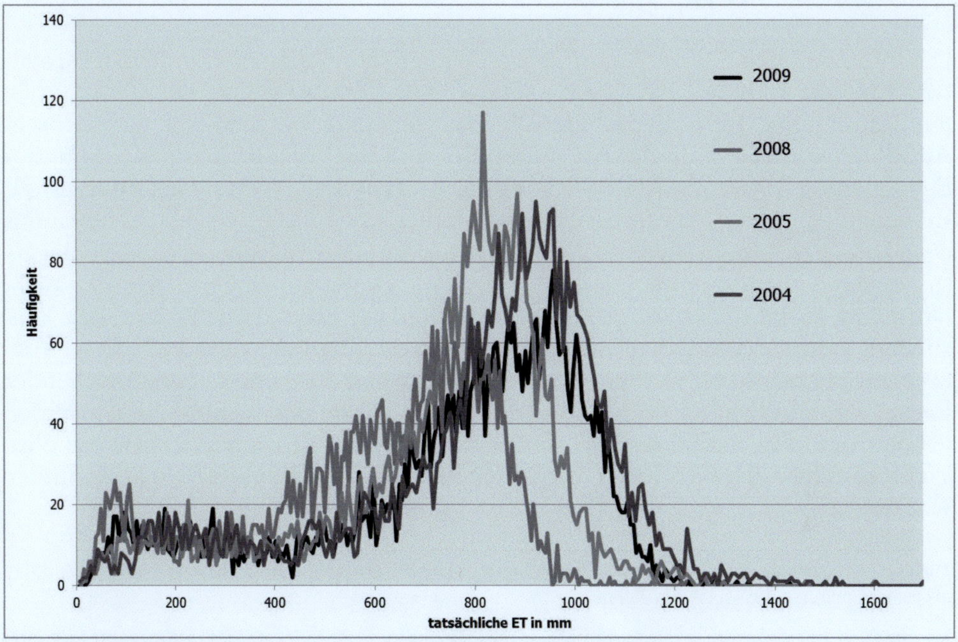

Quelle: Eigene Darstellung

Abbildung D-4: Verteilung der durchschnittlichen feldfruchtspezifischen Verdunstungsmenge im Untersuchungszeitraum für homogene Pixel der Jahre 2003 – 2009.

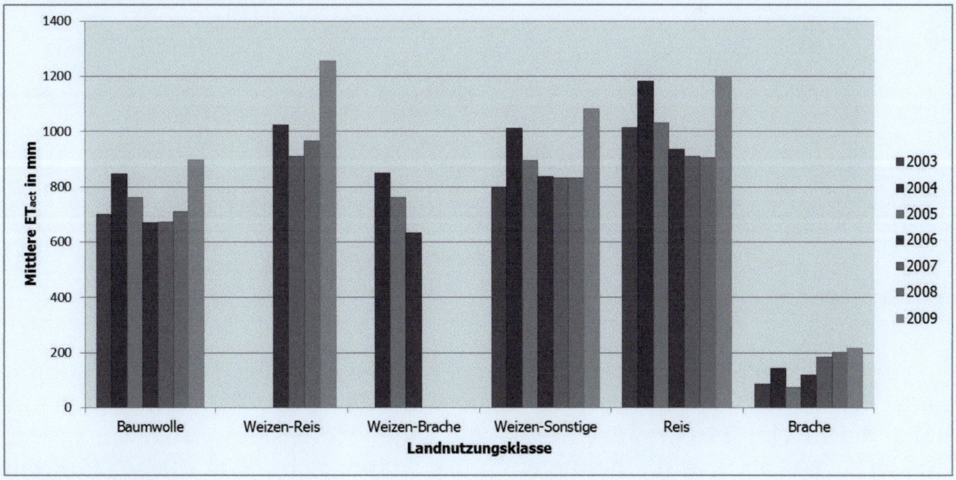

Quelle: Eigene Darstellung

E Aufbereitung der Landnutzungsklassifikation 2003 – 2009

Die Informationen aus der Landnutzungsklassifikation dienen sowohl der Parametrisierung der Rauhigkeitslänge z_{0m} als auch zur Vorauswahl bei der automatisierten Bestimmung der Ankerpunkte. Die Eingangsdaten besitzen eine geometrische Auflösung von 250 m. In der Abbildung E-1 sind die Verteilungen der agrarischen Landnutzungsklassen im Untersuchungsgebiet zwischen 2003 und 2009 dargestellt. Zu erkennen ist hier, dass es zu einer kontinuierlichen Abnahme der Reisanbauflächen kam. Das Jahr 2008 weist eine hohe Anzahl an Brachflächen auf und deutet zusammen mit der Information aus den SIS ICWC Daten auf eine landwirtschaftliche Dürre hin. Im Jahr 2009 wurde eine hohe Anzahl der Fruchtfolge Weizen-Reis klassifiziert. Verbunden mit den Daten der Wasserverfügbarkeit, kann auch dieser Wert als plausibel betrachtet werden. Nach dem Dürre Jahr 2008 und der unzureichenden Wasserverfügbarkeit zu Beginn des Jahres 2009, führte das verbesserte Wasserdargebot in der Mitte des Jahres 2009 zu einem Anstieg der Reisanbauflächen. Auf diese Weise konnten die potentiellen monetären Einbußen aus dem Vorjahr abgemindert werden.

Abbildung E-1: Verteilung der Klassen agrarischer Landnutzung im Untersuchungsgebiet im Zeitraum 2003 – 2009 mit einer räumlichen Auflösung von 250 m.

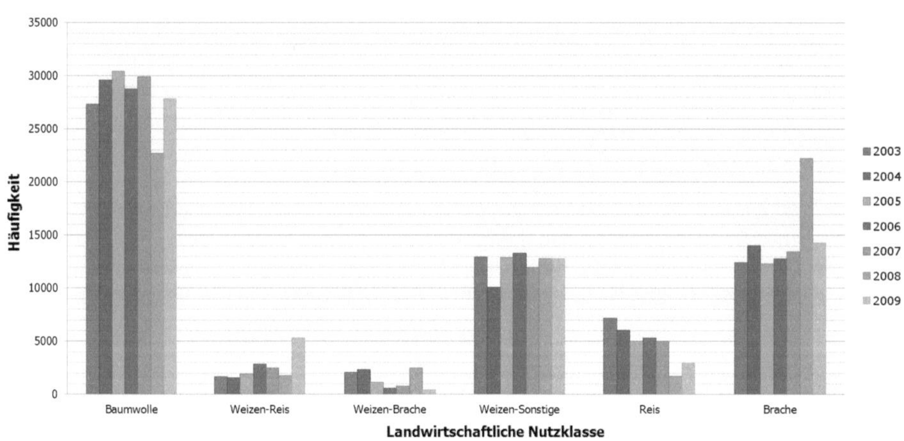

Quelle: Eigene Darstellung

Für die Verwendung in dem, auf 1 km Pixeln basierenden, Modell zur Bestimmung der tatsächlichen ET war eine Aggregation der Klassifikationsinformationen nötig. Jedem 1 km Pixel musste hierzu eine Landnutzungsklasse zugewiesen werden, dies geschah über die Bestimmung der dominanten 250 m Klasse (16 Pixel). Bei einer Landnutzungshomogenitätsanalyse fand Conrad (2006) für das Untersuchungsgebiet heraus, dass in den Jahren 2004 und 2005 etwa 50 % der Fläche des UG eine Landnutzung zugewiesen wurde, bei dem die dominante Landnutzung

(250 m) weniger als 50 % betrug. Dementsprechend gering viel die Anzahl der als Analysepixel ausgewählten Pixel aus, die einen Anteil von > 80 % der dominierende Landnutzung aufwiesen. Vergleichbare Analysen (Tabelle E-1) für das die Jahre 2003 – 2009 wiesen ca. 25% der Pixel eine homogenen (> 80 % dominanter) Landnutzung auf.

Tabelle E-1: Anzahl homogener Pixel agrarischer Klassen im Untersuchungsgebiet

	2003	2004	2005	2006	2007	2008	2009
Baumwolle	486	659	661	573	672	366	629
Weizen-Reis	0	0	0	2	1	1	8
Weizen-Brache	0	6	1	2	0	0	0
Weizen-Sonstige	46	29	58	67	37	48	46
Reis	101	58	34	31	25	12	6
Brache	461	485	458	475	518	821	563
Anteil	22.09%	24.74%	24.56%	22.85%	24.23%	24.01%	24.89%

Quelle: Eigene Berechnung